Andreas Bartels
**Wissenschaft**

# Grundthemen Philosophie

Herausgegeben von
Dieter Birnbacher
Pirmin Stekeler-Weithofer
Holm Tetens

Andreas Bartels

# Wissenschaft

—

**DE GRUYTER**

ISBN 978-3-11-064824-9
e-ISBN (PDF) 978-3-11-065160-7
e-ISBN (EPUB) 978-3-11-064861-4
ISSN 1862-1244

**Library of Congress Control Number: 2021930948**

**Bibliografische Information der Deutschen Nationalbibliothek**
Die Deutsche Nationalbibliothek verzeichnet diese Publikation in der Deutschen Nationalbibliografie; detaillierte bibliografische Daten sind im Internet über http://dnb.dnb.de abrufbar.

© 2021 Walter de Gruyter GmbH, Berlin/Boston
Druck und Bindung: CPI books GmbH, Leck

www.degruyter.com

Wissenschaft erschließt das Neue auf methodische Weise.
Darin unterscheidet sie sich von Hellseherei.

(Nach Hans Reichenbach, *Erfahrung und Prognose* 1938)

# Vorwort

Das vorliegende Buch ist in einer Zeit entstanden, die den Wert der Wissenschaft für den Fortbestand und das Florieren der Gesellschaft vor aller Augen führt. Es handelt von den Merkmalen der Wissenschaft, die diesen Wert begründen.

Eine Vielzahl von Ideen und Beispielen, die sich in diesem Buch finden, verdanke ich Hinweisen aus dem Kreis meiner MitarbeiterInnen an der Universität Bonn in zwei Jahrzehnten. Mein besonderer Dank gilt Boris Brandhoff, Cord Friebe, Stefan Heidl, Dennis Lehmkuhl, Jacob Rosenthal, Markus Schrenk und Manfred Stöckler, die Teile des Manuskripts gelesen und kritisch kommentiert haben, sowie Jochen Faseler für seine Hilfe bei der Herstellung des Manuskripts und die Erstellung der Register.

# Inhalt

**Einleitung** —— 1

**1 Wissenschaftskonzepte** —— 13
1.1 Einleitung —— 13
1.2 Francis Bacon: Wissenschaft als Erkenntnismethode —— 13
1.3 René Descartes: Wissenschaft als angewandte Naturphilosophie —— 17
1.4 Immanuel Kant: Wissenschaft als objektive Erfahrungserkenntnis —— 22
1.5 Rudolf Carnap: Wissenschaft als universale Sprache —— 28
1.6 Karl Popper: Wissenschaft als fehlbare Erkenntnis —— 33
1.7 Thomas Kuhn: Normalwissenschaft als Praxis der Wissenschaft —— 37
1.8 Bewertung und Ausblick —— 41

**2 Theorien, Modelle und Tatsachen** —— 45
2.1 Einleitung: Wie wissenschaftliche Theorien unser Wissen erweitern —— 45
2.2 Was ist eine wissenschaftliche Theorie? —— 47
2.3 Das Standardmodell der Kosmologie —— 53
2.4 Qualitative Modelle: Ein Beispiel aus der Ökologie —— 55
2.5 Das Problem der Theoriebeladenheit —— 59
2.6 Bestätigung von Theorien —— 62
2.7 Eine Theorie künstlerischer und literarischer Repräsentation: Waltons *Pretense*-Theorie —— 68
2.8 Zusammenfassung und Ausblick —— 74

**3 Erklären und Entdecken** —— 76
3.1 Einleitung: Vom Erklären zum Entdecken —— 76
3.2 Erklärung als Thema der Wissenschaftstheorie —— 78
3.3 Entdeckung als Thema der Wissenschaftstheorie —— 83
3.4 Hanson über Keplers Logik der Entdeckung —— 86
3.5 Anomalien und Entdeckungen —— 87
3.6 Entdeckungen: Wann und wer? —— 89
3.7 Die Entdeckung der Alzheimerschen Krankheit —— 92
3.8 Thomas Schellings dynamische Segregations-Modelle —— 98
3.9 Die Entdeckung der komplexen Zahlen —— 103

3.10 Zusammenfassung —— 105

**4 Abgrenzungsprobleme —— 109**
4.1 Einleitung: Wissenschaft und Alltagswissen – Eine durchlässige Grenze —— 109
4.2 Hoyningen-Huene: Abgrenzung durch Systematizität —— 110
4.3 Sellars: Abgrenzung durch Theoriebildung —— 114
4.4 Theoriebildung und angewandte Forschung —— 121
4.5 Abgrenzung von Pseudowissenschaft, Religion und Metaphysik —— 125
4.6 Zusammenfassung und Bewertung —— 135

**5 Wissenschaft und Metaphysik —— 141**
5.1 Einleitung: Metaphysische Fragen der Wissenschaft —— 141
5.2 Raumzeit —— 143
5.3 Realismus —— 149
5.4 Kausalität —— 153
5.5 Naturgesetze —— 157
5.6 Möglichkeit und Notwendigkeit —— 165
5.7 Zusammenfassung —— 172

**6 Objektivität, Wahrheit und Ethik der Wissenschaft —— 173**
6.1 Einleitung: Objektivität als Merkmal der Wissenschaft —— 173
6.2 Methoden der Objektivierung —— 176
6.3 Wissenschaftliche Wahrheit —— 179
6.4 Der Wahrheitsanspruch der Wissenschaft im Disput der Öffentlichkeit —— 182
6.5 Wahrheit und wissenschaftlicher Wandel —— 185
6.6 Ethik der Wissenschaft —— 191
6.7 Forschungsethik —— 196
6.8 Roboter-Ethik —— 199
6.9 Zusammenfassung und Bewertung —— 204

**7 Schluss: Zwischen Wissenschaft und Philosophie —— 208**
7.1 Welche Aufgaben stellen sich der Philosophie gegenüber der Wissenschaft? —— 208
7.2 Welche Aufgaben erfüllt die Wissenschaft für die Philosophie? —— 212
7.3 Philosophie – eine Wissenschaft? —— 213
7.4 Soll man an die Wissenschaft glauben? —— 215

**Anmerkungen** —— **217**
        Kapitel 1 —— **217**
        Kapitel 2 —— **220**
        Kapitel 3 —— **225**
        Kapitel 4 —— **228**
        Kapitel 5 —— **231**
        Kapitel 6 —— **234**
        Kapitel 7 —— **236**

**Literaturverzeichnis** —— **237**

**Sachregister** —— **247**

**Personenregister** —— **252**

# Einleitung

Die Wissenschaft kann aus einer Vielzahl von Perspektiven betrachtet werden: Aus Perspektive der Wissenschaftsgeschichte geht es darum aufzudecken, welche Faktoren zur Entstehung und Entwicklung von Wissenschaftsdisziplinen oder Theorien geführt haben, die Wissenschaftssoziologie interessiert sich für die Dynamik des gesellschaftlichen Subsystems Wissenschaft und seine Verflechtung mit anderen gesellschaftlichen Systemen. Die Philosophie begleitet die Wissenschaft seit ihren ersten Anfängen: Philosophische Fragen haben zur Entstehung wissenschaftlicher Disziplinen beigetragen, die Philosophie kommentiert Ergebnisse der Wissenschaft und versucht, das Unternehmen Wissenschaft in einen größeren Rahmen der Welterklärung zu stellen. Seit Beginn des 20ten Jahrhunderts hat die philosophische Disziplin der Wissenschaftstheorie Einsichten über Wissenschaft in ihrer modernen Gestalt erbracht, die sich auch in diesem Buch wiederfinden (v. a. in Kapitel 2 und 3). Aber es ist nicht allein die Wissenschaftstheorie, sondern auch andere philosophische Disziplinen wie Metaphysik, Erkenntnistheorie und Ethik, die zum philosophischen Bild der Wissenschaft beitragen (siehe Kapitel 5 „Wissenschaft und Metaphysik" und Kapitel 6 „Objektivität, Wahrheit und Ethik der Wissenschaft").

Das vorliegende Buch kann nicht alle Perspektiven auf Wissenschaft darstellen – es konzentriert sich auf die Perspektive der Philosophie. Im Zentrum wird dabei die Frage stehen, die PhilosophInnen im Blick auf die Wissenschaft immer am stärksten bewegt hat: Wie gelingt es der Wissenschaft – v. a. in ihrer modernen Ausprägung – eine Sonderstellung in Hinsicht auf Welterklärung und praktische Orientierung einzunehmen, wie ist ihre herausragende epistemische Autorität, die intellektuelle und praktische Bedeutung ihrer Resultate, das Vertrauen der Öffentlichkeit in diese Resultate und die damit korrespondierende gesellschaftliche Rolle der Wissenschaft begründet?

**Kapitel 1: Wissenschaftskonzepte** gibt eine Übersicht der einflussreichsten philosophischen Antworten, die in der Geschichte der Philosophie auf die Frage nach der Sonderstellung der Wissenschaft gegeben worden sind. Die Reihe beginnt im 17ten Jahrhundert mit Francis Bacon, der die Wissenschaft als geistige Bewegung sieht, die die Fesseln von Autorität und Vorurteil abstreift und das Denken in die Richtung systematischer und kritischer Untersuchung der Natur lenkt, mit dem Ziel, verborgene Ursachen von Naturerscheinungen aufzudecken. Mit Bacon' beginnt das Methodenbewusstsein der modernen Wissenschaft, das bis heute ein auszeichnendes Merkmal geblieben ist, wobei sich die Methoden der Wissenschaft parallel zur Entwicklung einer Vielzahl von Disziplinen ausdifferenziert und verfeinert haben. Schon die von Bacon empfohlenen Methoden sind insofern kritische Methoden, als sie nicht nur dazu anhalten, Erfahrungen zu ordnen und zu generalisieren, sondern aus ihnen gezogene Schlüsse kritisch zu überprüfen und gegebenenfalls zu verwerfen.

René Descartes hat zur modernen Auffassung der Wissenschaft beigetragen, indem er reduktive, auf Mechanismen gestützte Erklärungen als wichtiges methodisches Werkzeug der Wissenschaft erkannt hat. Die Natur lässt sich, so Descartes, nicht verstehen, indem man den verschiedenen Sorten von Dingen charakteristische Dispositionen zuschreibt, sondern nur, indem die allgemeinen Naturgesetze aufgedeckt werden, denen die verschiedenartigen Mechanismen der Natur folgen. Descartes hat das mechanistische Verständnis der Natur auch auf das Wechselspiel zwischen körperlichen und seelischen Zuständen des Menschen übertragen. Er entwickelt eine Emotionstheorie, die den Emotionen eine wichtige Rolle im Rahmen rationaler Selbststeuerung menschlichen Verhaltens beimisst.

Immanuel Kants erkenntniskritische Rekonstruktion der Wissenschaft, die vor allem Newtons Gravitationstheorie vor Augen hat, versucht zu erklären, wie wissenschaftliche Theoriebildung verlässliche Erkenntnis der Natur zu produzieren vermag. Wie ist es möglich, dass aus Begriffen, die weit über das sinnlich Erfahrbare hinausgehen, stabiles Wissen konstruiert wird? Kants Antwort auf diese Frage ist, dass die Begriffe und Grundsätze, die in der Theoriebildung verwendet werden, nicht willkürlich gewählt sind, sondern fundamentale Kategorien und Prinzipien widerspiegeln, die für jede mögliche Naturerkenntnis verbindlich sind. In diesem Sinne verschafft Kants Rekonstruktion der Naturwissenschaft seiner Zeit ein erkenntnistheoretisches Fundament.

Rudolf Carnap, der hier als ihr prominentester Vertreter auch stellvertretend für die philosophische Bewegung des Wiener Kreises und für die Frühzeit der Wissenschaftstheorie steht, variiert die Idee eines erkenntnistheoretischen Fundaments der Wissenschaft, indem er die Einheit der Wissenschaft in der Übersetzbarkeit wissenschaftlicher Sprachen in eine gemeinsame, erkenntnistheoretisch grundlegende physikalische Sprache verortet. Dieser Übersetzbarkeit, so Carnap, verdankt die Wissenschaft ihre Universalität und ihre epistemische Sonderstellung. Carnap entdeckt aber auch die besondere Rolle, die theoretische Begriffe in der Wissenschaft spielen. Er schafft damit die Voraussetzung dafür, wissenschaftliche Theorien als Strukturen zu verstehen, in denen theoretische Begriffe und Beobachtungsbegriffe miteinander verknüpft sind.

Karl Popper hat das moderne Verständnis der Wissenschaft geprägt wie kein anderer Philosoph. Seine Wissenschaftstheorie wird daher nicht nur in der Übersicht der Wissenschaftskonzeptionen erscheinen, sondern auch in Kapitel 2, wo es um den Begriff der wissenschaftlichen Theorie geht und in Kapitel 4, das von Kriterien der Abgrenzung der Wissenschaft gegenüber nicht-wissenschaftlichen Ideensystemen handelt. Popper hat, im Gegensatz zu Carnap und zur Wissenschaftstheorie des Wiener Kreises, auf eine erkenntnistheoretische Fundierung der Wissenschaft verzichtet. Im Mittelpunkt steht stattdessen das Prinzip der Falsifikation: Wissenschaftliche Ideen bewähren sich nicht durch eine besondere epistemische Fundierung, sondern allein dadurch, dass sie Versuchen strenger Überprüfung standhalten. Es wird an verschiedenen Stellen des Buches deutlich werden, dass Poppers Wissenschaftskonzeption trotz ihrer allgemeinen Akzeptanz Lücken und Einseitigkeiten aufweist.

Auf solche Lücken und Einseitigkeiten der Wissenschaftskonzeption Poppers hat Thomas S. Kuhn hingewiesen. Nach Kuhn muss in unser Verständnis von Wissenschaft viel stärker die alltägliche Wissenschaftspraxis Eingang finden, die aus seiner Sicht nicht durch strenges Testen, sondern vielmehr durch die Suche nach Lösungen spezieller Probleme auf Grundlage etablierter Theorien gekennzeichnet ist. Die Wissenschaftsgeschichte zeigt nach Kuhn eine Abfolge miteinander unverträglicher ‚Paradigmata', eine Auffassung, die allerdings Probleme für das geläufige Bild der Wissenschaft als stetiger Annäherung an die Wahrheit aufwirft (siehe 6.5). Kuhns Überlegungen wurden in der strukturalistischen Wissenschaftstheorie aufgegriffen. Zusammen mit Carnaps Arbeiten zu theoretischen Begriffen haben sie zur Auffassung wissenschaftlicher Theorien als Strukturen beigetragen, die den Ausgangspunkt von Kapitel 2 bildet.

**Kapitel 2: Theorien, Modelle und Tatsachen** greift die in den Wissenschaftskonzepten variierte Frage nach der Sonderstellung der Wissenschaft wieder auf und konfrontiert sie mit Antworten der modernen Wissenschaftstheorie. Die Darstellung orientiert sich an folgendem Leitgedanken: Die Wissenschaft erweitert unser Wissen, indem wissenschaftliche Theorien und Modelle Grenzen überschreiten, die der sinnlichen Anschauung der Welt gesetzt sind. Ein schlagendes Beispiel dafür sind die in den letzten hundert Jahren erreichten Erkenntnisse über den Aufbau des Universums. Die Distanz, die zwischen den wahrnehmbaren Spuren kosmischer Objekte und ihrer theoretischen Beschreibung liegt, wird durch Netze theoretischer Begriffe überbrückt; deren Bedeutung erschöpft sich nicht darin, auf Sinneswahrnehmungen Bezug zu nehmen, sondern sie wird wesentlich durch die Beziehungen bestimmt, in denen die Begriffe des Netzes untereinander stehen. Nur mithilfe theoretischer Begriffe können beobachtbare Phänomene als Spuren einer nicht unmittelbar sichtbaren Realität gedeutet werden. Der Steigerung der Reichweite der Erkenntnis, die wissenschaftliche Theorien ermöglichen, muss andererseits durch eine feste Verwurzelung in der Erfahrung Rechnung getragen werden: Wie in 2.6 erläutert, müssen sich wissenschaftliche Theorien stets an der Erfahrung bewähren – dies ist der Fall, wenn reale Systeme eine Theorie bestätigen, indem sie sich als Modelle dieser Theorie erweisen. Das *Bootstrap*-Konzept der Bestätigung zeigt, wie es trotz der grundsätzlichen Theorieabhängigkeit von Beobachtungstatsachen zu objektiver Bestätigung von Theorien kommen kann – Tatsachen können eine Theorie nur bestätigen, wenn sie zugleich Testinstanzen der Theorie sind.

Die Rolle wissenschaftlicher Theorien und Modelle wird in Kapitel 2 anhand von drei Fallstudien veranschaulicht. Die erste Fallstudie verdeutlicht am Beispiel des Standardmodells der Kosmologie (2.3), wie die Netz-Struktur wissenschaftlicher Modelle es ermöglicht, mithilfe empirischer Daten, die an einer Stelle des Netzes eingespeist werden, Variablen an anderen Stellen des Netzes zu bestimmen. Auf diese Weise kann beispielsweise von experimentell bestimmten Eigenschaften der kosmischen Hintergrundstrahlung auf das Alter des Universums geschlossen werden. Je dichter das Netz theoretischer Begriffe geknüpft ist, desto stärker sind die Einschränkungen, die es den empirischen Daten auferlegt. Kommt es zu einer fehlenden Passung eines Erfahrungsdatums an einer Stelle, so erzwingen diese Einschränkungen Änderungen an anderen Stellen des Netzes und führen dadurch zur Vorhersage neuer Entitäten und Mechanismen. In unserem Beispiel ist es auf diese Weise zur Vorhersage der Existenz dunkler Materie gekommen. Wissenschaftliche Modelle werden so auch zu Generatoren *wissenschaftlicher Entdeckungen*.

Eine zweite Fallstudie zur qualitativen Modellierung der Dynamik eines Ökosystems (2.4) zeigt, dass auch solche wissenschaftlichen Modelle, die für spezifische Anwendungen konstruiert werden, Netze theoretischer Begriffe verwenden. In unserem Beispiel wird ein solches Netz mit empirischen Daten ‚gefüttert', um Vorhersagen für die Dynamik eines besonderen Ökosystems zu gewinnen. Schließlich demonstriert eine dritte Fallstudie zur *Pretense*-Theorie der Repräsentation in Literatur und Kunst (2.7), dass der Begriff einer wissenschaftlichen Theorie, wie er in Kapitel 2 erläutert wird, keineswegs auf die Naturwissenschaften beschränkt ist. Auch in den Geisteswissenschaften existieren Theorien, die theoretische Begriffe verwenden. Auch diese Theorien müssen sich an empirischen Tatsachen bewähren – in unserem Fall Tatsachen über die Rezeption von Werken der Literatur und Kunst.

Die Fähigkeit, Entdeckungen hervorzubringen, ist nach allgemeinem Verständnis ein wesentliches Merkmal der Wissenschaft. Wissenschaft wäre eine sterile Unternehmung und würde nicht die Aufmerksamkeit der Öffentlichkeit auf sich ziehen, wäre sie nicht in der Lage Neues zu entdecken. In der Wissenschaftstheorie führt das Thema ‚Entdeckung' allerdings nach wie vor nur ein Schattendasein. Der Intuition und dem Einfallsreichtum einzelner Forscherpersönlichkeiten wurde zwar, wie von Karl Popper, Respekt gezollt; insgesamt hat es aber die Wissenschaftstheorie bis in die 1960er Jahre unterlassen, der Frage nachzugehen, was wir aus Entdeckungen über die Natur der Wissenschaft lernen können.

**Kapitel 3: Erklären und Entdecken** versucht auf diese Frage eine Antwort zu geben. Zunächst wird das Verhältnis zwischen Erklären und Entdecken thematisiert (3.1) und Modelle wissenschaftlicher Erklärung vorgestellt, die auf unterschiedliche Formen von Erklärung in verschiedenen Wissenschaften zugeschnitten sind (3.2). Erklärungen von Phänomenen erfordern häufig die hypothetische Einführung neuer Entitäten und Mechanismen. Umgekehrt eröffnen Entdeckungen häufig neue Erklärungen schon bekannter Phänomene. Diese Art der Verschränkung von Erklären und Entdecken legt es nahe, dass Entdeckungen einen systematischen Ort im Prozess der Wissenschaft einnehmen und nicht auf glückliche Eingebungen und kreative Gedankengänge einzelner Forscherpersönlichkeiten reduzierbar sind. In 3.3 werden verschiedene Argumente diskutiert, die in der Wissenschaftstheorie gegen die Möglichkeit einer systematischen Behandlung wissenschaftlicher Entdeckungen vorgebracht wurden und die Schwachstellen dieser Argumentation herausgearbeitet.

In der wissenschaftstheoretischen Diskussion wurden seit den 1960er Jahren Ansätze entwickelt, die anhand paradigmatischer Fallstudien demonstrieren, dass neben wissenschaftlicher Intuition auch rationale Argumentation, begründetes Schließen und heuristische Strategien eine wesentliche Rolle in wissenschaftlichen Entdeckungsprozessen spielen (3.3 bis 3.5). Neuere Arbeiten weisen auf den Unterschied zwischen ‚that-what'- und ‚what-that'-Entdeckungen hin (vgl. Schindler 2015) und formulieren Kriterien dafür, unter welchen Bedingungen überhaupt von einer wissenschaftlichen Entdeckung gesprochen werden kann; mithilfe solcher Kriterien lässt sich bestimmen, *wann* eine Entdeckung stattgefunden hat und *wer* die Entdeckung für sich verbuchen kann (3.6).

Die Überlegungen zur Struktur wissenschaftlicher Entdeckungen werden durch eine längere Fallstudie zur Entdeckung der *Alzheimerschen Krankheit* durch den Arzt Alois Alzheimer ergänzt (3.7). Alzheimer hat auf seiner Suche nach abgrenzbaren psychiatrischen Krankheitsprozessen die Neuartigkeit in der Symptomatik eines Falls präseniler Demenz erkannt. Der explorative Begriff der Alzheimerschen Krankheit ist dann in einem bis heute andauernden Forschungsprozess immer weiter geschärft und ausdifferenziert worden. Im Unterschied zum Fall des Standardmodells der Kosmologie findet Alzheimers Entdeckung nicht vor dem Hintergrund einer schon etablierten Theorie statt; sie stößt stattdessen erst einen Prozess der *Theoriebildung* innerhalb eines noch von phänomenologischen Klassifikationen geprägten Forschungsfeldes an.

Eine zweite Fallstudie exemplifiziert den Typus ‚theoretischer' Entdeckungen, die mögliche neue erklärende Mechanismen für ein Phänomen aufdecken. Die von Thomas Schelling konstruierten dynamischen Modelle der sozialen Segregation in Wohn-Nachbarschaften (3.8) demonstrieren, wie die Aggregation individueller Entscheidungen zu kollektiven Segregations-Phänomenen führen kann. Zur sozialen Segregation kommt es danach unabhängig von individuellen Präferenzen – oder sogar *gegen* sie. Schließlich zeigt eine dritte Fallstudie zur Entdeckung der komplexen Zahlen (3.9), wie die Entdeckung neuer mathematischer Objekte unmittelbar mit Theoriebildung verknüpft ist. Die Theorie der komplexen Zahlen erklärt bekannte Phänomene wie das Auftreten nicht-reeller Nullstellen von Polynomen, indem sie diese Objekte durch Einbettung in eine neue mathematische Theorie rekonstruiert. Auch die Mathematik erweist sich aus dieser Sicht als eine erklärende Erfahrungswissenschaft.

Kapitel 2 und 3 erklären die für die Wissenschaft charakteristische Erweiterung unseres Wissens als Ergebnis der Verwendung bzw. der Konstruktion von Theorien und Modellen. Wissenschaftliche Theorien und Modelle tragen zur Dynamik des Wissenschaftsprozesses bei, indem sie den zur Verfügung stehenden empirischen Daten Einschränkungen auferlegen und dadurch neue Forschungsfragen evozieren, die dann ihrerseits zu Entdeckungen führen. Wo noch keine etablierten Theorien zur Verfügung stehen, ebnen Entdeckungen den Weg der Theoriebildung.

**Kapitel 4: Abgrenzungsprobleme** setzt die in Kapitel 2 und 3 begründete zentrale Rolle von Theorien und Modellen für die Formulierung eines Abgrenzungskriteriums zwischen Wissenschaft und Alltagswissen ein. Die Durchlässigkeit der Grenze zum Alltagswissen bleibt insofern erhalten, als wissenschaftliche Methoden die im Alltagswissen erprobten Verfahren verfeinern und systematisieren (4.1). Aber anders als in den Wissenschaftskonzeptionen von Bacon und Popper, und auch im Unterschied zu dem von Hoyningen-Huene (2013) vorgeschlagenen Systematizitäts-Kriterium (4.2), wird eine trennscharfe Abgrenzung zwischen Wissenschaft und Alltagswissen markiert: Wissenschaft ist, im Unterschied zum Alltagswissen, durch Einführung theoretischer Entitäten und Theoriebildung gekennzeichnet. Dieses Kriterium ist mit dem Abgrenzungskriterium Systematizität aber insofern vereinbar, als es gerade die Verwendung von Theorien ist, die in der Wissenschaft für eine gegenüber Alltagserklärungen systematischere Erklärungspraxis sorgt.

Um den Begriff des Alltagswissens philosophisch zu schärfen, wird in 4.3 auf Wilfrid Sellars' Unterscheidung zwischen *manifest image* und *scientific image* zurückgegriffen, die als Muster für die Abgrenzung von Wissenschaft durch Theoriebildung betrachtet werden kann. Ein möglicher Einwand gegen das Abgrenzungskriterium *Theoriebildung* wird in 4.4 diskutiert: Angewandte Forschung, wie sie in den Forschungslaboren der Industrie oder in universitären

Forschungszentren betrieben wird, zielt nicht darauf ab, theoretische Entitäten zu postulieren. Diesem Einwand kann aber mit Carrier (2016) entgegengehalten werden, dass auch die Optimierung von *design rules* in der angewandten Forschung häufig der Unterstützung durch theoretische Modelle bedarf.

Während 4.1 bis 4.4 die Abgrenzung zwischen Wissenschaft und Alltagswissen thematisieren, beschäftigt sich 4.5 mit der Abgrenzung der Wissenschaft gegenüber Pseudowissenschaft, Religion und Metaphysik. Poppers Falsifikationskriterium ist hier zwar grundsätzlich nützlich, es stellt sich aber als zu grob heraus, um informativ hinsichtlich der *spezifischen* Form und Begründung der Abgrenzung zu sein. Es muss auch berücksichtigt werden, *aus welchem Grund* ein bestimmtes Ideensystem nicht-falsifizierbar ist. Pseudowissenschaftliche Phantastereien mögen in ‚wissenschaftlichem Gewand' auftreten, dabei aber Begriffe verwenden, die keinerlei Verbindung zu empirischen Sachverhalten aufweisen, und aus diesem Grund prinzipiell nicht prüfbar sein. Daneben gibt es pseudowissenschaftliche Behauptungen, die so konstruiert sind, dass jeder Widerlegungsversuch grundsätzlich ins Leere laufen muss (wie dies z. B. für den Kreationismus gilt). Freuds Psychoanalyse, für Popper noch Musterbeispiel einer Pseudowissenschaft, erweist sich dagegen bei näherer Betrachtung eines von Freud analysierten klinischen Falles als falsifizierbar und somit wissenschaftlich.

Die Art, in der metaphysische Theorien nicht-falsifizierbar sind, unterscheidet sie von pseudowissenschaftlichen Ideensystemen: Entweder stehen zur Zeit der Formulierung einer metaphysischen Theorie noch keine Mittel zur empirischen Überprüfung zur Verfügung – wie im Fall des antiken Atomismus – oder die Beziehung zwischen metaphysischer Theorie und einschlägigen wissenschaftlichen Theorien ist so vermittelt und indirekt, dass bestenfalls von Vereinbarkeit mit der Wissenschaft, nicht aber von Bestätigung oder Widerlegung die Rede sein kann. Dabei spielt für die geläufige Abgrenzung zwischen Wissenschaft und Metaphysik ein herkömmliches, noch im 19ten Jahrhundert wurzelndes Wissenschaftsverständnis eine Rolle, nach dem es die Wissenschaft ausschließlich mit systematischen Beziehungen (‚Gesetzmäßigkeiten') zwischen beobachtbaren Gegenständen oder Phänomenen zu tun habe. Alles, was darüber ‚hinaus geht' – aufgrund des Mangels an ‚direkter' Beobachtbarkeit und Bestätigung – fällt dann in den Bereich der ‚Metaphysik'. Die Entdeckung vieler nur indirekt beobachtbarer und bestätigbarer Entitäten v. a. in der Physik des 20ten Jahrhunderts hat die Grenze der Wissenschaft allerdings in Richtung des vormals ‚Metaphysischen' verschoben.

Die Abgrenzung zwischen Wissenschaft und Religion muss ebenfalls gesondert betrachtet werden: Spezifisch für religiöse Überzeugungen ist eine charakteristische innere Gestimmtheit gegenüber religiösen Vorstellungsinhalten (vgl. Simmel 1901); danach können religiöse Überzeugungen nicht mit der Akzeptierung bestimmter metaphysischer Hypothesen gleichgesetzt werden. Mit anderen Worten: Sofern religiöse Überzeugungen sich nicht im Für-wahr-halten von Sachverhalten erschöpfen, sind sie außerwissenschaftlich und außerrational, aber nicht pseudowissenschaftlich oder irrational. Nur in Hinblick auf die Akzeptierung metaphysischer Hypothesen (Existenz Gottes), die auf vermeintlich bestätigende Erfahrungen gestützt wird, kann Religion mit der wissenschaftlichen Einstellung kollidieren – nämlich dann, wenn bessere Erklärungen für diese Erfahrungen zur Verfügung stehen, die nicht berücksichtigt werden.

Der Ausdruck ‚wissenschaftliches Weltbild' (manchmal auch ‚naturwissenschaftliches Weltbild') erscheint problematisch. Angesichts der Vielfalt von Entitäten, die in den verschiedenen Wissenschaften eingeführt werden, und der Vielfalt von Interpretationen wissenschaftlicher Theorien (v. a. in der Physik) eröffnen sich (zu) viele Möglichkeiten für die ‚Synthese' wissenschaftlicher Erkenntnisse innerhalb eines Weltbildes. Die Eindeutigkeit eines wissenschaftlichen Weltbildes müsste mit Gründen erzwungen werden, die sich nicht aus der Wissenschaft selbst ergeben. Zwanglos mit der Wissenschaft verbinden lässt sich dagegen eine *wissenschaftliche Einstellung*, die sich auf die zentralen Merkmale der Wissenschaft – Theoriebildung und Prüfbarkeit – stützt und dafür eintritt, sich bei der Lösung von praktischen oder theoretischen Problemen daran zu orientieren.

In den letzten Jahrzehnten hat sich unter der Bezeichnung *metaphysics of science* eine neue meta-wissenschaftliche Disziplin etabliert. Sie führt die schon vorher innerhalb der analytischen Wissenschaftstheorie betriebenen naturphilosophischen Untersuchungen zu Themen wie Raum und Zeit, Kausalität, Naturgesetzen, sowie Möglichkeit und Notwendigkeit fort, die von universeller Bedeutung für die Wissenschaft sind. Die Besonderheit der neuen Disziplin besteht darin, über wissenschaftstheoretische Konzepte hinaus auch von Ressourcen der allgemeinen Metaphysik Gebrauch zu machen.

**Kapitel 5: Wissenschaft und Metaphysik** stellt einige der zentralen Theorieansätze der *metaphysics of science* zu den Themen Raumzeit, Realismus, Kausalität, Naturgesetze, sowie Möglichkeit und Notwendigkeit vor. In vielen Fällen, wie beispielhaft im Fall der Raumzeit (5.2), haben wissenschaftliche Theorien zur Einsicht geführt, dass ‚metaphysische' Gegenstände, denen in früheren Zeiten ein nicht-empirischer Status zugesprochen wurde – weil sie vermeintlich nicht zum Inhalt empirischer Theorien gehören, sondern einen unveränderlichen, apriorischen Rahmen für empirische Theorien abstecken – durchaus empirische Bedeutung besitzen. Es ist nach moderner physikalischer Auffassung eine Sache empirischer Forschung, die Struktur der Raumzeit zu bestimmen. Die Raumzeit erweist sich in diesem Sinne als eine theoretische Entität, auf epistemisch gleicher Stufe wie Elektronen oder wie die Wellenfunktion der Quantenmechanik.

Eine ähnliche Statusänderung ist für den Begriff des ‚Realismus' (5.3) zu konstatieren. Während noch zu Beginn des 20ten Jahrhunderts die realistische Auffassung der Wissenschaft, oder einzelner ihrer Theorien, als ‚metaphysischer Glaube' angesehen wurde – noch Karl Popper spricht in der *Logik der Forschung* in diesem Sinne vom Realismus – hat sich im Laufe der Debatte die von der philosophischen Richtung des *Wissenschaftlichen Realismus* propagierte Auffassung durchgesetzt, nach der es sich bei der Annahme des Realismus selbst um eine wissenschaftliche Hypothese mit eigener Erklärungsleistung handelt, die mithilfe wissenschaftlicher Schlussweisen (Schluss auf die beste Erklärung) ebenso bestätigt (oder entkräftet) werden kann wie andere, sich auf empirische Gegenstände beziehende wissenschaftliche Hypothesen. Man muss den Realismus nicht mehr als einen Glaubenssatz vertreten oder ablehnen, weil es für Zustimmung oder Ablehnung wissenschaftliche Argumente gibt.

Theorien über Kausalität (5.4), Naturgesetze (5.5) und Modalitäten (Möglichkeit und Notwendigkeit (5.6)) verwenden ‚metaphysische' Ausdrücke, die nicht zum Vokabular empirischer Theorien gehören (Dispositionen, Erzwingungsrelationen, etc.). Aber auch Vertreter solcher Theorien, die ‚metaphysische' Ausdrücke als irreduzibel behandeln, d.h. als nicht zurückführbar auf Ausdrücke empirischer Theorien, akzeptieren, dass ihre Theorien durch wissenschaftliche Tatsachen gestützt und durch wissenschaftliche Schlussweisen (z.B. Schluss auf die beste Erklärung) begründet werden müssen. Daneben gibt es aber auch ‚naturalistische' Theorien z.B. der Kausalität (siehe Phil Dowes Transfer-Theorie der Verursachung), die sich allein auf Begriffe empirischer Wissenschaften stützen.

Das Resultat von Kapitel 5 ist daher, dass die behandelten meta-wissenschaftlichen Gegenstände nicht in einer von der Wissenschaft kategorial verschiedenen Sphäre angesiedelt sind, sondern sich in Gegenstände wissenschaftlicher Theorien verwandelt haben (Raumzeit), im Laufe der Diskussion selbst den Charakter wissenschaftlicher Hypothesen angenommen haben (Realismus) oder nur auf Grundlage wissenschaftlicher Tatsachen erschlossen werden können (Kausalität, Naturgesetze, Modalitäten).

**Kapitel 6: Objektivität, Wahrheit und Ethik der Wissenschaft** beschäftigt sich mit der Frage, wie der Anspruch der Wissenschaft, objektives Wissen zur Verfügung zu stellen, gerechtfertigt werden kann. Dieser Anspruch ist letztlich für die Reputation der Wissenschaft in der Gesellschaft entscheidend. Nachdem die Vorstellung, Wissenschaft könne sicheres, unumstößliches Wissen gewinnen, spätestens seit dem 20ten Jahrhundert als unerfüllbar erkannt worden ist, stützt sich der Objektivitätsanspruch der Wissenschaft auf Methoden der Objektivierung

(6.2), d.h. einerseits auf kontrollierte Experimente (z.B. *randomized controlled trials*) und Prüfverfahren, andererseits auf Methoden, die perspektivische Verzerrungen in wissenschaftlichen Aussagen durch Invariantenbildung ausschalten sollen.

Der Anspruch auf wissenschaftliche Wahrheit (6.3) wird häufig aus Sicht einer grundsätzlichen philosophischen Skepsis gegenüber dem Begriff der Wahrheit in Zweifel gezogen, die sich v.a. gegen die Korrespondenzauffassung der Wahrheit richtet. Diese Zweifel sind nicht unbegründet, rechtfertigen aber nicht den Verzicht auf den Begriff der wissenschaftlichen Wahrheit.

In der Öffentlichkeit wurde und wird der Wahrheitsanspruch der Wissenschaft (6.4) von verschiedenen Seiten attackiert. Ein Beispiel ist der Kreationismus-Streit der 1980er Jahre in den USA. Die Wissenschaften besitzen – so die Gegner einer Sonderstellung der Wissenschaft – keinen bevorzugten Anspruch darauf, die öffentliche Meinung zu bestimmen: sie repräsentieren stets nur *eine* unter vielen Meinungen, die alle unter dem Vorbehalt der Interessen-Bedingtheit stehen. Susan Haack (2007) ist dieser Relativierung mit Hinweis darauf entgegengetreten, dass die Wissenschaft eine besondere Ausprägung der allgemeinen Praxis kritischer empirischer Untersuchung darstellt. Wer den Wahrheitsanspruch der Wissenschaft grundsätzlich in Frage stellt, stellt damit beispielsweise auch den Wahrheitsanspruch eines investigativen Journalismus in Frage.

Ein weiterer Einwand gegen den Wahrheitsanspruch der Wissenschaft bezieht sich auf den wissenschaftlichen Wandel, also die Abfolge miteinander unvereinbarer Theorien in der Wissenschaftsgeschichte (6.5). Wie können die Aussagen einer Wissenschaft jemals einen theorieübergreifenden Anspruch auf Wahrheit erheben, wenn die Geltung der Erfahrungstatsachen, auf die sich die Theorien stützen, selbst von diesen Theorien abhängt? Sind Theorien damit ‚geschlossene Systeme', die nicht an übergeordneten Maßstäben wie Objektivität und Wahrheit gemessen werden können? Auf diese Fragen, die u.a. durch Thomas S. Kuhn aufgeworfen wurden, kann aus Perspektive des in Kapitel 2 entwickelten Theorie- und Bestätigungsbegriffs eine Antwort gegeben werden, die es erlaubt, an der Idee des Fortschreitens zu größerer Objektivität und Wahrheitsnähe festzuhalten.

Dies gilt auch in Hinsicht auf Kuhns These der semantischen *Inkommensurabilität*, nach der die Kontinuität wissenschaftlichen Fortschritts daran scheitert, dass die Begriffe einer Theorie aus Sicht ihrer Nachfolger-Theorie streng genommen unanwendbar sind (wie dies z.B. für das Verhältnis von Newtonscher Mechanik und Spezieller Relativitätstheorie gilt). Trotz der Inkommensurabilität ihrer Begriffe kann die Abfolge von wissenschaftlichen Theorien in einem bestimmten Gegenstandsbereich als immer bessere Annäherung an die Wahrheit verstanden werden: Begriffe einer Vorgängertheorie ‚approximieren' in der Regel die Begriffe der Nachfolgertheorie, indem sie innerhalb eines beschränkten Anwendungsbereichs deren Rolle einnehmen können. Sie liefern aus dieser Sicht vorläufige und eingeschränkt gültige Beschreibungen derselben Gegenstände, von denen die Nachfolgertheorie handelt.

Als abschließende Thematik behandelt das Buch in 6.6 die Ethik der Wissenschaft. Eine grundlegende Voraussetzung für die Behandlung dieses Themas ist ein klares Verständnis der Frage, wie sich Wissenschaft zu Werten verhält. Deshalb steht die Rekonstruktion von Webers ‚Wertfreiheitsthese' zunächst im Mittelpunkt des Abschnitts. Wertorientierungen, so das Ergebnis, sind mit der Arbeit des Wissenschaftlers vereinbar, beispielsweise die Wahl eines Forschungsthemas von besonderer gesellschaftlicher Bedeutung. Werturteile können aber nicht zu den Prämissen einer wissenschaftlichen Untersuchung gehören oder durch sie produziert werden.

Die Forschungsethik thematisiert die Maßstäbe der ethischen Legitimation von Grundlagenforschung und der mit ihr einhergehenden Anwendungen. Grundsätzlich lässt sich Grundlagenforschung dadurch legitimieren, dass sie der Aufklärung des Menschen über die Natur, einschließlich der gesellschaftlichen Natur, und über sich selbst dient. Der ‚Elfenbeinturm' der Forschung lässt sich also nicht allein mit dem Argument ‚nützlicher' Anwendungen verteidigen. Anderseits greift die Forschung, v.a. in Gestalt biologischer, medizinischer und pharmazeutischer Forschung, stark in gesellschaftliche Praktiken ein und verändert in vielfältiger Weise unsere Ansprüche und Erwartungen an Interventionen in ‚natürliche' Lebensvorgänge. Als eine paradigmatische Debatte der Forschungsethik wird in 6.7 die Debatte um die Embryonenforschung dargestellt, die inzwischen zu rechtlicher Regulierung und zur Einführung von Kontrollinstanzen für die Forschung geführt hat.

In 6.8 wird am Bespiel eines aktuellen angewandten Forschungsgebietes, der Robotik, diskutiert, wie technologische Entwicklung und ethische Reflexion Hand in Hand gehen können. Das Verhältnis von Wissenschaft und Ethik ist hier nicht durch Einschränkungen und Verbote gekennzeichnet; stattdessen werden bereits innerhalb des Design-Prozesses robotischer Systeme für verschiedene Anwendungsfelder (wie Krankenpflege und Ökologie) ethische Maßstäbe entwickelt und umgesetzt.

**Kapitel 7: Schluss: Zwischen Wissenschaft und Philosophie** thematisiert die Beziehung zwischen Wissenschaft und Philosophie. Weshalb und in welchem Sinne ist es die Aufgabe der Philosophie, Wissenschaft zu kommentieren und Maßstäbe ihrer Beurteilung zu entwerfen? Welche Aufgaben kann die Philosophie gegenüber der Wissenschaft erfüllen, und was leistet die Wissenschaft umgekehrt für die Entwicklung der Philosophie? Aus welcher Perspektive nimmt die Philosophie ihre beurteilende und normierende Rolle gegenüber der Wissenschaft ein – ‚von außen' oder als Teil der Wissenschaft, d.h. ist die Philosophie selbst eine Wissenschaft?

Angesichts der kaum überschaubaren Vielzahl von Wissenschaftsgebieten scheint es fast aussichtslos, der Gesamtheit der Wissenschaft, wie sie sich heute darstellt, gerecht zu werden. Nur ein Teil der Wissenschaftsdisziplinen konnte in diesem Buch Erwähnung finden, in Fallstudien vorgestellt und diskutiert werden. Aber trotz des noch immer voranschreitenden Prozesses der Spezialisierung und Differenzierung lässt sich nach wie vor ein Kern grundsätzlicher Gemeinsamkeiten aller Wissenschaften aufweisen: Die dynamische Rolle von Theorien, die unser Wissen vorantreiben, das Wechselspiel von Erklärung und Entdeckung, die Methoden der Objektivierung und der kritischen Prüfung. Diese Gemeinsamkeiten zeichnen Natur-, Geistes-, Sozial-, Kultur- und Formalwissenschaften als kritische und produktive Formen der Welterfahrung aus. Sie prägen eine wissenschaftliche Einstellung, die auch auf die Lösung unserer praktischen und ethischen Lebensprobleme ausstrahlt.

Das vorliegende Buch kann nicht für sich beanspruchen, allen Besonderheiten wissenschaftlicher Gebiete und Disziplinen gerecht zu werden. Auf Archäologie, Rechtswissenschaften, Theologie, Kunstgeschichte oder Pädagogik u.a. konnte nicht eigens eingegangen werden. Anstatt kurze Abrisse möglichst vieler Einzelwissenschaften zu geben, habe ich mich aber dafür entschieden, durch längere Fallstudien aus repräsentativen Gebieten der Wissenschaft (Medizin, Physik, Literaturwissenschaft, Ökologie, Mathematik und Soziologie) zu belegen, dass Theoriebildung und empirische Prüfung nicht nur in den Naturwissenschaften das Geschäft der Wissenschaft ausmachen und zu ihrem Florieren beitragen. Das vorliegende Buch verfolgt die Absicht darzulegen und an Beispielen vorzuführen, welche Merkmale es den Wissenschaften ermöglichen, neues und verlässliches Wissen zu produzieren und dadurch jene Sonderstellung in Hinsicht auf Welterklärung und praktische Orientierung einzunehmen, die für die moderne Wissenschaft charakteristisch ist.

# 1 Wissenschaftskonzepte

## 1.1 Einleitung

In der abendländischen Wissenschaftstradition ist die Wissenschaft stets von philosophischen Wissenschaftskonzepten begleitet worden. Wissenschaftskonzepte reflektieren die zu einer Zeit betriebene Wissenschaft: Sie versuchen, die epistemischen Grundlagen wissenschaftlicher Aktivität zu bestimmen, ihre charakteristischen Methoden und ihre Ziele zu erfassen. Gemeinsam ist all diesen Konzepten – so verschieden sie in inhaltlicher Hinsicht auch sein mögen –, dass sie die Sonderstellung der Wissenschaft, ihre herausragende epistemische Autorität, die intellektuelle und praktische Bedeutung ihrer Resultate und die damit korrespondierende gesellschaftliche Rolle begreiflich zu machen versuchen. In vielen philosophischen Konzepten erscheint die Wissenschaft sogar als ein Vorbild oder Muster der Philosophie (wie z. B. für Kant oder den frühen logischen Empirismus) oder des gesellschaftlichen Lebens (Hahn, Neurath und Carnap 1929/2006, Dewey 1923[1]).

In diesem Kapitel werden einige markante Wissenschaftskonzepte der Philosophiegeschichte vorgestellt, die nicht nur das philosophische Denken *über* Wissenschaft geprägt, sondern auch die Entwicklung der wissenschaftlichen Praxis selbst mitbestimmt haben: Bacons Kanon wissenschaftlicher Methoden, Descartes' mechanistisches Wissenschaftskonzept, Kants erkenntniskritische Fundierung der Wissenschaft, Carnaps Programm der Universalsprache, Poppers Falsifikationismus, und schließlich Kuhns Wissenschaftskonzept, das die wissenschaftliche Praxis (,Normalwissenschaft') in den Vordergrund rückt. In Kapitel 2 werde ich ein Konzept der Wissenschaft skizzieren, das den Fokus auf ein Merkmal richtet, durch das Wissenschaft über systematisiertes Alltagswissen[2] hinausgeht: die Erweiterung von Erfahrungswissen durch *Theoriebildung*, d.h. durch Entwicklung theoretischer Begriffsnetze (vgl. 2.1). Dieses Merkmal ist eine wesentliche Voraussetzung dafür, dass die Wissenschaft Neues entdecken kann (vgl. Kapitel 3).

## 1.2 Francis Bacon: Wissenschaft als Erkenntnismethode

Francis Bacon (1561–1626) hat die Auffassung vertreten, dass die Wissenschaft – gemeint sind die zu seiner Zeit entstehenden Naturwissenschaften – sich durch ein gezieltes methodisches Vorgehen auszeichnet. Die Natur der uns umgebenden Phänomene kann nicht allein durch den Verstand erkannt werden, sondern nur durch sorgfältige und systematische Auswertung relevanter Erfahrungen. Naturwissenschaft muss erfahrungsbasiert sein, aber um aus der Erfahrung zu lernen, müssen ihre Elemente so arrangiert werden, dass sich allgemeine Schlüsse aus ihnen ziehen lassen. Bacons *induktive* Methode schließt nun nicht etwa die Empfehlung ein, von endlich vielen Einzelerfahrungen einfach zu allgemeinen Konklusionen überzugehen (enumerative Induktion). Vielmehr müssen mögliche Antworten auf Fragen, die wir an die Natur stellen, an vielen, heterogenen Einzelerfahrungen überprüft und gewogen werden. Was Bacon als Methode der Wissenschaft empfiehlt, ist kein direkter Schluss aus Erfahrungstatsachen, sondern eher ein Aussieben von Hypothesen mithilfe harter Kriterien der Bewährung an der Erfahrung. Die Härte der Kriterien zeigt sich darin, dass eine Hypothese über irgendein natürliches Phänomen (z. B. die Hypothese, dass die Natur der Wärme in Bewegung besteht) sich gegenüber *allen* Erfahrungen dieses Phänomens als haltbar erweisen muss. In moderner Sprechweise könnte man dies so beschreiben: die Hypothese muss allen Widerlegungsversuchen standgehalten haben.

Bacons Methodenlehre der Wissenschaft findet sich im zweiten Buch des *Novum Organum* von 1620. Die Naturerkenntnis muss, so Bacon, sowohl induktiv als auch deduktiv verfahren:

> Die Mittel [*indicia*] für die Interpretation der Natur umfassen im allgemeinen zwei Teile; in dem ersten werden die Grundsätze [*axiomae*] aus der Erfahrung [*ab experientia*] entwickelt oder klar umfasst, in dem zweiten werden neue Versuche [*experimentae novae*] aus den Grundsätzen entwickelt und abgeleitet. (Bacon 1620/2009: 301)

Eine notwendige Voraussetzung, die erfüllt werden muss, um über die Wirkungsweisen der Natur [*quid natura faciat aut ferat*] nicht nur auf Vermutungen angewiesen zu sein, sondern sie verlässlich ermitteln zu können, ist die Erstellung dessen, was Bacon *Natur- und Experimentalgeschichte* nennt. Um in die Naturgeschichte der Erfahrung von bestimmten Phänomenen[3] wie etwa der Wärme Ordnung und Übersicht zu bringen, ist es erforderlich, Tabellen zu erstellen, in denen verschiedene Fälle des Vorkommens eines Phänomens eingetragen werden können. Aber Tabellen alleine setzen das menschliche Verstehen noch nicht instand, jene Grundsätze zu erfassen, die doch aus der Erfahrung gewonnen werden sollen. „Deshalb ist [...] die rechtmäßige und wahre Induktion anzuwenden, die der Schlüssel selbst der Interpretation ist". (Bacon 1620/2009: 301)

In einer ersten Tabelle [*Tabula Essentiae et Praesentiae*] werden zunächst also alle bekannten Vorkommnisse eines Phänomens eingetragen, z. B. alle Erfahrungen, in denen sich das Phänomen der Wärme zeigt (,*Fälle, denen die Eigenschaft des Warmen zukommt*'), z. B. die direkte Sonneneinstrahlung im Sommer, die durch einen Spiegel reflektierten Sonnenstrahlen, brennende Materialien, natürliche warme Quellen, erhitzte Flüssigkeiten etc.⁴ Diese Tabelle wird nun durch eine Negativ- oder Kontrastliste ergänzt, die Fälle aufzählt, in denen das Phänomen der Wärme *nicht* auftritt, obgleich die entsprechenden Situationen jenen der Positivliste sehr ähnlich sind; ein Beispiel dafür sind die Lichtstrahlen, die uns nicht von der Sonne, sondern vom Mond, von Sternen oder Kometen erreichen. Schließlich soll eine dritte Liste Fälle erfassen, in denen eine Veränderung hinsichtlich des untersuchten Phänomens infolge geänderter Bedingungen eintritt; z. B. nimmt die Wärme in Tieren zu, wenn sie sich bewegen, Fieber oder Schmerzen haben, und die Sonnenstrahlen geben eine stärkere Wärme ab, wenn die Sonne im Zenit steht.

Wenn diese Tabellen mit hinreichend vielen unterschiedlichen Fällen gefüllt sind, kann die Arbeit der Induktion beginnen. Das Ziel besteht darin, jenes Merkmal zu finden, das in *allen Fällen* zusammen mit dem untersuchten Phänomen auftritt, während es in allen Fällen fehlt, in denen das Phänomen nicht auftritt. Außerdem muss die Zu- oder Abnahme des Grades, in dem dieses Merkmal auftritt, mit der Zu- oder Abnahme des Phänomens korrelieren. Das Verfahren, das bei der Suche angewendet werden soll, ist ein Ausschlussverfahren⁵: Es sind solche Merkmale auszuschließen, die in wenigstens einer Instanz des untersuchten Phänomens nicht auftreten, ebenso solche Merkmale, die in Situationen auftreten, in denen das Phänomen fehlt, und schließlich auch jene, die sich in manchen Fällen gegenläufig zur Ab- oder Zunahme des Phänomens verändern. Wenn wir alle diese Merkmale ausgeschlossen haben, wird am Schluss jenes Merkmal übrig bleiben, durch das das untersuchte Phänomen wesentlich ausgezeichnet ist (seine ‚Form' repräsentiert wird):

> Ist so das Zurückweisen und Ausschließen Schritt für Schritt geschehen, wird an zweiter Stelle, gleichsam als fester Grund, die bejahende, wahre und scharf umrissene Form zurückbleiben, während die flüchtigen Meinungen in Rauch aufgegangen sind. (Bacon 1620/2009: 351)

Im Beispiel des Phänomens *Wärme* ist das Merkmal *Licht* zu eliminieren, weil es bei manchen Instanzen von Wärme fehlt (z. B. wenn Wasser zum Kochen gebracht wird) und es zudem Fälle gibt, in denen Licht, aber nicht Wärme auftritt (z. B. beim ‚kalten' Mondlicht). Die Fälle, in denen Wärme durch Reibung zwischen Körpern erzeugt wird, zeigen, dass die Erzeugung der Wärme offenbar nicht von einem besonderen in den Körpern enthaltenen Wärmestoff abhängt. Das Phänomen Wärme geht also nicht auf die Existenz einer eigenen Substanz der Wärme zurück. Nach Durchmusterung aller Instanzen gelangt Bacon schließlich zum Ergebnis seiner Analyse: Wärme, so Bacon, ist *innere Bewegung*, d. h. Bewegung der mikroskopischen Bestandteile von Körpern, eine Art von Bewegung, in der die Teile eines Körpers sich nicht in gleicher Weise und simultan, sondern unregelmäßig und unterschiedlich bewegen. Offenbar schließt Bacon von Beispielen der Bewegung, wie sie an einer Flamme oder beim Erhitzen einer Flüssigkeit zu beobachten ist, darauf, dass analog auch die nicht direkt beobachtbaren kleinen Teile von Körpern solche Bewegungen ausführen und dadurch das Wärmephänomen erzeugen: „Daraus geht klar hervor, dass durch Wärme Störung, Erschütterung und starke Bewegung in den inneren Teilen des Körpers erzeugt werden, die ihn allmählich auflösen" (Bacon 1620/2009: 363).

Letztlich ist es also nicht allein das von Bacon propagierte Ausschlussverfahren, sondern auch die Verwendung eines Analogieschlusses von Makro- auf Mikromechanismen, durch den dieses aus heutiger Sicht zutreffende Ergebnis zustande kommt (vgl. Carrier 2006: 24). Grundsätzlich ist die Anwendbarkeit von Bacons Eliminationsverfahren begrenzt. Zum einen bietet es keine Gewähr dafür, dass am Ende nur ein einziger Kandidat für die ‚wahre Natur' eines Phänomens übrig bleibt. Zum anderen lassen sich mit ihm nur solche Merkmale erfassen, die unseren Sinnen zugänglich und uns durch Erfahrungen im Alltag bekannt sind. Verborgene Eigenschaften und Mechanismen, die sich in der Wahrnehmung nicht direkt mitteilen, müssen zwangsläufig unerkannt bleiben. Daher ist das Eliminationsverfahren Bacons nicht ausreichend um zu erklären, wie die für die moderne Wissenschaft charakteristischen Entdeckungen möglich sind. Wie in Kapitel 2 ausgeführt wird, sind es vielmehr über die Sinneswahrnehmung hinausreichende theoretische Hypothesen, die es ermöglichen, nicht direkt beobachtbare Eigenschaften zu entdecken. Aus heutiger Sicht ist es weniger sein Vertrauen auf ‚induktive' (im Gegensatz etwa zu hypothetisch-deduktiven) Methoden, das Bacon von einer modernen Wissenschaftsauffassung trennt, als vielmehr die Beschränkung auf beobachtbare Phänomene und Merkmale, die den von ihm propagierten Methoden inhärent ist.[6] Diese Beschränkung unterminiert das von Bacon selbst verkündete „wahre und rechtmäßige Ziel der Wissenschaft" [...] „das menschliche Leben mit neuen Erfindungen und Mitteln zu bereichern" (Bacon 1620/2009: 173).

Ungeachtet dessen hat Bacon eine Einstellung zur Wissenschaft begründet, die bis heute das Wissenschaftsverständnis prägt. Die Wissenschaft eröffnet dem Menschen einen Spielraum von Möglichkeiten des Verstehens und der Naturbeherrschung. Dieser Spielraum öffnet sich allerdings nur dem, der sich kritisch von allen Vorurteilen [*idolae*] distanziert, die in persönlichen oder gesellschaftlich vermittelten Einstellungen und Interessen wurzeln mögen. Hingabe und das bewusste Ausschalten ‚wissenschaftsfremder' Intentionen sind Voraussetzung, um am Spiel der Wissenschaft teilzunehmen (vgl. Bacon 1620/2009: 145). In Abkehr von der Aristotelischen Wissenschaftstradition setzt Bacon auf gezielte Beobachtung und das Experiment, um wissenschaftliche Fragen zu entscheiden. Im Unterschied zur ‚Naturgeschichte' (hierzu zählt Bacon Berichte über Tiere, Pflanzen, Metalle und Fossilien) will die Wissenschaft das „Verborgene der Natur" erkennen, das nur „durch das Drängen der Kunst" besser zum Vorschein gebracht werden kann (also durch zielgerecht arrangiertes Experimentieren), „als wenn alles seinen natürlichen Lauf nimmt" (Bacon 1620/2009: 217).

## 1.3 René Descartes: Wissenschaft als angewandte Naturphilosophie

Die neuzeitliche Wissenschaft fußt auf einem neuen Methodenbewusstsein, nach dem die Natur durch kunstvoll eingerichtete, systematische Verfahren dazu ‚gedrängt' werden muss, ihre verborgenen Strukturen und Gesetzmäßigkeiten preiszugeben. Zu diesem Bewusstsein haben nicht nur Philosophen wie Francis Bacon beigetragen, sondern ganz wesentlich auch das Vorbild führender WissenschaftlerInnen der Zeit. Ebenso wie die Wissenschaftsphilosophie der logischen Empiristen durch das Vorbild der Relativitätstheorie Einsteins geprägt wurde, hat die Physik Galileis das methodische Wissenschaftskonzept des 17ten Jahrhunderts inspiriert. Galilei berichtet in den *Discorsi* von 1638 von einer langen Reihe von Versuchen, die er an Fallvorgängen mit unterschiedlichsten Materialien in diversen Medien vorgenommen hatte. Angesichts verwirrender, höchst heterogener Resultate dieser Versuche kommt es zum Durchbruch erst durch eine methodische Entscheidung: Um die Natur des freien Falls zu verstehen, müssen die unterschiedlichen Einflüsse, die von Form und Art des Materials, sowie von der Beschaffenheit des Fall-Mediums auf den Fallvorgang ausgehen, ausgeschaltet werden. Erst in einer kunstvoll eingerichteten Versuchsanordnung, die den freien Fall von seinen Begleitfaktoren isoliert, kann sich seine Natur herausschälen.

Aber die neuzeitliche Wissenschaft entwickelt sich nicht nur im Zeichen methodologischer Neuausrichtung, sondern auch unter dem Einfluss naturphilosophischer Konzepte, v.a. unter dem Einfluss der mechanistischen Naturphilosophie Descartes' (1596 – 1650).[7] Ihr Ausgangspunkt ist eine radikale Kritik des überlieferten Aristotelischen Substanzbegriffs. Anstelle eines heterogenen Verständnisses von Substanz, nach dem die verschiedenen ‚natürlichen' Verhaltens-Tendenzen materieller Dinge getrennte Substanz-Arten manifestieren, soll gerade aus der Abstraktion von allen wahrnehmbaren unterschiedlichen Erscheinungsformen der Materie ein einheitlicher Begriff der Substanz körperlicher Dinge hervorgehen, wie Descartes es in der zweiten Meditation von 1641 an dem berühmten Beispiel eines Stückes Wachs vorführt:

> Vor kurzem erst hat man es aus der Wachsscheibe gewonnen, noch verlor es nicht ganz den Geschmack des Honigs, noch blieb ein wenig zurück von dem Dufte der Blumen, aus denen es gesammelt worden; seine Farbe, Gestalt, Größe liegen offen zutage, es ist hart, auch kalt, man kann es leicht anfassen, und schlägt man mit dem Knöchel darauf, so gibt es einen Ton von sich, kurz – es besitzt alles, was erforderlich scheint, um irgendeinen Körper ganz deutlich erkennbar zu machen. Doch sieh! Während ich noch so rede, nähert man es dem Feuer, – was an Geschmack da war, geht verloren, der Geruch entschwindet, die Farbe ändert sich, es wird unförmig, wird größer, wird flüssig, wird warm, kaum mehr lässt es sich anfassen, und wenn man darauf klopft, so wird es keinen Ton mehr von sich geben. Bleibt es denn noch dasselbe Wachs? Man muss zugeben – es bleibt, keiner leugnet es, niemand ist darüber anderer Meinung. Was an ihm also war es, das man so deutlich erkannte? Sicherlich nichts von dem, was im Bereich der Sinne lag; denn alles, was unter den Geschmack, den Geruch, das Gesicht, das Gefühl oder das Gehör fiel, ist ja jetzt verändert, und doch es bleibt – das Wachs. (Descartes 1641/1993: 26)

Der hier wiedergegebene gedankliche Abstraktionsprozess läuft darauf hinaus, dass nicht mit den Sinnen erkennbar ist, was die Natur dieses Stückes Wachs ausmacht. Was seine gegenüber allen akzidentellen Veränderungen invariante materielle Substanz ist, kann uns nur der Verstand sagen: Es ist, wie er in den *Prinzipien der Philosophie* (1644/1992) ausführt, letztlich seine „Ausdehnung in die Länge, Breite und Tiefe"[8]:

> [D]ie Natur der Materie oder des Körpers [besteht] überhaupt nicht in Härte, Gewicht, Farbe oder einer anderen sinnlichen Eigenschaft [...] sondern nur in seiner räumlichen Ausdehnung in die Länge, Breite und Tiefe. Denn von der Härte lehrt uns unsere Wahrnehmung nur, dass die Teile der harten Körper bei dem Druck von unseren Händen der Bewegung widerstehen; denn wenn bei der Bewegung unserer Hände gegen einen Teil alle dort befindlichen Körper mit derselben Schnelligkeit zurückwichen, mit der jene sich vorwärts bewegen, so würden wir keine Härte fühlen, und trotzdem haben wir keinen Grund, anzunehmen, dass die Körper, weil sie sich so zurückziehen, deshalb dasjenige verlieren, was sie zu Körpern macht. (Descartes 1644/1992: 32–33)

Descartes ist keineswegs der Meinung, dass ein Körper, neben seiner Ausdehnung, nicht noch *andere* Eigenschaften besitze. Diese weiteren Eigenschaften sind aber *Konsequenzen* seiner Ausdehnung.[9] In der oben zitierten Passage wird deutlich, dass Descartes für seine Auffassung nicht nur die Möglichkeit der Abstrahierung von akzidentellen Begleitumständen (wie des Geruches des Stückes Wachs) anführt, sondern auch eine positive Erklärung für die Eigenschaft der Härte der Körper bietet: Die Wahrnehmung von ‚Härte' wird durch eine bestimmte Relativbewegung zwischen den Teilchen des Körpers und der Hand verursacht.[10] Nur in solchen Situationen, in denen diese besondere Relativbewegung existiert, wird die Eigenschaft der Härte erfahren. Diese Erklärung ist besser als jene, die Härte zu einer inneren Eigenschaft der Körper macht; sie ist informativer, weil sie einen Mechanismus für das Auftreten der Erfahrung von Härte angibt, und sie ist sparsamer, weil sie mit einer geringeren Zahl wesentlicher Eigenschaften von Körpern auskommt.

Ebenso wichtig wie die Beschränkung auf die Ausdehnung als einheitliche[11] wesentliche Eigenschaft der Materie ist für Descartes' mechanistische Erklärung der Welt die Rolle der *Bewegung* der Materie:

> In der ganzen Welt gibt es also nur ein und dieselbe Materie, die allein daran erkannt wird, dass sie ausgedehnt ist. Alle in ihr klar erkannten Eigenschaften laufen also darauf hinaus, dass sie teilbar und in ihren Teilen beweglich und deshalb all der Zustände fähig ist, die aus der Bewegung ihrer Teile folgen. (Descartes 1644/1992: 41)

Die materiellen Teilchen sind also nicht nur *de facto* in Bewegung begriffen, ihre Bewegung ist vielmehr *konstitutiv* für die Struktur der Welt. Die Tatsache der Bewegung stellt zunächst sicher, dass die Welt kein undifferenziertes Ganzes ist. Teile der Materie werden erst dadurch zu voneinander unterschiedenen Teilen, dass sie relative Bewegungen gegeneinander ausführen:

> Ich verstehe hier unter einem Körper oder einem Teile der Materie alles das, was gleichzeitig übergeführt wird, wenn es auch aus vielen Teilen besteht, die untereinander andere Bewegungen haben. (Descartes 1644/1992: 42)

Der Ausdruck ‚Überführung' deutet auf Descartes' Begriff der lokalen Relativbewegung. Weil es für Descartes keine in der Zeit persistierenden Raumpunkte gibt, die einen Maßstab für Bewegung bilden können, wie dies bei Newton der Fall sein wird, können wir keinem Körper in absoluter Weise einen bestimmten Bewegungszustand zusprechen. Vielmehr kann von Bewegung eines Körpers immer nur relativ zu anderen Körpern in seiner unmittelbaren Nachbarschaft die Rede sein und vom ‚Ruhezustand' eines Körpers nur in dem Sinne, dass er willkürlich als Bezugsgegenstand für Bewegungen in seiner Umgebung ausgewählt wird.[12] Die mechanistische Auffassung der Welt berücksichtigt bei der Erklärung natürlicher Phänomene daher nur die Größe, die Form und die Bewegung kleiner Teilchen der Materie, sie beschreibt die Welt als *Matter in Motion* (vgl. Boyle 1666: 71).

Descartes' Naturwissenschaft folgt einem naturphilosophisch begründeten Programm. Dieses Programm zeichnet sich aus durch eine Auswahl zentraler Begriffe (z. B. Materie als Ausdehnung, lokale Bewegung), die in wissenschaftlichen Erklärungen natürlicher Phänomene zu verwenden sind. Außerdem wird exemplarisch vorgeführt, *wie* mit diesen Begriffen *reduktiv* (durch Zurückführung auf das Verhalten bewegter Teilchen) *erklärt* werden kann, z. B. die Eigenschaft der Härte von Körpern. Weil nach Descartes materielle Körper keine Kräfte ausüben und daher natürlichen Prozessen keine Richtung vorgeben können (im

Gegensatz zur Aristotelischen Naturphilosophie, in der z. B. schwere Körper die Tendenz besitzen, dem Mittelpunkt der Welt zuzustreben), müssen ersatzweise allgemeine *Naturgesetze* wie das Prinzip der Erhaltung der ‚Bewegung' (modern: Erhaltung des Gesamtimpulses) und das Trägheitsprinzip für die dynamische Struktur der Welt sorgen. Die Verwendung mechanistischer, reduktiver Erklärungen sowie die Hervorhebung der strukturbildenden Rolle von Naturgesetzen sind – anders als die Inhalte der Naturphilosophie Descartes' – zu prägenden Bestandteilen des modernen Wissenschaftsverständnisses geworden.

Das Programm mechanistischer Erklärung der Welt hat Descartes auch auf den Bereich der seelischen (oder psychischen) Vorgänge übertragen. In den *Leidenschaften der Seele* (*Le Passions de l'âme* 1649/1996)[13] zeichnet er ein Bild davon, wie „Seele und Körper aufeinander einwirken" (Descartes 1649/1996: 57–59). Zwar gehören Seele und Körper zwei getrennten substantiellen Sphären an, der Sphäre der *res cogitans* und der Sphäre der *res extensa*, aber daraus folgt nicht, dass sie nicht innerlich aufeinander bezogen wären. Schon in der Sechsten Meditation 1641 hatte Descartes betont, „dass ich meinem Körper nicht nur wie ein Schiffer seinem Fahrzeug gegenwärtig bin, sondern dass ich ganz eng mit ihm verbunden und gleichsam vermischt bin, so dass ich mit ihm eine Einheit bilde" (Descartes 1641/1993: 72). Körper und Seele sind „derart miteinander verbunden […], dass sie nicht alle ihre Funktionen unabhängig voneinander ausüben können" […], und in diesem Sinne „zusammen eine essentielle Einheit" bilden (vgl. Perler 1998: 213–214). Diese essentielle Einheit ist die Einheit der Person.

Schon zu Beginn der Abhandlung von 1649 betont Descartes, seelische Vorgänge seien durch Lebensvorgänge des Körpers vermittelt und von ihnen abhängig, und umgekehrt finde Seelisches in körperlichen Erscheinungen Ausdruck. Es ist, so Descartes, ein Irrtum zu glauben, „es wäre die Abwesenheit der Seele, welche die Bewegungen und die Wärme [des lebenden Körpers] aufhören ließe" (Descartes 1649/1996: 9), im Gegenteil solle man denken, dass „die Seele nur entflieht, wenn man stirbt, weil diese Wärme entschwindet und die Organe, die dem Körper zur Bewegung dienen, zugrunde gehen" (Descartes 1649/1996: 9). Die Seele ist also nicht mehr (wie in der antiken Tradition) das lebensspendende Prinzip, sondern es sind die (mechanisch verstehbaren) Lebensvorgänge des Körpers, die auch die seelischen Vorgänge unterhalten.[14]

Die Schaltstelle, an der die Wechselwirkungen zwischen Seele und Körper gesteuert werden, ist für Descartes die Zirbeldrüse; sie übt jene Funktionen aus, die wir heute dem Gehirn in seiner Gesamtheit zusprechen würden. Der Körper wirkt auf die Seele ein, indem zunächst Nervenfasern die Eindrücke der Sinnesorgane (innere Eindrücke wie die eines Schmerzes oder äußere Eindrücke wie die eines Lichtscheins) aufnehmen und bis ins Gehirn weiterleiten, wo sie dafür sorgen, dass die ‚Poren des Hirns' sich in einer für die jeweiligen Eindrücke spezifischen (und dadurch sie repräsentierenden) Weise öffnen, so dass die ‚Lebensgeister' (*les esprits*) ihrerseits in spezifischer Weise in die Poren eindringen und schließlich jene Bewegungen der Zirbeldrüse im Gehirn auslösen, die für die entsprechende Vorstellung (*imagination*) – die entsprechende Wahrnehmung der Seele – charakteristisch sind. Die Seele bildet ihre Vorstellungen also nicht nur irgendwie infolge physischer Vermittlungsvorgänge, sondern als Resultat einer Kette von *Repräsentationen*, durch die sie mit den ursprünglichen Sinnesobjekten verbunden sind:

> Wenn wir das Licht einer Fackel sehen oder den Ton einer Glocke hören, sind dieser Ton und dieses Licht zwei verschiedene Vorgänge, die dadurch, dass sie zwei verschiedene Bewegungen in bestimmten Nerven und mittels dieser im Hirn hervorrufen, der Seele zwei verschiedene Empfindungen geben, die wir derart auf Gegenstände als ihre Ursache beziehen, dass wir denken, wir sähen die Fackel selbst und hörten die Glocke selbst, während wir nur die Bewegungen empfinden, die von ihnen ausgehen. (Descartes 1649/1996: 41).[15]

Umgekehrt kann die Seele durch ihre aktiven Fähigkeiten (zusammengefasst in der Instanz des ‚Willens' – *volonté*) in spezifischer Weise die Zirbeldrüse bewegen und damit die „umgebenden Lebensgeister in die Poren des Hirns [schicken], die sie durch die Nerven in die Muskeln weiterleiten, mittels deren sie dann die Glieder bewegen." (Descartes 1649/1996: 59). In dieser Weise können Äußerungen des Willens („Ich will jetzt aufstehen") entsprechende Körperbewegungen verursachen.[16]

Neben den perzeptiven Zuständen der Seele und den willentlich gesteuerten oder unwillentlich ausgelösten sensomotorischen Vorgängen interessieren Descartes aber ganz besonders die

> Wahrnehmungen, die man allein auf die Seele bezieht [...], deren Wirkung man als in der Seele selbst gegeben fühlt und von denen man gewöhnlich keinerlei nächste [Haupt-]Ursache, auf die man sie beziehen könnte, kennt. Dazu gehören die Freude, der Zorn und andere ähnliche Empfindungen [...]. (Descartes 1649/1996: 43)

Diese eigentlichen ‚Leidenschaften der Seele' (*Passions de l'âme*) bilden heute die Domäne der Emotionsforschung. Während uns andere ‚Abbilder der Empfindung' täuschen können, wenn wir uns einbilden, etwas zu sehen, das nicht vorhanden ist, ist es für emotive Zustände der Seele charakteristisch, dass wir uns in ihnen nicht irren können; es ist nicht möglich, so Descartes, sich traurig zu fühlen ohne es zu sein (Descartes 1649/1996: 47). Der Grund dafür besteht darin, dass Emotionen zwar durch Bewegungen der Lebensgeister „veranlasst, unterstützt und verstärkt" werden können, es aber – anders als dies bei Vorstellungen von Sinnesobjekten der Fall ist – nichts gibt, das sie *repräsentieren*. Wenn beispielsweise eine „fremdartige und schreckenerregende" Gestalt vor mir auftaucht, die „viel Beziehung zu den Dingen hat, die früher schon dem Körper schädlich waren", so „ruft dies in der Seele die Leidenschaft der Angst hervor [...]" (Descartes 1649/1996: 61). Grund dafür ist, dass über unsere Augen Bilder der ‚fremdartigen Gestalt' auf die Innenwand des Gehirns projiziert werden, die durch die Lebensgeister in eine entsprechende Bewegung der Zirbeldrüse übersetzt werden, die dann wiederum in spezifischer Weise auf die Seele einwirkt. Danach strömen dieselben Lebensgeister „in die Nerven [...], die dazu da sind, den Rücken zu wenden und die Beine zur Flucht zu veranlassen [...]" (Descartes 1649/1996: 61). Diese Verbindung zur Motorik ist ‚gelernt', sie ist der verkörperte Ausdruck früherer Lebenserfahrung, spiegelt aber auch die besondere Konstitution des Individuums wider.

Wenn Emotionen auch nichts *repräsentieren*, welche *Funktion* erfüllen sie dann? Zunächst sind sie passive Zustände der Seele, die nicht selbst etwas bewirken können. Die Leidenschaften der Seele selbst lenken unser Verhalten nicht, und sie sind gegenüber dem Versuch direkter willentlicher Beeinflussung weitgehend resistent. Dennoch ist die Seele, die ihre eigenen emotiven Zustände wahrnimmt, in der Lage, *indirekt* auf ihre Leidenschaften einzuwirken. Wenn eine Person beispielsweise die Empfindung der Furcht in sich wahrnimmt, dann kann ihr Wille (der aktive Teil ihrer Seele), durch Erzeugung ‚beruhigender' Vorstellungen hemmenden Einfluss auf jene Nervenbahnen nehmen, über die die Lebensgeister uns zur Flucht veranlassen wollen (vgl. Descartes 1649/1996: 73–75). Diese körperliche Veränderung drückt sich dann ihrerseits in einer Modifikation der entsprechenden Emotion aus. Kurz: Emotionen haben die Funktion, uns über die Wertigkeit unserer Umgebung (begehrenswert oder schädlich) zu informieren. Aber eine Person kann ihre eigenen Emotionen ‚zügeln' (oder umgekehrt verstärken), indem sie in sich Vorstellungen erzeugt, die ihr Verhalten nach Maßgabe früherer Erfahrung kontrollieren (vgl. Descartes 1649/1996: 75–77). Descartes' Emotionstheorie erklärt, wie eine Person durch Zusammenwirken körperlicher und seelischer Mechanismen[17] ihr Verhalten steuert, mit dem Zweck, es an die Erfordernisse der Natur anzupassen.

## 1.4 Immanuel Kant: Wissenschaft als objektive Erfahrungserkenntnis

Wissenschaftliche Erkenntnis geht in ihren Begriffen und ihren Gesetzesaussagen weit über die Grenze sinnlicher Erfahrung hinaus. Descartes' Gleichsetzung von Materie und Ausdehnung kann ebenso wie etwa das von ihm formulierte Trägheitsprinzip zwar durch Erfahrungstatsachen motiviert, aber letztlich nur durch

## 1.4 Immanuel Kant: Wissenschaft als objektive Erfahrungserkenntnis

rationale Argumentation begründet werden.[18] Immanuel Kant (1724–1804) bestätigt diese Auffassung: Die Möglichkeit, wissenschaftlich haltbare Erkenntnis jenseits der Sinneserfahrung zu gewinnen, wie sie aus seiner Sicht in Newtons Physik realisiert wird, ist nur dadurch zu erklären, dass die Wissenschaft eine rationale und metaphysische Grundlage besitzt. Im Unterschied zu Descartes sind es aber für Kant nicht rationale Einsichten in die Natur der Dinge, die diese metaphysische Grundlage ausmachen. Solche Einsichten sind, so Kant, niemals alternativlos und können daher nicht jene Sicherheit gewährleisten, durch die fundamentale wissenschaftliche Theorien wie Newtons Gravitationstheorie aus seiner Sicht ausgezeichnet sind.[19] Eine „reine Naturwissenschaft, die *a priori* und mit aller derjenigen Notwendigkeit, welche zu apodiktischen Sätzen erforderlich ist, Gesetze vorträgt, unter denen die Natur steht" (Kant 1783/1993: 50), erfordert eine Grundlage, die viel allgemeiner ist: Diese Grundlage muss aus jenen Faktoren oder Bedingungen bestehen, die *objektive* Erfahrungserkenntnis überhaupt ausmachen – schließlich ist jede, inhaltlich wie immer geartete, Naturerkenntnis zuerst objektive Erfahrungserkenntnis. Naturwissenschaftliche Aussagen können nur dann *a priori* – unabhängig von jeder konkreten Erfahrung – gelten, wenn sie durch Merkmale begründet sind, die *jeder* objektiven Erkenntnis, unabhängig von ihrem konkreten Inhalt, anhaften.

Objektive Erkenntnis beginnt mit *Wahrnehmungsurteilen*. Sie bedürfen „nur der logischen Verknüpfung der Wahrnehmungen in einem denkenden Subjekt" und sind daher „nur subjektiv gültig" (Kant 1783/1993: 53). So kann ein Wahrnehmungsurteil besagen, dass ein Stein zu einem bestimmten Zeitraum durch die Sonne beschienen wird. Ein solches Wahrnehmungsurteil drückt einen Erfahrungsinhalt aus – nämlich eine bestimmte „sinnliche Anschauung" – und gilt daher zunächst „bloß für uns". Auch allgemeine Wahrnehmungsurteile, die Wahrnehmungen in unserem Bewusstsein zu verschiedenen Zeitpunkten zusammenfassen, wie z. B. „Auf die Beleuchtung des Steins durch die Sonne folgt jederzeit Wärme"[20], bleiben, so Kant, „allemal zufällig" und repräsentieren noch keine objektive Erkenntnis. Objektive Erkenntnis kommt erst zustande, wenn dem Wahrnehmungsurteil etwas hinzufügt wird, das ihm Notwendigkeit und Allgemeingültigkeit verleiht – d. h. wenn es in ein *Erfahrungsurteil* verwandelt wird. Dies geschieht durch Anwendung von Verstandesbegriffen[21] (Kategorien), die nicht aus der Erfahrung stammen (also *a priori*-Begriffe sind), wie der Begriff der Ursache. In unserem Beispiel lautet das Erfahrungsurteil „Die Erwärmung des Steins folgt notwendig aus der Beleuchtung durch die Sonne".

Neben der Kategorie der ‚Ursache' oder der ‚Kausalität' spielen für die Naturerkenntnis noch die Kategorien ‚Substanz' und ‚Wechselwirkung' eine wesentliche Rolle. Aber wie werden diese Kategorien in unseren Erfahrungsurteilen wirksam? Zunächst fehlt es den Kategorien an (anschaulicher) Bedeutung – als *a priori*-Begriffe können ihnen ja gerade „keine Anschauungen[22] unterlegt werden"[23]. Um anwendbar auf Anschauungen zu werden, muss daher jeder Kategorie eigens ein ‚Schema zum Gebrauche' zugeordnet werden, ein Modell oder ein *modus operandi* als Vorschrift, *wie* verschiedene Anschauungen durch die entsprechende Kategorie in der Zeit miteinander verknüpft werden. Das Schema enthält also eine Art *funktionaler* Repräsentation der jeweiligen Kategorie. Im Fall der Kategorie der ‚Kausalität' besteht dieses Schema in der „Sukzession des Mannigfaltigen, insofern sie einer Regel unterworfen ist" (Kant 1787/1982: B 184). Unser obiges Beispiel des von der Sonne beschienenen Steins erfüllt dieses Schema: Die Abfolge von Beleuchtung und Erwärmung des Steins folgt einer *Regel*, die aus der wahrgenommenen Abfolge eine *notwendige* Abfolge macht. Das Wahrnehmungsurteil wird durch Subsumption unter das Schema der Kausalität zum ‚Erfahrungsurteil' (Kant 1783/1993: 53) und repräsentiert nun objektive Erkenntnis, während die vorher abstrakte Kategorie der Kausalität mittels des Schemas empirische Bedeutung (Kant 1787/1982: B 185) gewinnt.

Aus den Schemata der Kategorien (der reinen Verstandesbegriffe), die zunächst nur die Art und Weise angeben, nach der Erfahrungsurteile gebildet werden können, lassen sich nun *Grundsätze möglicher Erfahrung* ableiten, wenn man, wie Kant dies tut, annimmt, dass die in den Schemata ausgedrückten Beziehungen zwischen Erscheinungen auf *alle* Erscheinungen anwendbar sind: „Alle Erscheinungen stehen [...] a priori unter Regeln der Bestimmung ihres Verhältnisses unter einander in einer Zeit" [wie sie die Schemata darstellen] (Kant 1781/1982: A 177). Der Begriff der Erscheinung impliziert offenbar nach Kant die Möglichkeit ihrer Verknüpfung nach Maßgabe der Schemata. Unter dieser Voraussetzung gelten nun Grundsätze (‚Analogien') der Erfahrung, von denen der zweite, der ‚Grundsatz der Zeitfolge nach dem Gesetze der Kausalität', lautet: „Alles, was geschieht [...], setzt etwas voraus, wonach es nach einer Regel folgt" (Kant 1781/1982: A 189)[24].

Die Beziehung zwischen erkenntnistheoretisch fundierten Grundsätzen und dem Bereich der Naturwissenschaft kommt nun schließlich dadurch zustande, dass die materialen Realisierungen[25] dieser Grundsätze als *Naturgesetze* aufgefasst werden: „Die Grundsätze möglicher Erfahrungen sind nun zugleich allgemeine Gesetze der Natur, welche *a priori* erkannt werden können" (Kant 1783/1993: 62). Anders ausgedrückt: Fundamentale Naturgesetze gelten deswegen *a priori*, weil sie *allgemeingültige* Erkenntnisbedingungen für Gegenstände der Natur formulieren[26]. Sie repräsentieren in Kants Sinne ‚reine Naturwissenschaft'.

In den *Metaphysischen Anfangsgründen der Naturwissenschaft* von 1786 hat Kant zu zeigen versucht, dass Newtons Physik (Mechanik und Gravitationstheorie), jedenfalls in ihren fundamentalen Gesetzen, als reine Naturwissenschaft verstanden werden muss. Isaac Newtons *Philosophiae Naturalis Principia Ma-*

*thematica* von 1687 haben, so Kant, eine implizite metaphysische Bedeutung, die freigelegt werden muss, um den Gehalt der Theorie vollständig zu erfassen und zu verstehen, weshalb sie mit apodiktischer Gewissheit ausgestattet ist. Versteht man ihre Gesetze nur als empirische ‚Postulate', „ohne nach ihren Quellen *a priori* zu forschen" (Kant 1786/1997: 9) – wie es, so Kant, der gewöhnlichen Auffassung der Naturwissenschaftler entspricht – so wird man ihre wahre Bedeutung und die Sicherheit ihrer Geltung zwangsläufig verfehlen. Dies gilt im Besonderen für den Begriff des ‚absoluten Raums', der für Newtons Mechanik eine systematisch zentrale Rolle spielt: Nur durch Bezug auf einen absoluten Raum, so betont Newton, können ‚wahre' Bewegungen von Körpern, die durch äußere Kräfte verursacht werden, von ‚scheinbaren' Bewegungen, die nur relativ zu anderen Körpern bestehen, unterschieden werden. Wer aber den absoluten Raum als physikalischen Gegenstand „postuliert", wie Newton dies in seinem *Scholium* zu den *Principia* tut, unterliegt nach Kant einem Missverständnis, das nur durch eine Analyse der tatsächlichen Rolle dieses Begriffs im Aufbau von Newtons Gravitationstheorie beseitigt werden kann.

Wie ist dieser Aufbau nun aus Kants Sicht zu verstehen?[27] Die Fundamente der Theorie sind zweifellos die Newtonschen Bewegungsgesetze (1) Das *Trägheitsgesetz*, nach dem jeder Körper im Zustand der Ruhe oder der gleichförmig-geradlinigen Bewegung verharrt, falls er nicht durch äußere Kräfte gezwungen wird, seinen Zustand zu ändern, (2) das *Bewegungsgesetz*, nach dem die Änderung der Bewegung eines Körpers (d. h. seines Impulses) der Einwirkung der bewegenden Kraft proportional ist und in Richtung der wirkenden Kraft erfolgt, wobei die Masse des Körpers als Proportionalitätsfaktor fungiert, und (3) das *Wechselwirkungsgesetz* (*actio = reactio*), nach dem die Wirkungen zweier Körper aufeinander stets gleich und entgegen gerichtet sind.[28]

Im dritten Hauptteil (‚Mechanik') der *Metaphysischen Anfangsgründe der Naturwissenschaft* (Kant 1786/1997: 97 ff.) formuliert Kant drei ‚Gesetze der Mechanik' , von denen das zweite und das dritte Newtons Bewegungsgesetzen entsprechen. Das erste besagt, dass die „Quantität der Materie" (also die *Masse*) zeitlich konstant bleibt, das zweite, dass alle Veränderungen der Materie eine äußere Ursache erfordern (entspricht Newtons Trägheitssatz), und das dritte, dass Wirkung und Gegenwirkung einander entgegengesetzt gleich sind (entspricht Newtons *actio = reactio*). Für diese Gesetze führt er Beweise, die sich jeweils auf die ihnen entsprechenden metaphysischen Grundsätze stützen, nämlich die in der *Kritik der reinen Vernunft* formulierten Analogien der Erfahrung. So überträgt etwa das erste Gesetz der Mechanik den Grundsatz der *Beharrung der Substanz in der Zeit* auf den physikalischen Bereich, während das dritte Gesetz der Mechanik (Newtons Wechselwirkungsgesetz) den Grundsatz der *durchgängigen Wechselwirkung aller Substanzen* physikalisch interpretiert. Nur für das zweite Newtonsche Axiom gibt Kant kein entsprechendes Gesetz der Mechanik an, und es gibt auch keine Grundlage dafür in den Grundsätzen der Erfahrung. Zwar bringt der Grundsatz, dass alle Veränderung dem Gesetz von Ursache und Wirkung folgt, (unter der Prämisse, dass physische Ursachen stets *Kräfte* sind) den Kraftbegriff aus Newtons zweiten Axiom ins Spiel, er liefert aber nicht das Axiom selbst. Diese Lücke lässt sich schließen, wenn man die durch die Kraft F hervorgebrachte Wirkung auf Materie in der Änderung des Impulses *p* und daher (wegen Erhaltung der Masse *m*) in der Änderung der Geschwindigkeit *v* (Beschleunigung a) lokalisiert, also

$$F = \frac{dp}{dt} = m \cdot \frac{dv}{dt} = m \cdot a.^{29}$$

Wie schon vorher ausgeführt, erweisen sich damit aus der Sicht Kants Newtons Bewegungsgesetze als Anwendungen *a priori* geltender Grundsätze der Erfahrung; sie erben daher deren *a priori*-Status. Wie aber ist nun der Status des absoluten Raums zu verstehen? Schließlich beschreiben Newtons Bewegungsgesetze das Verhalten von Körpern nur relativ zum absoluten Raum.[30] Physikalische Bedeutung können sie daher nur unter Voraussetzung der Existenz des absoluten Raums besitzen. Kant dreht diese Fundierungs-Beziehung nun gerade um. Der absolute Raum – bzw. ein Inertialsystem, in dem Newtons Axiome gelten – ist nicht einfach unabhängig von den Bewegungsgesetzen empirisch ‚gegeben'. Es sind stattdessen die Bewegungsgesetze, die den absoluten Raum erst fundieren, indem sie ihn *implizit definieren*.[31] Dabei orientiert Kant sich an Newtons Verfahren der Gewinnung absoluter (‚wahrer') aus relativen Bewegungen im Sonnensystem in Buch III der *Principia* (vgl. Friedman 1992: 140 f.). Im Unterschied zu Newton, der die Begriffe des absoluten Raums und der wahren Bewegung voraussetzt, sollen aber diese Begriffe bei Kant erst konstruktiv durch das Verfahren selbst gewonnen werden.

Solange Bewegungen der Körper des Sonnensystems prinzipiell auf jedes Bezugssystem bezogen werden können, lassen sich nur Relativbewegungen konstatieren und mit gleichem Recht behaupten, die Sonne drehe sich um die Erde, wie, die Erde drehe sich um die Sonne. Erst wenn die Bewegungsgesetze als Kriterien der Unterscheidung zwischen scheinbarer und wahrer Bewegung verwendet werden, kann ein ‚absoluter Raum' (bzw. ein ausgezeichnetes Bezugssystem) für unser Sonnensystem sukzessive *konstruiert* werden. Die Konstruktion setzt nun zunächst an der täglichen Rotation der Erde um ihre eigene Achse relativ zu den Fixsternen an. Um zu testen, ob die Rotation des Bezugssystems Erde eine Bewegung gegenüber dem absoluten Raum ist, muss bestimmt werden, ob Bewegungen von Körpern, gesehen von diesem Bezugssystem, die Bewegungsgesetze Newtons erfüllen. Kant nimmt ein Gedankenexperiment zur Hilfe, um zu zeigen, dass dies für den gedachten freien Fall eines Steines von der Erdoberfläche zum Erdmittelpunkt nicht zutrifft und daher die Erdrotation tatsächlich gegenüber dem absoluten Raum stattfindet:

> Allein, wenn ich mir eine zum Mittelpunkt der Erde hingehende tiefe Höhle vorstelle, und lasse einen Stein darin fallen, finde aber, dass, obzwar in jeder Weise vom Mittelpunkte die Schwere immer nach diesem hingerichtet ist, der fallende Stein dennoch von seiner senkrechten Richtung im Fallen kontinuierlich und zwar von West nach Ost abweiche, so schließe ich, die Erde sei von Abend gegen Morgen um die Achse gedreht. (Kant 1786/1997: 121)[32]

Die Achsen eines mit der Erde verbundenen ‚absoluten' Koordinatensystems dürfen also nicht mit der Erde mitrotieren, sondern müssen starr in Richtung der Fixsterne zeigen, wenn dieses Koordinatensystem den absoluten Raum verkörpern soll. Diese Modifikation genügt aber noch nicht: Die Wechselwirkung zwischen Sonne und Erde würde aus Sicht eines solchen Systems nicht das dritte Bewegungsgesetz, *actio = reactio*, erfüllen (vgl. Friedman 1992: 147–148). Dieses Gesetz wird nur in einem Bezugssystem erfüllt, dessen Ursprung im Massenmittelpunkt von Sonne und Erde liegt, d.h. an einem Punkt sehr nahe der Sonne. Damit ist ein Inertialsystem konstruktiv gewonnen, in dem Newtons Bewegungsgesetze in guter Näherung gelten.[33] Das Verfahren muss aber insofern noch fortgeführt werden, als *alle* Massen im Sonnensystem für die Bestimmung des Massenmittelpunktes des Sonnensystems zu berücksichtigen sind, und letztlich muss es das Ziel sein, den „gemeinschaftlichen Mittelpunkt der Schwere aller Materie" (Kant 1786/1997: 124) – also den Massenmittelpunkt des gesamten Universums – zu bestimmen. Dies wäre der ideale Endpunkt der Konstruktion, der aber nur als Idee existiert. Kant spricht daher vom absoluten Raum Newtons als einer reinen Vernunftidee.

Die oben skizzierte Konstruktion erfüllt für Kant weit mehr als den praktischen Zweck, ein ausgezeichnetes Bezugssystem (Inertialsystem) für die Beschreibung der Bewegungen im Sonnensystem zu bestimmen. Für ihn dokumentiert diese Konstruktion den Übergang von Erscheinungen, die stets relative Bewegungen beinhalten, zur *Erfahrung*, d.h. zur objektiven[34] Erkenntnis wahrer Bewegungen. Die Geltung von Newtons Axiomen *a priori*, die durch ihre Rückführung auf Grundsätze der Erfahrung bereits prinzipiell gesichert ist, wird durch Konstruktion eines Raums (d.h. eines ausgezeichneten Bezugssystems), indem sich diese Geltung manifestiert, in der physikalischen Wirklichkeit verankert.

Kants *Metaphysische Anfangsgründe der Naturwissenschaft* von 1786 waren ein letzter großer Versuch der metaphysischen Begründung[35] der Wissenschaft. Aus heutiger Sicht erscheint ein solches Unternehmen aussichtslos. Schon Kant selbst war skeptisch hinsichtlich einer möglichen Übertragung auf andere wissenschaftliche Disziplinen wie die Chemie oder die Psychologie; gerade letztere sei einer Mathematisierung grundsätzlich nicht zugänglich. Im 19ten und 20ten Jahrhundert schwand aufgrund der Entdeckung einer Vielzahl neuer wissenschaftlicher Theorien in Mathematik und Physik, von den nicht-euklidischen Geometrien bis hin zu Relativitätstheorie und Quantenmechanik, das Vertrauen in apriorische Begründungen. Wenn beispielsweise die Quantenmechanik die Möglichkeit in Frage stellte, physikalische Prozesse als kausale Prozesse in Raum und Zeit zu beschreiben, wie konnte dies mit dem Schema von Ursache und Wirkung als ‚notwendiger Bedingung aller Erfahrung von Veränderung' vereinbar sein? Die Auffächerung von theoretischen Ansätzen und Disziplinen und die Erfahrung einer Wissenschaftsdynamik, in der einflussreiche Paradigmen wie die Physik Newtons neuen Theorien weichen mussten, führte überdies dazu, dass jenes Ideal der Wissenschaft als *sicherer* Erkenntnis hinfällig wurde, dessen Realität Kant durch sein Begründungsverfahren noch zu belegen versucht hatte.

Die Idee der *Einheit* der Wissenschaft war mit dem Ende metaphysischer Begründungs-Programme allerdings nicht zugleich obsolet geworden. Eine Einheit konnte nur nicht mehr auf metaphysische Fundamente gestützt werden. Mit der Bewegung des *Wiener Kreises* in den 1920er bis 30er Jahren trat ein neues Einheits-Programm der Wissenschaft mit anti-metaphysischer Ausrichtung auf den Plan, das die Gemeinsamkeit aller Wissenschaften in der Zurückführbarkeit wissenschaftlicher Sätze auf eine allen Menschen gleichermaßen zugängliche, basale und universale Sprache suchte.

## 1.5 Rudolf Carnap: Wissenschaft als universale Sprache

Im Jahr 1929 veröffentlichten Hans Hahn, Otto Neurath und Rudolf Carnap im Namen des Vereins Ernst Mach eine Moritz Schlick gewidmete Programmschrift mit dem Titel *Wissenschaftliche Weltauffassung. Der Wiener Kreis*. In ihr bekannten sich die Verfasser zu einer anti-metaphysischen Philosophie, deren Aufgabe es sein sollte, mithilfe der *Methode der logischen Analyse,* als deren wichtigste Vertreter Gottlob Frege und Bertrand Russell genannt werden, die Aussagen der empirischen Wissenschaft „auf einfachste Aussagen über empirisch Gegebenes" zurückzuführen (Hahn, Neurath und Carnap 1929/2006: 12). Aussagen jenseits der Wissenschaft – v. a. solche metaphysischer Provenienz – würden sich durch logische Analyse entweder als „bedeutungsleer" erweisen, oder sie könnten in empirische Aussagen umgedeutet werden. Damit wird nicht nur der Philosophie eine einheitliche methodische Richtung vorgegeben, die Wissenschaft selbst erscheint, ungeachtet der Vielfalt ihrer Disziplinen und der Heterogenität ihrer Begriffe, als *einheitlicher* Gegenstand:

Wir haben die *wissenschaftliche Weltauffassung* im wesentlichen durch zwei *Bestimmungen* charakterisiert. *Erstens* ist sie *empiristisch* und *positivistisch:* es gibt nur Erfahrungserkenntnis, die auf dem unmittelbar Gegebenen beruht. Hiermit ist die Grenze für den Inhalt legitimer Wissenschaft gezogen [...]. Das Bestreben der wissenschaftlichen Arbeit geht dahin, das Ziel, die Einheitswissenschaft, durch Anwendung dieser logischen Analyse auf das empirische Material zu erreichen. Da der Sinn jeder Aussage der Wissenschaft sich angeben lassen muss durch Zurückführung auf eine Aussage über das Gegebene, so muss auch der Sinn eines jeden Begriffs, zu welchem Wissenschaftszweige er immer gehören mag, sich angeben lassen durch eine schrittweise Rückführung auf andere Begriffe, bis hinab zu den Begriffen niederster Stufe, die sich auf das Gegebene selbst beziehen. (Hahn, Neurath und Carnap 1929/2006: 15)[36]

Durch Realisierung dieses Programms, so die Autoren, werde „der Bezug aller Aussagen auf das Gegebene und damit die Aufbauform der *Einheitswissenschaft* erkennbar" werden (Hahn, Neurath und Carnap 1929/2006: 16). Die Philosophie dient allein dem methodischen Aufweis der Einheit der Wissenschaften – sie stellt selbst kein Fundament der Wissenschaft zur Verfügung: „[E]s gibt keine Philosophie als Grund- oder Universalwissenschaft neben oder über den verschiedenen Gebieten der einen Erfahrungswissenschaft" (Hahn, Neurath und Carnap 1929/2006: 26).

In seinem berühmten Aufsatz von 1932, *Die physikalische Sprache als Universalsprache der Wissenschaft*, greift Rudolf Carnap (1891–1970) erneut den Gedanken der Einheit der Wissenschaft auf. Zwar bilde die Wissenschaft „in ihrer herkömmlichen Gestalt [...] keine Einheit" (Carnap 1932/2006: 315). Sie zerfalle stattdessen in die Kategorien Formal- und Realwissenschaften, letztere wieder in Naturwissenschaften, Geisteswissenschaften und Psychologie; diese Wissenschaftsarten unterschieden sich, so die „verbreitete Ansicht", in Hinsicht auf ihre Objekte, Erkenntnisquellen und Methoden (Carnap 1932/2006: 315). Während die Naturwissenschaft raum-zeitliche Vorgänge auf Grund von Beobachtungen und Experimenten beschreibe und Naturgesetze aufstelle, werde den Geisteswissenschaften eine verstehende Methode zugeschrieben, mittels derer sie den ‚Sinngehalt' geschichtlicher Werke und Ereignisse zu erfassen versuche (Carnap 1932/2006: 317).

Gegenüber dieser verbreiteten Auffassung tritt Carnap für einen Perspektivwechsel, für eine veränderte Sicht auf die Wissenschaft ein. Die Verschiedenheit der Wissenschaften manifestiert sich, so Carnap, in der Verschiedenheit ihrer *Sprachen*. Beispielsweise zeichne sich die Sprache der Nationalökonomie dadurch aus, dass ihre „Sätze mit Hilfe der Ausdrücke „Angebot", „Nachfrage", „Lohn", „Preis", in der und der Form gebildet sind" (Carnap 1932/2006: 320). Diese Art der Charakterisierung entstammt der *formalen Redeweise*: Sie spricht von den sprachlichen Ausdrücken, die in einer Wissenschaft verwendet werden, und ist, so Carnap, „strenggenommen die einzige korrekte" (Carnap 1932/2006: 320). Die *inhaltliche Redeweise* dagegen spricht von den ‚Gegenständen' selbst, z. B. von den Gegenständen der Nationalökonomie wie Angebot und Nachfrage. Weshalb ist nun nach Carnap die formale Redeweise „die einzige korrekte"? Der Grund besteht darin, dass nur innerhalb der formalen Redeweise ein Kriterium dafür angegeben werden kann, ob zwei verschiedene Wissenschaften ‚von denselben Gegenständen' handeln oder nicht. Die Angabe der Bedeutung eines Wortes geschehe nämlich durch eine *Übersetzung* in eine andere Sprache oder durch Definition innerhalb einer Sprache (vgl. Carnap 1932/2006: 319). Daher handeln z. B. Nationalökonomie und Physik nur dann von denselben Gegenständen, wenn sich ihre Sätze ineinander übersetzen lassen, z. B. ein Satz über das ‚elektromagnetische Feld' in einen Satz über ‚Angebot' und ‚Nachfrage'. Da dies offenbar nicht der Fall ist, handeln die beiden Wissenschaften von verschiedenen Gegenständen. Diese klare Auskunft ist nicht möglich, solange wir uns in der ‚inhaltlichen Redeweise' bewegen. Denn wie sollte man beurteilen, ob z. B. Nachfrage oder Preise innerhalb der Physik thematisiert werden können?

Während nun auch verschiedene Wissenschaften in dem oben erläuterten Sinn von verschiedenen Gegenständen handeln (ihre Sprachen sind in diesem Fall ‚Teilsprachen'), ist dadurch nicht ausgeschlossen, dass eine *universale* Sprache existiert, in die alle Teilsprachen empirischer Wissenschaften übersetzt werden können. Eine solche universale Sprache existiert nach Carnap nun tatsächlich: Es handelt sich um die *physikalische* Sprache. Sie ist „dadurch charakterisiert, dass ein Satz einfachster Form (z. B. „an dem und dem Raum-Zeit-Punkt beträgt die Temperatur so und so viel") einer bestimmten Wertreihe der Koordinaten (drei Raum-, eine Zeitkoordinate) einen bestimmten Wert (oder ein Wertintervall) einer bestimmten Zustandsgröße zuschreibt" (Carnap 1932/2006: 326).[37] Neben solchen ‚singulären' Sätzen lassen sich in der physikalischen Sprache auch generelle Implikationen, also Naturgesetze, formulieren (vgl. Carnap 1932/2006: 327–328). Der wesentliche Vorzug der physikalischen Sprache liegt nach Carnap in ihrer Intersubjektivität und Intersensualität: „Die Feststellung des Wertes einer physikalischen Größe für einen konkreten Fall ist nicht nur von dem benutzten Sinnesgebiet[38], sondern auch von dem untersuchenden Subjekt unabhängig" (Carnap 1932/2006: 332). Diese Merkmale sind Alleinstellungsmerkmale der physikalischen Sprache (und damit auch der Teilsprachen, die sich in sie übersetzen lassen) und sie rechtfertigen es, ihr einen konstitutiven Status für die Wissenschaftlichkeit einer Disziplin zuzumessen:

> Von der Wissenschaft verlangt man mit Recht, dass sie nicht nur subjektive Bedeutung hat, sondern für die verschiedenen Subjekte, die an ihr teilhaben, sinnvoll und gültig ist. *Die Wissenschaft ist das System der intersubjektiv gültigen Sätze.* Besteht unsere Auffassung zu

Recht, dass die physikalische Sprache die einzige intersubjektive Sprache ist, so folgt daraus, dass *die physikalische Sprache die Sprache der Wissenschaft ist.* (Carnap 1932/2006: 333)

Als Universalsprache der Wissenschaft kann sich die physikalische Sprache aber nur dann erweisen, wenn die verschiedenen Teilsprachen der Wissenschaft sich tatsächlich in sie übersetzen lassen. Für die Biologie[39] erscheint diese Möglichkeit sehr plausibel:

> Die biologischen Bestimmungen betreffen Arten von Organismen und Organen [...]. Solche Bestimmungen nun sind wissenschaftlich stets definiert durch gewisse wahrnehmbare Kennzeichen, also physikalisierbare qualitative Bestimmungen; z. B. mag etwa „Befruchtung" definiert werden als Vereinigung von Spermatozoon und Ei: „Spermatozoon" und „Ei" werden definiert als Zellen von der und der Herkunft und der und der wahrnehmbaren Beschaffenheit. (Carnap 1932/2006: 335)

Ähnliches gilt nach Carnap für die anorganischen Naturwissenschaften, die Chemie, Geologie, Astronomie usw., während in der Psychologie das ‚Fremdpsychische', also die Zuschreibung seelischer Vorgänge in Bezug auf andere Personen, Probleme aufwirft. Für die Wirtschaftswissenschaft (‚Nationalökonomie') und die Soziologie erscheint eine Übersetzung in physikalische Sprache nur dann möglich, wenn deren Gegenstände letztlich auf wahrnehmbare Interaktionen zwischen Personen zurückgeführt werden können. Geistes- und Kulturwissenschaften enthalten dagegen, so Carnap häufig ‚Scheinbegriffe', die sich einer Übersetzung in die physikalische Sprache entziehen. Es lässt sich daher resümieren, dass Carnaps Programm einer Einheit der Wissenschaft auf Grundlage einer universalen Sprache eine normative *Abgrenzung* impliziert, die den Wissenschaftsanspruch v. a. geistes- und kulturwissenschaftlicher Disziplinen in Frage stellt, insofern sie ‚metaphysische' Begriffe (im Sinne Carnaps) enthalten. Carnap grenzt also Wissenschaft – ebenso wie später Popper – von Metaphysik (nicht etwa von Alltagswissen) ab. Im Gegensatz dazu hatte Kant Chemie und Psychologie als im minderen Sinne wissenschaftlich klassifiziert, weil diese Disziplinen einer *metaphysischen* Begründung *nicht zugänglich* seien.

Carnap hat seine empiristisch inspirierte Theorie wissenschaftlicher Begriffe, auf deren Boden die Idee der Einheitswissenschaft fußte, in späteren Phasen seines Werks stufenweise abgeschwächt, ohne dabei seine empiristische Grundeinstellung oder die Einheitsidee selbst preiszugeben. Dabei entwickelt Carnap auch neue Konzepte, v. a. das Konzept der ‚theoretischen' Begriffe. In seinem Aufsatz von 1936 *Über die Einheitssprache der Wissenschaft* versucht Carnap dem Umstand Rechnung zu tragen, dass „in der Praxis der Wissenschaft [...] die Begriffserklärungen gewöhnlich nicht in logisch strenger Form gegeben" werden (Carnap 1936/2006: 365). Die Einführung neuer wissenschaftlicher Begriffe geschieht in der Regel nicht in Form einer Definition. Ein Beispiel dafür sind die in der Wissenschaft verwendeten *Dispositionsbegriffe*. Der Begriff ‚wasserlöslich' kann z. B. nicht explizit definiert werden, etwa in der Form „*x* ist dann und nur dann löslich, wenn Folgendes gilt: für jedes *t*, wenn *x* zur Zeit *t* im Wasser liegt, so löst *x* sich zur Zeit *t* auf" (Carnap 1936/2006: 366). Als Ergebnis dieser Definition müsste nämlich ein Streichholz, das niemals mit Wasser in Berührung kam, als ‚wasserlöslich' gelten.

Eine korrekte Einführung des Begriffs kann dagegen durch einen *Reduktionssatz* gegeben werden: Wenn ein *x* zur Zeit *t* im Wasser liegt, so ist *x* dann und nur dann ‚wasserlöslich', wenn es sich zur Zeit *t* auflöst (Carnap 1936/2006: 366).[40] Im Unterschied zur Einführung durch Definition „kann ein durch Reduktion eingeführtes Zeichen [wie ‚wasserlöslich'] im allgemeinen nicht eliminiert werden; die Sätze, in denen es vorkommt, sind im allgemeinen nicht rückübersetzbar in Sätze, in denen nur die vorgegebenen Zeichen vorkommen" (Carnap 1936/2006: 367). Die Zurückführbarkeit aller wissenschaftlichen Begriffe auf die physikalische Sprache ist dadurch nicht grundsätzlich gefährdet, aber der Ausdruck ‚zurückführbar' muss darin so verstanden werden, dass der Fall reduktiver Einführung (mithilfe von Reduktionssätzen) eingeschlossen ist (vgl. Carnap 1936/2006: 369). Es gilt also nunmehr: „Jeder Satz der Wissenschaft ist übersetzbar in eine physikalistische Sprache"; „als Universalsprache der Wissenschaft kann eine physikalistische Sprache genommen werden" (Carnap 1936/2006: 370). Eine *physikalistische* Sprache enthält dabei auch neue Zeichen, die mittels reduktiver Einführung den Termini der *physikalischen* Sprache hinzugefügt wurden.

20 Jahre später geht Carnap in seinem Aufsatz *The Methodological Character of Theoretical Concepts* von 1956 – *Theoretische Begriffe der Wissenschaft* (1960) – noch einen entscheidenden Schritt weiter. Die Empiristen stimmten, so Carnap, nunmehr darin überein, „dass gewisse früher vorgeschlagene Kriterien zu eng waren, z. B. die Forderung, dass alle theoretischen Terme auf Grund von Termen der Beobachtungssprache [ehemals: ‚physikalische Sprache'] definierbar und dass alle theoretischen Sätze in die Beobachtungssprache übersetzbar sein müssten" (Carnap 1960: 210). ‚Theoretische Terme' – Ausdrücke, die durch eine wissenschaftliche Theorie eingeführt werden – sind nicht, wie noch 1936 von Carnap angenommen, in der Regel als Dispositionsbegriffe zu verstehen, die mittels Reduktionssätzen eingeführt werden können (vgl. Carnap 1960: 224).

Versteht z. B. ein Psychologe den Term „ein IQ von mehr als 130" im Sinne einer Disposition, auf einen bestimmten Test *S* mit einer bestimmten Antwort *R* zu reagieren, so wäre er gezwungen, die Annahme aufzugeben, sein Proband *P* habe einen IQ von über 130, wenn das Testergebnis heute negativ ist (vgl. Carnap 1960: 580). Stattdessen wird der Psychologe aber möglichen ‚Störfaktoren' nachgehen, die das Testergebnis beeinflusst haben könnten, z. B. eine niedergedrückte

Stimmung des Probanden P. Carnap korrigiert also seine frühere Festlegung mit Blick auf die wissenschaftliche Praxis: Theoretische Terme werden von WissenschaftlerInnen wesentlich freier gehandhabt, als es die Forderung nach Zurückführbarkeit auf die physikalische Sprache suggeriert. In der Wissenschaftspraxis, v. a. in der Praxis der Physik, werden theoretische Terme durch Postulate (einer bestimmen Theorie) eingeführt (vgl. Carnap 1960: 211 und 578), also als Terme, die durch die in den Postulaten enthaltenen Behauptungen ihre Bedeutung erlangen. Freilich gelten für einige dieser theoretischen Terme ‚Zuordnungsregeln', durch die sie mit ‚Beobachtungstermen' verbunden sind. Von einer ‚Zurückführung' auf das Vokabular einer physikalischen Sprache kann aber nicht mehr die Rede sein. Die empirische Verankerung der theoretischen Postulate und Begriffe einer Theorie bleibt dennoch gegeben, allerdings nur in *indirekter* Weise, d. h. die Ableitung eines ‚Beobachtungssatzes' aus einem Postulat der Theorie ist in den meisten Fällen nur mithilfe weiterer Postulate der Theorie möglich (vgl. Carnap 1960: 576).[41]

Damit die Freiheit in der Wahl theoretischer Terme nicht uferlos wird und metaphysischen Begriffen die Tür zu wissenschaftlichen Theorien verschlossen bleibt, führt Carnap das *Signifikanzkriterium* ein: Ein theoretischer Term $M$ ist dann signifikant oder empirisch sinnvoll, wenn es Annahmen über die durch $M$ bezeichnete Größe gibt, die einen Unterschied in der Vorhersage beobachtbarer Ereignisse ausmachen.[42] Das Signifikanzkriterium ist das letzte und zugleich liberalste in der Reihe empiristischer Sinnkriterien, die im Rahmen des logischen Empirismus aufgestellt wurden.

## 1.6 Karl Popper: Wissenschaft als fehlbare Erkenntnis

Keine andere Wissenschaftskonzeption hat das Wissenschaftsverständnis, bei wissenschaftlichen Laien wie bei WissenschaftlerInnen, seit dem Ausgang des logischen Empirismus in den 1950er Jahren so stark geprägt wie das Falsifizierbarkeitskonzept von Karl Popper (1902–1994). Es stellt insofern einen Bruch innerhalb der Geschichte der Wissenschaftskonzepte dar, als auf die Idee der *Rechtfertigung durch Fundierung* gänzlich verzichtet wird. Die Wissenschaften gewinnen ihre epistemische Autorität nach Popper nicht dadurch, dass ihre Aussagen durch Verankerung in Naturphilosophie, Metaphysik oder Einheitssprache in besonderer Weise begründet sind. Sie gewinnen diese Autorität vielmehr daraus, dass sie – im Gegensatz zu religiösen, politischen- oder metaphysischen Weltanschauungen – auf jede Form von Gewissheitsanspruch verzichten. Wenn es eine gemeinsame wissenschaftliche Methode gibt, so Popper in der *Logik der Forschung* von 1935, so ist es die „deduktive Methodik der Nachprüfung" (Popper 1935/2005: 6):

> Die Methode der kritischen Nachprüfung, der Auslese der Theorien, ist nach unserer Auffassung immer die folgende: Aus der vorläufig unbegründeten Antizipation, dem Einfall, der Hypothese, dem theoretischen System, werden auf logisch-deduktivem Weg Folgerungen abgeleitet; diese werden untereinander und mit anderen Sätzen verglichen, indem man feststellt, welche logischen Beziehungen (z. B. Äquivalenz, Ableitbarkeit, Vereinbarkeit, Widerspruch) zwischen ihnen bestehen. (Popper 1935/2005: 8)

Das theoretische System wird so darauf überprüft, ob es widerspruchsfrei und nicht-tautologisch ist, und ob sein Aussagegehalt über den schon bekannter Theorien hinausgeht. Schließlich soll geprüft werden, „ob sich das Neue, das die Theorie behauptet, auch praktisch bewährt, etwa in wissenschaftlichen Experimenten oder in der technisch-praktischen Anwendung" (Popper 1935/2005: 9). Das Prüfverfahren ist auch hier ein deduktives:

> Aus dem System werden (unter Verwendung bereits anerkannter Sätze) empirisch möglichst leicht nachprüfbare bzw. anwendbare Folgerungen („Prognosen") deduziert und aus diesen insbesondere jene ausgewählt, die aus bekannten Systemen nicht ableitbar sind, bzw. mit ihnen in Widerspruch stehen. Über diese [...] Folgerungen wird nun im Zusammenhang mit der praktischen Anwendung, den Experimenten usw. entschieden. Fällt die Entscheidung positiv aus, werden die singulären Folgerungen anerkannt, *verifiziert*, so hat das System die Prüfung vorläufig bestanden; wir haben keinen Anlass, es zu verwerfen. Fällt eine Entscheidung negativ aus, werden Folgerungen *falsifiziert*, so trifft ihre Falsifikation auch das System, aus dem sie deduziert wurden. Die positive Entscheidung kann das System immer nur vorläufig stützen; es kann durch spätere negative Entscheidungen immer wieder umgestoßen werden. Solange ein System eingehenden und strengen Nachprüfungen standhält und durch die fortschreitende Entwicklung der Wissenschaft nicht überholt wird, sagen wir, dass es sich *bewährt*. (Popper 1935/2005: 9)

Lassen sich durch die ‚Methode der kritischen Nachprüfung' wissenschaftliche Systeme ausreichend gegenüber intellektuellen Systemen anderer Art abgrenzen? Falls auch die Aussagen wissenschaftlicher Theorien nicht durch empirische Tatsachen *begründet* sind, was unterscheidet sie dann noch von Behauptungen allgemeiner Art über das Wesen der gegenwärtigen Gesellschaft, über den Einfluss Gottes in der Welt oder über den Zielpunkt der Geschichte?[43] Der Verzicht auf rechtfertigende Fundierung (z. B. durch das ‚Gegebene' der Erfahrung[44]) scheint die Gefahr in sich zu bergen, dass die Wissenschaft ihren exklusiven epistemischen Status verliert.[45] Tatsächlich unterscheidet sich Poppers Einstellung gegenüber metaphysischen Theorien deutlich von jener, die wir etwa bei Carnap finden. Wer Aussagen der Metaphysik als ‚sinnlos'[46] erklärt, nehme eine abfällige Wertung vor, die der intellektuellen Fruchtbarkeit wenigstens einiger metaphysischer Theorien nicht gerecht werde. So zeigt Popper etwa ein starkes Interesse an Vorsokratikern wie Parmenides[47], lobt den anregenden Einfluss, den der antike Atomismus auf die Genese der modernen Wissenschaft gehabt hat und schlägt auch selbst naturphilosophische Konzepte vor (etwa zum Ursprung der Richtung der Zeit oder zur Phylogenese des Lernens durch Versuch und Irrtum).

Letztlich aber trifft Poppers Falsifikationskriterium eine klare Abgrenzung zwischen Satz-Systemen, die so aufgebaut sind, dass aus ihnen (unter Zuhilfenahme bekannter Tatsachen und schon anerkannter Theorien) *Falsifikationsinstanzen* ableitbar sind, also mögliche Sachverhalte, deren Eintreten im Widerspruch zur Theorie stehen würde – und solchen Satz-Systemen, für die keine Bedingungen angegeben werden können, unter denen sie als falsch gelten und daher aufgegeben werden müssen. Das Falsifizierbarkeitskonzept fordert nicht nur von wissenschaftlichen Theorien, dass ihre Begriffe klar und ihre logische Struktur feinmaschig genug sind, um präzise bestimmte Falsifikationsinstanzen ableitbar zu machen, es fordert auch von der Forscherperson intellektuelle Redlichkeit und die Bereitschaft, nach möglichen Situationen zu suchen, in denen die eigene Theorie einem strengen Test ausgesetzt und möglicherweise falsifiziert wird.[48] Den Kontrapunkt zur Wissenschaft stellt in Poppers Sicht das *Dogma* dar, das unter Verwendung von ‚Hilfsannahmen' mit jeder noch so widerstrebenden Erfahrung in Einklang gebracht werden kann, bzw. das dogmatische Beharren von WissenschaftlerInnen auf ihrer Theorie angesichts von Gegeninstanzen.

Poppers Wissenschaftsphilosophie steht in scharfem Kontrast zu einer Auffassung, die Wissenschaft gegenüber anderen intellektuellen Aktivitäten durch eine Forschungsmethode (oder durch eine bestimmte Menge solcher Methoden) ausgezeichnet sieht. Eine „logische, rational nachkonstruierbare Methode, etwas Neues zu entdecken"[49], gibt es nach Popper nicht: „Die Methode der Wissenschaft ist die Methode der kühnen Vermutungen und der sinnreichen und ernsthaften Versuche, sie zu widerlegen" (Popper 1972/1973: 95).

Popper ist insofern ein Anti-Bacon. Aber diese Einschätzung wäre zumindest einseitig. Wie in 1.2 ausgeführt, beruht auch Bacons Forschungsmethodik auf einem Ausschlussverfahren: Wir sollen alle Hypothesen verwerfen, für die es widerlegende Instanzen gibt, z. B. die Hypothese, dass Licht die Natur der Wärme ausmacht. Auch Bacons ‚Induktionslogik' verfährt also im Kern falsifikationistisch.

In seiner Compton-Gedächtnisvorlesung an der Washington University 1965 mit dem Titel *Über Wolken und Uhren* hat Popper versucht, die falsifikationistische Methode durch eine *allgemeine Entwicklungstheorie* zu untermauern:

> Ich lege die neodarwinistische Entwicklungstheorie zugrunde, formuliere sie jedoch insoweit um, als ich die „Mutationen" als mehr oder weniger zufällige Versuch-und-Irrtums-

Schritte auffasse und die „natürliche Auslese" als eine Art ihrer Steuerung durch Fehlerausmerzung. [...] Alle Organismen sind ständig, Tag und Nacht, *mit dem Lösen von Problemen beschäftigt*; das gilt auch für alle in der Entwicklungsgeschichte auftretenden *Folgen von Organismen* – die Arten. (Popper 1972/1973: 268)

Der „Grundablauf der Ereignisse bei der Entwicklung" ist, so Popper, durch das Schema $P_1 \to VL \to FB \to P_2$ darstellbar, wobei $P_1$ ein ursprüngliches Problem[50], $VL$ (verschiedene) vorläufige Lösungen, $FB$ die Fehlerbeseitigung und $P_2$ ein neues Problem darstellt, das sich „zum Teil aufgrund der versuchten Lösungen und der sie kontrollierenden Fehlerausmerzung ergeben hat" (Popper 1972/1973: 269–270).

Die Wissenschaft verkörpert also aus Sicht von Popper eine subtilere, durch die menschliche Spezies entwickelte Form der in der Evolution verankerten falsifikationistischen Lernstrategie: „So sollte es auch erlaubt sein, [...] von der Amöbe zu sagen, sie löse Probleme [...] von der Amöbe zu Einstein ist es nur ein Schritt" (Popper 1972/1973: 273).[51]

Nach Popper ist diese Lernstrategie alternativlos: Menschen (und Tiere) können niemals auf *induktivem* Weg Wissen erwerben. Untersuchungen der Kognitionspsychologie zu induktiven Lernstrategien von Lebewesen sind aus Poppers Sicht insofern irreführend, als sie den logischen Sprung übersehen, der zwischen akkumulierten Erfahrungen eines Lebewesens und seiner darauf folgenden, eine ‚Hypothese' verkörpernden Reaktion besteht. Ob diese Form des ‚generalisierten' Falsifikationismus wissenschaftlich haltbar ist oder nicht, sie belegt Poppers Auffassung einer *Kontinuität* zwischen Alltagswissen und Wissenschaft: „*[A]lle Wissenschaft und Philosophie ist aufgeklärter Alltagsverstand*" (Popper 1972/1973: 46). Wissenschaft steht für Popper nicht im Kontrast zum *alltäglichen* Wissen, sondern zu Wissensansprüchen, die sich *dem Urteilspruch der Erfahrung entziehen*.

Das falsifikationistische Wissenschaftskonzept wirft eine Reihe von Problemen auf. Drei Probleme stehen dabei im Vordergrund: das Problem des Status der Prüfsätze (‚Basissätze'), das Problem der ‚Hilfshypothesen', und das Problem der (von Popper vernachlässigten) normalwissenschaftlichen Praxis. Das erste dieser Probleme ist von Popper schon ausführlich in der *Logik der Forschung* unter dem Titel ‚Basisprobleme' (vgl. Popper 1935/2005: 69 ff.) behandelt worden. Kern des Falsifikationismus ist die Konfrontation einer negierten Existenzaussage als Konsequenz einer Theorie (z. B. „Es gibt keinen Planeten, der sich nicht auf einer von der Newtonschen Theorie vorhergesagten Bahn bewegt") mit einem entsprechenden ‚Basis-Satz' (z. B. „Merkur ist ein Planet, der sich nicht auf der von der Newtonschen Theorie vorhergesagten Bahn bewegt"). Wie ‚elementar' auch immer ein Basissatz sein mag, stets wird er, wenn er überhaupt mit der Prognose einer Theorie verglichen werden soll, irgendeine Interpretation von Wahrnehmungen voraussetzen und irgendwelche Allgemeinbegriffe enthalten, deren Anwendung hypothetischen Charakter besitzt (z. B. „Die und die Beobachtungen des Planeten Merkur sind so zu interpretieren, dass Merkur sich auf der und der Bahn bewegt"). Aus Wahrnehmungen können keine Sätze logisch abgeleitet werden, schon gar nicht solche Sätze, die mit einer Theorie konfrontiert werden können. Prüfinstanzen von Theorien haben daher selbst den Status von Hypothesen. Dieser Umstand, den Popper deutlich hervorhebt, führt seine Theorie nicht *ad absurdum*, aber er zwingt dazu anzuerkennen, dass der Falsifikationismus nicht nur auf die Idee der Rechtfertigung durch Erfahrung, sondern überhaupt auf empirische *Fundierung* verzichten muss. Wenn die Prüfsätze selbst hypothetisch sind, welche Glaubwürdigkeit können dann die mit ihnen erzeugten Falsifikationen besitzen? Popper entscheidet sich, um dieses Problem zu lösen, für das Zugeständnis, dass jede Falsifikation wesentlich von *Entscheidungen* abhängt – Entscheidungen über die Geltung von Prüfsätzen.

Ein zweites Problem wird dadurch aufgeworfen, dass Falsifikationen die Verwendung von ‚Hilfshypothesen' erfordern: Keine Theorie kann Prognosen (und damit Falsifikationsinstanzen) implizieren, ohne dabei von Hilfshypothesen Gebrauch zu machen. Aus Newtons Gravitationstheorie kann z. B. keine Prognose über den Ort eines Planeten zu einer bestimmten Zeit abgeleitet werden, wenn nicht zusätzliche Annahmen über die Zahl der Planeten im Sonnensystem, über Reibungseffekte und andere mögliche Störfaktoren in die Ableitung mit eingehen (vgl. dazu 2.2). Aber welche Hilfshypothesen sind zulässig und welche stellen *ad hoc*-Annahmen dar, die zum Schutz der Theorie vor Widerlegung (‚Immunisierung') eingeführt werden? Und weiter, wenn es zur Falsifikation kommt, welche der Prämissen müssen dann als widerlegt gelten, Postulate der Theorie oder nur irgendwelche Hilfshypothesen? Auf diese Fragen gibt es keine einfachen Antworten (vgl. dazu 2.2 und 2.6). Jedenfalls führt das Problem dazu, von der Vorstellung einer nach logisch präzisen Regeln verlaufenden Falsifikation Abschied zu nehmen und sich darauf einzustellen, dass in der Praxis der Wissenschaft, je nach Kontext, unterschiedliche Reaktionen von WissenschaftlerInnen legitim sind, wenn ein empirisches Datum in Konflikt mit einer Theorie gerät.

## 1.7 Thomas Kuhn: Normalwissenschaft als Praxis der Wissenschaft

Thomas S. Kuhn (1922–1996) hat in den 1960er Jahren auf Poppers Wissenschaftskonzept reagiert und dabei einige wesentliche Merkmale dieses Konzepts bestätigt, andere aber deutlich revidiert. Zu den von Kuhn unterstützten Auffassungen zählt, dass Wissenschaft eine *Dynamik* aufweist, deren Gesicht durch eine Abfolge wissenschaftlicher Revolutionen bestimmt ist. Die Idee der Wissenschaft als eines Prozesses, der durch den Niedergang alter und den Aufstieg neuer Theorien geprägt ist und dadurch Ähnlichkeit mit dem Selektionsprozess der biologischen Evolution aufweist, hatte im 20ten Jahrhundert das noch im 19ten Jahrhundert einflussreiche Verständnis von Wissenschaft als Prozess stetiger Akkumulation von Wissen zurückgedrängt, das nur vor dem Hintergrund der Annahme der Erreichbarkeit *sicheren* Wissens plausibel sein konnte (Descartes, Kant). Eine Revision ist aber aus Sicht von Kuhn hinsichtlich der *Mechanismen* angebracht, denen der Wissenschaftsprozess folgt. Hier kommt nun das dritte Problem der Wissenschaftskonzeption Poppers ins Spiel: seine einseitige Orientierung an wissenschaftlichen *Revolutionen* und die Vernachlässigung der *Praxis* der Wissenschaft. Während Popper die Wissenschaft so darstellt, als befinde sie sich in einer Art permanenter Revolution – weil die ForscherInnen zu jeder Zeit an der Falsifikation der etablierten Theorien arbeiten sollen – stellt Kuhn die gewöhnliche Praxis, die *normale Wissenschaft*, in den Vordergrund.

Unter ‚normaler Wissenschaft' versteht Kuhn in seinem Werk *The Structure of Scientific Revolutions* von 1962 – *Die Struktur wissenschaftlicher Revolutionen* (1969) – „eine Forschung, die fest auf einer oder mehreren wissenschaftlichen Leistungen der Vergangenheit beruht, Leistungen, die von einer bestimmten wissenschaftlichen Gemeinschaft eine Zeitlang als Grundlagen für ihre weitere Arbeit anerkannt werden" (Kuhn 1969: 25). Die ‚Leistungen der Vergangenheit' sind präsent in Form eines etablierten *Paradigmas*, das durch Gesetze, erprobte Lösungsverfahren, beispielhafte Anwendungen, aber auch durch bestimmte naturphilosophische und metaphysische Überzeugungen verkörpert wird und als Vorbild für die gegenwärtige Praxis wirkt. Die WissenschaftlerInnen haben die Aufgabe, mithilfe des Paradigmas einschlägige wissenschaftliche Probleme zu lösen, auf die sie in ihrer Arbeit stoßen. Bei dieser Aktivität des *puzzle solving* stellen sie Vermutungen an, z. B. die Vermutung, dass die Fettleibigkeit ihrer Versuchsratten auf deren Ernährung zurückzuführen ist oder, dass ein neu entdecktes spektrales Muster ein Effekt des Kern-Spins ist. Wenn die Hypothese einen strengen Test bestanden hat, dann hat die WissenschaftlerIn eine Entdeckung gemacht oder doch zumindest das vorliegende Rätsel gelöst. Wenn nicht, muss sie oder er es mit einer anderen Hypothese versuchen – oder die gemachte Beobachtung als zufällige und nicht erklärungswürdige Abweichung verwerfen (vgl. Kuhn 1977: 270).

Die in der Praxis des *puzzle solving* investierten Hypothesen ‚folgen' nicht zwingend aus den Theorien, an denen die WissenschaftlerInnen sich in ihrer Arbeit orientieren. Wenn eine dieser Hypothesen scheitert, dann scheitert damit nicht gleich eine ganze Theorie. Es handelt sich also nicht um ein Testen der

Theorie im Sinne von Popper, sondern um ein Ausprobieren spezieller Annahmen, mit deren Hilfe besondere Probleme *im Rahmen einer akzeptierten Theorie* gelöst werden sollen – ohne dass die Theorie selbst auf dem Spiel stünde.[52] Dies ist genau jene ‚normale' wissenschaftliche Praxis, die laut Kuhn in Poppers Wissenschaftsphilosophie übersehen wird, weil sein Blick ausschließlich auf wissenschaftliche Revolutionen fixiert ist. In der Tat tritt in seltenen Fällen innerhalb der normalwissenschaftlichen Praxis des *puzzle solving* ein Problem auf, das durch *keine* innerhalb des akzeptierten Paradigmas denkbare Hypothese gelöst werden kann – wie im Beispiel des Merkur-Perihels und der Newtonschen Theorie. Erst dann kann es dazu kommen, dass die gesamte Theorie auf dem Spiel steht – das wissenschaftliche Problem ist zur *Anomalie*, zum Testfall der Theorie geworden.

Aus Sicht Kuhns hat Popper ausschließlich den Fall im Blick, in dem WissenschaftlerInnen auf Anomalien stoßen, besonders hartnäckige Probleme, die sich den bewährten Methoden eines Paradigmas widersetzen. In diesem Fall versuchen die WissenschaftlerInnen, den Methodenkanon zu erweitern oder weitreichende Modifikationen einzuführen, die den Konflikt mit dem Paradigma auflösen sollen.[53] Sie werden die aufgetretene Anomalie aber zunächst nicht zum Anlass nehmen, die etablierte Theorie als falsifiziert zu verwerfen – jedenfalls solange nicht, wie die Theorie in den meisten anderen Anwendungen gute Ergebnisse liefert, und auch nicht, bevor alle Versuche gescheitert sind, die Anomalie durch Hilfshypothesen in das Paradigma zu integrieren oder eine neue Theorie als Alternative zur Verfügung steht.[54] Die Ablehnung eines Paradigmas stellt eine Reaktion auf eine Krise[55] des Paradigmas dar und geht mit der Entscheidung einher, ein anderes Paradigma anzunehmen.

Daraus ergibt sich ein gegenüber Poppers Schema deutlich revidiertes Bild von den Triebkräften der Wissenschaftsdynamik. Wird nach Poppers Verständnis die Entwicklung der Wissenschaft durch die Maxime der kritischen Prüfung und des vorurteilsfreien Handelns[56] angetrieben (wie sie sich v. a. in der Bereitschaft zur Aufgabe der eigenen Theorie dokumentiert), bewegt sich die Wissenschaft für Kuhn in den Bahnen intellektueller Traditionen[57], deren Ressourcen ausgeschöpft werden, bis ihre Kraft erschöpft ist. Wissenschaftliche Argumente stehen stets auf dem Boden einer Tradition (eines Paradigmas), und ihr Wahrheitsanspruch bleibt an sie gebunden. Dies gilt auch für wissenschaftliche Revolutionen und die durch sie gestellten Wahrheitsansprüche: Die neue Theorie kann – selbst wenn sie die früher ungelösten Rätsel löst – nicht den Anspruch erheben, ‚näher' an der Wahrheit zu sein. Nicht umsonst spricht Kuhn davon, dass die WissenschaftlerInnen nach einer Revolution in einer ‚neuen Welt' leben.

Kuhns Wissenschaftsphilosophie hat zurecht einige Über-Idealisierungen des Falsifikationismus kritisiert: In der Tat zeigt die Wissenschaftsgeschichte, dass

Theorien ihre Anomalien lange Zeit überleben können, ohne dass WissenschaftlerInnen deswegen irrational handeln müssten. Kommt es zur Falsifikation einer Theorie, so jedenfalls nicht allein aufgrund eines ‚Vergleichs mit der Natur‘, sondern jedenfalls auch aufgrund des Vergleichs mit einer neuen, alternativen Theorie und entsprechenden Diskussions- und Entscheidungsprozessen innerhalb der Wissenschaftlergemeinschaft. Kuhn hat eine neue Sichtweise wissenschaftlicher Theorien befördert, die nicht an der *Prüfung* von Theorien, sondern an ihrer *Anwendung* orientiert ist (siehe dazu 2.2).

Diese neue Sichtweise schließt auch ein neues Verständnis der *Abgrenzung* von Wissenschaft ein. Kuhn weist darauf hin, dass z. B. die Astrologie – von Popper als unfalsifizierbare Pseudowissenschaft betrachtet – in ihrer Geschichte spezifische Vorhersagen produziert hat (Kuhn 1977: 274 f.). Dass ihre spezifischen Vorhersagen (z. B. in Hinsicht auf das Schicksal einzelner Individuen) in der Regel zu Fehlschlägen führten, konnte von ihren VertreterInnen aber mit der enormen Komplexität von Sternkonstellationen, der Vielzahl schwer kontrollierbarer weiterer Einflussfaktoren und der mangelnden Kenntnis von Anfangsdaten (z. B. der ungenauen Kenntnis der Umstände einer individuellen Geburt) erklärt werden, ähnlich wie aufgrund der Komplexität biologischer Bedingungen der Verlauf einer Krankheit für eine einzelne Person durch die moderne Medizin oder die exakte Entwicklung eines regionalen Wettergeschehens durch die Metereologie nicht exakt prognostizierbar sind.

Die Astrologie stellt, so Kuhn, ein Arsenal grober Faustregeln zur Verfügung, die darauf abzielen, generelle Tendenzen vorherzusagen, und sie ist daher als eine Art Handwerk oder praktische Kunst (*craft*) zu betrachten (Kuhn 1977: 275). Als ‚Wissenschaft‘ kann sie nicht gelten, aber nicht etwa deswegen, weil sie keine Vorhersagen (und damit Falsifikationen) zulässt, sondern weil sie nicht über ein ausgefeiltes Netz theoretischer Beziehungen verfügt, mit deren Hilfe eine Tradition des *puzzle solving*, des Lösens einschlägiger spezieller Probleme, begründet werden könnte. Es fragt sich allerdings, ob Kuhns Antwort auf das Abgrenzungsproblem sich letztlich wesentlich von jener Poppers unterscheidet. Schließlich scheint der Grund für die Unfähigkeit, eine Tradition des *puzzle solving* zu begründen, derselbe zu sein, der spezifische Vorhersagen (und damit strenge Widerlegungen) unmöglich macht: das Fehlen eines eng geknüpften Netzes präziser theoretischer Begriffe und Beziehungen, wie es für wissenschaftliche Theorien charakteristisch ist.

## 1.8 Bewertung und Ausblick

Im frühen 17ten Jahrhundert hat sich in Europa eine Wissenschaftstradition etabliert, die von der Idee der *wissenschaftlichen Methode* inspiriert war. Die wissenschaftliche Methode manifestiert sich in Verfahrensregeln, deren Befolgung verspricht, sicheres Wissen über die Natur erlangen zu können. Ein Beispiel dafür ist das von Bacon propagierte Eliminationsverfahren (1.2), mit dessen Hilfe Ursachen für Naturphänomene ermittelt werden sollen. Auf der einen Seite schwingt hier noch das antike, an der Mathematik orientierte, Erkenntnisideal *sicheren Wissens* mit, das die Wissenschaft in Verfolgung ihrer Methoden zu verwirklichen strebt. Auf der anderen Seite – und dies ist das ‚Neuzeitliche' an dieser Auffassung von Wissenschaft – muss das Wissen der Natur in einem aktiven, systematischen Erkenntnisprozess abgerungen werden, mithilfe sorgfältiger, regelgeleiteter Beobachtung und logischer Schlussverfahren (wie sie etwa für den Ausschluss von Scheinkorrelationen erforderlich sind). Der Begriff ‚induktive Methode' ist hier insofern irreführend, als es eben nicht lediglich um ein einfaches enumeratives Schließen von vielen Einzelfällen auf eine allgemeine Regel geht. Vielmehr ist es durchaus im Sinne von Bacons Eliminationsverfahren, dass in seinem Verlauf probeweise eingeführte Hypothesen anhand der aufgelisteten Daten verworfen werden. Von einer ‚induktiven Methode' kann nur in Abgrenzung vom antiken Ideal eines aus unbezweifelbaren Axiomen deduktiv gewonnenen Wissens die Rede sein; dieses Ideal wurde durch ein investigatives und erfahrungsbasiertes, d. h. auf umfangreiche Datenmengen gestütztes Verfahren ersetzt.

Auch wenn Bacon einen wirkmächtigen, neuen Wissenschaftstypus konzipiert hat, darf man daraus nicht schließen, dass die Wissenschaftspraxis seiner Zeit seinem Bild der Wissenschaft in jedem Sinn gefolgt ist. Die Wissenschaft Galileis, Huygens, oder Newtons hat Bacons Idealtypus zwar insofern entsprochen, als sorgfältig erhobene Beobachtungsdaten zur Basis und zum Maßstab theoretischer Hypothesenbildung wurden. Aber die Gewinnung der Hypothesen folgte nicht streng regelgeleitet dem Prinzip systematischer Datenauswertung. Vielmehr spielten dabei ‚nicht-empirische' Prinzipien eine wichtige Rolle, z. B. Symmetrieannahmen, geometrische Argumentationen und Analogieschlüsse (wie bei Galilei) oder die Forderung nach Ableitbarkeit der empirischen Daten aus einer zugrunde liegenden mathematischen Struktur (wie bei Newton). Schon im 17ten Jahrhundert verwendeten WissenschaftlerInnen ein ganzes Arsenal von Methoden, darunter nicht-empirische, sogar metaphysische Prinzipien, folgten also keineswegs einfach den Regeln Baconscher Wissenschaft.

Die allgemeine Methodenvielfalt und die Entwicklung spezifischer Methoden in einzelnen Wissenschaftsgebieten sind inzwischen so unüberschaubar geworden, dass es völlig aussichtslos erscheint, die Wissenschaft im Ganzen durch *eine* wissenschaftliche Methode zu charakterisieren. Neue mathematische Konzepte wie beispielsweise ‚*fuzzy sets*' in der ökologischen Modellierung (vgl. 2.4) treiben die Methoden-Differenzierung weiter voran, wodurch der Eindruck entstehen kann, man könne gar nicht mehr in methodologischen Begriffen erfassen, was Wissenschaft als Ganzes auszeichnet. Diese Einschätzung wäre aber etwas voreilig. Die Verwendung qualitativer, ‚unscharfer' Konzepte in der Ökologie verfolgt den Zweck, fehlerhafte Schlüsse zu vermeiden, die aus ‚übergenauen', empirisch nicht realistischen numerischen Angaben entspringen könnten. Und bestimmte Methoden, die in der epidemiologischen Modellierung Verwendung finden, haben die Aufgabe, bekannte Einfluss-Faktoren, die zu falschen Aussagen über die Verbreitung einer Epidemie führen können, auszuschließen. Es zeigt sich also: Wenn man nach den Zwecken fragt, die in den einzelnen Wissenschaften mit spezifischen Methoden verfolgt werden, so stellt sich heraus, dass es stets darum geht, empirische Daten von möglichen Verunreinigungen und Verzerrungen zu befreien, bevor Theorien oder Modelle mit ihnen ‚gefüttert' werden. Dadurch können die resultierenden wissenschaftlichen Aussagen vor möglichen Fehlerquellen geschützt und in diesem Sinne ‚objektiviert' werden (vgl. 6.2) – nur ist die Art der ‚empirischen Daten', die Gestalt der Fehlerquellen und die daraus resultierenden Erfordernisse ihrer ‚Reinigung' in den einzelnen Wissenschaften naturgemäß von unterschiedlicher Art.

Zu den universellen Methoden der Wissenschaft gehören *reduktive Erklärungen*, also Erklärungen von Phänomenen unter Verwendung von grundlegenden Entitäten und *Mechanismen*, die das Phänomen erzeugen. Die Mechanismen ihrerseits gehorchen den Einschränkungen, die ihnen durch Naturgesetze vorgegeben sind. Von diesen universellen Methoden hat Descartes in seiner Naturphilosophie der Physik in den *Prinzipien der Philosophie* von 1644, bzw. der Psychologie in den *Leidenschaften der Seele* von 1649 Gebrauch gemacht. Während die Inhalte seiner Naturphilosophie nur noch von philosophiehistorischem Interesse sind, sind diese Methoden auch in der heutigen Wissenschaft weit verbreitet: So werden beispielsweise Phänomene in den Lebenswissenschaften und in Sozialwissenschaften in der Regel mithilfe von Mechanismen reduktiv erklärt (beispielsweise die Wirkungsweise eines Virus im menschlichen Körper oder das Phänomen sozialer Segregation in Nachbarschaften, vgl. 3.8). Die häufig geäußerte Kritik an einer ‚reduktiv-mechanistischen' Erklärungsweise der Naturwissenschaften (die der vermeintlichen ‚Ganzheitlichkeit' von Naturphänomenen nicht gerecht werde) verkennt, dass z. B. ein erheblicher Teil des heutigen medizinischen Wissens von solchen Erklärungen abhängt.

Eine weitere universelle Methode, die in unterschiedlichen Wissenschaften Verwendung findet, ist die Bestimmung eines gesuchten Parameters auf unterschiedlichen Wegen, z. B. mithilfe unterschiedlicher experimenteller Verfahren.

Stellt sich dann heraus, dass mithilfe verschiedener Verfahren und Schlussweisen ein identisches Ergebnis gefunden wird, dann ist der Grad der Überzeugung, die WissenschaftlerInnen in das Resultat setzen, besonders groß. Denn eine realistische Annahme hinsichtlich des gefundenen Parameters stellt die bei Weitem beste (wenn nicht sogar die einzige) Erklärung für die Koinzidenz der Ergebnisse dar.

Insgesamt spricht nichts dagegen – trotz Fehlens einer methodischen 'Einheit' der Wissenschaft – die Rolle und Funktion universeller sowie spezifischer Methoden (im Plural!) als auszeichnendes Merkmal auch heutiger Wissenschaften zu betrachten. Die Kritik, die WissenschaftlerInnen untereinander üben, ist in der Regel Kritik daran, dass von den speziellen Methoden der entsprechenden Disziplin nicht oder in nicht sachgemäßer Weise Gebrauch gemacht werde. Und WissenschaftlerInnen charakterisieren, wenn sie nur ausführlich genug befragt werden, ihr Gebiet nicht nur inhaltlich, sondern auch, indem sie auf Methoden eingehen, mithilfe derer in ihrer Disziplin Wissen gewonnen wird. Kurz: Spezielle Methoden profilieren einzelne wissenschaftliche Disziplinen, universelle Methoden die Wissenschaft im Ganzen.

Auch die Wissenschaftskonzeptionen von Kant und Carnap widerspiegeln das Bestreben, eine Einheit der Wissenschaft zu begründen. Die erkenntnistheoretischen Fundamente, auf denen Kant die Wissenschaft (im Grunde handelt es sich um *Newtons* Wissenschaft) ruhen sah, hatten aber schon im Verlauf des 19ten und des beginnenden 20ten Jahrhunderts gerade durch Entwicklungen innerhalb der Wissenschaft immer stärker zu bröckeln begonnen. Weder die euklidische Natur von Raum und Zeit noch die Kategorien des reinen Verstandes konnten angesichts der neuen physikalischen Theorien (Elektrodynamik, Thermodynamik, Relativitätstheorie) noch als apodiktisch gültige Bausteine jeder Erfahrungswissenschaft verstanden werden. *Sicheres* Wissen zu erlangen – so wie es Descartes und Kant noch anstrebten – konnte daher spätestens seit dem Ausgang des 19ten Jahrhunderts nicht mehr als Ziel der Wissenschaft verstanden werden. Carnaps Programm, die Einheit der Wissenschaft in der Sprache zu fundieren – jede wissenschaftliche Aussage sollte in eine physikalische Einheitssprache übersetzbar sein – wurde schon durch Carnap selbst als undurchführbar erwiesen. Wissenschaftliche Begriffe gehen, so erkannte Carnap, über das hinaus, was in einer einheitlichen Beobachtungssprache ausgedrückt werden kann. Stattdessen sind zentrale Begriffe einer Wissenschaft ‚theoretische' Begriffe, deren Bedeutungen (teilweise) durch ihren logischen Zusammenhang innerhalb einer Theorie bestimmt werden. Carnap gibt damit die Einheit in der Sprache preis zugunsten eines einheitsstiftenden Begriffs der wissenschaftlichen Theorie – ein Gedanke, der in Kapitel 2 aufgenommen und weitergeführt werden wird.

Der durchschlagende Erfolg, den das Werk von Karl Popper nicht nur in der Wissenschaftsgemeinschaft, sondern auch in der wissenschaftsinteressierten Öffentlichkeit hatte, seine einfache und überzeugende Botschaft, dass die einzige Methode, die den wissenschaftlichen Weg des Wissenserwerbs charakterisiert, die Methode von Versuch (Vermutung) und Irrtum (Test) ist, hat neben heilsamen auch problematische Wirkungen entfaltet. Wissenschaft ist eben nicht nur ‚Raten und Testen'; vielmehr findet wissenschaftliches Raten stets vor einem Hintergrund wissenschaftlicher Erfahrung und auf der Grundlage von akzeptierten Theorien und Modellen statt. Die Verankerung der Wissenschaft in der Erfahrung manifestiert sich nicht allein im Testen von Theorien, vielmehr besteht die wissenschaftliche Praxis (wie Thomas Kuhn gegen Popper geltend machte) zum großen Teil darin, das Potential akzeptierter Theorien und Modelle für die Lösung theoretischer und praktischer Probleme und zur Gewinnung neuer Vorhersagen auszuschöpfen – wobei die oben besprochenen speziellen Methoden der Wissenschaft zum Zug kommen. Die groben Striche, mit denen Popper die Wissenschaft gezeichnet hat, müssen ergänzt werden durch eine Darstellung der Leistung, die Theorien und Modelle zur Erweiterung unseres Wissens beitragen – häufig gerade dadurch, dass erst vor ihrem Hintergrund Wissenslücken erkennbar werden. Deswegen ist Kapitel 2 wissenschaftlichen Theorien und Modellen, ihrem dynamischen und explorativen Potential, sowie ihrem Verhältnis zu empirischen Tatsachen gewidmet.

Die besondere Rolle von Theorien und Modellen ist ein wesentliches, aber nicht das einzige Charakteristikum von Wissenschaft. Wissenschaft ist auch ‚Raten und Testen', sie ist auch ein Arsenal spezifischer Methoden zur Reinigung und Bearbeitung von Beobachtungsdaten, und noch vieles mehr – wenn wir ihre historische und ihre institutionelle Dimension mit in die Betrachtung einschließen. Aber wenn es um die Frage der epistemischen Sonderrolle der Wissenschaft geht, um die Frage, wodurch ihr Anspruch gerechtfertigt werden kann, neues und verlässliches Wissen zur Verfügung zu stellen, das über den Horizont bloßer Beobachtung hinausgeht, müssen wir das Merkmal der Theoriebildung als vorrangig betrachten. Dies soll in Kapitel 2 gezeigt und an Fallstudien aus Physik, Ökologie und Literaturwissenschaft veranschaulicht werden.

# 2 Theorien, Modelle und Tatsachen

## 2.1 Einleitung: Wie wissenschaftliche Theorien unser Wissen erweitern

Wenn wir in einer klaren Nacht über uns schauen, erblicken wir eine Vielzahl größerer und kleinerer unregelmäßig verteilter Lichtpunkte. Was wir über diese Lichtpunkte *wissen*, geht aber weit über das hinaus, was wir durch den bloßen Augenschein in Erfahrung bringen können. Wir wissen heute z. B., aus welchen chemischen Elementen die Materie dieser Lichtpunkte am Himmel besteht, wieviel Zeit das von ihnen ausgehende Licht benötigt hat, um zu uns zu gelangen, und auch, wann es erlöschen wird. Es sind *wissenschaftliche Theorien*, die uns erlauben, unser Wissen über die Welt weit über jene Grenzen auszudehnen, die unserer Anschauung gesetzt sind.

Zwar hat einen großen Anteil an unserem Wissen auch die Kenntnis von Tatsachen[1] über einzelne Gegenstände, Ereignisse und Vorgänge, sowie über generelle Sachverhalte, also z. B. die Kenntnis der Tatsache, dass die Eismasse der Antarktis in den letzten Jahrzehnten kontinuierlich abnimmt (partikulärer Vorgang) oder der Tatsache, dass alle Planeten Ellipsenbahnen folgen (genereller Sachverhalt). Aber selbst eine gedachte vollständige Liste aller Tatsachen, von denen Menschen zu irgendeinem Zeitpunkt Kenntnis haben oder jemals hatten, wird niemals unser gesamtes wissenschaftliches Wissen über die Welt erschöpfen. Ein großer Anteil dieses Wissens ist eben in Theorien ‚enthalten', wobei sich aus diesen Theorien sowohl bekannte als auch gegenwärtig noch unbekannte Tatsachen ableiten lassen – wenn man sie jeweils mit einer bestimmten Menge anderer Tatsachen ‚füttert'. Dieser Umstand wirft eine ganze Reihe von philosophischen Fragen über Bedeutung und Struktur wissenschaftlicher Theorien auf, denen im Folgenden nachgegangen werden soll:

(1) Worin besteht das in Theorien enthaltene, nicht mit irgendeiner Liste von Tatsachen äquivalente Wissen? (2) Wie können Theorien dieses zusätzliche Wissen repräsentieren? (3) Welcher Zusammenhang besteht zwischen Theorien und Tatsachen – in welchem Sinne hängen Theorien von Tatsachen und umgekehrt Tatsachen von Theorien ab? (4) Wie kann die Ausdehnung des Wissens, die Theorien ermöglichen, durch Tatsachen gestützt und legitimiert werden?

Auf die erste Frage wird der vorliegende Abschnitt antworten, die zweite zielt auf den *Begriff der Theorie*, der in 2.2 erörtert und mit einem Beispiel in 2.3 veranschaulicht wird, die dritte berührt das Problem der *Theoriebeladenheit* in 2.5, während die vierte zum Thema der *Bestätigung von Theorien* in 2.6 führt. Schließlich werde ich in 2.7 das Beispiel einer geisteswissenschaftlichen Theorie diskutieren, mit dem Ergebnis, dass es auch in den Geisteswissenschaften erfahrungswissenschaftliche Theorien gibt, die an Tatsachen scheitern können.

Worin also besteht das durch Theorien repräsentierte Wissen und wie kommt es zustande? Theorien gehen über sichtbare Phänomene wie die Lichtpunkte am Himmel hinaus, indem sie diese Phänomene in einen allgemeineren begrifflichen Rahmen einbetten. In der *Sternenbotschaft* von 1610 (Mudry 1987: 94–144) stellt Galilei Beobachtungen der mit dem Fernrohr sichtbaren Himmelskörper in den Rahmen der Kopernikanischen Theorie. Die Lichtpunkte in der Nähe des Planeten Jupiter, die regelmäßig ihre Positionen ändern, deutet er als ‚Monde', die den Planeten Jupiter in ähnlicher Weise regelmäßig umkreisen wie unser Mond die Erde. Newton stellt Keplers Ellipsenbahnen der Planeten in einen theoretischen Rahmen, indem er sie als Resultat einer zwischen den Himmelskörpern wirkenden Gravitationskraft deutet – ebenso wie Kepler die Bahndaten von Tycho Brahe mithilfe der geometrischen Figur der Ellipse gedeutet hatte. Die theoretische Deutung besteht in einer *Neubeschreibung* von Gegenständen mithilfe von Begriffen, die sich nicht unmittelbar auf Erfahrungen, z. B. Beobachtungserfahrungen, beziehen und deren Bedeutung stattdessen zumindest teilweise durch die Rollen bestimmt wird, die sie innerhalb eines bestimmten theoretischen Rahmens spielen. Kurz gesagt, das zusätzliche Wissen, das durch wissenschaftliche Theorien verfügbar wird, kommt durch die Verwendung *theoretischer Begriffe* zustande.

Wie genau führt die Verwendung theoretischer Begriffe zu einer Ausdehnung unseres Wissens? Um die Kepler-Ellipsen der Planeten innerhalb der Gravitationstheorie Newtons zu deuten, um sie zu einem *Modell* dieser Theorie zu machen, müssen den Planeten Werte jener theoretischen Begriffe zugeordnet werden, die im Rahmen der Gravitationstheorie eine Rolle spielen, also unter anderem der Begriff der *Masse*. Dies kann aber nicht so erfolgen, dass irgendein unabhängig von der Gravitationstheorie verfügbares Messverfahren auf einen Planeten angewendet wird. Es zeichnet gerade *Masse* als theoretischen Begriff der Gravitationstheorie Newtons aus, dass er *nicht* unabhängig von dieser Theorie gemessen werden kann.[2] Stattdessen muss man, um die Masse eines Planeten zu bestimmen, den Umweg über Gesetze der Theorie nehmen. Das Gesetz, das hier benötigt wird, ist das dritte Newtonsche Gesetz *actio = reactio*: Die Gravitationskraft, die Jupiter auf Saturn ausübt, ist entgegengesetzt gleich der Kraft, die Saturn auf Jupiter ausübt. Da aufgrund des zweiten Newtonschen Gesetzes die Kraft, die Jupiter auf Saturn ausübt, gleich dem Produkt der Masse des Saturn und der von Jupiter auf Saturn ausgehenden Beschleunigung ist, und umgekehrt die von Saturn auf Jupiter ausgeübte Kraft dem Produkt aus Masse des Jupiter und der von Saturn auf Jupiter ausgehenden Beschleunigung entspricht, muss das Verhältnis der Massen der Planeten dem umgekehrten Verhältnis der Beschleunigungen entsprechen, die von den Planeten auf den jeweils anderen ausgeübt werden. Die von einem Planeten auf andere Körper ausgehende Beschleunigung (das ‚Beschleunigungsfeld' des Planeten), die quadratisch vom Abstand abhängt, kann aber anhand der auf seine eigenen Monde ausgeübten Beschleunigung bestimmt werden (vgl. Friedman 1992: 154–155). Das Massenverhältnis der Planeten lässt sich also mithilfe der Newtonschen Gesetze und anhand theorieunabhängiger Beschleunigungs-Messungen bestimmen. Werte theoretischer Begriffe können unter Verwendung der Werte nicht-theoretischer Parameter, die unabhängig von der Theorie messbar sind, bestimmt werden.

Um dieses Beispiel zu verallgemeinern und auch auf Theorien und Modelle in den Geistes- und Sozialwissenschaften übertragen zu können, müssen wir uns nun näher mit den zentralen Merkmalen wissenschaftlicher Theorien beschäftigen.

## 2.2 Was ist eine wissenschaftliche Theorie?

Wir wollen die Frage nach der Natur wissenschaftlicher Theorien mit Blick auf ihre in 2.1 skizzierte zentrale *Aufgabe* stellen, unser Wissen von der Welt auszudehnen. Unsere Antwort auf die notorisch unbestimmte ‚Was ist'-Frage wird dadurch auf jene Eigenschaften von Theorien eingegrenzt, die zur Erfüllung dieser wesentlichen Aufgabe beitragen.

Betrachten wir zunächst einige Antworten auf die obige Frage, die in der Wissenschaftstheorie gegeben worden sind. Karl Popper hat eine wissenschaftliche Theorie als Konjunktion einer Anzahl von Gesetzen charakterisiert.[3] Abgesehen davon, dass der von Popper verwendete Begriff eines wissenschaftlichen Gesetzes unzureichend ist[4], leidet diese Antwort daran, dass, wie Hilary Putnam herausgearbeitet hat, aus einer Konjunktion von Gesetzen zunächst keine einzige überprüfbare Aussage, keine Vorhersage einer spezifischen Tatsache folgt: „I claim: in a great many important cases, scientific theories do not imply predictions at all" (Putnam 1991: 124).

Es ist aber schließlich ein wichtiges Merkmal erfahrungswissenschaftlicher Theorien, dass aus ihnen überprüfbare Vorhersagen gewonnen werden können. Gerade aus Poppers Sicht ist dies sogar ihr *auszeichnendes* Merkmal: Nur wenn sie Vorhersagen ermöglichen, besitzen Theorien überhaupt empirischen Gehalt, nur dann können sie an der Erfahrung scheitern.[5]

Den Grund dafür, dass aus einer Theorie, wie Popper sie charakterisiert hat, buchstäblich nichts folgen würde, können wir wieder am Beispiel der Newtonschen Gravitationstheorie erkennen: die Gravitationskraft ist nicht direkt messbar; das Gravitationsgesetz sagt nichts darüber aus, welche weiteren Kräfte es in der Welt gibt, die auf Körper wirken können, und auch nichts darüber, welche Körper es überhaupt in der Welt gibt. Unter diesen Umständen ist zunächst *jede* Aussage über die Bewegung eines Körpers mit der Theorie vereinbar, d. h. die Theorie hat selbst gar keinen bestimmten empirischen Aussagegehalt. Wir könnten über die zentralen Gesetze[6] hinaus noch weitere ‚zulässige' Zusatzannahmen (oder ‚Hilfshypothesen') zur Theorie hinzufügen, die konkrete Anwendungsbedingungen der Theorie beschreiben; da aber kein überzeugender Begriff der ‚Zulässigkeit' einer Zusatzannahme existiert, und es daher nicht eindeutig bestimmt ist, *welche* Zusatzannahmen hinzugenommen werden können und welche nicht, bleiben die Grenzen der Theorie unscharf.[7]

Aus dem Scheitern von Poppers Theorie-Begriff sollte daher eine radikale Konsequenz gezogen werden: Theorien sind *per se* keine Aussagensysteme, die das Verhalten irgendwelcher Gegenstände in der Welt festlegen. Daher sind sie auch, anders als Popper es gefordert hat, als solche nicht an der Erfahrung überprüfbar. An der Erfahrung überprüfbar werden sie erst, wenn sie tatsächlich auf einen eingegrenzten Bereich von Gegenständen mit definierten Beziehungen und Randbedingungen angewendet werden (z. B., wie im Fall der Newtonschen Gravitationstheorie, unter der Voraussetzung, dass keine weiteren Kräfte außer der Gravitation vorhanden sind). Die Frage ist dann, ob das Verhalten dieser Gegenstände unter den gegebenen Bedingungen die Gesetze der Theorie erfüllt, d. h. ob diese Gegenstände ein *Modell* der Theorie bilden. Die Theorie ist dabei als eine *Struktur von Begriffen* zu verstehen, definiert durch Beziehungen, die zwischen bestimmten Variablen bestehen, die die Begriffe der Theorie repräsentieren (im Fall der Newtonschen Gravitationstheorie sind dies z. B. Masse, Beschleunigung und Kraft).[8] Die Begriffe der Theorie beziehen sich auf solche Eigenschaften und Relationen, von denen zufolge der Theorie das Verhalten jener konkreten Systeme abhängt, die durch die Theorie erfasst werden sollen. Im Fall physikalischer Theorien, wie der Newtonschen Gravitationstheorie, werden die zwischen zentralen Begriffen der Theorie bestehenden Beziehungen durch mathematische Gesetzesaussagen, z. B. durch die Axiome der Mechanik, ausgedrückt. In anderen Wissenschaften, die keine mathematischen Gesetzesaussagen kennen, können sie durch qualitative Generalisationen ausgedrückt werden (siehe das Beispiel der *Pretense*-Theorie in 2.7). Die Auffassung von Theorien als Strukturen erlaubt es also, den Theoriebegriff auch auf solche Wissenschaften anzuwenden, die nicht mathematisiert und nicht durch Gesetze gekennzeichnet sind.

Die Struktur[9], die durch eine Theorie vorgegeben ist, wird durch die Individuen konkreter Gegenstandsbereiche erfüllt, wenn die Werte der Variablen, die man diesen Individuen zuordnen kann, die Beziehungen der Theorie erfüllen. In diesem Fall bilden diese Gegenstandsbereiche *Modelle* der Theorien-Struktur. Indem die Theorie Modelle auszeichnet, die sie erfüllen, bezieht sie sich auf die

Welt.[10] Wird z. B. vor dem Hintergrund von Newtons Gravitationstheorie ein Modell unseres Planetensystems konstruiert, so werden den Planeten Werte von Variablen der Theorie zugeordnet, mit dem Ergebnis, dass diese Werte die in der Theorie vorgegebenen Beziehungen erfüllen. Das Planetensystem hat sich als ein Modell der Theorie herausgestellt. Theorien beziehen sich nie nur auf ein einzelnes konkretes System, sondern auf alle Systeme, die Modelle der Theorie sind. Modelle einer Theorie sind, als Instanzen einer übergeordneten Struktur, selbst Strukturen.

In der Praxis vieler Wissenschaftsdisziplinen steht nicht die Konstruktion allgemeiner Theorien im Vordergrund, sondern vielmehr das *Modellieren* einzelner konkreter Systeme oder bestimmter, eingegrenzter Klassen von Systemen. Beispiele dafür sind die Ökologie (Fallstudie 2.4) und die Soziologie (Fallstudie 3.8). Das Modellieren erfordert eine Auswahl von zentralen Begriffen, die das System (oder die Klasse von Systemen) charakterisieren sollen – repräsentiert z. B. durch eine Anzahl von Variablen – und Beziehungen, die zwischen diesen Begriffen (Variablen) bestehen sollen. Wenn die Gegenstände des zu modellierenden Systems Werte der Variablen annehmen, die die im Modell definierten Beziehungen erfüllen, dann bildet das Modell die Realität des Systems ab. Modelle, die ohne den Hintergrund einer allgemeinen Theorie konstruiert werden, funktionieren in der Beschreibung konkreter Systeme also genauso wie Modelle einer Theorie.

Mit der Auffassung von Theorien als Strukturen gerät auch der aus Poppers Theorienkonzept entspringende *Falsifikationismus* ins Wanken, also die Auffassung, nach der Theorien nur *widerlegt*, aber nicht *bestätigt* werden können. Jede von einer Theorie implizierte Vorhersage, die sich als falsch herausstellt, falsifiziert danach zugleich die Theorie. Dagegen erscheinen erfolgreiche Anwendungen der Theorie – ein bestimmter Gegenstandsbereich erweist sich als Modell der Theorie – lediglich als gescheiterte Falsifikationsversuche; die Theorie hat einen weiteren strengen Test überstanden und sie darf daher weiterhin akzeptiert[11] werden. Diese Auffassung macht, wie Putnam bemerkt hat, aus der Wissenschaft eine aus Sicht der Praxis irrelevante Aktivität: Wissenschaftler könnten uns dann niemals in legitimer Weise versichern, dass wir uns im Hinblick auf die Verwirklichung unserer praktischen Ziele auf eine bestimme Theorie *verlassen* können (vgl. Putnam 1991: 122). Gleichzeitig entsteht dadurch ein verzerrtes Bild der Wissenschaftsgeschichte:

> The Law of Universal Gravitation is not strongly falsifiable at all; yet it is surely a paradigm of a scientific theory. Scientists for over two hundred years did not derive predictions from U.G. [universal gravitation] in order to *falsify* U.G.; they derived predictions from U.G. in order to *explain* various astronomical facts. (Putnam 1991: 126)

Die Auffassung von Theorien als Strukturen lenkt dagegen den Blick auf erfolgreiche *Anwendungen* und damit auf die Vorhersage- und Erklärungsleistungen von Theorien: Wenn sich die intendierten Modelle einer Theorie tatsächlich als Modelle herausstellen, dann bestätigt[12] dies eine Theorie und rechtfertigt das Vertrauen, das wir in weitere Anwendungen derselben Art setzen.

Wird nun aber nicht dadurch ein anderer starker Grund für das Vertrauen in die Wissenschaft erschüttert, der darin besteht, dass Theorien an der Erfahrung *scheitern* können, dass es eindeutige *Kriterien* für ihr Scheitern gibt und dass daher ungeeignete Theorien *ausgesondert* werden können? Die Antwort ist: Theorien können an der Erfahrung scheitern, aber ihr Scheitern vollzieht sich in der Regel nicht als unmittelbare Folge des Auftauchens eines widersprechenden Phänomens. Stattdessen löst die fehlgeschlagene Anwendung einer Theorie zunächst Versuche aus, die Modell-Annahmen zu korrigieren, die dieser Anwendung zugrunde lagen. Im Fall der Merkur-Anomalie der Newtonschen Gravitationstheorie setzten die Korrekturversuche zunächst nicht am Kern der Theorie, sondern an peripheren Annahmen an (so wurde z. B. ein zusätzlicher Planet, der Vulkan, versuchsweise eingeführt, der für die Anomalie verantwortlich sein sollte). Erst nachdem auch diese Korrekturversuche gescheitert sind, kommt es zu tiefer greifenden Änderungsvorschlägen (z. B. zu versuchsweisen Modifikationen des Gravitationsgesetzes)[13], und schließlich zur Aufgabe der Theorie, wenn auch diese Vorschläge nicht erfolgreich sind und zugleich eine alternative Theorie zur Verfügung steht, die das widersprechende Phänomen zu erklären vermag.

Theorien sind also falsifizierbar, aber bevor es zur Falsifikation kommt, wird das gesamte Potential einer Theorie zur Erklärung des potentiell widerlegenden Phänomens ausgenutzt. Das Ergebnis dieser Überlegungen ist, dass Theorien die Aufgabe haben, Erklärungen für bekannte Phänomene zu liefern – zu diesem Zweck werden Anwendungen der Theorie, also Modelle konstruiert. Erfolge dieser Aktivität führen zur Bestätigung der Theorie, Misserfolge zu Modifikationsversuchen. Aber ebenso wichtig wie die konstruktive Aktivität ist für die Wissenschaft die kritische Einstellung: Daher versuchen Wissenschaftler neue Phänomene aus einer Theorie abzuleiten, um die Theorie zu testen: „[T]he tension between the attitudes of explanation and criticism drives science to progress" (Putnam 1991: 132).

Theorien und Modelle repräsentieren in der Art von Strukturen. Die Grundidee dieser Auffassung geht auf die von Rudolf Carnap entwickelte Zweistufenkonzeption (Carnap 1936, 1956/1958)[14] von Theorien zurück. Anders als Karl Poppers Theorien-Konzept, dessen Defizite zu Beginn des Abschnitts thematisiert wurden, nimmt die Zweistufenkonzeption auf die *Begriffe* einer Theorie Bezug.[15] Theorien, so Carnap, beziehen Begriffe auf die Wirklichkeit, die nicht schon vollständig interpretiert sind, etwa durch eine etablierte Zuordnung zu beobachtbaren Phänomenen, und die „dementsprechend als problematisch behandelt werden" (vgl. Andreas 2007: 65) ). Diese ‚problematischen' Begriffe nennt Carnap ‚theoretische Terme'. Der Weg, auf dem die theoretischen Terme, die in einer Theorie vorkommen (man denke an solche Begriffe wie ‚Raumkrümmung' oder ‚Spin' eines Teilchens), Bedeutung gewinnen, besteht darin, sie mit schon als bekannt vorausgesetzten Beobachtungsbegriffen zu verbinden. Im Beispiel des Begriffs ‚Raumkrümmung' kann dies etwa dadurch geschehen, dass angegeben wird, wie sich die Raumkrümmung im beobachtbaren Verhalten von Testteilchen niederschlägt. Darüber hinaus steht jeder theoretische Term innerhalb einer Theorie aber auch in bestimmten Beziehungen zu den jeweils anderen theoretischen Termen – und dies ist es in erster Linie, was seine spezifische Bedeutung ausmacht. Seine Bedeutung kann nicht explizit angegeben werden, sondern wird teilweise *implizit* bestimmt, d. h. durch Beziehungen innerhalb der Theorie. ‚Sichtbar' wird seine implizite Bedeutung durch die Rolle, die der theoretische Term in Anwendungen der Theorie spielt.

Offenbar setzt diese Charakterisierung von Theorien voraus, dass eine spezifisch ‚theoretische' Sprache (die die charakteristischen theoretischen Terme enthält) von einer ‚Beobachtungssprache', der Sprache der Beobachtungsbegriffe, unterschieden werden kann. Diese Stufen-Unterscheidung erscheint aus heutiger Sicht als obsolet. Ist beispielsweise der Begriff ‚Chromosom' ein Beobachtungsbegriff? Chromosomen sind mit dem unbewaffneten Auge nicht beobachtbar, wohl aber, wenn man ein Elektronen-Mikroskop verwendet. Signifikante wissenschaftliche Beobachtungen setzen in der modernen Wissenschaft die Verwendung von Instrumenten voraus, deren Aussagekraft wiederum von der Geltung bestimmter Theorien abhängt, die die Funktionsweise dieser Instrumente erklären. Auf einer kategorialen epistemischen Unterscheidung zwischen ‚theoretisch' und ‚beobachtbar' zu bestehen, erscheint aufgrund solcher Überlegungen als aussichtslos.[16] Wir werden darauf in 2.5 näher eingehen.

Die Schwierigkeiten, einen kategorialen epistemischen Unterschied zwischen einer vermeintlich reinen ‚Beobachtungssprache' und einer ‚theoretischen Sprache' ausfindig zu machen, haben Carnap schließlich dazu bewogen, nur noch eine kontextabhängige und pragmatisch motivierte Unterscheidung zu behaupten. In den verschiedenen Wissenschaftsdisziplinen werden, so Carnap, jeweils verschiedene Kriterien dafür verwendet, welche Ausdrücke eine unproblematische Beobachtungsbasis bezeichnen und welche spezifisch ‚theoretisch' sind. Ein Ausdruck, der für Theorien einer bestimmten Wissenschaftsdisziplin zur Beobachtungsbasis gehört, kann in Bezug auf eine andere Wissenschaftsdisziplin als ‚theoretisch' gelten. Mit anderen Worten: Ausdrücke der Wissenschaft *sind* nicht einfach *per se* Beobachtungsausdrücke oder theoretische Ausdrücke; stattdessen hängt es vom Kontext ab, welche Ausdrücke die *Funktion* von Beobachtungs- bzw. theoretischen Ausdrücken erfüllen.

Bei all dem kommt aber eine wichtige Unterscheidung noch nicht ausreichend zur Geltung: Beobachtbare Gegenstände (wie Planeten) und beobachtbare Eigenschaften (wie die Eigenschaft der Kraft) werden durch theoretische Begriffe beschrieben – durch Begriffe, deren Anwendung von einer bestimmten Theorie abhängt. Umgekehrt beziehen sich exemplarische theoretische Begriffe wie z. B. ‚Neutrino' auf Gegenstände, die jedenfalls mit bestimmten Apparaturen beobachtet werden können. Die beobachtbar/theoretisch-Dichotomie für Begriffe koinzidiert nicht mit der für Gegenstände.

Die Unterscheidung zwischen theoretischen- und Beobachtungsbegriffen kann sich also nicht an der schon für sich genommen fraglichen Unterscheidung für Gegenstände orientieren. Stattdessen geht es um ein unterscheidendes Merkmal, das Begriffe als Bestandteile einer wissenschaftlichen Theorie betrifft: Begriffe sind ‚theoretisch', wenn sie nur unter Voraussetzung der Geltung der Theorie bestimmt werden können, der sie angehören, anderenfalls sind sie ‚Beobachtungsbegriffe'. Mit dieser Modifikation nähert sich Carnaps ‚Zwei-Stufen'-Konzeption einer Auffassung, nach der Theorien durch Strukturen charakterisiert werden. Die theoretischen Begriffe werden als ‚Knotenpunkte' einer Struktur gesehen, deren Bedeutung durch die Beziehungen zu den anderen Begriffen (den anderen Knotenpunkten der Struktur) bestimmt wird. Daher kann ein theoretischer Begriff auch nicht unabhängig von den anderen theoretischen Begriffen der Struktur auf ein konkretes System angewendet werden. Mit anderen Worten: Bei der Anwendung *eines* Begriffs muss vorausgesetzt werden, dass das konkrete System, auf das er angewendet wird, die Struktur *als Ganze* erfüllt.

In 2.1 haben wir die *Erweiterung* unseres Wissens mithilfe theoretischer Begriffe skizziert und festgestellt, dass Phänomene innerhalb eines theoretischen Rahmens mit speziellen theoretischen Begriffen *neubeschrieben* werden können. Ein theoretischer Rahmen wird durch theoretische Begriffe gebildet, deren Beziehungen eine Struktur generieren, wobei einige der theoretischen Begriffe auch in Beziehung zu nicht-theoretischen Begriffen stehen. Wenn wir nun Theorien mit *Strukturen* identifizieren, so ist damit gemeint, dass sie genau solche *Begriffs-Netze* darstellen. Die Anwendung einer Theorie auf ein System, das ‚Andocken' an ein theoretisches Begriffs-Netz, geschieht genau dadurch, dass eine Beschreibung seines Verhaltens, zunächst in nicht-theoretischen Begriffen, durch Verknüpfungen mit theoretischen Begriffen *erweitert* und damit schließlich in einen Anwendungsfall einer Theorie verwandelt wird. Dabei ist es unerlässlich, dass es Verbindungen zwischen theoretischen und nicht-theoretischen Begriffen gibt; anderenfalls würde die Theorie keine Aussagen über das System in nicht-theoretischer Sprache implizieren, die unabhängig von der Theorie getestet werden können.

Weshalb kann diese Art der Neubeschreibung des Verhaltens eines Systems im Rahmen einer Theorie zu einer Erweiterung des Wissens führen? Die Integration des System-Verhaltens in eine theoretische Struktur ermöglicht in erster Linie zu bestimmen, wie Änderungen im Wert einer Variablen sich in Änderungen des Wertes einer anderen Variablen niederschlagen.[17] Diese Analyse konkreter Systeme ermöglicht einerseits *Erklärungen* für Veränderungen im System, andererseits stellt sie prädiktives Wissen über die Auswirkungen von *Interventionen* in das System zur Verfügung. Schließlich ist die Theoriebildung auch ein Mittel zur *Entdeckung des Neuen*. Aufgrund der Beziehungen zwischen verschiedenen System-Variablen gewinnen Messergebnisse an einer Stelle des theoretischen Netzes prädiktive Bedeutung für Messergebnisse an anderen Stellen. Abweichungen von den prädizierten Messwerten werfen neue Forschungsfragen auf und können die *Entdeckung* neuer Entitäten und Mechanismen auslösen. Diese *innovative* Funktion von Theorien soll in 2.3 am Beispiel der Voraussage der Existenz dunkler Materie im Rahmen des Standardmodells der Kosmologie verdeutlicht werden. Der Zusammenhang von theoretischen Erklärungen und wissenschaftlichen Entdeckungen wird detaillierter in Kapitel 3 dargestellt.

## 2.3 Das Standardmodell der Kosmologie

Das Standardmodell der Kosmologie stützt sich auf die Friedman-Lösungen der Allgemeinen Relativitätstheorie, die das Universum in seinen großräumigen Strukturen als räumlich isotrop und homogen beschreiben. Trotz dieser starken idealisierenden Annahmen, die der unmittelbaren Erfahrung ungleichmäßig verteilter Materie im Kosmos zu widersprechen scheinen[18], spricht die bekannte empirische Evidenz dafür, dass dieses Modell unser Universum qualitativ zutreffend beschreibt. Die Aufgabe der Astrophysiker, die mit diesem Modell arbeiten, ist es, die im Modell vorkommenden Parameter empirisch zu bestimmen, um so ein einzelnes Friedman-Modell zu identifizieren, das unser Universum repräsentiert. Eine der signifikanten Eigenschaften von Friedman-Modellen ist die Vorhersage der empirisch bestätigten *Expansion* des Universums.[19] Auch die Existenz der kosmischen Hintergrundstrahlung (CMB = *Cosmic Microwave Background*), die von Wilson und Penzias 1965 entdeckt wurde, konnte auf Basis des Modells als Relikt der heißen Anfangsphase des Universums vorhergesagt werden. Allerdings erwiesen sich die gemessenen Temperatur-Fluktuationen der Hintergrundstrahlung als zu gering, um mit der beobachteten Inhomogenität der Materieverteilung im beobachteten Universum vereinbart werden zu können.

An diesem Punkt kommt nun die *explorative* Funktion des Standardmodells zur Geltung. Das Fehlen der notwendigen Fluktuationen in der Hintergrundstrahlung wurde nicht etwa als negative Evidenz für das Standardmodell interpretiert; stattdessen löste die fehlende Übereinstimmung zwischen Modell und Messungen die Suche nach einem zusätzlichen *Mechanismus* aus, der geeignet wäre, die Nicht-Übereinstimmung zu beseitigen. Ein solcher zusätzlicher Mechanismus wurde durch die Hypothese der *dunklen Materie* etabliert:

> If cosmic structures consisted not of ordinary matter as we know it, but of a form of matter that does not participate in the electromagnetic interaction, the present cosmic structures could be reconciled with considerably smaller temperature fluctuations in the CMB since then the imprint of the cosmic structures in formation on the CMB could be substantially lower. (Bartelmann 2013: 15)[20]

Diese Weiterentwicklung der Theorie des Kosmos, die die Entdeckung einer neuen physikalischen Entität, der kosmischen Hintergrundstrahlung, mithilfe des eng geknüpften Theorie-Netzes ermöglicht, wobei diese neu entdeckte Entität eine treibende Kraft für die Erneuerung des Netzes wurde, kann stellvertretend stehen für die Dynamik des Wissens, deren Motor wissenschaftliche Theorien sind. Theorien treiben das menschliche Wissen voran und dehnen es aus über die Grenzen der Wahrnehmung hinaus. Das entscheidende Merkmal von Theorien, das ihnen ermöglicht, diese dynamische Rolle zu übernehmen, besteht eben darin, dass sie ein Netz von Begriffen zur Verfügung stellen, die nicht selbst bereits durch Erfahrung gesättigt sind, sondern ihre Bedeutung wesentlich durch ihre Verbindung mit anderen Begriffen des Netzes erhalten.[21] Nur dadurch ermöglichen sie es, dass empirische Information, die an einer Stelle des Netzes eingespeist wird, an entfernte Stellen des Netzes ‚transportiert' und dort für empirische Vorhersagen wirksam wird.

Im erweiterten Standardmodell der Kosmologie sind die statistischen Eigenschaften der Temperatur-Fluktuationen der Hintergrundstrahlung verknüpft mit anderen wichtigen kosmologischen Parametern: mit der Dichte der gewöhnlichen und der dunklen Materie und mit der Expansionsrate des Universums. Messungen der statistischen Eigenschaften der Fluktuationen erlauben daher die Bestimmung spezifischer Werte dieser Parameter. Weiter liefert die statistische Analyse der Hintergrundstrahlung ein Maß für die globale Raumkrümmung. Nur deswegen konnten die statistischen CMB-Daten die global flache Raumstruktur des Universums bestätigen. Aber dieser Erfolg des Standardmodells enthält den Keim eines neuen Problems: Wenn das Universum global flach ist, muss es eine kritische Energie-Dichte besitzen, die um das Dreifache höher ist als der beobachtete Wert der Materiedichte. Selbst wenn die dunkle Materie mit eingeschlossen wird, ergibt sich eine Lücke von etwa 70 % zwischen der kritischen Energie-Dichte und der Materie-Energie-Dichte des Universums. Dies lässt den Schluss zu, dass es einen hohen Anteil *dunkler Energie* im Universum geben muss.

Das große Renommee, das die Vorhersage der Hintergrundstrahlung dem Standardmodell eingetragen hat, ist ein Grund dafür, auch die Vorhersage dieser neuen, noch unbekannten, Form der Energie als Startpunkt für ein neues Forschungsprogramm aufzufassen – und nicht etwa als Hinweis auf die Schwäche des Standardmodells.[22] Etwas überspitzt ausgedrückt: Wenn die bekannten Tatsachen das Modell nicht bestätigen, dann sind die bekannten Tatsachen unvollständig. Jedenfalls zeigt die moderne Geschichte des Standardmodells der Kosmologie, dass das Gewicht eines theoretischen Modells so groß sein kann, dass es zum Kriterium für die Vollständigkeit und Stimmigkeit der beobachteten Tatsachen wird. Führt die Einspeisung der Tatsachen in das Modell zu Inkonsistenzen, ist dies ein Hinweis auf ihre *Unvollständigkeit*. Für unser Wissen über die Welt sind wissenschaftliche Theorien nicht nur dadurch unerlässlich, dass sie das Wissen systematisieren und komprimieren, sondern vor allem dadurch, dass sie aufgrund der Einschränkungen, die sie den Tatsachen auferlegen, die Entdeckung neuer Tatsachen antreiben.

Das Beispiel des Standardmodells der Kosmologie sollte zeigen, dass es sinnvoll und nützlich ist, Theorien als *Strukturen* zu verstehen. Aber ist dieses Beispiel überhaupt aussagekräftig hinsichtlich des Begriffs der *Theorie*, wenn es sich doch um ein *Modell* handelt? Einerseits entspricht der Ausdruck Modell nicht nur einer von Physikern bevorzugten sprachlichen Konvention. Er spiegelt vielmehr die Tatsache wider, dass das Standardmodell der Kosmologie auf ein konkretes physikalisches System, unser Universum, zugeschnitten ist. Dagegen repräsentiert die grundlegende Theorie, von der dieses Modells abgeleitet ist, Einsteins Feldgleichungen, eine Menge von Lösungen, die viele unterschiedliche Arten physikalischer Systeme repräsentieren.[23] Die Unterscheidung zwischen allgemeiner Theorie und spezifischem Modell ist daher nicht willkürlich. Andererseits kommt auch die Repräsentationsleistung des Standardmodells dadurch zustande, dass eine Grundstruktur, hier die Struktur der Friedman-Lösungen, durch die messbaren Parameter eines Systems, das in diesem Fall unser Universum ist, eingeschränkt und spezifiziert wird. Hinsichtlich der Art und Weise der Repräsentation unterscheiden sich Modelle nicht wesentlich von Theorien.

## 2.4 Qualitative Modelle: Ein Beispiel aus der Ökologie

Wir haben in 2.3 das Beispiel eines *theorieabhängigen* Modells vorgestellt. Das Standardmodell der Kosmologie entsteht durch eine Spezifikation, d.h. durch

Einschränkung einer allgemeinen Theorie auf eine besondere Lösungsklasse, die dann durch Bestimmung empirischer Parameter weiter eingeschränkt und dadurch auf die Beschreibung des aktuellen Universums zugeschnitten wird. Diese Beschreibung kann, wie wir am Beispiel von dunkler Materie und dunkler Energie gesehen haben, zugleich auch eine explorative Funktion erfüllen.

Aber wissenschaftliche Modellbildung erfolgt nicht immer auf dem Weg der Spezifikation einer allgemeinen Theorie. In den wissenschaftlichen Disziplinen, deren Gegenstände durch starke Komplexität und Heterogenität gekennzeichnet sind, u. a. in Ökonomie, Soziologie, Ökologie und Klimaforschung, kann sich die Modellbildung nicht auf allgemeine Theorien stützen. Stattdessen werden verschiedene quantitative und qualitative mathematische Methoden der Modellierung zur Anwendung auf eine eingegrenzte Art von Systemen (oder auf ein einzelnes konkretes System) entwickelt. Das folgende Beispiel stammt aus der biologischen Forschung über Ökosysteme. Es zeigt, wie Komplexität und Heterogenität des Gegenstands zwar nur *qualitative*, numerisch unpräzise Beschreibungen und Vorhersagen zulassen, diese aber zur Grundlage für *effektive Interventionen* in das System werden können.

In unserem Beispiel geht es um eine ökologische Gemeinschaft in einem Urwald-Gebiet auf der Nordinsel Neuseelands. Eine Population von Kokakos (*Callaeas cinerea wilsoni Bonaparte*), eine besondere Art von Sperlingsvögeln, ist hier mit drei Nesträuber-Populationen, nämlich Schiffsratten, Beutelratten und Wieseln konfrontiert. Die vier Populationen konkurrieren nicht nur um die vorhandenen Nahrungsressourcen (Pflanzen und Früchte), die Nesträuber bedrohen auch den Bestand der Kokako-Population, indem sie den Anteil der Jungtiere, die flügge werden (*fledging success*) reduzieren. Im Jahr 1999 war die Population auf eine Zahl von 400 Paaren gesunken. Um die Vernichtung der Kokako-Population zu verhindern, wurde ein Programm zur Kontrolle der Nesträuber-Populationen entwickelt, das letztlich zur Sicherung des Bestandes führte. Dafür benötigte man Modelle der ökologischen Dynamik dieser Populationen, auf deren Basis verlässliche Vorhersagen über die Reaktionen auf mögliche Eingriffe getroffen werden konnten. Die Frage war vor allem: Auf welche der Nesträuber-Populationen sollte der Eingriff sich konzentrieren, um die Kokakos wirksam zu schützen?

Ramsey und Veltman (2005) beschreiben zwei Modellierungs-Methoden, die für die oben beschriebene Aufgabe in Frage kamen. Beide Methoden, *loop analysis* und *fuzzy interaction webs*, verfahren *qualitativ*, im Gegensatz zu quantitativen Interaktions-Modellen des Lotka-Volterra-Typs. Die Notwendigkeit qualitativer gegenüber quantitativen Modellen liegt im gegeben Beispiel auf der Hand: es fehlen empirische Informationen über die funktionale Form und die Stärke der Interaktionen zwischen je zwei Spezies.[24] Die loop-analysis-Methode beschreibt Systeme auf Basis eines kausalen Graphen, der alle kausalen Einflüsse darstellt, die zwischen den einzelnen Spezies (unter Einschluss des Effekts der Nahrungsressource) ausgeübt werden – allerdings nur qualitativ in Hinsicht auf ihr Vorzeichen: positiv, negativ oder neutral; die entsprechenden Werte, 0, +1, und – 1, bilden die Elemente einer *community matrix* (vgl. Ramsey und Veltman 2005: 908). Aus der *community matrix* kann man dann eine *Vorhersage-Matrix* gewinnen, die angibt, welche Wirkung auf eine Spezies insgesamt durch das Anwachsen (oder die Abnahme) einer anderen Spezies ausgeübt wird. Dazu bildet man die Summe über die Vorzeichen der einzelnen (direkten und indirekten) Pfade der Interaktion zwischen zwei Spezies, der *feedback cycles* (vgl. Ramsey und Veltman 2005: 908). Der Nachteil dieser Methode besteht darin, dass die Summenbildung über die *feedback cycles* – ohne Berücksichtigung der *Stärke* der einzelnen kausalen Einflüsse – die Richtung der Gesamtwirkung verfälschen kann. Das Resultat der von Ramsey und Veltman durchgeführten Methode war, dass für alle Nesträuber-Spezies ein Anwachsen der Population eine Abnahme der Kokako-Population zur Folge hat. Allerdings weist das Modell eine hohe Signifikanz der Wechselwirkung nur für den Effekt aus, der auf die Schiffsratten zurückgeht (vgl. Ramsey und Veltman 2005: 911).

Detailliertere Vorhersagen sind auf Basis des semi-qualitativen FIW-Modells (*Fuzzy Interaction Webs*)[25] möglich. Im Unterschied zur *loop analysis* repräsentieren hier die Elemente einer $n \times n$-Matrix (für die verschiedenen Spezies $i = 1, \ldots, n$) relative Wechselwirkungsstärken. Dadurch können Expertenwissen und empirische Daten über den relativen Einfluss einer Spezies auf eine andere in die Berechnung mit eingehen. Jede Spezies wird durch ein Aktivierungslevel charakterisiert, das mithilfe einer unscharfen Funktion (*fuzzy function*) wiedergibt, mit welcher Wahrscheinlichkeit die Spezies in hoher, mittlerer oder niedriger Populationsdichte vorkommt.[26] Für die Wechselwirkungsstärken wurden zunächst plausible moderate Werte vorgegeben (*Null-Matrix*), die dann mit empirischen Informationen (z. B. experimentelle Ergebnisse aus der gleichzeitigen Kontrolle von Schiffsratten und Beutelratten) ‚angefüttert' und schließlich mithilfe eines lernenden neuronalen Netzwerk-Algorithmus verbessert werden. Mit dem daraus resultierenden *trainierten*[27] Modell ließen sich dann die Effekte für den *fledging success* der Kokako-Population simulieren, die sich aus verschiedenen Aktivierungslevels (z. B. Beutelratten mit niedrigem oder mittlerem Vorkommen), den Stärken der jeweiligen Wechselwirkungen, sowie Annahmen über die Kontrolle der verschiedenen Spezies ergeben (vgl. Ramsey und Veltman 2005: 912f.). Der Vorteil dieser Methode zeigt sich darin, dass auf ihrer Basis Vorhersagen über die Wirkung vielfacher gleichzeitiger Störungen des Ökosystems (wie der Kontrolle mehrerer Populationen) getroffen werden können. Genau solche Vorhersagen aber haben sich im vorliegenden Fall als besonders wichtig erwiesen, um darauf zielgerichtete und möglichst ökonomische Eingriffe ins System vornehmen zu können. Die Resultate der von Ramsey und Veltman durchgeführten FIW-Analyse zeigten, dass die Kontrolle einer einzelnen Nesträuber-Spezies nicht ausreicht, um die Kokako-Population wieder auf ein moderates[28] Niveau zu heben; stattdessen müssen Schiffsratten und Beutelratten zugleich kontrolliert werden, um diesen Effekt zu erreichen. Eine Kontrolle der Wiesel-Population erweist sich dagegen als entbehrlich für die Erfüllung dieses Zwecks.[29]

Das Beispiel zeigt, dass die Rolle von Vorhersagen in der Wissenschaft nicht auf die vor allem in der Tradition des Falsifikationismus betonte Funktion des Testens oder Bestätigens von Theorien verengt werden kann. Für wissenschaftliche Vorhersagen gilt daher kein generelles ‚je präziser – desto besser'. Auf diesen für die Wissenschaftsphilosophie bedeutsamen Umstand hat Alkistis Elliott-Graves (2020) hingewiesen: In Disziplinen wie der Ökologie, der Ökonomie oder der Klimawissenschaft dienen qualitative ‚unpräzise' Vorhersagen dazu, die Existenz von Phänomenen oder die Richtung anzuzeigen, in der Veränderungen sich bewegen.[30] Sie bilden damit auch die Basis für gezielte Interventionen ins System bzw. für die Verhinderung solcher Interventionen. Für solche Vorhersagen sind qualitative Methoden (also die Verwendung qualitativ spezifizierter Parameter und Parameter-Werte wie im FIW-Modell) nicht nur ausreichend, sie sind häufig sogar quantitativen Methoden vorzuziehen, deren unrealistisch präzise Werte die Gefahr erhöhen, definitive, aber falsche Vorhersagen zu generieren (vgl. Elliott-Graves 2020: 14–15). Präzision ist kein absolutes Kriterium der Wissenschaftlichkeit, stattdessen liegt es häufig in der Komplexität und Heterogenität einer Sache selbst begründet, dass qualitative Methoden für Zwecke der Vorhersage und des praktischen Eingriffs geeignet oder sogar unvermeidlich sind.[31] Auch einen weiteren wissenschaftstheoretischen Einwand gegen qualitative Modelle[32] unterminiert unser Beispiel: Einbußen an Präzision haben nicht unvermeidlich zur Folge, dass Kriterien der *Modell-Auswahl* außer Kraft gesetzt werden: Das FIW-Modell ist deswegen vorzuziehen, weil es *detailliertere* und deswegen auch *riskantere* (leichter falsifizierbare) qualitative Vorhersagen ermöglicht als eine Anwendung der *loop analysis*.[33]

Das Beispiel veranschaulicht, dass verschiedene methodische Tugenden in der Wissenschaft, so berechtigt sie für sich genommen seien mögen, nicht in jedem Fall gleichzeitig maximiert werden können (vgl. Elliott-Graves 2020: 14f.). Zu den Tugenden wissenschaftlicher Modelle zählen Präzision, Verallgemeinerbarkeit und Realismus (d.h. das Maß der Berücksichtigung signifikanter Kausalfaktoren, die das reale System beeinflussen). Es hängt vom modellierten *Gegenstand* und vom *Ziel* der Modellierung ab, welche dieser Tugenden auf Kosten anderer maximiert werden. Im obigen Beispiel stand der *Realismus* des Modells im Vordergrund, weil es unter der Zielvorgabe der Ermöglichung effektiver Intervention besonders darauf ankommt, *alle* signifikanten Kausalfaktoren im Modell zu berücksichtigen. Dies fördert zugleich die Verallgemeinerbarkeit, weil die Auslassung bestimmter Kausalfaktoren angesichts der Heterogenität von Ökosystemen (d. h. der Tatsache, dass in ihnen jeweils verschiedene Kausalfaktoren signifikant sind) sich besonders negativ auf ihre Verallgemeinerbarkeit auswirken würde. Diese Vorzüge gehen aber mit einer notwendigen Einbuße an Präzision einher. Unpräzise qualitative Modelle können eine größere Zahl von Kausalfaktoren einschließen, ohne dass sie dadurch auf den Bezug auf ein konkretes System festgelegt wären.

Bei einer anderen Sorte von Modellen in der Wissenschaft ist der Realismus (im oben verwendeten Sinn) gerade keine zu maximierende Tugend – als ein Beispiel dafür werden wir in 3.8 das Schelling-Modell sozialer Segregation diskutieren. In solchen Modellen geht es darum, bestimmte mögliche Kausalfaktoren zu isolieren, um Richtung und Stärke ihres Einflusses zu bestimmen. Dies schließt die Abstrahierung von einer Vielzahl anderer Kausalfaktoren ein, wodurch das Modell ‚unrealistisch' wird. Im Erfolgsfall kann hier Verallgemeinerbarkeit und Präzision erreicht werden, gerade weil die realen heterogenen Kontexte aus dem Modell eliminiert wurden. Eine direkte Anwendbarkeit auf eine reale Situation ist aber damit zunächst nicht mehr gegeben, weil in der Regel keine gesicherten Informationen über deren spezifische Beschaffenheit vorliegen. Das Ziel der Modellierung ist aber hier auch nicht die direkte praktische Anwendung, sondern die Exploration möglicher Kausalfaktoren.

## 2.5 Das Problem der Theoriebeladenheit

In 2.2 haben wir die Frage, was Theorien *sind*, beantwortet, indem wir sie als Frage danach aufgefasst haben, wie Theorien *repräsentieren*. Dabei hat sich herausgestellt, dass die zentralen wissenschaftlichen Begriffe in ihrer Verwendung abhängig von der theoretischen Struktur sind, der sie angehören. Sie sind in diesem Sinne, wie in 2.1 ausgeführt, ‚theoretische' Begriffe. Die Wissenschaftsgeschichte zeigt, dass theoretische Begriffe ihre spezifische Bedeutung nicht durch irgendwelche Setzungen oder definierenden Akte gewinnen, sondern erst allmählich, indem sie sich zusammen mit der Theorie, der sie angehören, entwickeln. Alan Chalmers hat dies u. a. am Beispiel des Feldbegriffs der Klassischen Elektrodynamik erläutert:

> Die typische Geschichte eines Begriffes, ob es sich nun um den Begriff „chemisches Element", „Atom" oder „das Unbewusste" handelt, beginnt zunächst einmal mit einer vagen Vorstellung, die dann erst allmählich in dem Maße deutlich wird, in dem die Theorie, deren Bestandteil er ist, eine präzisere und kohärentere Form annimmt. [...] Der Feldbegriff wurde

in dem Maße besser definiert, wie die Beziehung zwischen dem elektrischen Feld und anderen elektromagnetischen Größen deutlicher gemacht werden konnte. (Chalmers 2007: 89)

Daher verpflichtet uns jede Anwendung eines theoretischen Begriffs darauf, eine Theorie zu akzeptieren – wenn auch nur tentativ und vorläufig. Dies stellt insofern ein Problem für unser Verständnis von Wissenschaft dar, als Beschreibungen konkreter Systeme doch das Material bilden sollen, auf dessen Grundlage dann über die Geltung von Theorien über diese Systeme entschieden werden kann. Erst sollte die Beschreibung kommen, dann die Theorie. Nun aber stellt sich heraus, dass ein theoretischer Rahmen wie jener der Maxwell-Gleichungen bereits akzeptiert werden muss, um etwa den Feldbegriff zur Beschreibung physikalischer Systeme verwenden zu können.

Aber selbst Begriffe, die nicht wie der Begriff des elektromagnetischen Feldes eine spezifische Theorie voraussetzen, sind nicht gänzlich unabhängig von theoretischen Vorannahmen. Berühmt ist Karl Poppers Verdikt des theoretischen Charakters *aller* Begriffe, den er an dem schlichten Beispiel „Hier steht ein Glas Wasser" demonstriert. Einerseits scheinen in diesem Satz nur solche Begriffe vorzukommen, die geradezu paradigmatische Beobachtungsbegriffe sind. Andererseits impliziert die Verwendung des Ausdrucks ‚Wasser', dass es sich bei dem Exemplar von Flüssigkeit, auf das der Ausdruck sich bezieht, um ein Exemplar einer Stoffklasse handelt, die eine charakteristische komplexe Struktur besitzt, gebildet aus Polymeren von H-O-H-Molekülen, $H^+$ und $OH^-$ Ionen. Wer diesen Satz ausspricht, muss sich dieser Implikationen nicht bewusst sein, sondern kann sich bei der Verwendung des Ausdrucks allein an den wahrnehmbaren Eigenschaften von Wasser orientieren. Aber die Wahrheit oder Falschheit des Satzes hängt davon ab, ob dieses Exemplar einer Flüssigkeit sich bei einer Analyse als Wasser im chemischen Sinne herausstellen würde.

Ein weiteres Beispiel ist der Begriff der relativen Beschleunigung von Körpern. Dieser Begriff ist nicht-theoretisch relativ zur Newtonschen Theorie (Gravitationstheorie einschließlich der Axiome der klassischen Mechanik), weil relative Beschleunigungen unabhängig von den Gesetzen dieser Theorie gemessen werden können – erforderlich sind dazu lediglich Messungen räumlicher und zeitlicher Abstände, ohne dass die Geltung der Gesetze der Theorie vorausgesetzt werden müsste. Dies bedeutet aber nicht, dass der Begriff in dem Sinne *theoriefrei* ist, dass seine Messung *überhaupt* keine theoretischen Voraussetzungen erfordert. Diese Voraussetzungen sind jene der klassischen Kinematik, in der räumliche Abstände den Beziehungen der euklidischen Geometrie folgen, eine bezugssystemunabhängige Gleichzeitigkeitsrelation existiert und Geschwindigkeiten und Beschleunigungen dreidimensionale euklidische Vektoren darstellen. Außerdem müssen zur Messung von räumlichen und zeitlichen Abständen Messkörper bzw.

Messsignale und Uhren verwendet werden, von denen angenommen werden muss, dass sie bestimmte Eigenschaften erfüllen: Längenkonstanz bei Messkörpern, gleichförmige Geschwindigkeit bei Messsignalen und Gleichförmigkeit des Gangs bei Uhren. Die Stimmigkeit dieser Annahmen kann zwar wiederum durch bestimmte Verfahren überprüft werden, aber auch diese Verfahren sind wieder von theoretischen Annahmen abhängig. Kein Begriff ist frei von *jeglichen* theoretischen Annahmen, aber ein Begriff kann frei von theoretischen Annahmen relativ zu einer *bestimmten* Theorie sein.

Wenn diese Überlegungen zutreffen, dann ist *jede* Begriffsverwendung in der Wissenschaft auf explizite oder implizite theoretische Vorannahmen angewiesen – ob der entsprechende Begriff nun als ‚theoretisch' oder als ‚nicht-theoretisch' klassifiziert wird. Wissenschaftliche Begriffe (inklusive aller Alltagsbegriffe mit wissenschaftlicher Bedeutung, wie z. B. ‚Wasser') sind grundsätzlich *theoriebeladen*. Die Frage, die sich damit stellt, ist, was aus dem Faktum der Theoriebeladenheit wissenschaftlicher Begriffe für unser Bild von Wissenschaft, im Besonderen für das Verständnis der Wissenschaft als rationaler Wahrheitssuche folgt, deren Resultate auch deswegen als ‚objektiv' gelten, weil sie vorurteilsfrei geprüft werden können. Vorurteilsfreie Prüfung aber besteht in der Konfrontation wissenschaftlicher Aussagen mit beobachtbaren, allen Menschen prinzipiell in gleicher Weise zugänglichen Tatsachen. Wenn aber nun jede Beschreibung, jede Feststellung beobachtbarer Tatsachen über konkrete Gegenstände, aufgrund der Theoriebeladenheit der für die Beschreibung verwendeten Begriffe selbst theorieabhängig ist, scheint sich die Idee vorurteilsfreier Prüfung in Luft aufzulösen.

Bei näherer Betrachtung des Problems stellt sich aber heraus, dass es zu der hier angedeuteten Skepsis nur deswegen kommt, weil eine unangemessen strenge Anforderung an die Objektivität wissenschaftlichen Wissens gestellt wird. Beobachtbare Tatsachen, wie sie für die Prüfung von Theorien erforderlich sind, können niemals unabhängig von einem theoretischen Begriffsrahmen, von theoretischen Vorannahmen und Erwartungen gewonnen werden. Es genügt, wenn anerkannte Verfahren und Techniken der Beobachtung zu ihrer Gewinnung zur Verfügung stehen, deren Verlässlichkeit jedenfalls nicht von der Wahrheit jener Theorien abhängt, die mit ihrer Hilfe überprüft werden sollen. Beispielsweise hängen die Verfahren zur Abstandsmessung, die zur Gewinnung von Beobachtungstatsachen über die räumlichen Distanzen zwischen Planeten eingesetzt werden, nicht von der Wahrheit der Newtonschen Gravitationstheorie ab, für die diese Beobachtungsdaten der Prüfstein sein sollen. Und die radiometrischen Verfahren zur Bestimmung des Alters gewisser Fossilien hängen nicht von der Geltung der biologischen Evolutionstheorie ab, die mittels solcher Tatsachen über das Alter von Fossilien geprüft wird. Die Forderung, wissenschaftliches Wissen solle auf Tatsachen basieren, die durch Beobachtungen bestätigt sind, wird also nicht dadurch infrage gestellt, dass Konstatierungen solcher Tatsachen grundsätzlich theorieabhängig sind (vgl. Chalmers 2007: 15).[34]

Das Phänomen der Theoriebeladenheit sorgt dafür, dass Beobachtungstatsachen in einem interessanten Sinne umstritten sein können. Wir können uns hinsichtlich beobachtbarer Tatsachen nicht nur durch Wahrnehmungs- und Messfehler irren. Viele berühmte Streitfälle der Wissenschaft beziehen sich stattdessen darauf, *was* beobachtet wird, bzw. *was* uns die bloße Wahrnehmung zeigt. Dies ist nur möglich, weil Beobachtungstatsachen (oder vermeintliche Beobachtungstatsachen) theoretische Annahmen *beinhalten*. Galileis Gegner konnten ihre Auffassung, nach der die Erde still steht, auf Beobachtungstatsachen der Art stützen, dass ein von einem Turm herabfallender Stein an dessen Fußpunkt aufkommt. Dass die Erde sich nicht bewegt, konnte offenbar ‚unmittelbar' beobachtet werden. Mithilfe der neuen theoretischen Annahme eines zirkulären Trägheitsprinzips konnte Galilei dagegen den unmittelbaren Sinneseindruck als Beleg der Gegenthese interpretieren. *Was* wir sehen, wenn der Stein scheinbar vertikal am Turm entlang zu Boden fällt, ist in Wahrheit eine kombinierte Fall- und Trägheitsbewegung des Steines. Der Inhalt der Beobachtung, *was* beobachtet wird, wird nicht durch den bloßen Sinneseindruck bestimmt. Erst die inkludierte theoretische Annahme (Trägheitsprinzip ja oder nein) macht den Sinneseindruck zur Beobachtungstatsache. Überspitzt formuliert: Erst die Theorie entscheidet darüber, was beobachtet wird. Wäre dies nicht so, könnten Beobachtungstatsachen gar nicht mit Theorien konfrontiert werden. Bloße Sinneseindrücke sind nicht in eindeutiger Weise mit den Aussagen einer Theorie kontrastierbar, sie sprechen nicht *per se* für oder gegen eine Theorie.

## 2.6 Bestätigung von Theorien

Es gibt kein Wahrheitskriterium für einzelne Aussagen oder Theorien; wie die Geschichte der Wissenschaft zeigt, können auch Theorien, die Kriterien wie empirische Adäquatheit, Geschlossenheit, Vollständigkeit oder Präzision erfüllen, sich als falsch herausstellen. Kriterien, die wir für die Entscheidung über die Akzeptanz einer Theorie verwenden, können daher nur als ‚wahrheitsförderlich' betrachtet werden; eine Wahrheitsgarantie können sie nicht bieten (siehe dazu 6.3). Das wichtigste wahrheitsförderliche Kriterium besteht darin, dass Tatsachen für eine Theorie sprechen oder sie *bestätigen*. Was heißt es, dass eine Theorie durch Tatsachen bestätigt wird?

Wir haben bereits in 2.1 festgestellt, dass Theorien nicht einfach Listen oder Mengen von Tatsachen sind. Daher kann auch nicht von einer ‚Übereinstimmung' einer Theorie mit einer Menge von Tatsachen die Rede sein. Andererseits sollen aus Theorien Tatsachen, bzw. Beschreibungen von Tatsachen, ‚folgen': Aus der Newtonschen Gravitationstheorie folgt z. B., dass die Erde sich auf einer elliptischen Bahn um die Sonne bewegt. Wie wir in 2.2 gesehen haben, wird diese Folgerungsbeziehung aber durch Modelle der Theorie vermittelt: Aus der ‚reinen' Theorie folgt zunächst keine einzige Tatsache; erst ein Modell eines konkreten Systems, das mit den Mitteln der Theorie verfertigt ist, kann Tatsachen über dieses System zur Folge haben. Die oben genannte Tatsache der Ellipsen-Bahn der Erde folgt nicht direkt aus den Gesetzen der Newtonschen Theorie, sondern erst aus einem speziellen Modell dieser Theorie, das als Modell-Gegenstände nur Erde und Sonne enthält. Aus einem anderen Modell, das weitere Planeten enthält, folgen andere Tatsachen, z. B. eine modifizierte Ellipsenbahn.

Es ist naheliegend, die Folgerungsbeziehung zwischen Theorien oder einzelnen Hypothesen[35] einer Theorie und Tatsachen als Ableitungsbeziehung im Sinne der deduktiven Logik zu verstehen. Eine Tatsache (bzw. die Beschreibung einer Tatsache) folgt dann aus einer Theorie so, wie eine logische Konklusion aus gewissen Prämissen folgt. Wenn eine Tatsache in diesem Sinne aus einer Theorie folgt, dann kann sie als Bestätigung der Theorie gelten. Die hypothetisch-deduktive Theorie (HD-Theorie) der Bestätigung, die sich an dieser Grundidee orientiert, impliziert aber eine Reihe von unhaltbaren Konsequenzen (vgl. Glymour 1980, 29 f.). Eine besonders drastische Konsequenz ist, dass jede Tatsache, die *irgendeine* Hypothese bestätigt, *jede* Hypothese bestätigt.[36] Weiter lässt der HD-Ansatz unbestimmt, wie die Bestätigung, die eine Theorie durch eine Tatsache erfährt, sich auf die verschiedenen Hypothesen verteilt, als deren logische Konjunktion die Theorie betrachtet werden kann. Umgekehrt lässt sich aus einem fehlgeschlagenen Bestätigungsversuch nicht folgern, welche einzelne Annahme der Theorie für das Scheitern verantwortlich ist (*Duhem-Quine-Problem*). Der HD-Ansatz vermag also nicht, jene relevanten Teile der Theorie zu identifizieren, für die gewisse Tatsachen Bestätigung liefern (bzw. die durch die Tatsachen widerlegt werden).

Das letztgenannte Problem erhellt einen entscheidenden Mangel des HD-Ansatzes, der ihn daran hindert, ein brauchbares Modell der wissenschaftlichen Praxis des Bestätigens von Theorien zu sein. Weil der Ansatz die verschiedenen Bestandteile einer Theorie nur summarisch als Teile eines deduktiven Apparats erfasst, legt er nahe, Tatsachen könnten stets nur Evidenz für eine Theorie als *Ganze* liefern (vgl. Glymour 1980: 4).

WissenschaftlerInnen möchten aber herausfinden, ob die unabhängig von der Theorie ermittelten Tatsachen *einzelne* Hypothesen ihrer Theorie bestätigen oder nicht. Dafür muss die vorhandene Menge an Tatsachen (oder *Evidenzen*) durch andere theoretische Aussagen angereichert werden, die entweder Hypothesen derselben Theorie sind oder anderen Theorien entstammen, die zum jeweiligen ‚Hintergrundwissen' gehören. Im ersten Fall tragen Hypothesen einer Theorie dazu bei, andere Hypothesen *derselben* Theorie zu bestätigen. Dieses *‚bootstrapping'*-Verfahren (Glymour 1980) hat die Form einer *Berechnung:* Werte der theoretischen Größen, die in der zu bestätigenden Hypothese $H$ der Theorie vorkommen, werden aus den schon bestimmten Messwerten für die ‚empirischen' Größen unter Verwendung der anderen Hypothesen $H_i$ der Theorie berechnet:

> [I]nstances of a hypothesis in a theory, whether positive or negative, are obtained by „bootstrapping, that is, by using the hypotheses of that theory itself (or, conceivably, some other) to make computations from values obtained from experiment, observation, or independent theoretical considerations; the computations must be carried out in such a way as to admit the possibility that the resulting instance of the hypothesis tested will be negative. Hypotheses, on this account, are not generally tested or supported or confirmed absolutely, but only *relative to a theory.* (Glymour 1980: 122)

Es ist keineswegs garantiert, dass in jedem Fall genügend Evidenz, also Messwerte verschiedener Größen, und geeignete Hypothesen $H_i$ der Theorie zur Verfügung stehen, um alle theoretischen Größen, die in der fraglichen Hypothese $H$ vorkommen, zu berechnen. Aber im Erfolgsfall werden aufgrund der Berechnung alle Größen in $H$ durch bestimmte Werte repräsentiert, die dann zusammen $H$ erfüllen (instanziieren) oder nicht. Eine Hypothese bestätigen heißt also, auf Grundlage der vorhandenen Evidenz eine Instanz der Hypothese zu bestimmen: „[O]ur evidence provides instances of theoretical claims, and [...] these instances are deduced from the evidence by using other theoretical claims" (Glymour 1980: 110).

Diese komplexe Struktur der Bestätigung spiegelt die Tatsache wider, dass Theorien 'theoretische Begriffe' (oder ‚theoretische Größen') enthalten, die nicht theorieunabhängig bestimmbar sind und daher kein Teil der Evidenz sein können. Bestünden Theorien, bzw. deren Hypothesen, nur aus theorieunabhängig bestimmbaren Messgrößen, könnten diese direkt bestimmt und damit die Theorie bestätigt werden, ohne dafür bestimmte Teile der Theorie vorauszusetzen.

Der Hinweis darauf, dass bei jeder erfolgreichen Bestätigung einer Hypothese immerhin die Möglichkeit eines *negativen* Ausgangs bestehen muss, ist folgendermaßen zu verstehen: Es kann Fälle von ‚trivialer' Instanziierung einer Hypothese geben, in denen keine *möglichen* Messwerte existieren, auf deren Grundlage die Hypothese *nicht* instanziiert worden wäre (vgl. Glymour 1980: 114f.). Die Hypothese wird instanziiert, ganz gleichgültig, welche Werte gemessen werden. Damit die Tatsachen eine Hypothese wirklich bestätigen können, muss daher die Möglichkeit einer Widerlegung der Hypothese bestehen. Daher wird die Messung von Werten für den Druck $P$, die Temperatur $T$ und das Volumen $V$, aus denen ein Wert für die Konstante $k$ im idealen Gasgesetz $P \cdot V = k \cdot T$ resultiert, das Gasgesetz noch nicht bestätigen können, obwohl die vier Werte die Gleichung erfüllen. Sie erfüllen sie zunächst nur in trivialer Weise, weil bei *jeder* Messung für $P$, $T$ und $V$ ein entsprechender Wert $k$ resultieren muss, durch den die Gleichung erfüllt wird. Zur Bestätigung (oder Widerlegung) der Gleichung kann es nur kommen, wenn ein weiterer Satz von Messwerten für $P$, $T$ und $V$ ermittelt wird, der zusammen mit dem schon bestimmten Wert der Konstanten $k$ die Gleichung erfüllen oder nicht erfüllen kann ($k$ ist also in diesem Fall die ‚theoretische' Größe). Der Bestätigung einer Hypothese geht also immer ein *Test* (oder eine *Prüfung*) der Hypothese voraus: Keine Bestätigung einer Hypothese ohne echte Prüfung der Hypothese.

Eine wichtige Konsequenz des *Bootstrap*-Konzepts der Bestätigung besteht darin, dass die Bestätigung einer Hypothese $H_1$ einer Theorie $T$ immer eine Bestätigung *relativ* zu anderen Hypothesen von $T$ ist. Geht es um die Bestätigung einer weiteren Hypothese $H_2$ von $T$, so steht unter Umständen keine entsprechende Menge von anderen Hypothesen zur Verfügung, mit deren Hilfe auf Basis der gegebenen Evidenz-Menge $H_2$ bestätigt werden kann. Das *Bootstrap*-Konzept zeigt damit, wie es in der Praxis zu *lokalisierter* Bestätigung, also zu Bestätigung *einzelner* Hypothesen einer Theorie $T$ im Gegensatz zu *anderen* Hypothesen von $T$ kommen kann: „Particular pieces of evidence bear on certain hypotheses, but not on others." (Glymour 1980: 120). Um schließlich auch $H_2$ bestätigen zu können, ist unter Umständen eine Erweiterung der Menge der Evidenzen nötig. Diese Situation liegt bei Keplers Theorie des Planetensystems vor: Wie viele Beobachtungen des Ortes eines einzelnen Planeten auch immer vorliegen mögen, es lässt sich damit niemals das dritte Keplersche Gesetz testen und bestätigen, nach dem sich die Quadrate der Umlauf-Perioden zweier Planeten zueinander verhalten wie die dritten Potenzen ihrer mittleren Abstände zur Sonne. Zur Bestätigung dieses Gesetzes werden Daten über mindestens *zwei* Planeten benötigt. Während diese Situation mit dem *Bootstrap*-Konzept gut erklärt werden kann, bestätigt nach dem HD-Ansatz eine gegebene Evidenzmenge, die die beiden ersten Keplerschen Gesetze bestätigt, auch die Konjunktion der beiden ersten mit dem dritten Keplerschen Gesetz. Der HD-Ansatz erklärt also nicht, weshalb eine Evidenzmenge einen Teil der Theorie bestätigen kann, ohne die gesamte Theorie zu bestätigen.

Eine Hypothese kann, auf Grundlage jeweils verschiedener Evidenzen, in *vielfacher* Weise getestet und bestätigt werden. Die Prüfung einer Theorie auf verschiedenen Wegen ist auch sehr erwünscht. Wäre man bei der Prüfung einer Theorie auf genau *eine* unterstützende Hypothese angewiesen – möglicherweise eine Hypothese, die mithilfe der vorhanden Daten nicht selbst getestet und bestätigt werden kann – so könnte die Prüfung vielleicht nur deshalb ein positives Ergebnis liefern, weil sie mithilfe einer falschen Hilfshypothese erfolgt ist. Im Idealfall einer gut bestätigten Theorie sind alle Hypothesen durch die vorhandene

Evidenz relativ zu jeweils anderen Hypothesen der Theorie getestet und bestätigt, wobei keine einzige Hypothese isoliert, also unbestätigt bleibt.

Im Fall der *Konkurrenz* zweier Theorien, in dem Hypothesen relativ zu bestimmten Hintergrundtheorien geprüft werden, kann es der Fall sein, dass eine Hypothese relativ zu der einen Theorie bestätigt, relativ zur anderen Theorie aber widerlegt wird. Galileis Hypothese der bewegten Erde wurde relativ zu Galileis Mechanik (unter Einschluss des zirkulären Trägheitsprinzips), durch Tatsachen wie den vertikalen Fall eines Steines entlang eines Turmes bestätigt, während sie relativ zur traditionellen Aristotelischen Mechanik widerlegt wurde: „[S]cientists holding contrasting theories are bound to see the same evidence as having a different bearing, even if they are in full agreement as to the evidence itself" (Glymour 1980: 121).

Bisher haben wir uns, nach Erörterung der HD-Theorie und ihrer Schwachstellen, ausschließlich mit dem *Bootstrap*-Konzept der Bestätigung beschäftigt und gesehen, dass dieses Konzept dem Bild von wissenschaftlichen Theorien als Strukturen gerecht wird. Ein gegenwärtig florierender Konkurrent ist die Bayessche Bestätigungstheorie, die im Unterschied zu *Bootstrap* versucht, ein *quantitatives* Maß für die Bestätigung anzugeben, die eine gegebene Evidenzmenge einer Hypothese verleiht. Dieses Maß ist *probabilistisch*; es orientiert sich an dem zuerst von Thomas Bayes (1701–1761) formulierten Theorem der Wahrscheinlichkeitstheorie, die für den gegebenen Zweck *epistemisch* interpretiert wird, in dem Sinne, dass die Wahrscheinlichkeit einer Hypothese den Grad der Glaubwürdigkeit der Hypothese widerspiegelt. Das Maß der Wahrscheinlichkeit (Glaubwürdigkeit), die eine Evidenz-Menge $E$ einer Hypothese $H$ verleiht, hängt danach ab von der Wahrscheinlichkeit des Eintretens von $E$ unter Voraussetzung von $H$. Zum Beispiel hängt die Glaubwürdigkeit der Diagnose einer Infektionskrankheit für einen Patienten, der positiv auf bestimmte Antikörper getestet wurde, davon ab, wie hoch die Wahrscheinlichkeit ist, dass bei Vorliegen der Krankheit genau diese Antikörper vorhanden sind.

Das Bayes-Theorem

$$P(H|E) = \frac{P(E|H) \cdot P(H)}{P(E)}$$

enthält außerdem noch ‚absolute' (oder ‚a priori'-) Wahrscheinlichkeiten $P(H)$ der Hypothese $H$ (unabhängig davon, dass $E$ eingetreten ist) bzw. $P(E)$ der Evidenz $E$ (unabhängig von der Geltung von H). Beide Ausdrücke sind problematisch, da z. B. nicht ohne weiteres klar ist, welches Wissen für die Einschätzung der ‚a priori'-Wahrscheinlichkeit von $E$ vorausgesetzt werden darf. Auf die Bestimmung von $P(E)$ kann verzichtet werden, wenn es um den *Vergleich* der Glaubwürdigkeit zwischen zwei Hypothesen $H_1$ und $H_2$ geht, die unter *derselben* Evidenzmenge $E$

## 2.6 Bestätigung von Theorien

beurteilt werden sollen. Das Bayessche Theorem führt dann zu einem ‚likelihood'-Vergleich zwischen $H_1$ und $H_2$, dessen Ergebnis sich sukzessive aufgrund jeweils neuer Informationen (Evidenzen) verändern kann. Beispielsweise kann das Ergebnis eines Bluttestes bei einem Patienten die Wahrscheinlichkeit (likelihood) für das Vorliegen einer schweren Erkrankung $H_1$ gegenüber einer harmlosen Alternative $H_2$ erhöhen, nachdem die oberflächlichen Symptome zunächst keine der beiden Diagnosen bevorzugten. Die spätere Bevorzugung von $H_1$ gegenüber $H_2$ resultiert daraus, dass das festgestellte Ergebnis des Bluttestes unter Voraussetzung von $H_1$ wahrscheinlicher ist als unter $H_2$. Über die a-priori-Wahrscheinlichkeit der Hypothesen könnten in diesem Fall statistische Daten Aufschluss geben, nach denen die schwere Erkrankung viel seltener in der Population auftritt als die harmlose. In diesem Fall würde sich die a-priori-Einschätzung, nach der wahrscheinlich $H_2$ zutrifft, aufgrund des Ergebnisses des Bluttestes zugunsten von $H_1$ verschieben, möglicherweise sogar umkehren.

Das obige Beispiel zeigt, dass Überzeugungsdynamiken, die sich aufgrund einer sich ändernden Informationslage entwickeln, durch das Bayes-Konzept plausibel erklärt werden können – ohne dass hierzu mathematisierte Theorien-Strukturen vorauszusetzen wären, wie sie etwa für Anwendungen des Bootstrap-Konzepts erforderlich sind. Auf der anderen Seite stößt die Bayessche Bestätigungstheorie auf eine Reihe schwerwiegender Einwände, die ihre universelle Anwendbarkeit fraglich erscheinen lassen. Ein erster Einwand ist, dass die beobachtbaren Konsequenzen einer Theorie (oder einer Hypothese) immer wenigstens so wahrscheinlich sein werden wie die Theorie selbst (vgl. Glymour 1980: 83–84). Was sollte durch eine gegebene Evidenzmenge besser bestätigt werden als eben diese Evidenzmenge? Wenn das so ist, warum dann überhaupt Theorien aufstellen? Die zu erwartende Antwort ist: Um Evidenzen *erklären* zu können. Dies bedeutet nun aber, dass die Erklärungskraft von Theorien im Bayesschen Konzept überhaupt nicht für die Einschätzung ihrer Glaubwürdigkeit zu Buche schlägt – zweifellos ein schwerer Mangel. Ein weiterer Einwand ist, dass nach dem Bayes-Konzept bereits bekannte Tatsachen (*old evidence*) die Wahrscheinlichkeit einer Hypothese niemals vergrößern können.[37] Aber das Merkur-Perihel war eine bekannte Tatsache, längst bevor sie als Evidenz für Einsteins Theorie anerkannt wurde.[38]

Schließlich scheint das Bayes-Konzept die Dynamik der Überzeugungen von Wissenschaftlern hinsichtlich einer Theorie in typischen Fällen nicht korrekt wiederzugeben. Vor der Expedition, die 1919 unter Leitung von Arthur Eddington zur Messung der Ablenkung des Sonnenlichts an der Sonne während einer Sonnenfinsternis stattfand, war die Glaubwürdigkeit von Einsteins Allgemeiner Relativitätstheorie durchaus umstritten. Dies änderte sich aufgrund der Ergebnisse der Expedition geradezu schlagartig. Einsteins Theorie wurde danach fast einhellig akzeptiert. Aber der Grund war nicht einfach die gute Übereinstimmung der Messergebnisse mit Einsteins Theorie. Die Messwerte lagen zum Teil näher an den Voraussagen der Newtonschen Theorie. Vielmehr wurden vor einem endgültigen Urteil die Spiegel, die für die Messungen verwendet worden waren, genau vermessen, mit dem Ergebnis, dass die Spiegel kleine Störungen enthielten, die die Abweichungen zu den Voraussagen der Theorie Einsteins erklären konnten. Die Evidenz-Menge schlägt sich also nicht unmittelbar in der Glaubwürdigkeit einer Theorie nieder; stattdessen ist es in der Wissenschaft üblich, zunächst die Glaubwürdigkeit der Evidenzen selbst zu analysieren, um herauszufinden, was sie tatsächlich über eine Theorie aussagen können.

## 2.7 Eine Theorie künstlerischer und literarischer Repräsentation: Waltons *Pretense*-Theorie

Bisher haben wir uns bei der Erörterung des für die Wissenschaft zentralen Begriffs der *Theorie* an Beispielen aus der Naturwissenschaft orientiert. Dies entspricht der Praxis der wissenschaftstheoretischen Literatur, in der Probleme wie die *Theoriebeladenheit* wissenschaftlicher Begriffe oder die Frage nach der *Bestätigung* von Theorien meist im Blick auf Theorien (oder Modelle) der Naturwissenschaft diskutiert werden. Dieser Gewohnheit folgend haben wir in 2.3 das Beispiel des Standardmodells der Kosmologie behandelt. Dies wirft aber die Frage auf, ob auch in den Geisteswissenschaften in demselben Sinne von Theorien gesprochen werden kann: Stellen auch geisteswissenschaftliche Theorien *Strukturen* in dem dargestellten Sinn dar? Wie erweitern sie unser Wissen über die Welt? Und von welcher Art sind die *Tatsachen*, die solche Theorien bestätigen oder widerlegen können? Am Beispiel von Kendall Waltons *Pretense*-Theorie von 1990[39], einer Theorie der Repräsentation in Kunst und Literatur, werden wir nun zeigen, dass es auch geisteswissenschaftliche Theorien gibt, die als Strukturen verstanden werden können und die ‚erfahrungswissenschaftlichen' Charakter haben, weil sie an Erfahrungstatsachen überprüft werden können.

Die *Pretense*-Theorie versucht zu erklären, wie Kunstwerke und literarische Werke *repräsentieren* können. Das Repräsentieren kann in Kunst und Literatur nicht als *Abbildung* realer Gegenstände oder Vorgänge verstanden werden. Denn es handelt sich hier vorzugsweise um *fiktive* Gegenstände, und selbst wenn z. B. ein Theaterstück sich auf historische Personen bezieht, z. B. auf Heinrich den Achten, so beabsichtigt es doch nicht, eine getreue Wiedergabe historischer Tatsachen zu liefern – Shakespeares Stück ist keine Dokumentation. Ebenso wenig wie Kinder in ihrem Spiel einfach die Realität abbilden, bildet der Schauspieler auf der Bühne in der Rolle Heinrich des Achten das Leben der historischen Person ab. Stattdessen schafft das Kinderspiel eine fiktive Realität, genauso wie der Schauspieler in der Rolle Heinrich des Achten eine fiktive Realität schafft oder wie Dr. Rieux in *Die Pest* von Albert Camus eine fiktive Person in einer fiktiven Situation ist. Eine Theorie der Repräsentation in Kunst und Literatur muss also erklären, wie Fiktionen repräsentieren können. Demgemäß sind potentielle Modelle dieser Theorie einzelne Kunstwerke, Theaterstücke etc., die dann zu Modellen der Theorie werden, wenn sie so repräsentieren wie die Theorie es besagt.

Die *Pretense*-Theorie der Repräsentation soll, so Walton, alle Formen der Literatur, des Theaters, der Malerei, der bildenden Kunst, des Films und auch der Musik[40] umfassen.[41] Das erste Kapitel seines Buches *Mimesis as Make-Believe* von 1990, das mit *Representation and Make-Believe* betitelt ist, führt in die Schlüsseltermini der Theorie ein und erläutert ihren Zusammenhang: *props, imaginings, games, make-believe, representation, fiction*. Die Theorie setzt bei der menschlichen Vorstellungskraft (*imagination*) an, wie sie paradigmatisch im Spiel von Kindern ausgeübt und erprobt wird. Bleistifte und Löffel werden im Spiel von Kindern zu Rittern, Königen und Prinzessinnen; mit solchen ‚Requisiten' (*props*) werden Feldzüge und Schlachten geführt, Krönungen und Hochzeiten gefeiert. Solche Aktivitäten regen Vorstellungs-Spiele (*games of make-believe*) an: die Kinder erzeugen in sich Vorstellungen (*imaginings*), sie machen sich selbst und ihre Mitspieler glauben (*make-believe*[42]), dass etwa der Ritter um die Hand der Prinzessin anhält. Um die Vorstellungskraft anzuregen und zu bekräftigen, werden weitere *props* benötigt, ein Schwert und ein Helm für den Ritter, die Krone für den König etc. *Props* lösen Vorstellungen aus, sie geben einer Spielhandlung, die zu weiteren Vorstellungen anregen soll, Sichtbarkeit und Halt.

Während aber im Spiel von Kindern Requisiten (*props*) häufig nur durch ad hoc-Regeln mit imaginierten Gegenständen in Verbindung gebracht werden, besteht das Spezifikum literarischer und künstlerischer Repräsentation darin, den Rezipienten der Werke solche *props* zu präsentieren, deren Funktion es ist, bestimmte Vorstellungsinhalte nach *öffentlich verankerten Regeln* (*rules of generation*) zu erzeugen. Spiele des ‚Glauben-Machens'[43], die durch Erzeugung solcher Vorstellungsinhalte konstituiert werden, bezeichnet Walton als ‚autorisiert'. Ein ‚Spiel', das seine Betrachter etwas ‚glauben macht', wird auch durch das Gemälde *La Grande Jatte* (Georges Seurat 1886) initiiert; es zeigt u. a. ein Paar, das durch einen Park spaziert. Die Vorstellung eines durch einen Park spazierenden Paares gehört zu einem ‚autorisierten' Vorstellungs-Spiel, weil das Gemälde (als *prop*) die Funktion hat, u. a. genau diese Vorstellung im Betrachter anzuregen. Kunstwerke und literarische Werke repräsentieren, indem sie die öffentliche, in einer kulturellen Gemeinschaft verankerte *Funktion* haben, autorisierte Vorstellungs-Spiele zu initiieren. Die Welt des Gemäldes *La Grand Jatte* stellt eine wohlbestimmte fiktionale Welt (*work world*) dar; diese Welt wird durch nur in ihr geltende fiktionale Sachverhalte konstituiert, durch ‚fiktionale Wahrheiten'[44], die nur kraft des Kunstwerkes selbst (sowie aufgrund der in einer Gemeinschaft öffentlich verankerten Regeln und Prinzipien) gelten und daher zu Bestandteilen aller autorisierten Spiele des ‚Glauben-Machens' seiner Betrachter werden.[45] Allerdings tragen nicht nur die expliziten Werkinhalte zu autorisierten Spielen des Glauben-Machens (*game worlds* – vgl. Walton 1990: 59) bei, sondern auch *implizite* Inhalte, die etwa durch Sehgewohnheiten oder kulturell verankerte Überzeugungen bestimmt sind (vgl. Walton 1990: 59). Einerseits betont Waltons Theorie also die Autonomie und Autorität des Kunstwerks, eine *bestimmte* fiktionale Welt auszuzeichnen, andererseits aber die Abhängigkeit der durch das Werk autorisierten Rezeption von kulturell vermittelten Gewohnheiten und Überzeugungen. Der Versuch, beide Aspekte miteinander zu vereinbaren, stellt eine Gratwanderung dar, was weiter unten wichtig für die Einschätzung der ‚empirischen Adäquatheit' der Theorie werden wird.

Fiktionale Repräsentation zeichnet sich, so Walton in Kapitel 2 des Buches, *Fiction and Nonfiction*, weder durch den Gegensatz zu wahrheitsgetreuer Darstellung, noch durch ihren vermeintlich nicht-assertorischen Charakter aus; auch Satz für Satz akribisch wahrheitsgetreue literarische Darstellungen historischer Sachverhalte können einen ‚fiktionalen' Charakter annehmen, indem sie mithilfe bestimmter ‚Requisiten' der Darstellung Vorstellungen im Leser erwecken, die weit über den buchstäblichen Inhalt der Darstellung hinausgehen können. Man denke hier z. B. an Jakob Wassermanns historische Romane. Die fiktionalen Wahrheiten, auf die sich diese Vorstellungen beziehen, gelten (nur) im Rahmen eines im Rezipienten stattfindenden Spiels des Glauben-Machens und sind eben in diesem Sinne ‚fiktional', gleichgültig, ob diese Wahrheiten auch ‚äußeren' Wahrheiten entsprechen oder nicht. Ein literarisches oder künstlerisches Werk fällt in den Bereich der Fiktion, weil es nicht die *Funktion* hat, über irgendeine äußere Realität zu informieren (vgl. Walton 1990: 83), sondern die Aufgabe, als *prop* in einem Spiel des Glauben-Machens zu fungieren (vgl. Walton 1990: 91). Der Begriff der Fiktionalität zielt also nicht primär auf den Gegensatz zwischen Wahrheit und Falschheit, sondern vielmehr auf jenen zwischen ‚interner' (werkgebundener) und ‚äußerer' Wahrheit: „Any work with the function of serving as a prop in games of make-believe [...] qualifies as „fiction"" (Walton 1990: 72).[46]

Handelt es sich nun bei diesem Geflecht von Begriffsbestimmungen um eine wissenschaftliche Theorie? In 2.2 haben wir ausgeführt, dass wissenschaftliche Theorien in erster Linie als *Strukturen*, als Netze spezifischer ‚theoretischer' Begriffe aufzufassen sind, deren Bedeutung wenigstens teilweise durch ihre internen Beziehungen gegeben sind. Als theoretische Begriffe kommen im vorliegenden Beispiel in Frage: *prop, fiction, game of make-believe*. Sie alle erhalten ihre Bedeutung durch ihre spezifischen internen Beziehungen. So besitzt beispielsweise der Begriff ‚*game of make-believe*' zwar auch anschaulichen Gehalt durch die Analogie zum Spiel der Kinder – so wie Newtons Begriff der ‚Kraft' anschaulichen Gehalt durch Analogie zu den Kräften der alltäglichen Erfahrung besitzt. Aber es trägt wesentlich zu seiner Bedeutung bei, dass in *games of make-believe props* auftreten, die ihre Rolle in der Erzeugung fiktionaler Vorstellungen (*imaginations*) spielen. Dagegen wird der Ausdruck ‚*imagination*' selbst nicht in dieser Weise ‚theoretisch' eingeführt, sondern in seiner ‚außertheoretisch' vertrauten Bedeutung verwendet. Er ist daher im Rahmen dieser Theorie als nichttheoretischer Terminus aufzufassen. Insgesamt ergibt sich, dass im Sinne unserer Definition die *Pretense*-Theorie als wissenschaftliche Theorie verstanden werden kann.

Aber wissenschaftliche Theorien sind nicht nur Begriffsnetze. Sie müssen, wie in 2.1 ausgeführt, Erklärungsleistungen erbringen, und es muss Tatsachen geben, durch die sie bestätigt oder widerlegt werden können.[47] Schließlich müssen sie Neubeschreibungen von Gegenständen ermöglichen, die das Potential haben als Brücken zu neuen (noch nicht beschriebenen) Gegenständen zu dienen und damit zur Ausdehnung unseres Wissens von der Welt beitragen (vgl. 2.1). Trifft dies alles auf die *Pretense*-Theorie zu?

Ich hatte bereits darauf hingewiesen, dass zu dem, was Walton die *work world* nennt, auch implizite Hintergrund-Annahmen gehören, etwa im Beispiel von *La Grande Jatte* Annahmen der Art, dass das im Gemälde erscheinende spazierende Paar isst und schläft, arbeitet, spielt und Freunde hat etc. (vgl. Walton 1990: 142).[48] Der implizite Hintergrund, der von kulturellen und sozialen Traditionen und Überzeugungen abhängt, bildet einen Bestandteil des Werks selbst, obgleich doch andererseits das Werk eine autonome Existenz haben soll. Diese Gratwanderung zwischen autonomen Kunstwerk und ‚sozialer Konstruktion' stellt aber letztlich die empirische Adäquatheit der Theorie in Frage. Wenn von ‚empirischer Adäquatheit' die Rede ist, sollte es Erfahrungstatsachen geben, die für die Bestätigung bzw. Widerlegung der Theorie relevant sind. Eine solche Tatsache stellt in unserem Fall der Umstand dar, dass jedes literarische Werk, aber analog auch Gemälde, Filme etc. verschiedene *Lesarten* zulassen.[49] Gemeint sind hier nicht etwa Lesarten, die auf idiosynkratischen Assoziationen beruhen, die nicht mit dem Werk selbst in Zusammenhang stehen und daher in trivialer Weise ‚abweichend' sind. Genuine Lesarten sollen vielmehr gleichberechtigte, (durch öffentliche Regeln) ‚autorisierte' Interpretationen eines Werks darstellen. Ich nehme an, dass für jede mögliche Theorie der Repräsentation in literarischen und künstlerischen Werken die Existenz genuiner Lesarten eine zu erklärende Erfahrungstatsache ist, die zur Evidenz-Basis dieser Theorien gehört.[50]

Es ist naheliegend anzunehmen, dass Walton die Differenz zwischen dem Werk und seinen Lesarten mithilfe seiner Unterscheidung zwischen *work world* und *game worlds* zu erklären vermag. Nach Jeffrey Goodman (2011) kann genau dies aber nicht gelingen. Denn Walton postuliert, dass Hintergrund-Annahmen des Rezipienten (also Annahmen, die zu seiner bevorzugten Lesart beitragen) nicht nur die game world, sondern auch die *work world*, die Welt des Werkes selbst mit konstituieren. Wenn man nun in die *work world* eines Kunstwerks *jede* kulturell bedingte Hintergrundannahme einführen kann, so steht auch der Einführung von zueinander *inkompatiblen* Hintergrundannahmen nichts im Wege. In diesem Fall könnte die *work world* von La Grande Jatte durch fiktionale Aussagen p charakterisiert werden (z. B. p = „Spazierengehen im Park ist erlaubt"), die innerhalb der Welt des Werks sowohl gelten als auch nicht gelten. Daraus folgt, dass die Berücksichtigung unterschiedlicher Lesarten dazu führt, dass die *Pretense*-Theorie inkonsistente Aussagen über den Inhalt eines Werkes zulässt. Mit anderen Worten: Die Theorie kann der Tatsache unterschiedlicher Lesarten, einer einschlägigen Tatsache der Rezeption ästhetischer Werke, nur um den Preis der eben dargestellten absurden Konsequenz gerecht werden (vgl. Goodman 2011: 22–23).[51]

In Goodman (2001) werden verschiedene Möglichkeiten erwogen, dieser Konsequenz zu entgehen. Einmal könnte man behaupten, dass die Einführung inkompatibler Annahmen zur Erzeugung *zweier verschiedener* Werke führt – aber damit würde dem Sinn von ‚Lesarten' *eines* Werks nicht genüge getan. Eine zweite Möglichkeit besteht darin, nur eine der inkompatiblen Annahmen als ‚Vervollständigung' des Werks zu betrachten. Aber dann würde die andere Annahme keine mögliche Lesart mehr darstellen. Ein dritter Weg ist schließlich, zu behaupten, das Werk selbst stelle etwas Unmögliches dar – aber dies verwischt den Unterschied zu inkonsistenten Welten, z. B. Escher-Welten. Es bleibt also bei dem Resultat, dass die Tatsache der Existenz von Lesarten eines Werks nicht sinnvoll in die *Pretense*-Theorie integrierbar ist.

Ziel unserer Überlegungen war es nun nicht, die *Pretense*-Theorie im Hinblick auf ihre Erklärungsleistung zu beurteilen. Sollte Goodmans Einwand haltbar sein, stünde immerhin noch der Weg offen, durch eine Modifikation, die den Einfluss von Hintergrund-Annahmen auf *work worlds* begrenzt, die dargestellte Konsequenz zu vermeiden. Unser Ziel war vielmehr herauszuarbeiten, inwiefern die *Pretense*-Theorie (die uns als Beispiel einer geisteswissenschaftlichen Theorie dient) grundsätzliche Ansprüche an wissenschaftliche Theorien erfüllen kann. Das Ergebnis ist, dass für diese Theorie – ebenso wie dies für empirische Theorien der Naturwissenschaft gilt – eine Evidenzbasis aus relevanten, allgemein anerkannten Tatsachen identifizierbar ist, von deren möglicher Erklärung die Bestätigung bzw. Widerlegung der Theorie abhängt.

Wenn es methodologische Unterschiede zu Theorien der Naturwissenschaft gibt, so sind diese gradueller Natur: Die Begriffe der *Pretense*-Theorie weisen sicher eine gewisse Vagheit auf, auf die Walton auch gelegentlich selbst hinweist; sie betrifft z. B. den Mechanismus der ‚Generierung' fiktiver Wahrheiten mithilfe der *props* des Werkes, den Begriff des ‚Vorstellens' und den der ‚Funktion'. Dies schafft einen größeren Spielraum in der Anwendung der Theorie, verglichen mit dem präzise bestimmten Anwendungs-Spielraum etwa der Newtonschen Theorie mit ihrer mathematisch exakten Theorienstruktur. Von der begrifflichen Vagheit wird auch die Evidenz-Basis der Theorie betroffen; denn was als durch die Theorie zu erklärende Tatsache gilt (ihre ‚intendierten' Anwendungen), mag umstritten sein; so könnte jemand der Meinung sein, die Annahme, es gebe verschiedene Lesarten eines literarischen Werkes, beruhe auf einem Vorurteil.

Was lässt sich schließlich über die *Pretense*-Theorie in Hinblick auf Neubeschreibungen von Gegenständen und eine Ausdehnung unseres Wissens über die Welt sagen? Eine Antwort ist, dass der von Walton entwickelte Begriff der fiktionalen Repräsentation sich als fruchtbar erweist: er lässt sich auf historische Romane, journalistische Reportagen und andere darstellende Repräsentationen, und schließlich auf wissenschaftliche Modelle ausdehnen (vgl. Frigg 2010a, 2010b). Waltons Theorie stellt sich als erfahrungswissenschaftliche Theorie heraus, die unser Wissen über die Welt erweitern und neue wissenschaftliche Fragen initiieren kann. Andere Beispiele von erfahrungswissenschaftlichen Theorien in den Geisteswissenschaften sind Grammatik-Theorien der Linguistik, die mithilfe weitreichender theoretischer Annahmen Regelmäßigkeiten menschlicher Sprachproduktion erklären.

Zweifellos fällt aber nicht alles, was im Bereich der Geisteswissenschaften den Namen ‚Theorie' führt, in diese Kategorie. Beispielsweise kann von einer Theorie über die Entstehung der ‚blauen Periode' in Picassos Werk oder von einer Theorie über den Ausbruch des ersten Weltkrieges die Rede sein. Hier handelt es sich natürlich nicht um allgemeine Theorien, sondern um ein Modellieren konkreter Phänomene, von dem wir uns Aufschluss darüber erhoffen, wie es zur blauen Periode im Werk Picassos kam, welche Einflüsse hier maßgeblich waren etc., bzw. welche besonderen Konstellationen und Ereignisse ursächlich waren für den Ausbruch des ersten Weltkrieges. Die Modellbildung erfordert – wie in unseren Fallbeispielen aus Ökologie und Soziologie – die Verwendung ‚theoretischer' Begriffe (im Fall des Ausbruches des ersten Weltkrieges vermutlich u. a. Begriffe wie ‚Nationalismus'). Auch solche Modelle sind ‚erfahrungswissenschaftlich', weil die durch das Modell gelieferte Erklärung den Erfahrungstatsachen, wie sie aus den historischen Quellen hervorgehen, gerecht werden muss.

## 2.8 Zusammenfassung und Ausblick

Das Kapitel hat deutlich gemacht, dass die von der Wissenschaft erwartete Erweiterung unseres Wissens wesentlich auf der Konstruktion und Entwicklung von Theorien (bzw. Modellen) beruht. Deren spezifische ‚theoretische' Begriffe sind wie Fühler ins Unbekannte, die uns – mittels der empirischen Konsequenzen, zu denen sie führen – anzeigen, ob unsere Vermutungen der Realität gerecht werden oder nicht. Durch den logischen Zusammenhang der theoretischen Begriffe, die eine Theorie kennzeichnen, werden Einschränkungen für mögliche Werte der direkt messbaren (oder bestimmbaren) Werte der empirischen Variablen definiert, durch die Lücken in unserem Wissen offenbar werden können. Die Erfahrung von Lücken in unserem Bild der Welt motiviert die Suche nach neuen Entitäten. Auf diese Weise tragen Theorien zu Entdeckungen bei; sie sind ein Motor der wissenschaftlichen Dynamik. Um diese Funktion von Theorien (Modellen) verständlich zu machen, ist es erforderlich, von einem Theorienbegriff, der Theorien als logische Konjunktionen von Aussagen versteht, zu einer Konzeption überzugehen, nach der Theorien sich als begriffliche Strukturen darstellen. Die Rekonstruktion wissenschaftlicher Theorien als Strukturen bietet den Vorteil, wichtige Aspekte ihrer Verwendung in der wissenschaftlichen Praxis besser zu verstehen. Im Besonderen lässt sich der Umstand, dass Theorien (mittels ihrer Modelle) Aussagen über verschiedene Arten von Gegenständen treffen, besser verstehen, wenn man sie nicht als Aussagensysteme rekonstruiert.

Empirische Tatsachen können, um überhaupt mit Theorien kontrastiert werden zu können, nicht ‚theoriefrei' sein, aber dies führt, wie in 2.5 gezeigt, nicht zum Verzicht auf die Idee der unabhängigen Prüfung von Theorien durch Tatsachen. Unmittelbar verknüpft mit der Prüfung von Theorien durch Tatsachen ist auch ihre mögliche Bestätigung. Eine wissenschaftliche Theorie kann nicht bestätigt werden, ohne sie damit zugleich einem Test auszusetzen. Dies wird am *Bootstrap*-Konzept der Bestätigung (2.6) sichtbar, nach dem es zur Bestätigung einer Theorie kommt, wenn mithilfe empirischer Tatsachen (Evidenzen) und unter Verwendung eines Teils der theoretischen Hypothesen ein vollständiges Modell der theoretischen Struktur ‚errechnet' werden kann.

Die drei Fallbeispiele des Kapitels verdeutlichen, bei aller Unterschiedlichkeit der Wissenschaftsdisziplinen in ihren Gegenständen und Methoden, wesentliche gemeinsame Merkmale der Theoriebildung (bzw. Modellierung): Die Konstruktion eines Netzes von Begriffen im Standardmodell der Kosmologie (2.3), die dazu führt, dass Lücken in unserem theoretischen Verständnis des Universums aufgedeckt und neue hypothetische Entitäten (‚dunkle Materie') eingeführt werden. Die Modellierung eines Netzes nicht direkt beobachtbarer Einflussfaktoren (Wechselwirkungsstärken zwischen Populationen), die in einem Ökosystem wirksam sind, durch ein qualitatives ökologisches Modell (2.4). Durch ‚Füttern' des Begriffsnetzes mit empirischen Daten an einigen Stellen wird es möglich, Konsequenzen an anderen Stellen des Netzes zu erzeugen und damit Folgen von Interventionen in das System vorherzusagen. Auch in Geistes- und Kulturwissenschaften existieren Theorien, die – wie am Beispiel der *Pretense*-Theorie in 2.7 vorgeführt – insofern empirische Wissenschaft repräsentieren, als ihr Begriffsnetz mit Erfahrungstatsachen konfrontiert werden kann, an denen die Theorie sich bewähren oder an denen sie scheitern kann.

Zweifellos wird die Praxis der Geistes- und Kulturwissenschaften, ebenso wie der Psychologie, Soziologie und Politikwissenschaft, nicht durch die Konstruktion allgemeiner Theorien, sondern durch Modellierungen einzelner Systeme oder Phänomene bestimmt. Die vorgeführten Beispiele von Modellbildung (in 2.4 und später in 3.8) zeigen jedoch eine Gemeinsamkeit des Modellierens quer zu verschiedenen Wissenschaftsdisziplinen. Modellieren erfordert die Einführung theoretischer Begriffe, um Konsequenzen ableitbar zu machen, die nicht schon in den empirischen Ausgangsdaten enthalten sind, also um nicht-triviale Vorhersagen zu ermöglichen. Die jeweiligen Wissenschaften können aufgrund dieser Praxis als Erfahrungswissenschaften angesehen werden – ihre Vorhersagen beziehen sich auf Erfahrungstatsachen – wobei Erfahrungstatsachen nicht allein solche Tatsachen umfassen, die der sinnlichen Wahrnehmung zugänglich sind, sondern auch Tatsachen über die Rezeption literarischer Werke, soziale Tatsachen oder mathematische Tatsachen (wie sie sich im Verhalten mathematischer Objekte manifestieren).

Das folgende Kapitel 3 führt diese Überlegungen fort, indem die Rolle von Theorien als Motor wissenschaftlicher Entdeckungen allgemein und an Beispielen thematisiert wird: Theorien stoßen Entdeckungen an, ebenso wie Entdeckungen Ausgangspunkte von Theoriebildung sein können.

# 3 Erklären und Entdecken

## 3.1 Einleitung: Vom Erklären zum Entdecken

Erklären und Entdecken sind zentrale Aufgaben der Wissenschaft. Eine systematische intellektuelle Beschäftigung mit Phänomenen, der es nicht gelingt, *Erklärungen* dieser Phänomene zu liefern, verdient es ebenso wenig als wissenschaftliche Unternehmung anerkannt zu werden als eine solche, die nicht das Potential hat, zur *Entdeckung* neuer Phänomene zu führen. Die Wissenschaft soll unsere Neugier gegenüber der Welt stillen und zugleich immer wieder neu entfachen. Dies zeichnet sie gegenüber vielen intellektuell anspruchsvollen und praktisch nützlichen Unternehmungen des Alltags aus, in denen es ausschließlich darum geht, Ordnung in eine Vielfalt heterogener Phänomene zu bringen. Die Ordnung, die ein Versandhauskatalog in ein Sortiment von Waren bringt, soviel Überlegung und Sorgfalt sie auch verkörpern mag, präsentiert bereits Vorhandenes, erzeugt keine Erklärungen und führt nicht zur Entdeckung von Neuem. Galileis systematische Untersuchung des Sternhimmels mit dem Fernrohr, die er im *Siderius Nuntius* (*Sternenbotschaft*) von 1610 (Mudry 1987: 94–144) dokumentiert hat, macht dagegen seine Zeitgenossen nicht nur mit neuen Himmelskörpern vertraut, sondern führt auch zu Erklärungen ihres Verhaltens, z. B. in Hinsicht auf Körper, die in der Umgebung des Jupiter mit einer gewissen Regelmäßigkeit auftauchen und wieder verschwinden; sie führt damit zur Entdeckung der Jupitermonde.

Erklären und Entdecken stehen in einer Wechselbeziehung: Um vertraute Phänomene wissenschaftlich zu erklären, ist es häufig notwendig, neue, nicht direkt beobachtbare, Entitäten oder Mechanismen hypothetisch einzuführen. In der Geologie ist es möglich, das Auftreten seismischer Wellen auf der Erdoberfläche zu erklären, wenn man bestimmte Annahmen über den Aufbau des Erdinneren und die dort stattfindenden Prozesse macht. Die Abweichung der Bahn des Uranus von den Vorhersagen der Newtonschen Theorie konnte mithilfe der Annahme der Existenz eines neuen Planeten, des Neptun, erklärt werden, die sich später bestätigte. Erklärende Hypothesen sind daher häufig Ausgangspunkte für Entdeckungen; in manchen Fällen können die mit Erklärungsversuchen einhergehenden Entdeckungen ein gänzlich neues Licht auf Phänomene werfen und damit sogar gängige Erfahrungsurteile in Frage stellen. Ein Beispiel dafür ist das Schelling-Modell der sozialen Segregation (siehe 3.8). Es handelt sich hier um eine ‚theoretische' Entdeckung, die einen neuen erklärenden Mechanismus für ein soziales Phänomen aufdeckt, die Segregation sozialer Gruppen in Wohn-Nachbarschaften. Schellings Modell präsentiert Mechanismen, die dieses Phänomen als Aggregation individueller Entscheidungen erzeugen können, obwohl es sich nicht in den Intentionen und Präferenzen der einzelnen Akteure widerspiegelt.

Entdeckungen bilden umgekehrt auch häufig die Voraussetzung dafür, dass neue Erklärungen für schon bekannte Phänomene erschlossen werden können. In 3.7 werden wir uns ausführlich mit dem Beispiel der Entdeckung der Alzheimerschen Krankheit beschäftigen, für die es von entscheidender Bedeutung war, dass Alois Alzheimer die ‚Eigenartigkeit' der klinischen Symptome bei einer einzelnen Patientin ins Auge fiel. Das ‚intuitive' Erkennen, dass hier etwas Neues vorlag, dass die beobachteten Verhaltensmerkmale sich nicht einfach in die schon bekannten Krankheits-Kategorien würden einordnen lassen, löste letztlich eine bis heute andauernde Suche nach den Ursachen der Alzheimerschen Krankheit aus. Ohne die geschärfte Aufmerksamkeit für das Besondere in vertrauten Phänomenen, ohne einen Sinn für die Erklärungswürdigkeit dessen, was „vor unser aller Augen" ist, wären gerade einige der folgenreichsten wissenschaftlichen Entwicklungen nicht in Gang gekommen.

Im Unterschied zu Fällen wie dem des Standardmodells der Kosmologie findet Alzheimers Entdeckung nicht vor dem Hintergrund einer schon etablierten Theorie statt; sie stößt stattdessen – mithilfe explorativer Begriffe (‚Alzheimersche Krankheit') – erst einen Prozess der *Theoriebildung* innerhalb eines noch von phänomenologischen Klassifikationen geprägten Forschungsfeldes an.

Entdeckung und Erklärung sind nicht auf die empirischen Wissenschaften beschränkt. Auch die Formalwissenschaften, insbesondere die Mathematik, zeichnen sich durch Entdeckungen neuer Arten von Objekten aus. Mathematische Entdeckungen sind allerdings unmittelbar mit neuer Theoriebildung verknüpft, die schon bekannte mathematische Phänomene erklären soll, indem sie diese innerhalb der neuen Theorie rekonstruiert. Unser Beispiel ist die Entdeckung der komplexen Zahlen, die zu einer Erweiterung des Zahlbereichs und dadurch zu einer systematischen Erklärung des Auftretens nicht-reeller Nullstellen von Polynomen führte (3.9).

Wie wir bereits am Beispiel der Entdeckung der „dunklen Materie" im Rahmen des Standardmodells der Kosmologie gesehen haben, kann in schon weiter entwickelten wissenschaftlichen Disziplinen, in denen bereits mathematisch präzise Modelle zur Verfügung stehen, die Rolle der wissenschaftlichen ‚Intuition' für die Erklärungswürdigkeit von Phänomenen durch jene strukturalen Einschränkungen ersetzt werden, die das theoretische Modell vorgibt. Die ‚Eigenartigkeit' eines Phänomens zeichnet sich in diesen Fällen vor dem Hintergrund des systematischen Zusammenhangs der Variablen des Modells ab: das Phänomen erscheint vor diesem Hintergrund als erklärungswürdig und erklärungsbedürftig. Ob durch die Intuition einer einzelnen Person oder durch den Hintergrund eines theoretischen Modells erzeugt, die Auszeichnung von Phänomenen als lohnende

Ausgangspunkte für Erklärungsversuche, die Entdeckungen auslösen können, stellt ein Alleinstellungsmerkmal der Wissenschaft dar, das sie vom Alltagswissen wesentlich abhebt.

## 3.2 Erklärung als Thema der Wissenschaftstheorie

Während der Begriff der Entdeckung in der Wissenschaftstheorie erst seit den Arbeiten von Thomas S. Kuhn, Norwood R. Hanson u. a. in den 1960er Jahren die ihm gebührende Aufmerksamkeit gefunden hat (in 3.3. werden die Gründe dafür erläutert), zählt der Begriff der wissenschaftlichen Erklärung von Beginn an zu den ausgiebig durch die moderne Wissenschaftstheorie analysierten Begriffen.[1]

Das *hypothetisch-deduktive* (oder: *covering-law-*) Modell der Erklärung, geht auf den Aufsatz *Studies in the Logic of Explanation* von Carl Gustav Hempel und Paul Oppenheim von 1948 zurück (Hempel und Oppenheim 1948/1965: 245–290). Das Modell rekonstruiert Erklärungen, wie sie in der Wissenschaft ebenso wie im Alltag auftreten, als *deduktive Argumente*. Der zu erklärende Sachverhalt, das *Explanandum*, wird mithilfe von spezifischen Tatsachen (in der Naturwissenschaft: Rand- und Anfangsbedingungen) aus Gesetzen (oder Generalisationen) deduktiv abgeleitet.[2] Gesetze und spezifische Tatsachen bilden zusammen das *Explanans*, die erklärenden, hypothetisch angenommenen Prämissen einer Erklärung. Erklärungen subsumieren also einzelne Sachverhalte unter allgemeine Gesetze (oder Generalisationen), was die Bezeichnung ‚covering-law'-Modell der Erklärung begründet.

Dass in diesem Modell der Erklärung *Gesetze* ein konstitutiver Bestandteil sind, kann den Eindruck erwecken, dieses Modell sei auf Erklärungen in jenem Teilbereich der Naturwissenschaften eingeschränkt, in dem Gesetze eine Rolle spielen. Tatsächlich werden Erklärungen in der Physik häufig als paradigmatisch für dieses Modell betrachtet. Aber Hempel und Oppenheim haben in ihrem Aufsatz von 1948 sehr detailliert ausgeführt, dass der Anspruch ihres Modells als *universal* zu verstehen ist. Es geht den Autoren gerade nicht darum, eine *spezielle* Form der Erklärung in der Physik auszuzeichnen, um diese dann womöglich anderen Wissenschaften als Norm vorzuschreiben. Vielmehr ist es die Zielrichtung ihrer Argumentation, den Anspruch auf eine besondere, die Geisteswissenschaften charakterisierende Methode des *Verstehens* – in Opposition zum naturwissenschaftlichen Erklären – zurückzuweisen, indem sie nachzuweisen suchen, dass auch das Verstehen in der Wissenschaft nicht anders zustande kommt als in der Form, die durch das *covering-law*-Modell der Erklärung beschrieben wird. Natürlich kennt z. B. die Geschichtswissenschaft keine Gesetze (vielleicht den historischen Materialismus von Marx ausgenommen), aber auch eine Historikerin kommt, so die Autoren, wenn sie z. B. die Praxis des Ablasshandels im Mittelalter verstehen (bzw. verständlich machen) will, nicht umhin, *Generalisierungen* zu verwenden, die in diesem Fall etwa von der Art sind: „Wenn eine Institution, wie der Vatikan im 16ten Jahrhundert, ihre Finanzen konsolidieren will (oder muss), dann kreiert sie neue Arten von Einnahmequellen (wie eben den Ablasshandel)". Ohne die Hilfe von (häufig impliziten) Generalisationen gewinnt keine Erklärung, weder im Alltag noch in der Wissenschaft, Überzeugungskraft, d. h. sie produziert nicht das erhoffte ‚Verstehen'. Auch ‚narrative' Erklärungen erzeugen Verstehen nicht einfach durch ein Aneinanderreihen erzählter Ereignisse, sondern nur dadurch, dass die einzelnen Ereignisse in der Erzählung wenigstens an einigen zentralen Stellen mithilfe von Generalisationen ‚sinnvoll miteinander verbunden' werden (vgl. dazu auch 4.2).

Hempel und Oppenheim haben als Anwendungsgebiet ihres Erklärungsmodells die empirischen Wissenschaften vor Augen gehabt. Erklärungen treten aber auch in der Mathematik auf. Beispielsweise erklärt die Theorie der komplexen Zahlen die Eigenschaften mathematischer Objekte, die zuerst als ‚imaginäre Zahlen' in Form von Nullstellen von Polynomen in Erscheinung getreten sind (vgl. 3.9). Die Erklärung setzt voraus, dass diese Objekte im Rahmen einer allgemeinen Theorie, der Theorie der komplexen Zahlen, rekonstruiert werden; für die rekonstruierten Objekte können dann in der Theorie Beziehungen abgeleitet werden, deren ‚Rückübersetzung' die ursprünglichen ‚Erfahrungstatsachen' über imaginäre Zahlen wiederherstellt. Erklärungen mathematischer Sachverhalte mithilfe mathematischer Theorien erfüllen also das Schema der *covering-law*-Erklärung, wobei die ‚Gesetze' der Erklärung durch mathematische Theoreme und ihre ‚Anfangs- und Randbedingungen' durch die Art und Weise der Wiedergabe einzelner imaginärer Zahlen mit Mitteln der Theorie repräsentiert werden.

Neben Erklärungen *in der Mathematik* gibt es auch *mathematische* Erklärungen. Eine mathematische Erklärung hat z. B. Leonhard Euler 1736 für das Königsberger Brückenproblem gefunden. Dieses Problem bestand darin, einen Rundweg zu finden, auf dem alle sieben Brücken von Königsberg genau einmal überquert werden. Die Erfahrungstatsache, dass dies beim besten Willen nicht möglich ist, die man sich anhand einer Karte von Königsberg durch gedankliches Ausprobieren aller möglichen Wege, die alle sieben Brücken einmal überqueren, vergegenwärtigen kann, lässt sich, wie Euler herausfand, auf mathematischem Wege unter Verwendung von Methoden der Graphentheorie erklären. Wie aber kann ein physischer Sachverhalt, eine Gegebenheit, die nur von physischen Dingen handelt, durch eine mathematische Theorie erklärt werden, die gar nicht auf Eigenschaften physischer Dinge Bezug nimmt? Dies ist dadurch möglich, dass die vorliegende Situation als Exemplifikation einer bestimmten mathematischen Struktur – in diesem Fall einer topologischen Struktur – aufgefasst wird. Für diese

Struktur lassen sich dann mithilfe einer mathematischen Theorie Eigenschaften ableiten, die bedingen, dass Rundwege der beschriebenen Form unmöglich sind. Die Rückübertragung auf den physischen Anwendungsfall ergibt also die gesuchte Erklärung. Mathematische Erklärungen funktionieren damit ganz ähnlich wie Erklärungen in der Mathematik durch Übersetzung und Rückübersetzung zwischen der Ebene der Erfahrungsgegenstände und der Ebene formaler Strukturen – wobei die Ebene der Erfahrungsgegenstände im Fall einer mathematischen Erklärung durch physische Objekte gebildet wird.

Das hypothetisch-deduktive Erklärungsmodell ist aus einer Reihe von Gründen kritisiert worden (vgl. Schurz 1983: 2009). Es gibt triviale Erfüllungen des Modells, also deduktive Argumente, die dem Modell folgen, aber offenbar ohne Erklärungswert sind. Das Modell ist zu ‚weit', d. h. zu unspezifisch, um dasjenige zu erfassen, was Erklärungen zu ‚guten', relevanten Erklärungen macht. Nach van Fraassen (1980) lässt sich die Relevanz einer Erklärung nur erfassen, wenn man den *Erklärungskontext* berücksichtigt. Erklärungen sind immer Antworten auf Warum-Fragen; die relevante Information, die sie enthalten sollen, hängt vom Kontext ab. Wenn jemand wissen möchte, warum das Licht im Flur die ganze Nacht brannte, liefert eine physikalische Erklärung des Mechanismus der Lichterzeugung keine relevante Information und damit keine gute Erklärung. Gute Antworten auf Warum-Fragen berücksichtigen, dass Warum-Fragen häufig einen bestimmten Kontrast hervorheben, beispielsweise: „Warum stürzte ein bestimmtes Exemplar dieses Flugzeugtyps ab" – und nicht etwa *andere* Exemplare *desselben* Typs? Eine gute Antwort auf diese Frage muss Information über irgendein für den Absturz verantwortliches *Spezifikum* dieses besonderen Exemplars enthalten, nicht etwa über ein generelles Merkmal des entsprechenden Flugzeug-Typs. Solche generellen Merkmale sind allerdings gefragt, wenn es um Abstürze von Flugzeugen eines bestimmten Typs – im Kontrast zu anderen Flugzeug-Typen – geht. Van Fraassens Kritik zeigt einerseits, dass Erklärungen spezifischer beschrieben werden müssen als es nach dem hypothetisch-deduktiven Modell möglich ist, um ihre *pragmatischen* Aspekte zu erfassen, d. h. verständlich zu machen, weshalb wir unter gewissen Umständen eine bestimmte Art von Erklärung einer anderen vorziehen. Andererseits plädiert er für ein weniger einschränkendes Verständnis von ‚Erklärung', indem er auf das Merkmal der Subsumption unter Gesetze (Generalisierungen) verzichtet; es genügt nach van Fraassen, wenn eine Erklärung eine gute Antwort auf eine bestimmte Warum-Frage liefert.[3]

In den letzten Jahrzehnten hat sich das *mechanistische* Konzept der Erklärung (vgl. z. B. Bechtel 2001) in den Vordergrund geschoben. Es widerspiegelt die Einsicht, dass Erklärungsarbeit v. a. in den Lebenswissenschaften durch *Mechanismen* geleistet wird. Das *covering-law*-Modell der Erklärung verliert dadurch nicht seine Berechtigung: die einzelnen Schritte der mechanistischen Erklärung eines biologischen Phänomens wie der Regulation des Tag-Nacht-Rhythmus (vgl. Bechtel 2011: 129–162) folgen letztlich physikalischen bzw. biochemischen Gesetzen und Regularitäten; würde man diese einzelnen Schritte explizit machen, so würden sie sich als deduktive Argumente herausstellen, in denen Konsequenzen aus Gesetzen sowie Anfangs- und Randbedingungen abgeleitet werden, wie im *covering-law*-Modell gefordert. Auf der anderen Seite liegt der Schwerpunkt der Erklärungsarbeit mechanistischer Erklärungen nicht so sehr auf allgemeinen Gesetzen, sondern auf Eigenschaften und Aktivitäten spezifischer Entitäten wie Proteinen, Neuronen und Synapsen und ihren Wechselwirkungen.

Das *Interventionsmodell* der kausalen Erklärung (siehe Woodward 2000 und 2003) geht auf die besondere Struktur von Erklärungen ein, die sich in den Sozialwissenschaften und der Ökonomie, aber z. B. auch in Medizin, Pharmakologie und Ökologie zeigen: Es werden qualitative oder quantitative Strukturmodelle entworfen, durch die kausale Abhängigkeiten zwischen verschiedenen Variablen ausgedrückt werden sollen. Um herauszufinden, welchen spezifischen kausalen Einfluss eine Variable (die Ausgangsvariable) auf eine andere Variable (die Zielvariable) hat, nimmt man gezielte experimentelle Interventionen an der Ausgangsvariablen vor, die ihren Wert kontrolliert ändern und registriert die dadurch hervorgerufene Änderung am Wert der Zielvariablen. Die Beziehungen zwischen den einzelnen Variablen im Strukturmodell werden durch Generalisationen ausgedrückt, die in einem bestimmten Anwendungsbereich (d.h. für bestimme Werte-Intervalle der Variablen) *invariant* sind, von denen also angenommen wird, dass sie in diesem Bereich stabil gelten. Sie spiegeln wider, welchen Einfluss nach Aussage des Modells Interventionen an bestimmten Variablen auf andere Variablen des Modells ausüben.

Ohne weitere Vorsichtsmaßnahmen würde sich in der Praxis der Einfluss einer Intervention an einer Ausgangsvariablen innerhalb des Netzes der Variablen ausbreiten und an der Zielvariablen eine Veränderung hervorrufen, die auch von den Beiträgen anderer mit der Zielvariablen verbundener Variablen im Netz abhängt. Will man aber den *spezifischen* oder *direkten* kausalen Beitrag der Ausgangsvariablen auf die Zielvariable bestimmen, muss die Intervention eine Reihe von Bedingungen erfüllen. Insgesamt sollen diese Bedingungen dafür sorgen, dass die Intervention nur auf die Ausgangsvariable wirkt (und nicht etwa direkt auch auf die Zielvariable) und die anderen Variablen (außer der Zielvariablen) gegenüber der durch die Intervention hervorgerufenen Änderung im Wert der Ausgangsvariablen abgeschirmt werden. In medizinischen und pharmakologischen Studien wird die Bedingung, dass die Intervention nur auf die Ausgangsvariable wirken soll, beispielsweise dadurch realisiert, dass die Wirkung eines neuen Medikaments auf die Mitglieder einer Probanden-Gruppe mit den Ergebnissen für eine Kontrollgruppe verglichen wird, die ein unwirksames Placebo erhalten hat. Der mögliche direkte Einfluss der Intervention (Medikamentengabe) auf die Zielvariable (Krankheitsverlauf der Probanden) kann auf diese Weise aus dem Resultat ‚herausgerechnet' werden. Eine Abschirmung anderer relevanter kausaler Variablen (z. B. allgemeiner Gesundheitszustand oder Alter der Probanden) wird durch Auswahl einer statistisch möglichst repräsentativen Probandengruppe realisiert, d. h. die Gruppe soll eine gleichmäßige statistische Verteilung hinsichtlich dieser relevanten Variablen aufweisen.

Das Interventionsmodell der Erklärung stellt einen Rahmen für die Exploration und das Testen kausaler Beziehungen zwischen Variablen eines Systems zur Verfügung. Seine Anwendung setzt voraus, dass ein hypothetisches Strukturmodell bereits vorhanden ist, das eine Auswahl der System-Variablen und der zwischen ihnen angenommenen kausalen Beziehungen (ausgedrückt in invarianten Generalisationen, den ‚Strukturgleichungen') enthält. Durch gezielte experimentelle Interventionen an realen Systemen kann ein solches Strukturmodell getestet und schrittweise verbessert werden, indem die in den Strukturgleichungen ausgedrückten kausalen Annahmen korrigiert, weitere Variablen hinzugefügt oder Variablen eliminiert werden. Das Interventionsmodell ist ein Modell kausaler Erklärung, es liefert aber keine philosophische Explikation des Kausalbegriffs – um zu verstehen, was es heißt, in ein System zu ‚intervenieren', muss stattdessen schon ein Verständnis des kausalen Ausdrucks ‚Intervention' vorausgesetzt werden.[4]

Die in der Wissenschaftstheorie entwickelten Erklärungskonzepte versuchen, den realen Bedingungen gerecht zu werden, unter denen in den verschiedenen Wissenschaften erklärt[5] wird. Daraus folgt nicht, dass das ursprüngliche *covering-law*-Modell der wissenschaftlichen Erklärung grundsätzlich als obsolet anzusehen ist. So stützen sich Erklärungen nach dem Interventionsmodell der Erklärung auf invariante Generalisationen für die Beziehungen zwischen den System-Variablen. Im Grenzfall, in dem diese Generalisationen durch Gesetze, z. B. Gesetze einer physikalischen Theorie, repräsentiert werden, nehmen interventionistische Erklärungen die Form von *covering-law*-Erklärungen an. Wird die invariante Generalisation beispielsweise durch das ideale Gasgesetz $PV = kT$ repräsentiert, kann das Auftreten des Wertes $t^*$ für die Temperatur nach dem Interventionsmodell durch eine Intervention an der Variablen $P$ (Druck) erklärt werden, die deren Wert auf $p^*$ setzt, während die Variable $V = v_0$ konstant gehalten wird. Dies entspricht aber einer *covering-law*-Erklärung für Anfangsbedingungen $V = v_0$, $P = p^*$. *Covering-law*-Erklärungen können also als Grenzfall interventionistischer Erklärungen für den Fall verstanden werden, in dem die invarianten Generalisationen durch Gesetze repräsentiert werden.

## 3.3 Entdeckung als Thema der Wissenschaftstheorie

Bis in die 1960er Jahre wurde das Thema der *Wissenschaftlichen Entdeckung* in der Wissenschaftstheorie vernachlässigt; maßgeblich bestimmt wurde dieses Desinteresse durch die von Karl Popper vertretene Auffassung, nach der Entdeckungsprozesse kein Gegenstand der Wissenschaftstheorie sein können. Diese Auffassung wird häufig, aber nicht ganz zutreffend, mit der Unterscheidung zwischen einem *context of justification* (Rechtfertigungszusammenhang) und einem *context of discovery* (Entdeckungszusammenhang) verknüpft, die auf Hans Reichenbach zurückgeht (Reichenbach 1938: 6–7). Reichenbach hat diese Unterscheidung verwendet, um damit den Begriff der ‚rationalen Rekonstruktion' näher zu erläutern. WissenschaftlerInnen, so Reichenbach, kommunizieren ihre Denkprozesse anderen Personen in einer Form, die sich von jener unterscheidet, in der sie diese Denkprozesse tatsächlich ausgeführt haben. Die ‚objektivierte' Form der Darstellung entspreche dann annähernd dem, was man unter einer ‚rationalen Rekonstruktion' zu verstehen hat. Rationale Rekonstruktionen[6] wissenschaftlicher Denkprozesse bilden die argumentative Struktur der Denkprozesse ab und stellen diese damit in einen *context of justification*. Nur in dieser Form lassen sie sich (mithilfe einer ‚normativen Epistemologie') rational analysieren und bewerten: „The analysis of science is not directed toward actual thinking processes but toward the rational reconstruction of knowledge" (Reichenbach 1938: 382).

Wissenschaftliches Denken, wie es sich innerhalb des *context of discovery* darstellt, ist dagegen subjektiv, häufig unsystematisch und durch historische Kontingenzen gefärbt; es kann daher nur ein Untersuchungsgegenstand der Wissenschaftsgeschichte, der Psychologie oder der Soziologie sein. Aus Reichenbachs Unterscheidung folgt allerdings nicht, dass wissenschaftliche Entdeckungsprozesse nicht Gegenstand der Epistemologie bzw. der Wissenschaftstheorie sein könnten – sie müssen dazu nur ‚rational rekonstruierbar', also im Rahmen eines *context of justification* wiedergegeben werden können. Zwar betont Reichenbach: „[E]pistemology cannot be concerned with the first [the context of discovery] but only with the latter [the context of justification]" (vgl. Reichenbach 1938: 382). Dass die Epistemologie nicht mit dem Entdeckungszusammenhang beschäftigt sein kann, bedeutet aber nicht, dass sie nicht mit den Entdeckungen selbst beschäftigt sein kann. Als Beispiel eines Entdeckers, dessen Vorgehen als zielgerichtetes induktives Schließen aus den vorliegenden empirischen Tatsachen rational rekonstruierbar ist, beschreibt Reichenbach Albert Einsteins Entdeckung des Äquivalenzprinzips. WissenschaftlerInnen erschließen das Neue in methodischer Weise, das unterscheidet sie, wie Reichenbach anmerkt, von Hellsehern.

Karl Popper kontrastiert dagegen nicht verschiedene Formen der *Darstellung* wissenschaftlicher Denkprozesse, sondern zwei Formen wissenschaftlicher *Aktivität*. Schon auf den ersten Seiten seiner *Logik der Forschung* 1935 skizziert Popper, nachdem er die *induktive Methode* in der Wissenschaft verworfen hat, was er die ‚Ausschaltung des Psychologismus' nennt:

> Wir haben die Tätigkeit des wissenschaftlichen Forschers eingangs dahin charakterisiert, dass er Theorien aufstellt und überprüft. Die erste Hälfte dieser Tätigkeit, das Aufstellen der Theorien, scheint uns einer logischen Analyse weder fähig noch bedürftig zu sein: An der Frage, wie es vor sich geht, dass jemandem etwas Neues einfällt – sei es nun ein musikalisches Thema, ein dramatischer Konflikt oder eine wissenschaftliche Theorie –, hat wohl die empirische Psychologie Interesse, nicht aber die Erkenntnislogik. Diese interessiert sich nicht für Tatsachenfragen (KANT: *„quid facti"*), sondern nur für Geltungsfragen (*„quid juris"*), – das heißt für Fragen von der Art: ob und wie ein Satz begründet werden kann; ob er nachprüfbar ist; ob er von gewissen anderen Sätzen logisch abhängt oder mit ihnen in Widerspruch steht usw. [...] Wir wollen also scharf zwischen dem Zustandekommen des Einfalls und den Methoden und Ergebnissen seiner logischen Diskussion unterscheiden und daran festhalten, dass wir die Aufgabe der Erkenntnistheorie und Erkenntnislogik (im Gegensatz zur Erkenntnispsychologie) derart bestimmen, dass sie lediglich die Methoden der systematischen Überprüfung zu untersuchen hat, der jeder Einfall, soll er ernst genommen werden, zu unterwerfen ist. (Popper 1935/2005: 7)

Als rationale Form der Philosophie hat die Wissenschaftstheorie nach Popper die Aufgabe, Erkenntniskritik am Gegenstand der Wissenschaft zu leisten, sie ist also ein *normatives* Unternehmen (*„quid juris"*), während deskriptive Wissenschaften wie die Psychologie es damit zu tun haben, wie Menschen, und im Besonderen wissenschaftlich forschende Menschen, tatsächlich denken und handeln (*„quid facti"*). Die Vermischung der beiden Fragen, der normativen und der deskriptiven, und insbesondere die Annahme, mithilfe von Erörterungen der zweiten Frage könne man Antworten auf die erste gewinnen, ist, so Popper, nichts anderes als eine Form von ‚Psychologismus' – eine Verwechslung der Art und Weise, wie Menschen wirklich denken, mit Standards dafür, wie Menschen denken *sollten*. Keinesfalls hat Popper aber eine Abwertung der Rolle wissenschaftlicher Entdeckungen im Sinn. Im Gegenteil, der Beitrag von Forscherpersönlichkeiten für den Fortschritt der Wissenschaft, wenn sie das Wagnis eingehen, sich gegen herrschende Forschungstraditionen zu stellen und, ihrer Intuition folgend, riskante neue Hypothesen und Methoden entwerfen, wird von Popper besonders gewürdigt.

Allerdings übergeht Popper in seiner scharfkantigen Unterscheidung des ‚Aufstellens von Theorien' vom ‚Überprüfen von Theorien' die Frage, ob nicht auch wissenschaftliche Entdeckungen Material für *systematische* Erkenntnisse über Wissenschaft liefern können. Es ist eben nicht so, dass Einfälle von ForscherInnen, wie Keplers Einfall, der Mars beschreibe eine ellipsenartige Bahn, Darwins Gedanke, die Entwicklung der Lebewesen folge einem Prinzip der Selektion, oder Einsteins Idee, Licht besitze in allen Bezugssystemen dieselbe (Vakuum-)Geschwindigkeit, *nur* psychologisch zu erklären sind. Bei all diesen ‚Einfällen' handelt es sich nicht um voraussetzungslose, spontane Eingebungen, sondern um späte Resultate jahrelanger gedanklicher Bemühungen, und häufig auch darum, dass Konsequenzen aus der Erfahrung mit gescheiterten Hypothesen gezogen werden. Wissenschaftliche Entdeckungen enthalten aber auch Elemente der Rechtfertigung: Wenn eine Person einen Sachverhalt p ‚entdeckt' hat, dann schließt dies ein, dass sie ein Wissen über p erworben hat, und dies wiederum erfordert, dass sie über eine Form der ‚Rechtfertigung' von p verfügt (vgl. Hoyningen-Huene 1987: 507–508). Entdeckungen schließen Aspekte von Rechtfertigung, also von kritischer Analyse, methodischer Auswertung und Begründung ein – die Forscherperson vollzieht nicht einfach eine Kette idiosynkratischer Gedankenverbindungen, sondern betreibt selbst im Verlauf einer Entdeckungsgeschichte immer wieder ‚rationale Rekonstruktion' des bisher Gedachten. In Entdeckungsprozessen selbst vermischen sich also Elemente des *‚context of discovery'* mit Elementen des *‚context of justification '*, Einfälle mit Argumenten.

Neben Elementen von Rechtfertigung wird in historischen Entdeckungsprozessen aber auch der Einfluss von spezifischen *Erkenntnisstrategien* sichtbar. Norwood R. Hanson hat solche Erkenntnisstrategien am Beispiel von Keplers Entdeckung der elliptischen Planetenbahnen beschrieben (siehe 3.4). Jenseits von Zufallsentdeckungen (hierzu gehört z. B. die Entdeckung der Hintergrundstrahlung durch Penzias und Wilson) folgen viele wichtige wissenschaftliche Entdeckungen einer *‚logic of discovery'*, wobei der Ausdruck ‚*logic*' hier im weiten Sinn rationaler Argumentation und methodischen Vorgehens zu verstehen ist.

Unabhängig von der Frage nach der Existenz einer Entdeckungslogik ist das Thema der wissenschaftlichen Entdeckung aber auch wieder in den Fokus gerückt durch ein wachsendes Bewusstsein dafür, dass eine Reihe von bedeutsamen Fragen in Bezug auf wissenschaftliche Entdeckungen diskutiert werden können, die systematischen Aufschluss über die Natur der Wissenschaft versprechen, nicht etwa nur über einzelne Entdeckungsgeschichten. Solche zweifellos genuinen Fragen der Wissenschaftstheorie sind: (1) Welche Voraussetzungen müssen vorliegen, damit es zu einer Entdeckung kommen kann? Werden Entdeckungen stets durch ‚Anomalien' vor dem Hintergrund eines wirkmächtigen Paradigmas ausgelöst (wie von Thomas S. Kuhn behauptet)? (siehe 3.5). (2) Wann kann man von einer wissenschaftlichen Entdeckung sprechen? Ist dafür die Registrierung eines bisher unbekannten Phänomens (‚*that*') ausreichend, oder muss schon ein bestimmtes Maß von Wissen über dieses Phänomen (‚*what*') vorliegen? (siehe 3.6). (3) Welche Rolle spielen Entdeckungen im Prozess der Wissenschaft? Inwiefern können sie die Richtung bestimmen, die eine Wissenschaftsdisziplin einschlägt – z. B. indem sie neue leitende Erkenntnisfragen vorgeben? (siehe das Beispiel der Alzheimerschen Krankheit in 3.7).

## 3.4 Hanson über Keplers Logik der Entdeckung

Norwood R. Hanson ist einer der einflussreichsten Vertreter der These gewesen, dass – entgegen der in 3.3 dargestellten Standardauffassung der Wissenschaftstheorie – von einer *Logik der Entdeckung* die Rede sein kann. Das Hauptbeispiel, an dem er seine These demonstriert, ist Keplers Jahrzehnte dauernde Suche nach der geometrischen Form der Planetenbahnen. Hanson beruft sich für seine Auffassung auf Aristoteles' *Erste Analytik* und auf Charles S. Peirce, die beide, so Hanson, darauf bestanden haben, dass das Vorschlagen einer bestimmten Hypothese eine rationale Angelegenheit sein kann:

> One can have good reasons, or bad, for suggesting one kind of hypothesis initially, rather than some other kind. These reasons may differ in type from those which lead one to accept a hypothesis once suggested. (Hanson 1960: 92)

In der Tat hatte Kepler gute Gründe dafür gefunden, die zunächst von ihm im Einklang mit der wissenschaftlichen Tradition seiner Zeit bevorzugte Kreisbahn des Mars um die Sonne auszuschließen. Keplers Berechnung der Abstände vom Aphel (dem sonnenfernsten Punkt der Bahn) bei verschiedenen Winkelgraden zeigte, dass der Mars keine kreisförmige, sondern eine ovale Bahn beschreiben muss; außerdem hätte die Annahme einer kreisförmigen Bahn bei den Winkelgraden 90° und 270°, bezogen auf das Aphel, eine zu geringe Bahngeschwindigkeit verglichen mit den von Tycho Brahe beobachteten Daten ergeben (vgl. Hanson 1965: 72f.).

Aus dem Negativresultat hinsichtlich der Kreisbahn konnte Kepler natürlich noch nicht auf die letztlich korrekte Form der Ellipse schließen. Die Übereinstimmung mit den Daten erforderte zunächst nur allgemein eine ovale Form der Marsbahn, wobei sich schließlich die beste Übereinstimmung für die spezifische elliptische Form herausstellte. Das Vorgehen von Kepler kann als Abfolge immer feinerer Anpassungen der hypothetisch unterstellten Bahn an die verfügbaren astronomischen Daten verstanden werden. Dieses Vorgehen ist *induktiv* in dem Sinne, dass in jedem Schritt ein *Schluss auf die beste Erklärung* der Daten (in der Terminologie von Peirce *retroduktives* oder *abduktives* Schließen) vollzogen wird (vgl Peirce 1932: 188). Die Logik der Entdeckung verfährt, so Hanson, zwangsläufig induktiv; sie stützt sich auf eine Menge von Daten, aus der aber nicht einfach deduktiv auf eine bestimmte Lösung geschlossen werden kann; stattdessen tastet sie sich an eine solche Lösung heran, indem sie sukzessive mögliche Kandidaten auf ihre Passung mit den Daten testet. Die Lösung, die die jeweils beste zur gegebenen Zeit mögliche Erklärung für die vorhandenen Daten liefert, wird dann vorläufig ausgewählt.

## 3.5 Anomalien und Entdeckungen

Entdeckungen sind, wie Thomas S. Kuhn in seinem Werk *Die Struktur wissenschaftlicher Revolutionen* von 1962 bemerkt, ein ‚Standardprodukt des wissenschaftlichen Unternehmens':

> Die normale Wissenschaft strebt nicht nach neuen Tatsachen und Theorien und findet auch keine, wenn sie erfolgreich ist. Neue und unvermutete Phänomene werden jedoch von der wissenschaftlichen Forschung oft genug entdeckt, und immer wieder sind von Wissenschaftlern grundlegend neue Theorien aufgestellt worden [...]. Die Entdeckung beginnt mit dem Bewusstwerden einer Anomalie, das heißt mit der Erkenntnis, dass die Natur in irgendeiner Weise die von einem Paradigma erzeugten, die normale Wissenschaft beherrschenden Erwartungen nicht erfüllt hat. Sie geht dann weiter mit einer mehr oder weniger ausgedehnten Erforschung des Bereichs der Anomalie und findet erst einen Abschluss, nachdem die Paradigmatheorie so berichtigt worden ist, dass das Anomale zum Erwarteten wird. (Kuhn 1962/1969: 65 – 66)

Entdeckungen markieren nach Kuhn also wichtige Einschnitte in der Wissenschaftsgeschichte, in denen das ‚Bewusstwerden einer Anomalie' eine Krise auslöst; diese Krise kann dann entweder noch innerhalb des alten Paradigmas gelöst werden, wenn die Entdeckung sich in das Paradigma integrieren lässt, sie kann aber auch zu einer partiellen Abänderung des Paradigmas führen oder es sogar ganz zum Einsturz bringen. Der erste Fall wird durch die Uranus-Anomalie exemplifiziert. Die Abweichung der Uranus-Bahn von den Vorhersagen der Newtonschen Theorie stellte eine ‚anomale' Tatsache dar, die sich durch Annahme der Existenz eines noch unbekannten weiteren Planeten in das Newtonsche Paradigma ‚integrieren' ließ – wobei diese Annahme sich schließlich durch die Entdeckung des Neptun bestätigte.

Als einen Fall, in dem es infolge einer Entdeckung zu einer partiellen Abänderung eines Paradigmas kommt, führt Kuhn die Entdeckung der Röntgenstrahlen an. Röntgen hatte diese neue Art der Strahlung 1895 bei seinen Untersuchungen von Kathodenstrahlen (in einer Kathodenröhre beschleunigten Elektronen) entdeckt: er bemerkte, dass ein Schirm in einiger Entfernung von seinem abgeschirmten Apparat aufleuchtete. Ursache des Leuchtens war elektromagnetische Strahlung, die auf die Bremsung der in der Röhre beschleunigten Elektronen beim Durchgang durch ein Atom (Bremsstrahlung) zurückzuführen ist (vgl. Kuhn 1962/1969: 70). Kuhn argumentiert, dass die Theorien, die für Röntgens Entdeckung relevant waren, Maxwells Theorie und die Theorie der Kathodenstrahlen, noch nicht die Form von Paradigmata angenommen hatten – erstere war noch nicht allgemein akzeptiert, letztere noch zu fragmentarisch (vgl. Kuhn 1962/1969: 71). Röntgens Entdeckung stellte daher ein Ereignis in einer Reihe von Erweiterungen des Wissens dar, die schließlich in einer umfassenderen Theorie der Strahlung kulminierte und in der Folge zur Quantenmechanik führte.

Eine Entdeckung, die ein Paradigma zum Einsturz brachte, war Einsteins Postulat, dass sich Licht in allen Bezugssystemen mit der gleichen Geschwindigkeit ausbreitet. Die Besonderheit dieser Entdeckung besteht nicht – wie im Fall der Röntgenstrahlung – darin, dass ein bestimmtes Phänomen zum ersten Mal bewusst wahrgenommen wird, sondern eher in der *Anerkennung einer Tatsache*, die durch experimentelle Erfahrungen nahegelegt wurde (Michelson/Morley-Experimente), aber dem herrschenden Paradigma, nach dem auch elektromagnetische Vorgänge der klassischen Newtonschen Mechanik genügen, radikal widersprach. Diese Tatsache konnte nicht anerkannt werden, ohne das herrschende Paradigma zu stürzen und durch ein neues zu ersetzen.

Kann man nun Kuhns Auffassung zustimmen, dass alle wissenschaftlichen Entdeckungen im ‚Bewusstwerden einer Anomalie' ihren Ursprung besitzen? Sicher kann man in der Wissenschaftsgeschichte manche Beispiele finden, die sich gut in Kuhns Schema einfügen. Aber schon für Kuhns eigenes Beispiel der Röntgenstrahlen trifft dies nur bedingt zu. Da, wie Kuhn selbst einräumt, noch kein vollständig ausgearbeitetes und akzeptiertes Paradigma existierte, kann es im strengen Sinne auch keine Anomalie geben. Überhaupt scheint für viele Zufallsentdeckungen zu gelten, dass die entdeckten Phänomene zwar überraschend und eigenartig wirken mochten (man denke etwa an den Fall der Entdeckung der kosmischen Hintergrundstrahlung, in dem die Entdecker Penzias und Wilson sich zunächst völlig im Unklaren über die Natur des entdeckten Phänomens waren), aber nicht etwa deswegen, weil sie nicht zu irgendeinem grundlegenden Paradigma passten, sondern, weil sie bestimmten Erwartungen widersprachen, die sich aus der speziellen Situation erklären, in der die Entdeckung gemacht wurde – im Beispiel der Hintergrundstrahlung war dies die Erwartung, dass die gemessene Strahlung von einer lokalisierbaren Quelle stammen und daher richtungsabhängig sein sollte.

Andererseits gibt es Entdeckungen, die nicht zum *Konflikt* mit Erwartungen führen, sondern die Erwartungen *bestätigen* bzw. bestätigen sollen. Die Erzeugung kurzlebiger schwerer Elemente oder die Synthese neuer Kunststoffe mit besonderen erwünschten Eigenschaften in der Industrieforschung sind Beispiele systematisch erzeugter Entdeckungen auf Basis eines Paradigmas. Dazu zählt auch Robert Kochs Entdeckung des Tuberkelbazillus auf Basis der theoretischen Erwartung, dass die Tuberkulose sich als eine jener Krankheiten erweisen würde, die durch spezifische mikroskopische Erreger verursacht werden. Daher ist Kuhns Behauptung sicher zu einseitig, dass *alle* wissenschaftlichen Entdeckungen mit der Wahrnehmung von Anomalien einhergehen. Andererseits hat Kuhn auf eine wichtige Rolle von Entdeckungen im Wissenschaftsprozess aufmerksam gemacht: Die Entdeckung des Neuen tritt „vor einem durch Erwartung gebildeten Hintergrund" (vgl. Kuhn 1969: 76) auf – wenn das Entdeckte sich von den vorhandenen Kategorien als *neuartig* abhebt, kann es zu deren Erweiterung oder zu einer Revolution des gesamten Wissenssystems führen.

## 3.6 Entdeckungen: Wann und wer?

Wissenschaftliche Entdeckungen sind keine Punktereignisse, sondern zeitlich ausgedehnte Episoden, sie sind komplex aufgrund der Beteiligung verschiedener WissenschaftlerInnen, die in der Regel den Wesenskern des Entdeckten jeweils nur partiell erfassen. Deswegen ist es aus Sicht von Thomas Kuhn eine Illusion, den genauen Zeitpunkt einer Entdeckung und in eindeutiger Weise jene Person bestimmen zu wollen, die als Urheber oder Urheberin der Entdeckung zu betrachten ist. Zu jeder Entdeckung gehöre eben die „Erkenntnis" [...], „*dass* etwas ist, als auch *was* es ist" (vgl. Kuhn 1962/1969: 68).

Samuel Schindler (2015) hat Kuhns Unterscheidung zwischen dem ‚dass' und dem ‚was' einer Entdeckung aufgegriffen, indem er ‚*that-what*'-Entdeckungen von ‚*what-that*'-Entdeckungen unterscheidet. Unter ‚*what-that*'-Entdeckungen fallen bekannte Fälle von Entdeckungen, durch die theoretische Vorhersagen bestätigt wurden, wie die Entdeckung des Neutrino, der Radiowellen oder der kosmischen Hintergrundstrahlung. In diesen Fällen gab es schon vor dem ‚*that*' der Entdeckung, dem ersten Aufweis des Phänomens, eine theoretische Beschreibung und Konzeptualisierung (vgl. Schindler 2015: 125). Man wusste bereits, *was* man suchte und welche Eigenschaften das Gesuchte aufweisen sollte. Das *Wann* und das *Wer* einer ‚*what-that*'-Entdeckung ist daher relativ problemlos zu bestimmen: es kommt darauf an, wer des gesuchten Phänomens zum ersten Mal habhaft werden konnte.

‚*That-what*'-Entdeckungen liegen dagegen vor, wenn ein Phänomen wie die Röntgenstrahlen oder der Sauerstoff zuerst bewusst wahrgenommen wird, ohne dass schon eine Erklärung des Phänomens, eine Erkenntnis des ‚*what*' in Reichweite ist. Schindler ist allerdings auch in diesem Fall optimistischer als Kuhn hinsichtlich der Möglichkeit, das *Wann* und das *Wer* zu bestimmen. In

Bezug auf das ‚that' der Entdeckung mag diese Festlegung im Einzelnen schwierig sein: wer war es, der zum ersten Mal eine Probe reinen Sauerstoffs isoliert hat? War es tatsächlich, wie Kuhn behauptet, der schwedische Apotheker C. W. Scheele (vgl. Kuhn 1969: 66)? Aber dies festzulegen ist nur eine praktische, keine begriffliche Schwierigkeit. Viel schwieriger ist es, die ‚what'-Komponente einer ‚that-what'-Entdeckung zu bestimmen. Fordert man eine vollständige Aufklärung der Natur des entdeckten Phänomens, so kommt man zu dem Ergebnis, dass Entdeckungen nicht nur zeitlich ausgedehnte Episoden sind, sondern sich ohne festen Endpunkt bis in alle Ewigkeit zeitlich ausdehnen können. Dann allerdings könnte man vernünftig gar nicht mehr von Entdeckungen sprechen. Was erforderlich ist, um Entdeckungsprozesse zeitlich einzugrenzen, ist ein *begriffliches* Kriterium dafür, das festlegt, wieviel von der Natur eines Phänomens verstanden sein muss, um von einer vollzogenen Entdeckung sprechen zu können. Ein solches Kriterium wurde von Schindler (2015) vorgeschlagen:

> A discovery of X requires observing X or its direct effects (the discovery *that*) *and* the correct conceptualization of those of X's essential properties that suffice (epistemically) to individuate X at time *t* (the discovery-*what*), whereby I take essential properties of X to be those properties of X that are (metaphysically) individually necessary and jointly sufficient for X. (Schindler 2015: 132)

Maßgeblich für die Identität von Elektronen, also dafür, dass etwas ein Elektron *ist*, sind solche Eigenschaften wie negative Ladung, halbzahliger Spin oder das charakteristische Verhältnis von Ladung und Masse. Joseph John Thomson, dem die Entdeckung des Elektrons im Jahr 1897 zugeschrieben wird, könnte kaum als Entdecker des Elektrons gelten, wenn dieser Status die Kenntnis *aller* identifizierenden Eigenschaften von Elektronen voraussetzte. Die Forderung nach Wissen über den entdeckten Gegenstand muss daher, um überhaupt erfüllbar zu sein, eingeschränkt werden auf die Kenntnis derjenigen essentiellen Eigenschaften, die zur Zeit der ‚what'-Entdeckung ausreichen, um Elektronen von anderen Teilchen abzugrenzen. Zum Zeitpunkt von Thomsons Entdeckung waren aber noch keine anderen Elementarteilchen mit negativer Ladung bekannt. Daher, so Schindler, war Thomsons Entdeckung eines negativ geladenen Teilchens hinreichend, um ihn als Entdecker des Elektrons zu betrachten (vgl. Schindler 2015: 133).

Auch dieses epistemisch und zeitlich relativierte Kriterium scheint aber noch zu stark zu sein, wenn man sich bei der Bestimmung des *Wann* und des *Wer* einer Entdeckung am gewöhnlichen Sprachgebrauch orientieren möchte. Problematisch ist die Forderung nach Kenntnis von *essentiellen* Eigenschaften des entdeckten Gegenstands. Abgesehen davon, dass umstritten ist, ob es Eigenschaften von Gegenständen gibt, die sich in interessanter Weise, durch ihre ‚Essentialität', von anderen Eigenschaften dieser Gegenstände unterscheiden, muss man wirklich fordern, dass Alois Alzheimer (siehe 3.7) die ihm als ‚eigenartig' erscheinenden Fälle präseniler Demenz zu einem bestimmten Zeitpunkt von anderen Formen der Demenz durch auszeichnende essentielle Eigenschaften unterscheiden konnte? Angesichts der Tatsache, dass die klinischen und histologischen Merkmale dieser Fälle eine große Bandbreite aufwiesen und keines von ihnen in *jedem* Fall vorhanden und in diesem Sinne ‚notwendig' zu sein schien, manche von ihnen aber, nur graduell verschieden, auch in schon bekannten anderen Krankheitsformen (z. B. der senilen Demenz) auftraten, müsste Alzheimer der Entdeckerstatus abgesprochen werden. Schindlers Kriterium erscheint für ‚ideale' Fälle mit klar abgegrenzten Arten (z. B. Elementarteilchen) anwendbar, in anderen Fällen mag aber ein ‚schwächeres' Kriterium angemessener sein.

Ein solches schwächeres Kriterium wurde von Robert G. Hudson (2001) vorgeschlagen. Es fordert nur die Existenz einer *base description* des entdeckten Gegenstands, seien die in die Basis-Beschreibung eingehenden Merkmale nun essentiell oder nicht. Es muss gezeigt werden, dass der ‚materiell demonstrierte' Gegenstand der Entdeckung (‚*that*') die Basis-Beschreibung erfüllt. Außerdem müssen EntdeckerInnen etwas gefunden haben, das *neu* ist relativ zu einer in Frage kommenden sozialen Gemeinschaft (*novelty condition*) – also nicht notwendig relativ zu allen möglichen Gemeinschaften, sondern nur relativ zur relevanten *scientific community* der jeweiligen Zeit. Die novelty condition sichert auch, dass die Basis-Beschreibung des entdeckten Gegenstands abgrenzende Merkmale gegenüber den in Frage kommenden schon bekannten Gegenständen besitzt.

Basis-Beschreibungen für neu entdeckte Phänomene werden in der Physik häufig mittels einer Praxis ‚explorativen Experimentierens' gewonnen. Durch systematische Variation einer Zahl von verschiedenen experimentellen Parametern, die für das Phänomen relevant zu sein scheinen, werden solche Parameter herausgefiltert, die für das Phänomen tatsächlich zentral sind, bzw. solche, die es lediglich modifizieren. Aus Beziehungen zwischen den zentralen Parametern kann dann ein erster begrifflicher Rahmen für das Phänomen entwickelt werden. Steinle (2016) hat dies am Fall von Hans Christian Ørsteds experimenteller Entdeckung des Elektromagnetismus im Jahr 1820 demonstriert (vgl. Steinle 2016: 52f.). Die Variation verschiedener Faktoren, die für den Ausschlag einer magnetischen Nadel in der Nähe eines stromführenden Leiters maßgeblich sind, wie die Richtung des Stroms, die Form des Stromkreises und die Anordnung der Magnetnadel relativ zum stromführenden Leiter (oberhalb oder unterhalb des Leiters) etc., eröffnete eine große Variationsbreite experimenteller Ausgänge, wie sie, so Steinle, für explorative Experimente (vgl. Steinle 1997: S68–69) charakteristisch ist. Durch Systematisierung der so explorierten Beziehungen zwischen Phänomen und beeinflussenden Faktoren konnte später eine erste phänomenologische Beschreibung der Wirkung stromdurchflossener Leiter auf Magnetnadeln gewonnen werden (vgl. Steinle 2016: 67), die wir als ‚Basis-Beschreibung' des Phänomens im Sinne von Hudson deuten können.

## 3.7 Die Entdeckung der Alzheimerschen Krankheit

Am 3. November 1906 hielt der Arzt und Neuropathologe Alois Alzheimer auf der 37ten Tagung der Südwestdeutschen Irrenärzte in Tübingen einen Vortrag, in dem er die klinischen und neuropathologischen Befunde eines „eigenartigen schweren Erkrankungsprozesses der Hirnrinde" vorstellte.[7] Der Vortrag stieß im Auditorium nur auf geringe Resonanz, es wurde nicht eine einzige Diskussionsfrage gestellt. Die Krankheit, auf die Alzheimer gestoßen war und die schon 1910 nach ihm benannt wurde[8], ist 100 Jahre nach Alzheimers Vortrag als ‚Pandemie des 21ten Jahrhunderts' bezeichnet worden (vgl. Jellinger 2006: 1603). Sie gilt als häufigste neurodegenerative Krankheit weltweit. Der Fall, von dem Alzheimer in seinem Vortrag berichtete, war der Fall der 51-jährigen Auguste D., die er in der psychiatrischen Klinik in Frankfurt/Main ab dem November 1901 untersucht hatte. Die Symptome der Patientin hatten mit unbegründeter Eifersucht, Desorientierung in ihrem gewohnten häuslichen Umfeld und einem rapiden Verfall des Gedächtnisses begonnen und endeten innerhalb kurzer Zeit in vollständiger Demenz.[9] Im April 1906, 4 ½ Jahre nach dem Auftreten der ersten Symptome, war die Patientin verstorben. Die Schnitte des zerebralen Kortex der Patientin, die Alzheimer nach ihrem Tod anfertigte, zeigten einen Verlust von etwa 1/3 der Neuronen; dicke Bündel miteinander verklumpter Neurofibrillen hatten sich innerhalb der noch existenten Ganglienzellen ausgebreitet, und im Gewebe zwischen den Neuronen zeigten sich über den gesamten zerebralen Kortex hinweg fleckenartige Eiweißablagerungen, die sogenannten Plaques.[10] In einem Aufsatz von 1911 beschreibt Alzheimer einen ähnlichen zweiten Fall, den Fall des 56-jährigen Johann F., der ähnliche klinische Symptome aufwies, bei dem sich aber nur die Plaques der Hirnrinde zeigten, ohne die bei Auguste D. auffälligen verknäuelten Neurofibrillen-Bündel.[11] Zwischen 1909 und 1912 wurden insgesamt sieben Fälle mit der Diagnose der Alzheimerschen Krankheit in der Münchener Klinik behandelt.[12]

Was ist nun der Grund dafür, dass Alzheimer in seinem Vortrag von einem ‚eigenartigen' Erkrankungsprozess gesprochen hatte – und was erklärt andererseits die schwache Resonanz darauf? Neurofibrillen stellten einen schon bekannten histologischen Befund dar, und sie waren schon vor Alzheimers Veröffentlichung von 1907 mit der senilen Demenz verbunden worden. Auch über die Beziehung zwischen Plaques und Demenz war bereits 1887 berichtet worden.[13] Es gab eine Vielzahl klinischer und histologischer Untersuchungsbefunde, aber die an Symptomen orientierten Abgrenzungen zwischen verschiedenen Arten der Demenz und anderen neurologischen Erkrankungen blieben vage und unsicher (vgl. Alzheimer 1910). Daraus ist erklärlich, dass seine Kollegen Alzheimers Fall offenbar als einen unter vielen auffassten und das Neuartige in seinem Bericht nicht erkennen konnten.[14]

Alzheimer selber begründet die behauptete ‚Eigenartigkeit' des Falles der Auguste D. wie folgt:

> Im Jahre 1906 habe ich einen Fall von Erkrankung des präsenilen Alters beschrieben, welcher während des Lebens ein von den bekannten Krankheiten abweichendes Bild bot und bei der mikroskopischen Untersuchung Veränderungen in der Hirnrinde aufwies, die damals noch unbekannt waren. Hinsichtlich der klinischen Erscheinung war eigenartig eine rasch sich entwickelnde und in kurzer Zeit zu den tiefsten Graden fortschreitende Verblödung [...]. Da keine Krankheitssymptome vorhanden waren, welche an eine Herderkrankung denken ließen, keine Anhaltspunkte für eine paralytische, luetische oder arteriosklerotische Erkrankung sprachen und eine senile Demenz ausgeschlossen schien, da die Kranke erst 56 Jahre alt war und das klinische Bild sehr erheblich von dem der Dementia senilis abwich, war der Fall nicht unter die bekannten Krankheiten einzureihen. (Alzheimer 1911: 356)

Der von Alzheimer verwendete Ausdruck ‚eigenartig' ist also nicht etwa als synonym zu ‚einzigartig' zu verstehen. Alzheimer macht mit dieser Formulierung lediglich geltend, dass der untersuchte Fall sich in jeder Hinsicht, in der Schärfe des klinischen Bildes, im Grad der neurologischen Veränderungen und schließlich im Alter der Erkrankten, von allen in Frage kommenden bekannten Krankheiten unterschied und sich daher nicht „unter sie einreihen" ließ.[15] Die Unterschiede mögen jeweils nur gradueller Natur sein, aber sie sind charakteristisch (‚eigen-artig') genug, um in ihnen eine besondere, von anderen abgrenzbare *Form der Demenz* zu erblicken, wenn auch nicht notwendig eine neue Krankheit (vgl. Berrios 1990: 359). Es blieb für Alzheimer eine offene Frage, ob er es mit einer atypischen Form der senilen Demenz zu tun hatte oder ob er tatsächlich einem eigenständigen, altersunabhängigen Krankheitsprozess auf der Spur war. Die besondere Schärfe der klinischen wie der histologischen Befunde, die gerade die präsenilen Demenz-Fälle auszeichneten, begünstigt letztere Interpretation.[16]

Kann man nach all dem nun davon sprechen, dass Alois Alzheimer der Entdecker einer neuen Krankheit war? Alzheimer selbst hat es in seinem Aufsatz *Die diagnostischen Schwierigkeiten in der Psychiatrie* von 1910 als die „dringlichste Aufgabe jeder medizinischen Wissenschaft" bezeichnet, die „einzelnen Krankheitsfälle zu Krankheiten" zusammenzufassen, „welche durch ihre Ursache und ihr Wesen hinsichtlich ihrer Erscheinungsform und ihres Ausganges innerhalb bestimmter Grenzen bestimmt sind" (Alzheimer 1910: 1). Denn der Arzt könne nur dann die Frage nach Ursache und Ausgang, nach Verhütung und Behandlung einer Erkrankung beantworten, „wenn wir mit natürlichen Krankheiten und nicht mit Gruppierungen von Krankheitsfällen nach äußerlichen Merkmalen arbeiten" (Alzheimer 1910: 1). Das Ziel „jeder medizinischen Wissenschaft" muss es also sein, an die Wurzeln der Erkrankungen vorzudringen, an denen „natürliche Krankheiten" zum Vorschein kommen; nur die Suche nach den Ursachen der Erkrankungen, nach den ihnen zugrunde liegenden Krankheitsprozessen, wird es dem Wissenschaftler und Arzt ermöglichen, die täuschende Ähnlichkeit der Symptome zu durchdringen, zutreffende Prognosen zu erstellen und wirksame Therapien zu entwickeln. Alzheimer lässt auch keinen Zweifel an seiner Erwartung, dass die Psychiatrie, um dieses Ziel zu erreichen, bestrebt sein muss, die *organischen*, d. h. vor allem *neurologischen Ursachen* der psychiatrischen Erkrankungen aufzudecken.[17] Im Besonderen sollte eine feinere *histopathologische* Analyse eine Differenzierung von Fällen ermöglichen, die vorher aufgrund ihres ähnlichen klinischen Bildes in dieselbe Kategorie eingeordnet worden wären (vgl. Keuck 2018a: 45). Das Mikroskop sollte zu *dem* Hilfsmittel der Diagnose in der Psychiatrie werden.

Das methodologische Ideal der Suche nach ‚natürlichen Krankheiten'[18] kann als Hintergrund für Alzheimers intensive Beschäftigung mit dem Fall der Auguste D. verstanden werden. Ihre ‚eigenartigen' Symptome ließen ihn vermuten, dass hier ein Zugang zu einem abgrenzbaren, ‚natürlichen' Krankheitsprozess zu finden sei. Auf der anderen Seite deuten alle Äußerungen Alzheimers darauf hin, dass er *nicht* davon überzeugt war, schon einen solchen natürlichen Krankheitsprozess gefunden zu haben. Zu sehr war die Diagnose noch auf Indikatoren angewiesen, die vielfältige Überschneidungen mit anderen Erkrankungen (v. a. der senilen Demenz) besaßen. Alzheimer selbst hat sich in diesem Sinne nicht als Entdecker einer neuen Krankheit gesehen. Er beanspruchte lediglich, eine atypische präsenile Form der Demenz gefunden zu haben (vgl. Berrios 1990: 359), die sich in die vorhandenen Kategorien nicht einfügte und von der er glaubte, dass die Altersunabhängigkeit der Demenz, die sie dokumentierte, möglicherweise die Tür zur Aufschlüsselung eines natürlichen, der Demenz zugrunde liegenden Krankheitsprozesses öffnen würde. Keuck (2018a) betont, dass weder Kraepelin noch Alzheimer selbst eine allgemeine Definition der Krankheit formuliert habe. Der Ausdruck ‚Alzheimersche Krankheit', wie er von Kraepelin eingeführt wurde, solle nicht als Bezeichnung einer schlüssigen diagnostischen-, sondern eher einer ‚explorativen' Kategorie (vgl. Keuck 2018a: 45) verstanden werden.

Die Frage, ob Alzheimer der Entdecker einer neuen Krankheit[19] war, lässt sich aus der Perspektive der Jahre um 1910 jedenfalls nicht eindeutig positiv beantworten.[20] Das Beispiel Alzheimer veranschaulicht aber die Bedeutung der von Autoren wie Schindler und Hudson (siehe 3.6) hervorgehobenen Unterscheidung von *that* und *what*. Bei der Frage, ob eine Entdeckung stattgefunden hat, muss eben die Dimension des ‚that' von der Dimension des ‚what' unterschieden werden. Eine ‚that'-Entdeckung ist im Fall Alzheimer zweifellos nachweisbar – dokumentiert in den auffälligen klinischen und histologischen Befunden der Auguste D. und späterer PatientInnen. Die Frage nach dem ‚what' dagegen konnte der Entdecker selbst noch nicht definitiv beantworten, und sie ist, wie wir noch sehen werden, eine bis heute offene Forschungsfrage. Allerdings sollte aus der Tatsache, dass es nicht so etwas wie eine ‚endgültige' Beschreibung einer Krankheit gibt (vgl. Berrios 1990: 356), nicht der Schluss gezogen werden, es gebe solche Krankheits-Entitäten nicht unabhängig von unseren Beschreibungen – aus der in die Zukunft offenen Abfolge von Begriffen des Elektrons lässt sich auch nicht folgern, dass Elektronen in einem objektiven Sinn nicht existieren. Während der Begriff ‚Alzheimersche Krankheit' dem Wandel unterliegt und – wie alle Begriffe – von Menschen zu bestimmten epistemischen und sozialen Zwecken eingeführt (‚erfunden') wurde, kann das, was der Begriff bezeichnet, als eine objektive, von Begriffen unabhängige, Entität verstanden werden, wobei die Annahme einer solchen Entität stets unter Irrtumsvorbehalt steht. Deswegen ist die Einschätzung von Berrios 1990, nach der die Alzheimersche Krankheit eine gute Illustration der kreationistischen[21] Sicht von Krankheiten darstellt, mit Vorsicht zu genießen.

Wird Thomas Kuhns Einordnung wissenschaftlicher Entdeckungen als *bewusste Wahrnehmungen von Anomalien* durch das Alzheimer-Beispiel belegt? Das Fehlen eines entwickelten und allgemein akzeptierten Paradigmas der Psychiatrie ist von Alzheimer in seinem Aufsatz von 1910 selbst beklagt worden. Danach kann in Hinsicht auf den Fall der Auguste D. sicher nicht von einer Anomalie in einem strengen Sinn die Rede sein. Der Fall ähnelt eher Kuhns Röntgen-Beispiel, in dem die ‚that'-Entdeckung ein auffälliges, nicht in die vorhandenen Kategorien passendes Phänomen aufdeckt, aber zunächst nur zu einer Differenzierung und Erweiterung des Kategoriensystems, nicht aber zu dessen Umsturz führt. Kuhns Diagnose enthält aber – dies zeigt der Fall Alzheimer – eine wichtige Erkenntnis über den Wissenschaftsprozess. Entdeckungen sind keine punktförmigen Ereignisse, die der Menge bekannter wissenschaftlicher Entitäten weitere hinzufügen, stattdessen entspringen sie der menschlichen Aufmerksamkeit für ‚eigenartige' Phänomene, die mit dem vorhandenen Begriffssystem nicht beschrieben und erklärt werden können. Wissenschaftliche Entdeckungen sind mit dem Aufweis ‚neuartiger' Phänomene nicht schon abgeschlossen, sondern lösen zeitlich offene Forschungsprozesse aus (Suche nach dem ‚what' der Entdeckung), für den die wissenschaftliche Begriffsbildung explorative Mittel zur Verfügung stellt.

Die Frage, ob die Alzheimersche Krankheit eine von anderen Erkrankungen klar abgrenzbare Entität darstellt, spielt in der gegenwärtigen Alzheimer-Forschung weiterhin eine Rolle. Müller, Winter und Graeber betonen, dass auch nach heutigem Verständnis die von Alzheimer beobachteten Plaques und Fibrillenbündel als neuropathologische Kennzeichen der Krankheit gelten können.[22] Die Bezeichnung ‚Alzheimersche Krankheit' werde heute allerdings umfassender gebraucht und schließe die häufigeren Fälle der senilen Form der Demenz des Alzheimerschen Typs mit ein.[23] Demgemäß werden Alzheimer-Fälle mit frühem Auftreten der Erkrankung (*early onset*) von solchen mit spätem Auftreten (*late onset*) unterschieden. Die für Alzheimer virulente Frage nach der Beziehung zwischen präsenilen und senilen Formen der Demenz scheint in der Weise entschieden zu sein, dass die Alzheimersche Krankheit als altersunabhängige, in präsenilen und senilen Formen auftretende Krankheit verstanden wird. Die Annahme einer gemeinsamen *Ursache*, eines altersunabhängigen Krankheitsprozesses, die schon bei Alzheimer selbst zu finden ist, spielt auch in der gegenwärtigen Forschung eine Rolle. Allerdings erweist sich die Aufklärung der Ätiologie der Krankheit als äußerst vielschichtig und verwickelt, so dass von *der* Ursache, und damit von einer scharf umgrenzten Krankheits-Entität nicht die Rede sein kann. Nach Möller und Graeber sollte man daher eher von einer heterogenen Gruppe von Erkrankungen (‚heterogeneous group of disorders') ausgehen (Möller und Graeber 1998: 120).

Die gegenwärtige Alzheimer-Forschung profitiert vom Aufschwung der Elektronenmikroskopie und der Biochemie in der zweiten Hälfte des 20ten Jahrhunderts, und sie bedient sich der modernen Methoden der genetischen Analyse. Bei der Krankheits-Entstehung spielen offenbar genetische Faktoren eine wichtige Rolle. Das e4-Allel des Apolipoprotein E-Gens (APOE) wird von Möller und Graeber als wichtigste für die Krankheit prädisponierende genetische Variante genannt. Nicht weniger als 2/3 aller Alzheimer-Patienten tragen eine oder zwei Kopien dieses Allels (Möller und Graeber 1998: 120). In weniger als zwei Prozent der Fälle wird die Krankheit dagegen in einem autosomal-dominanten Erbgang vererbt, wobei offenbar Mutationen in einem der folgenden drei Gene die autosomal-dominante Alzheimersche Krankheit verursachen können: das Gen für das Amyloid-Vorgänger-Protein APP auf Chromosom 21, das Gen für Presenilin 1 (PSEN1) auf Chromosom 14 und das Gen für Presenilin 2 (PSEN2) auf Chromosom 1. Diese besonderen durch Mutationen verursachten Fälle sind typischer Weise mit einem biographisch frühen Ausbruch der Krankheit (*early onset*) verbunden (Müller, Winter und Graeber 2012: 129).

Die Gewebeschnitte, die Alzheimer vom Gehirn von Auguste D. angefertigt hatte, wurden in den 1990er Jahren wiederentdeckt und mit den modernen Methoden der Neuropathologie und Genetik neu untersucht (vgl. Graeber 1999).[24] Die neuropathologische Untersuchung bestätigte Alzheimers frühe Diagnose der Krankheit, während die genetische Analyse ergab, dass bei Auguste D. das häufig auftretende genetische Risiko-Allel e4 nicht vorhanden war. Stattdessen ist anzunehmen, dass eine der seltenen PSEN1-Mutationen mit autosomal-dominant verlaufendem Erbgang für ihre Erkrankung verantwortlich gewesen ist (vgl. Müller, Winter und Graeber 2013: 129). Für den zweiten von Alzheimer untersuchten Fall des Johann F. deutet eine genealogische Analyse auf eine familiäre Disposition zur Krankheit mit vermutlich ebenfalls autosomal-dominantem Erbgang hin.[25] Obgleich diese genetisch bedingte Form der Krankheit nur einen geringen Teil aller Fälle ausmacht, ist sie für die Aufklärung der molekularen Prozesse, die für die Krankheitsentstehung generell verantwortlich sind, besonders interessant. Wie Schindler und Fagan (2015) ausführen, sind die einschlägigen autosomal-dominant vererbten Mutationen mit einer erhöhten Produktion von Amyloid[26] verbunden. Amyloid ist aber vermutlich ein wesentlicher Initiator der Entstehung der Alzheimerschen Krankheit (*Amyloid-Hypothese*).[27] Die autosomal-dominante Form der Krankheit bietet die Möglichkeit, Veränderungen an relevanten Biomarkern lange vor der Manifestation der Krankheit festzustellen und Ausbruch und Verlauf der Demenz individuell vorherzusagen. Dies eröffnet auch die Möglichkeit einer medikamentösen Beeinflussung des Krankheitsprozesses (z. B. mit Amyloid-Antikörpern) noch vor dem Ausbruch der Krankheit.

Auch wenn die Geschichte der Entdeckung der Alzheimerschen Krankheit nur *eine* einzelne Entdeckungsgeschichte darstellt, deren Merkmale nicht ohne weiteres generalisiert werden können, spiegelt sie doch einige Charakteristika wissenschaftlicher Entdeckungen. Sie beginnen damit, dass in einem scheinbar vertrauten Phänomen etwas Neues, Unvertrautes ins Auge fällt, eine Spannung gegenüber den vertrauten Kategorien. Im Alzheimer-Beispiel war dies der Ausbruch einer außergewöhnlich schweren Demenz in auffällig jungem Alter. Die Spannung löst einen Bedarf nach *Erklärung* aus: Was ist die Natur dieses als ‚eigenartig' empfundenen Phänomens? Für Fälle, in denen das beobachtete Phänomen schon vorher theoretisch postuliert wurde (‚*what-that*'-Entdeckung, z. B. kosmische Hintergrundstrahlung, Higgs-Boson, Gravitationswellen), liegt auf die Frage nach der Natur des entdeckten Phänomens schon eine Antwort bereit. Aber häufig sind auch in solchen Fällen nicht schon *alle* Fragen nach dem Entdeckten beantwortet. Fassen wir die bisher beschriebenen Merkmale wissenschaftlicher *that-what*-Entdeckungen zusammen:

(1) Erst der auf die Entdeckung (‚*that*') folgende *Forschungsprozess* deckt die Natur der entdeckten Entität auf. In diesem Prozess können neue Identitätskriterien (im Beispiel Alzheimer etwa genetische Faktoren) ins Spiel kommen. Die Vermutungen der ForscherInnen hinsichtlich der Identität der entdeckten Entität sind häufig nur provisorisch.

(2) Der ursprüngliche *Begriff*, den die ForscherInnen für das Entdeckte einführten, besitzt tentativen oder ‚explorativen' Charakter. Er charakterisiert das

gefundene Phänomen in vorläufiger Weise, wandelt sich aber in der Regel als Ergebnis der weiteren Forschung.[28] Daraus folgt nicht, dass Entdeckungen ‚konstruiert' oder ‚erfunden' werden. ‚Erfunden', d.h. für bestimmte epistemische Zwecke entworfen, wird eben nicht das entdeckte Phänomen, sondern nur der dafür verwendete Begriff.

(3) Entdecken und Erklären sind miteinander verschränkt. Alzheimers Entdeckung löst Erklärungsbedarf aus. Umgekehrt führen die darauf folgenden Erklärungsversuche zu neuen Entdeckungen (z. B. zur Entdeckung bestimmter genetischer Prädispositionen für die Krankheit).

Der oben skizzierte Begriff beschreibt *genuine* wissenschaftliche Entdeckungen, also jene Art, an die wir zuerst denken, wenn von ‚Entdeckung' die Rede ist. Aber das Neue kommt nicht nur auf diesem Wege in die Wissenschaft. Es gibt auch den Fall, in dem ForscherInnen ein bekanntes und auch schon wissenschaftlich behandeltes Phänomen zum Gegenstand machen, weil sie die Vermutung haben, dass das Potential für Erklärungen dieses Phänomens noch nicht ausgeschöpft ist. Ergebnis dieser Überlegung kann dann ein Vorschlag für eine *neue Art der Erklärung*, z. B. einen möglichen neuen, das Phänomen erzeugenden Mechanismus sein. Weil das Neue in diesem Fall ein Erklärungsmodell ist, erscheint es natürlich, eher von einer ‚Erfindung' als von einer Entdeckung zu sprechen. Aber wenn der postulierte neue Mechanismus sich in realen Anwendungsbeispielen bewährt, gewinnt diese Erfindung den Charakter einer Entdeckung. Einem solchen Fall von Entdeckung wollen wir im folgenden Fallbeispiel, Thomas Schellings dynamischen Segregations-Modellen, nachgehen.

## 3.8 Thomas Schellings dynamische Segregations-Modelle

Die Entstehung von *Makro-Phänomenen* aus dem Zusammenspiel vieler individueller Entscheidungen und Handlungen bildet ein zentrales Forschungsgebiet der Ökonomie und der Soziologie.[29] Ein Makro-Phänomen, das in allen sozialen Gemeinschaften, u. a. an der Entwicklung der Verteilung der Wohnbevölkerung in Großstädten, beobachtet werden kann, ist die Segregation zwischen verschiedenen ethnischen und sozialen Gruppen.[30] Thomas Schelling berühmter Aufsatz *Dynamic Models of Segregation* von 1971 beginnt mit der Aufzählung einer Reihe bekannter Ursachen für Prozesse der Segregation:

> People get separated along many lines and in many ways. There is segregation by sex, age, income, language, religion, color, taste, comparative advantage and the accidents of historical location. Some segregation results from the practices of organizations; some is deli-

berately organized; and some results from the interplay of individual choices that discriminate. Some of it results from specialized communication systems, like different languages. And some segregation is a corollary of other modes of segregation: residence is correlated with job location and transport. (Schelling 1971: 143)

Segregations-Prozesse, die durch externe Faktoren wie politische oder religiöse Vorschriften erzwungen oder durch ein ökonomisches oder infrastrukturelles Gefälle hervorgerufen sind, liegen gewissermaßen ‚an der Oberfläche' und lassen sich anhand öffentlich zugänglicher Daten rekonstruieren. Wie die verantwortlichen externen Faktoren sich im individuellen Verhalten ausdrücken, die schließlich zum Resultat der Segregation führen, lässt sich hier mithilfe von gewöhnlichen Annahmen der Alltagspsychologie verstehen.

Schelling Interesse konzentriert sich nun aber auf mögliche Segregationsursachen, die *nicht* auf solche externen Faktoren zurückführbar sind, sondern auf *diskriminatives individuelles Verhalten*. Dieses Verhalten wird durch individuelle Präferenzen für bestimmte Mischungsverhältnisse zwischen Mitgliedern der ‚eigenen' und der ‚fremden' Gruppe in der Nachbarschaft gesteuert – schwarze versus weiße Bevölkerung, bürgerliche Klasse versus Arbeiterklasse, Protestanten versus Katholiken etc. (vgl. Schelling 1971: 144).[31] Schließen diese Präferenzen Mitglieder der jeweils fremden Gruppe in der eigenen Nachbarschaft aus, verhält sich also eine Gruppe extrem intolerant, so ist das Resultat der Segregation vorhersehbar. Wissenschaftlich interessanter ist die Frage, ob es markante *kollektive* Segregations-Phänomene gibt, die sich *trotz* weitgehender *individueller* Toleranz für gemischte Nachbarschaften herausbilden:

The hearts and minds and motives and habits of millions of people who participate in a segregated society may or may not bear close correspondence with the massive results that collectively they can generate. (Schelling 1971: 146)

Der Makro-Effekt entspricht in diesem Fall nicht den individuellen Präferenzen, sondern kommt als ein kollektives Resultat der Interaktionen im Gesamtsystem zustande, das erheblich von den Präferenzen der einzelnen Akteure abweichen kann. Einen Hintergrund für die Vermutung, dass ‚paradoxe' systemische Wirkungen im Fall der Segregation auftreten können, bildet die für Ökonomen vertraute Erfahrung mit kollektiven Phänomenen in Systemen, die durch ihre Mitglieder weder intendiert noch bewusst reflektiert werden (vgl. Schelling 1971: 145). Es lag daher für Schelling nahe, nach Mechanismen der Segregation zu suchen, die durch aggregiertes individuelles Verhalten gesteuert werden, ohne dass das Resultat des Mechanismus, die Segregation eines Wohnviertels, von den beteiligten Individuen angestrebt wird. Etwas überspitzt: Obwohl niemand in einem segregierten Wohnviertel leben möchte, erzeugt er zusammen mit den anderen durch seine Präferenzen und sein entsprechendes Verhalten genau dieses Resultat. Wenn dies der Fall ist, leistet der Mechanismus *Erklärungsarbeit* für das Makro-Phänomen; seine Entdeckung besitzt Neuigkeitswert und stellt sich als wissenschaftlich fruchtbar heraus.

Eine einfache und plausible Annahme für die individuellen Präferenzen in dichotomisch gemischten Nachbarschaften ist, dass Individuen beider Gruppen die Nähe der eigenen Gruppe bevorzugen. Beispielsweise setzen sich in einer Kantine Frauen bevorzugt an Tische, an denen schon andere Frauen sitzen (für Männer gilt Entsprechendes). Daraus folgt aber nicht, dass die Präsenz des jeweils anderen Geschlechts *gemieden* wird; vielmehr ist das Verhalten ganz verträglich mit einer Bevorzugung ‚gemischter' Tische. Was stattdessen – mehr oder weniger bewusst – vermieden wird, ist, in eine Minderheiten-Position zu geraten. Ein gewisses Maß an Ungleichgewicht ist tolerabel, aber es gibt eine Grenze, bei deren Überschreiten die Dominanz der anderen Gruppe als unangenehm empfunden wird. Übertragen auf den Fall des Zusammenlebens in Wohnvierteln haben extreme Mischungsverhältnisse zugunsten der einen Gruppe die Tendenz, sich weiter zu verstärken, weil für Personen der anderen Gruppe die Schwelle für den Zuzug in das Viertel höher und die Schwelle für den Wegzug niedriger wird. Aber auch moderate Mischungsverhältnisse induzieren unter der Annahme, dass Individuen Minderheiten-Positionen meiden, Dynamiken, die auf Gleichgewichtslagen mit stärkerer Segregation zusteuern.

Die von Thomas Schelling untersuchten Modelle sind nun Beispiele solcher Dynamiken, wobei in den einfachen Modellen zunächst eine für alle Individuen gleiche Präferenzstruktur hinsichtlich der Schwelle angenommen wird, bei der die Dominanz der ‚fremden' Gruppe in der eigenen Umgebung als gerade noch tolerabel empfunden wird; wird diese Schwelle überschritten, zieht ein Individuum in die nächstgelegene lokale Nachbarschaft mit ‚tolerabler' Umgebung um (vgl. Schelling 1971: 148). Neben linearen Modellen, bei denen die Individuen wie auf einer Perlenschnur angeordnet repräsentiert werden, wonach sie nur zwei Bewegungsrichtungen besitzen, hat Schelling zweidimensionale ‚Schachbrett-Modelle' entworfen – im Unterschied zu normalen Schachbrettern enthalten Schellings ‚Schachbretter' keine alternierende Folge schwarzer und weißere Felder (vgl. Schelling 1971: 154f.). Jedes Feld des Schachbrettes symbolisiert eine räumliche Position in einem Wohnviertel und die beiden betrachteten Gruppen von Individuen sind zunächst zufällig auf diese Positionen verteilt, wobei einige Felder leer bleiben, damit die Individuen sich auf dem Brett bewegen können. Die Nachbarschaft eines Feldes wird durch jene Felder gebildet, die an dieses Feld direkt angrenzen. Jedes Individuum besitzt also 8 direkte Nachbarn. Die Dynamik der Modelle entsteht dadurch, dass einzelne Individuen, deren Präferenzen am alten Ort nicht befriedigt wurden, an andere Positionen wechseln. Um die Dynamik eindeutig zu definieren, benötigt man Regeln, z. B. jene, dass ein Individuum, das mit seiner Position unzufrieden ist, an die *nächstgelegene* Position wechselt, die seine Präferenz erfüllt. All diese Konventionen sind, wie Schelling zugibt, zu abstrakt und künstlich, um die tatsächlichen Ortswechsel in einem Wohnviertel abbilden zu können. Aber Segregations-Modelle sollen nicht Vorgänge in der Realität *abbilden*, sondern vielmehr die zentralen Variablen *symbolisch repräsentieren*, die nach Annahme entscheidend für die soziale Dynamik sind. Die Art der Repräsentation ist so gewählt, dass die Interaktionen der Individuen in Form eines regelgeleiteten Spiels nachvollzogen werden können. Das Resultat einer Dynamik, das sich nach vielen Zügen herausbildet, kann dann am Computer berechnet werden.[32]

Individuelle Präferenzen hinsichtlich der Anwesenheit von Mitgliedern der eigenen Gruppe in der Nachbarschaft können nun in unterschiedlicher Weise definiert werden: als bezogen auf die nicht zu unterschreitende *minimale Anzahl* der zur eigenen Gruppe gehörenden Individuen innerhalb der 8 Nachbarschafts-Felder oder als bezogen auf das *numerische Verhältnis* zwischen den Nachbarn aus der eigenen- bzw. der ‚fremden' Gruppe. Starten wir mit der unterschiedslos für Individuen beider Gruppen geltenden Vorgabe, dass *nicht weniger als die Hälfte* (also nicht weniger als 4) der direkten Nachbarn der eigenen Gruppe angehören sollen. Dabei sollen beide Gruppen insgesamt in gleicher numerischer Stärke vertreten sein.

Wenn man das Spiel nun nach diesen Regeln spielt und dabei in der oberen linken Ecke des Schachbretts beginnt, ergibt sich nach einer Zahl von Zügen (abhängig von der Gesamtzahl der Positionen, mit der man startet) eine Gleichgewichtslage, bei der die erste Gruppe in der unteren Hälfte des Brettes konzentriert ist (ohne direkte Nachbarn aus der zweiten Gruppe), die zweite Gruppe in der oberen Hälfte, wobei sich dort noch eine kleinere inselförmige ‚Diaspora' aus Mitgliedern der ersten Gruppe gebildet hat. Startet man den Prozess dagegen vom Zentrum zur Peripherie hin, dann ergibt sich ein Gleichgewichtsmuster mit vielen kleineren und größeren Inseln aus Mitgliedern der ersten Gruppe, die auf das gesamte Feld verteilt sind und jeweils an zusammenhängende Gebiete angrenzen, die von Mitgliedern der zweiten Gruppe besetzt sind. In jedem Fall ergibt sich als Charakteristikum der entstehenden Gleichgewichtslage eine starke Segregation des Wohnviertels (gesamtes Brett) in jeweils nur von einer Gruppe bewohnte homogene Teilgebiete (vgl. Schelling 1971: 157).

Wie zu erwarten, ergibt sich ein weniger stark segregiertes Resultat, wenn die Individuen nicht von 1/2, sondern von nur 1/3 der Nachbar-Positionen fordern, dass sie durch Mitglieder der eigenen Gruppe besetzt sein sollen. Während im ersten Fall das Verhältnis von Nachbarn der eigenen zu Nachbarn der ‚fremden' Gruppe am Ende des Prozesses über 4:1 liegt, ergibt sich im zweiten Fall ein

Verhältnis von unter 3:2 (vgl. Schelling 1971: 158 – 159). Innerhalb des Bereichs der Präferenzen von 35% bis 50% steigt das Maß der resultierenden Segregation allerdings sehr stark an (vgl. Schelling 1971: 159).

Das sich schließlich ergebende Segregations-Muster lässt häufig keinen Rückschluss auf die Präferenzen zu, die der Dynamik des Modells zugrunde gelegen haben. So kann sich ein ganz ähnliches Segregations-Muster wie im Fall der ½-Präferenz auch ergeben, wenn Gegenstand der Präferenz kein bestimmtes Gruppen-Verhältnis, sondern das Vorhandensein von *mindestens drei Mitgliedern der eigenen Gruppe* unter den insgesamt 8 Nachbarn ist – gleichgültig, wie viele der anderen Nachbarn der ‚fremden' Gruppe angehören. Schelling zeigt, dass solche Präferenzen (*congregationist preferences*) zu Segregations-Effekten führen können, die nicht von jenen unterscheidbar sind, die durch *Majoritäts-Präferenzen* erzeugt werden (vgl. Schelling 1971: 165). Dies unterstreicht, dass die systemisch erzeugten Konsequenzen individuellen Verhaltens in typischen Fällen nicht die individuellen Präferenzen widerspiegeln:

> Everyone's demands leave room for up to five opposite neighbors out of eight; but in achieving an absolute figure of three out of eight like himself – in ‚congregating' with his own color – he separates from the others just as if he had demanded majority status. (Schelling 1971: 165)

Die oben beschriebenen Ergebnisse stellen nur eine kleine Auswahl von Modellen dar, die Schelling mit unterschiedlichen Anfangsbedingungen entworfen und in ihrer Dynamik untersucht hat. Beispielsweise kann man auch mit der Annahme starten, dass die eine der beiden Gruppen hinsichtlich der Präsenz der eigenen Gruppe in der Nachbarschaft fordernder ist als die andere Gruppe. Eine stabile Gleichgewichtslage stellt sich dann nur bei speziellen numerischen Verhältnissen ein (vgl. Schelling 1971: 159f.). Eine andere Art von Modellen sind *bounded neighborhood*-Modelle, in denen alle Individuen eine gemeinsame ‚Nachbarschaft' mit definierten Grenzen bilden, in die ein Individuum eintreten oder sie verlassen kann. Auch in diesen Modellen treten alltagspsychologisch paradoxe Phänomene auf: Werden die am wenigsten ‚toleranten' Mitglieder einer Gruppe durch noch weniger tolerante Individuen ersetzt, so kann dies dazu führen, dass letztere die Nachbarschaft verlassen und gerade dadurch eine stabile Mischung der Population ermöglichen. ‚Größere Toleranz' erhöht nicht immer die Wahrscheinlichkeit einer stabilen Mischung (vgl. Schelling 1971: 174).

Eine allgemeine Lehre lässt sich aus Schellings dynamischen Segregationsmodellen ziehen: Die Absichten und Präferenzen der Individuen führen, wenn diese Individuen in Gemeinschaften interagieren, zu nicht-intendierten, manchmal zu unerwünschten Konsequenzen. Schellings Modelle fördern neue, nicht-triviale Mechanismen zu Tage, die potentielle Erklärungen für Segregations-Phänomene enthalten – v. a. für solche Segregations-Phänomene, die weder durch äußeren Druck erzeugt noch ‚intern', durch offensichtliche separatistische Neigungen der Mitglieder einer Population, erklärt werden können. Auch höchst abstrakte mathematische Modelle [33], die zunächst eher als ‚Erfindungen' denn als ‚Entdeckungen' erscheinen, können dem wissenschaftlichen Wissen Neues hinzufügen – wenn sie sich an konkreten Phänomenen bewähren. Sie sind *heuristische Instrumente* für wissenschaftliche Entdeckungen.

## 3.9 Die Entdeckung der komplexen Zahlen

Die Schrift *Artis magnae sive de regulis algebraicis liber unus* (1545) von Girolamo Cardano (vgl. Ebbinghaus 1992:46) enthält das erste systematische Verfahren zur Auflösung von kubischen Polynomen der Art $x^3 + px + q = 0$ (vgl. Bewersdorff 2013: 10 f.). Die Nullstellen solcher kubischen Polynome können mithilfe der von ihm gefundenen *Cardanischen Formel* berechnet werden. In manchen Fällen führt dieses Berechnungsverfahren aber auf Größen, denen zunächst keine klare Bedeutung gegeben werden kann. Dies ist z. B. bei der Gleichung $x^3 = 8x + 3$ der Fall. Mit ein wenig Ausprobieren findet man, dass $x = 3$ eine Lösung dieser Gleichung darstellt. Folgt man aber dem Cardanischen Berechnungsverfahren, so stößt man darauf, dass die Lösung durch die Summe zweier kubischer Wurzeln gebildet wird, wobei die Summanden jeweils unter der Kubikwurzel einen quadratischen Wurzelausdruck enthalten, dessen Radikand eine negative Zahl, nämlich −5/3 ist. Ob und wie mit Quadratwurzeln mit negativen Radikanden weitergerechnet werden kann, war zu Cardanos Zeit aber noch völlig unklar. Diese *imaginären* Größen schienen zunächst keine mathematische Bedeutung zu besitzen; sie wurden von einigen Autoren als ‚unmögliche' Zahlen bezeichnet und es existierten keine für sie gültigen Rechengesetze.

An einer anderen Stelle seiner *Artis magnae* hat Cardano aber dann trotzdem mit solchen Größen weitergerechnet, als es um die Bestimmung der Nullstellen der quadratischen Gleichung $x^2 - 10x + 40 = 0$ ging. Als Lösungen, die nach dem bekannten Lösungsverfahren für quadratische Polynome bestimmt werden können, gibt er

$$5 + \sqrt[2]{-15} \text{ und } 5 - \sqrt[2]{-15}$$

an.[34]

Er berechnet auch das Produkt aus diesen beiden Lösungen und erhält als Ergebnis die reelle Zahl 40. Wie konnte Cardano mit imaginären Zahlen rechnen und dabei ein korrektes, mathematisch sinnvolles Resultat erhalten? Nur deswegen, weil über die Quadratwurzel aus einer negativen Zahl immerhin *eine* Tatsache bekannt war, nämlich, dass man durch Quadrieren dieses Ausdrucks seinen Radikanden, also im Beispiel die Zahl −15, erhalten muss. Da seine Rechnung in Bezug auf imaginäre Zahlen nur von dieser einen Eigenschaft Gebrauch machen musste, konnte er sie nach den bekannten Rechengesetzen fortführen.[35] Die problematischen imaginären Größen traten ja in der Rechnung nur als ‚Zwischenwerte' in Erscheinung, um dann im Resultat wieder zu verschwinden.[36]

Was für Cardano das Auftreten einer problematischen Größe war, ist aus heutiger Sicht eine erste Wahrnehmung der Existenz komplexer Zahlen. Was das ‚that' der Entdeckung betrifft, unterscheidet sich der Fall der Entdeckung der komplexen Zahlen strukturell nicht von Entdeckungen in den empirischen Wissenschaften: Innerhalb des Rahmens der gewohnten wissenschaftlichen Methodik tritt eine Größe auf, die sich als formales Objekt widerspruchsfrei in diesen Rahmen einfügt, ohne allerdings eine ‚natürliche' Interpretation[37] außerhalb dieses rein formal beschreibbaren Verhaltens zuzulassen. Im Unterschied zu den empirischen Wissenschaften genügt zunächst die rein formale Interpretation neu entdeckter Objekte, die sich ausschließlich an deren Verhalten innerhalb eines bestimmten Kalküls orientiert. Allerdings ist die Entdeckungsgeschichte damit noch nicht abgeschlossen. Was aussteht und im weiteren Verlauf der Entdeckungsgeschichte beantwortet werden muss, ist die Frage der *Erklärung:* Wie lässt sich die *Natur* dieser mathematischen Objekte so verstehen, dass daraus ihre formalen ‚Oberflächen'-Eigenschaften erklärbar werden? In der Regel ist der Weg, auf dem die Mathematik solche Erklärungsfragen beantwortet, die Einführung einer *höheren Stufe der Abstraktion*, auf der die ‚vertrauten' Objekte (hier: die reellen Zahlen) ebenso wie die neu entdeckten Objekte (die ‚imaginären' Zahlen) einen gemeinsamen theoretischen Ort finden. Die Frage, was imaginäre Zahlen sind – in der Terminologie dieses Kapitels die Frage nach dem ‚what' der Entdeckung – kann nur durch eine *Theorie* der imaginären Zahlen beantwortet werden, d. h. durch eine geeignete *Erweiterung des Zahlbereiches*, durch die reelle und ‚imaginäre' Zahlen miteinander verschmolzen werden. Die Suche nach einer Theorie der komplexen Zahlen bestimmte daher den Fortgang der Geschichte ihrer Entdeckung.

Nachdem schon John Wallis (1685), Leonhard Euler (1749) und Caspar Wessel (1797) eine Verbindung zwischen den komplexen Zahlen und den Punkten der Euklidischen Ebene hergestellt hatten, beginnt Carl Friedrich Gauß in seiner Dissertation von 1799 explizit eine Interpretation komplexer Zahlen als Punkte der Zahlenebene zu verwenden (vgl. Ebbinghaus 1992: 49 f.). In einem Brief an Bessel (1811) schreibt er:

> So wie man sich das ganze Reich aller reellen Größen durch eine unendliche gerade Linie denken kann, so kann man das ganze Reich aller Größen, reeller und imaginärer Grössen

sich durch eine unendliche Ebene sinnlich machen, worin jeder Punct, durch Abscisse = a Ordinate = b bestimmt, die Grösse a + bi gleichsam repräsentirt. (Gauß 1900 (Werke VIII): 90)

William Rowan Hamilton vollzog im Jahr 1835 schließlich den Schritt von der anschaulichen Repräsentation zur formalen Definition der komplexen Zahlen als geordnete Paare reeller Zahlen (vgl. Ebbinghaus 1992: 52). Er definiert deren Addition und Multiplikation so, dass die bekannten Rechenregeln (Distributivgesetze, Assoziativ- und Kommutativgesetz) erhalten bleiben, mit (0, 0) als neutralem Element der Addition und (1, 0) als neutralem Element der Multiplikation.[38] Die komplexen Zahlen, die den Zahlkörper $\mathbb{C} = \mathbb{R} \times \mathbb{R}$ darstellen, werden damit zur *Erweiterung* des Zahlbereichs der reellen Zahlen (Zahlkörper $\mathbb{R}$), wobei die Abbildung $\mathbb{R} \to \mathbb{C}$ mit $x \to (x, 0)$ den reellen Zahlkörper in den komplexen Zahlkörper einbettet. Die reelle Zahl $x$ wird zufolge dieser Einbettung mit der komplexen Zahl $(x, 0)$ identifiziert. Umgekehrt können durch Einschränkung auf den Teilbereich der komplexen Zahlen mit verschwindender Ordinate, also der Form $(x, 0)$, die reellen Zahlen zurückgewonnen werden.

Wie das Beispiel der komplexen Zahlen zeigt, kann auch in der Mathematik von Entdeckungen die Rede sein. Entdeckungen treiben auch hier die Entwicklung der wissenschaftlichen Disziplin voran. Und wie in den empirischen Wissenschaften eröffnen Entdeckungen neue Möglichkeiten der Erklärung für Sachverhalte, die zunächst nur ‚hingenommen' werden mussten. Allerdings setzen Erklärungen innerhalb der Mathematik, im Unterschied zu kausalen Erklärungen der empirischen Wissenschaft, den Transfer auf eine höhere Stufe der Abstraktion voraus: dieser Transfer erlaubt es, zuvor beschriebene Sachverhalte als Konsequenzen aus Gesetzmäßigkeiten höherer Allgemeinheit zu verstehen.

## 3.10 Zusammenfassung

In den Blick der Öffentlichkeit gerät Wissenschaft meist erst durch wissenschaftliche Entdeckungen. Sie sind die Knotenpunkte, entlang derer Entwicklungslinien wissenschaftlicher Disziplinen gezogen werden. Die Wissenschaftstheorie hat hingegen – mit wenigen Ausnahmen, u. a. Kuhn (1962/1969) und Nickles (1980) – wenig dazu beigetragen, wissenschaftliche Entdeckungen in das Bild zu integrieren, das sie von der Wissenschaft zeichnet. Ein Grund dafür ist, dass die Wissenschaftstheorie Wissenschaft als ein rationales Unternehmen darzustellen sucht, das durch die Befolgung von Regeln und logische Argumentation geprägt ist. Subjektive und ‚wissenschaftsexterne' Faktoren wie die Kreativität einer einzelnen Forscherpersönlichkeit, das Streben nach Ruhm und Ehre und die daraus resultierende Rivalität zwischen WissenschaftlerInnen, finanzielle

Motive und politische Abhängigkeiten nehmen zwar Einfluss auf die Geschichte der Wissenschaft (und sind daher relevant für WissenschaftshistorikerInnen), bilden aber aus wissenschaftstheoretischer Sicht nur eine Art ‚Grundrauschen‘, von dem abstrahiert werden muss, wenn es um die ‚großen Linien‘ unseres Bildes von Wissenschaft geht. Auch wissenschaftliche Entdeckungen fallen, so die dominante Auffassung der Wissenschaftstheorie bis in die 1960er Jahre, in die Kategorie nicht-rationalisierbarer Phänomene der Wissenschaftsgeschichte; sie gehen nicht aus rationaler Argumentation hervor, sondern verdanken sich eher ‚glücklichen Einfällen‘, deren Auftreten weder in ihrem Ursprung nachvollziehbar, noch etwa durch Herstellung geeigneter Forschungsbedingungen planbar ist.

Nach einer Analyse des Zusammenspiels von Entdeckungen und Erklärungen in der Wissenschaft (3.1) und einer Übersicht der wesentlichen Modelle wissenschaftlicher Erklärung (*covering-law*-Modell, mechanistisches- und interventionistisches Erklärungsmodell, Erklärung in der Mathematik sowie mathematische Erklärung) wurden in diesem Kapitel Argumente dafür vorgestellt (3.3 bis 3.6), dass – entgegen der tradierten Einschätzung der Wissenschaftstheorie – aus der Analyse wissenschaftlicher Entdeckungsprozesse systematische Einsichten über die Natur der Wissenschaft gewonnen werden können: Entdeckungen sind keine Punktereignisse, sondern zeitlich ausgedehnte Prozesse, deren Verlauf durch kritische Prüfung und rationale Argumentation bestimmt wird (siehe Hansons Rekonstruktion von Keplers Entdeckung der Ellipsenform der Planetenbahnen) und selbst die ‚glücklichen Einfälle‘ oder besonderen Wahrnehmungen, denen sie entspringen, werden vor einem geeigneten theoretischen Wissenshintergrund bzw. durch geeignete theoretische Erwartungen von EntdeckerInnen verständlich.

Wissenschaftliche Entdeckungen können ‚geplant‘ sein, als projektierte Zielpunkte einer wissenschaftlichen Aufgabenstellung (wie bei der geplanten Entwicklung eines neuen Impfstoffes oder eines neuen Kunststoffes mit besonderen erwünschten Eigenschaften). Sie können den Nachweis für ein schon lange vorhergesagtes Phänomen erbringen (‚*what-that*‘-Entdeckung, wie im Fall der Entdeckung der Hintergrundstrahlung oder von Gravitationswellen auf Basis der Allgemeinen Relativitätstheorie). Sie können aber auch durch eine Theorie ‚getriggert‘ sein, durch die wir auf Wissenslücken bzw. Inkonsistenzen in den Daten aufmerksam werden, die durch Einführung neuer Entitäten und Mechanismen geschlossen werden sollen (wie im Fall der Entdeckung ‚dunkler Materie‘). In diesen Fällen wird durch die Entdeckung ein Erklärungsbedarf befriedigt, der erst vor dem Hintergrund einer Theorie sichtbar geworden ist.

*Theorieunabhängige* Entdeckungen ergeben sich dagegen ‚spontan‘, sie können aber in der Folge Ausgangspunkte eines Forschungsprojektes sein, in dessen Verlauf das entdeckte Phänomen innerhalb der sich entwickelnden Theorie schärfere Konturen annimmt. Die verwendeten Begriffe bezeichnen das entdeckte Phänomen zunächst in explorativer Weise; sie werden erst im Verlauf des Forschungsprojektes geschärft und ausdifferenziert. Dieser Verlauf ist charakteristisch für ‚that-what'-Entdeckungen, wie sie im vorliegenden Kapitel anhand der Fallstudie zur ‚Alzheimerschen Krankheit' (3.7) thematisiert werden. Es bedarf in solchen Fällen zwar nicht der Hebammendienste einer Theorie, um die Entdeckung zustande zu bringen, aber der Forschungsprozess, der sich an die originäre Entdeckung anschließt, treibt die Theoriebildung voran und sorgt für die Strukturierung des Forschungsgebietes.

Die Fallstudie zu Schellings Segregations-Modellen (3.8) exemplifiziert theoretische- oder Schreibtisch-Entdeckungen. Komplexe gesellschaftliche Phänomene lassen sich häufig nur mithilfe von Simulationen modellieren, deren Realitätsgehalt davon abhängt, welches Maß an Verzerrung realer Verhältnisse durch die vorgenommenen Idealisierungen erzeugt wird. In Ermangelung einer grundlegenden Theorie, die Auskunft über den Beitrag verschiedener Faktoren für Segregationsprozesse geben könnte, ist es hier nicht möglich, *a priori* einzuschätzen, wie groß der Unterschied zwischen Simulationen und realen Prozessen tatsächlich ist. Der Zweck der Modellierung ist es allerdings auch nicht, reale Fälle von Segregation nachzubilden, sondern vielmehr Segregations-*Mechanismen* zu finden, die jenseits schon bekannter einschlägiger und vorhersehbarer Ursachen sozialer Segregation (z. B. politische und religiöse Vorschriften, ökonomische und infrastrukturelle Gefälle) dafür sorgen können, dass durch Aggregation individueller Entscheidungen ein nicht-intendiertes soziales Phänomen entsteht. Die entdeckten Mechanismen verbreitern das Methoden-Arsenal der Soziologie und eröffnen Möglichkeiten kausaler Erklärung von Segregationsprozessen, die keine ‚auf der Hand liegenden' Ursachen besitzen.

Wissenschaftliche Entdeckungen kennt auch die Mathematik – diese Feststellung ist unabhängig davon, welche Philosophie der Mathematik man bevorzugt, eine realistische, nach der mathematische Objekte einer geistunabhängigen Welt angehören, oder eine konstruktivistische, nach der diese Objekte erst durch den menschlichen Geist konstruiert werden. Auch in der Mathematik geht es – wie im Fall der Entdeckung der komplexen Zahlen gezeigt – um ‚eigenartige' Phänomene, deren Bedeutung zunächst unklar ist, weil sie nicht im Rahmen der vorhandenen Theorien eingeordnet werden können. Das eigenartige Phänomen besteht im dargestellten Fall der komplexen Zahlen im Auftreten von Polynom-Nullstellen mit negativen Radikanden. Gleichgültig, ob Nullstellen von Polynomen unabhängig oder abhängig vom menschlichen Geist existieren, erweisen sich diese eigenartigen Nullstellen als problematische mathematische Gegenstände, für die nicht klar ist, ob sie in einem systematischen Zusammenhang mit den schon vertrauten Gegenständen (reelle Zahlen) stehen. Die Feststellung ihrer Gegenständlichkeit hängt gerade davon ab, ob sich eine Theorie finden lässt, die reelle und ‚imaginäre' Zahlen in eine systematische Einheit bringt. Die ‚imaginären' Zahlen können nur dadurch zu respektablen mathematischen Gegenständen werden, dass sie einen Ort in einer vereinheitlichten Theorie (letztlich der Theorie der komplexen Zahlen) finden. Mit Abschluss der Theoriebildung ist auch die Frage nach der Individuierung der entdeckten problematischen Gegenstände beantwortet – unabhängig davon, ob die so individuierten Gegenstände einer geistunabhängigen Welt zugeschlagen werden oder nicht.

# 4 Abgrenzungsprobleme

## 4.1 Einleitung: Wissenschaft und Alltagswissen – Eine durchlässige Grenze

Im ersten Kapitel haben wir uns mit einigen historisch einflussreichen Wissenschaftskonzepten, von Francis Bacon bis Thomas Kuhn, beschäftigt, die verschiedene charakteristische Merkmale von Wissenschaft in den Vordergrund gerückt haben. Mit einem Wissenschaftskonzept muss aber nicht zwangsläufig auch ein *Abgrenzungskriterium* verbunden sein, das Wissenschaft von anderen kognitiven Aktivitäten unterscheidet. Charakteristische Merkmale der Wissenschaft müssen nicht *exklusiv* sein.

Francis Bacons *Novum Organum* ist ein historisches Beispiel für ein nicht-exklusives Wissenschaftskonzept (vgl. 1.2): Bacon kennzeichnete Wissenschaft als methodische Suche nach Ursachen in der Natur, womit aber keineswegs ausgeschlossen ist, dass sich auch die *alltägliche* Suche nach Ursachen an den von Bacon beschriebenen Methoden orientiert. Die Suche nach Ursachen mag im Alltag in gröberer Form und weniger systematisch erfolgen, aber die Plausibilität der von Bacon empfohlenen Verfahren beruht dennoch auf ihrer Kontinuität zur Alltagserkenntnis: Die wissenschaftliche Praxis der Suche nach Ursachen erscheint als eine *Verfeinerung* der entsprechenden Alltagspraxis. Daher impliziert Bacons Wissenschaftskonzept keine grundsätzliche Abgrenzung zu alltagswissenschaftlichen Praktiken, sondern vielmehr deren *Fortsetzung* in systematischerer Form. Allerdings hat Bacon die Wissenschaft sehr klar von vorurteilsbehafteten Einstellungen und Dogmatismus abgegrenzt:

> Ihnen [den Vorurteilen] hat man mit festem und feierlichem Entschluss zu entsagen und sie zu verwerfen. Der Geist muss von ihnen gänzlich befreit und gereinigt werden, so dass kein anderer Zugang zum Reich des Menschen besteht, welches auf die Wissenschaften gegründet ist, als zum Himmelreich, in welches man nur eintreten kann wie ein von Voraussetzungen unbelastetes Kind. (Bacon 1620/2009: 145)

Die Wissenschaft stellt also eine systematischere und von den kognitiven Einschränkungen und Verirrungen des Alltagswissens ‚gereinigte', wenn auch nicht grundsätzlich verschiedene Wissensform dar.

Auch das Wissenschaftsverständnis von Immanuel Kant (vgl. 1.4) und Rudolf Carnap (vgl. 1.5) nimmt keine scharfe Abgrenzung zwischen wissenschaftlicher und nicht-wissenschaftlicher Alltags-Erkenntnis vor. Im Gegenteil, menschliche Erkenntnis bildet aus der Sicht beider Philosophen eine *Einheit*, die durch Regeln gewährleistet wird – durch Regeln der Konstitution von Erfahrungserkenntnis bei

Kant, durch Regeln der Übersetzung in die physikalische Universalsprache bei Carnap. Erkenntnisansprüche sind dann (und *nur* dann) zweifelhaft, wenn sie unter Missachtung dieser Regeln zustande kommen, wie sie für alle Erkenntnis, auch für die Alltagserkenntnis, gelten. Aus der einheitlichen Charakteristik von Erfahrungserkenntnis resultiert aber eine scharfe Abgrenzung gegenüber spekulativer Metaphysik (Kant) oder jeder Form von Metaphysik (Carnap).

In Karl Poppers Wissenschaftsphilosophie (vgl. 1.6) bleibt diese Konstellation erhalten. Das Abgrenzungsproblem, von Popper als das ‚grundlegende' Problem der Erkenntnistheorie bezeichnet (vgl. Popper 1935/2005: 10), besteht wieder nicht in einer Grenzziehung ‚nach unten' – gegenüber der Alltagserkenntnis – sondern vielmehr ‚nach oben', wobei der abgegrenzte Bereich durch die Metaphysik gebildet wird. Ebenfalls von Wissenschaft abgegrenzt werden pseudowissenschaftliche Ideensysteme. Nur ist Poppers Abgrenzungskriterium kein ‚positives' wie bei Kant und Carnap – Popper lehnt jede Art der *Konstitution* von Erfahrungserkenntnis ab – sondern ein ‚negatives', das Kriterium der Falsifizierbarkeit. Auch Popper betont die Kontinuität von Wissenschaft und Alltagserkenntnis, wobei das Kontinuum bis hinunter zu den einfachsten Lebensformen ausgedehnt wird; beide, die Amöbe und Einstein folgen der evolutionär verankerten Strategie von Versuch und Irrtum, oder von Vermutung und Fehlerelimination (vgl. Popper 1972: 267 f.).

Die Übersicht zeigt, dass in den prägenden Wissenschaftskonzeptionen von Bacon bis Popper eine *durchlässige* Grenze zwischen Wissenschaft und Alltagswissen, aber eine *scharfe* Grenze gegenüber spekulativen Wissensansprüchen gezogen wird. Wissenschaft wird als gereinigte und systematisierte Wissensform verstanden, der das Alltagswissen sich kontinuierlich annähern kann; außerhalb dieses Kontinuums liegen Spekulation, Metaphysik und Pseudowissenschaft.

## 4.2 Hoyningen-Huene: Abgrenzung durch Systematizität

In den in 4.1 skizzierten herkömmlichen Ansätzen wird zwar eine durchlässige Grenze zwischen Alltagswissen und Wissenschaft behauptet, aber nicht klar bestimmt, wie *überhaupt* eine Grenze zu ziehen ist. Was ist – bei aller Durchlässigkeit – das wesentliche Unterscheidungsmerkmal, das die Wissenschaft vom Alltagswissen trennt? Oder mit anderen Worten: Was fehlt dem Alltagswissen, was müsste ihm hinzugefügt werden, um Wissenschaft zu werden?

Paul Hoyningen-Huene hat in seinem Buch *Systematicity. The Nature of Science* von 2013 Systematizität als Kriterium der Abgrenzung der Wissenschaft gegenüber dem Alltagswissen vorgeschlagen: „Scientific knowledge differs from other kinds of knowledge, in particular from everyday knowledge, primarily by being more systematic" (Hoyningen-Huene 2013: 14).

Nun zählen zum Alltagswissen auch Beispiele systematischer Bearbeitung von Daten, wie etwa das von Hoyningen-Huene als Beispiel angeführte *Violent Crime Linkage Analysis System* (vgl. Hoyningen-Huene 2013: 23), dessen Aufgabe es ist, Serien-Gewaltverbrecher zu identifizieren und über nationale Grenzen hinweg zu verfolgen. Dafür muss jeder individuelle Fall in einer Weise beschrieben werden, die den Vergleich und die Verbindung mit anderen Fällen ermöglicht. Das Verfahren ist zwar wissenschaftsbasiert (z. B. gehen Erkenntnisse der Forensik ein), aber wir würden es selbst nicht unter ‚Wissenschaft' subsumieren, da es z. B. keine Form von Erklärung liefert. Andererseits, so Hoyningen-Huene, stellt es aber ein höchst systematisches Verfahren zur Datenerfassung und Datenauswertung dar, das vermutlich manche Formen von Wissenschaft an Systematizität übertrifft. Alltagswissen kann in unterschiedlichem Maße systematisiert sein, weswegen sich Wissenschaft sicher nicht in *jeder* Hinsicht durch Systematizität unterscheidet. Die Abgrenzung muss vielmehr *gradueller* und *komparativer* Art sein: „[S]cience is *more* systematic than other kinds of knowledge. It is therefore possible that other kinds of knowledge are also systematic, even if to a lesser extent" (Hoyningen-Huene 2013: 22).

Die Relativierung des Kriteriums muss sogar noch weiter verfeinert werden: Eine wissenschaftliche Disziplin oder ein wissenschaftlicher Ansatz ist systematischer als jedes Alltagswissen über *denselben Gegenstand oder dasselbe Gebiet*. Die wissenschaftliche Behandlung eines Gegenstandsbereichs führt also zu größerer Systematizität des Wissens über diesen Bereich als das betreffende Alltagswissen. Ein Plus an Systematizität muss allerdings *nicht in jeder Hinsicht* vorliegen, z. B. kann es sein, dass ein wissenschaftlicher Ansatz weniger *vollständig* und in dieser Hinsicht weniger systematisch ist als das entsprechende Alltagswissen, dafür aber präzisere, und in *dieser* Hinsicht systematischere *Erklärungen* für den entsprechenden Gegenstandsbereich zur Verfügung stellt. Hoyningen-Huene unterscheidet insgesamt neun Hinsichten oder Dimensionen, in denen Wissen mehr oder weniger systematisch sein kann, darunter Beschreibungen, Erklärungen, Vorhersagen und Vollständigkeit (vgl. Hoyningen-Huene 2013: 27). Diese Auffächerung bringt das Problem mit sich, dass die Bedeutung von ‚Systematizität' relativ zu den verschiedenen Dimensionen differiert und sich statt eines gemeinsamen Bedeutungskerns nur eine ‚Familienähnlichkeit' (vgl. Hoyningen-Huene 2013: 28) von Systematizitäts-Begriffen konstatieren lässt. ‚Systematizität' erweist sich nicht als einheitliches Kriterium, sondern als Dachbegriff für eine Menge heterogener Kriterien, die sich zudem im Verlauf der Wissenschaftsgeschichte wandeln können (vgl. Hoyningen-Huene 2013: 29).

Ist Systematizität ein überzeugendes Abgrenzungskriterium? Die Heterogenität des Systematizitäts-Begriffs weckt Zweifel daran, aber man kann argumentieren, dass sie der Vielfalt der Wissenschaften geschuldet ist und insofern keinen Einwand gegen das Kriterium begründet. Hoyningen-Huenes Konzeption erfüllt das Bedürfnis nach einer Abgrenzung *innerhalb* eines Kontinuums von Wissenschaft und Alltagswissen. Wir erfahren, warum eine bestimmte Disziplin oder ein bestimmter Ansatz als ‚wissenschaftlich' bezeichnet wird: weil diese Disziplin oder dieser Ansatz in zumindest *einer* relevanten Weise höhere Systematizität aufweist als alle Arten von Alltagswissen, die zum selben Gebiet zur selben Zeit existieren. Es stellt sich allerdings die Frage, ob ein *graduelles* Kriterium zur Abgrenzung der Wissenschaft gegenüber dem Alltagswissen nicht zu schwach ist. Gibt es nicht doch ein Kriterium, das eine *kategoriale* Unterscheidung liefert?

Ein weiterer Kritikpunkt ist, dass das Systematizitäts-Kriterium die in der Geschichte der Abgrenzungskriterien bisher dominierende Abgrenzung ‚nach oben', also zu metaphysischen Systemen, aber auch gegenüber ideologischen oder pseudowissenschaftlichen Systemen außer Acht lässt. Pseudowissenschaftliche spekulative Theorien über das Universum könnten z. B. detailreicher und in dieser Hinsicht systematischer sein als alle wissenschaftlichen Theorien über diesen Gegenstand. Auf die Frage, wie sich die Wissensansprüche solcher nicht-wissenschaftlichen Theorien zurückweisen lassen, gibt das Systematizitäts-Kriterium also keine Antwort. Für diese Art der Abgrenzung ist Poppers Kriterium der Falsifizierbarkeit offenbar weiter unentbehrlich (aber zu grob, wie in 4.5 gezeigt werden wird).

Ein alternatives Abgrenzungskriterium gegenüber dem Alltagswissen ergibt sich aus folgender Überlegung: Greifen wir eine bedeutende, für die Wissenschaft zentrale Dimension von Systematizität heraus, die Dimension der *Erklärung*: Wissenschaftliche Erklärungen sind systematischer als nicht-wissenschaftliche Erklärungen (vgl. Hoyningen-Huene 2013: 53).[1] Dabei können Erklärungen, so Hoyningen-Huene, in sehr unterschiedlicher Gestalt auftreten, als Antworten auf Fragen, *warum* ein bestimmtes Phänomen auftritt oder etwas so und so funktioniert, aber auch, so Hoyningen-Huene, *was* z. B. ein Gedicht bedeutet bzw. *wie* es verstanden werden kann (vgl. Hoyningen-Huene 2013: 55). Erklärungen mithilfe empirischer Generalisierungen oder Theorien bilden danach nur *eine* Form, in der Erklärungen vorkommen. Auch literaturwissenschaftliche Ansätze, so Hoyningen-Huene, erklären, indem sie – systematischer als es der gewöhnliche Betrachter oder Leser in der Regel vermag – den Gehalt eines Bildes oder die ‚Bedeutung' eines Gedichtes herausarbeiten.

Nun gehört es selbstverständlich auch zu den Aufgaben von LiteraturwissenschaftlerInnen, die Bedeutung des Gedichtes *Todesfuge* von Paul Celan oder den Gehalt des Gemäldes *La Grande Jatte* (vgl. 2.7) zu ‚erklären', aber im Unterschied zu entsprechenden ‚Erklärungen' des gewöhnlichen Lesers oder Betrachters werden LiteraturwissenschaftlerInnen in dieser ‚Erklärung' allgemeine Kategorien und Methoden verwenden, die auch auf andere Werke anwendbar sind, oder sogar explizit eine Theorie der Repräsentation verwenden wie z. B. die *Pretense*-Theorie von Walton (vgl. 2.7). Es handelt sich bei dieser Form der ‚Erklärung' eigentlich um die Interpretation eines einzelnen Werkes als Anwendung (oder Modell) einer Theorie.

Dagegen erklären z. B. PhysikerInnen eine bestimmte Sonnenfinsternis, HistorikerInnen die Ursachen für den Ausbruch des ersten Weltkrieges, KunsthistorikerInnen, aus welchen Gründen es zur ‚Blauen Periode' im Werk Picassos kam, im Sinne einer Antwort auf eine *Warum*-Frage. Die Bedeutung von ‚Erklären' ist hier also eine andere als im Fall der ‚Erklärung' literarischer Werke und sie entspricht im Gegensatz zu letzterer dem Begriff der wissenschaftlichen Erklärung, wie er in der Wissenschaftstheorie in verschiedenen Erklärungsmodellen behandelt wurde (vgl. 3.2). PhysikerInnen stützen sich bei ihren Erklärungen z. B. auf ein Modell unseres Planetensystems (das sich wiederum auf eine allgemeine Theorie stützt), HistorikerInnen und KunsthistorikerInnen verwenden zum Erklären Generalisierungen[2] und allgemeine politische oder ästhetische Kategorien, die theoretische Entitäten bezeichnen (z. B. ‚Nationalismus'); sie erstellen Modelle des zu erklärenden Phänomens – auch wenn diese Modelle nicht auf allgemeine Theorien zurückzuführen sind.

Für Erklärungen in beiderlei Sinn gilt: Die Erklärungen der WissenschaftlerInnen weisen jeweils ein höheres Maß an Systematizität auf als Alltagserklärungen: sie sind auf eine Vielzahl ähnlicher Phänomene oder Gegenstände anwendbar, sie ordnen sie in einen allgemeinen begrifflichen Zusammenhang ein oder geben sogar einen Mechanismus ihrer Entstehung an. Wissenschaftliche Erklärungen sind systematischer als nicht-wissenschaftliche Erklärungen, und sie sind es deswegen, weil sie Erklärungen mithilfe von *Theorien* (bzw. Modellen) und der durch sie eingeführten *theoretischen Entitäten* sind. Es ist die zentrale Bedeutung von Theorien (oder Modellen), die wissenschaftliche Erklärungen systematischer macht als Alltagserklärungen.

Dies unterstreicht die schon in Kapitel 2 erläuterte Einsicht, dass Wissenschaft sich von Alltagswissen wesentlich durch Theoriebildung und Einführung theoretischer Entitäten unterscheidet. Theorien und Modelle enthalten Begriffe, die sich auf ‚Unbeobachtbares' beziehen und dadurch über den Rahmen hinausgehen, der durch ‚unmittelbare' Erfahrung gesteckt ist. Theoretische Begriffe erhalten ihre Bedeutung nicht ausschließlich durch beobachtbare Sachverhalte, sondern teilweise durch ihre spezifische Rolle innerhalb eines Begriffsnetzes (siehe 2.2). Das Kriterium der Theoriebildung steht nicht zwangsläufig im Gegensatz zu Systematizität. Vielmehr ist der Gebrauch von Theorien der *Grund* für eine *besondere Form* von Systematizität der Wissenschaft: sie sorgt dafür, dass in den Wissenschaften Sachverhalte systematischer erklärt werden können als dies auf Basis von Alltagswissen möglich ist. Theorien sind auch, wie in Kapitel 3 gezeigt, ein wesentlicher Faktor für die Erzeugung wissenschaftlicher Entdeckungen. Andere Formen von Systematizität – etwa jene, die sich auf die Dimension der Vollständigkeit bezieht – besitzen geringere Trennschärfe: Ein Gegenstandsbereich mag so vollständig beschrieben und klassifiziert sein wie man es sich nur wünschen kann, ohne dass damit ein Erklärungs- und Entdeckungspotential verbunden wäre, wie es für wissenschaftliche Theorien charakteristisch ist.

Im Folgenden soll der Begriff des Alltagswissens schärfer bestimmt und dadurch die Grenze zwischen Wissenschaft und Alltagswissen genauer ausgeleuchtet werden. Dabei wollen wir uns an Sellars' Unterscheidung zwischen ‚*manifest image*' und ‚*scientific image*' orientieren.

## 4.3 Sellars: Abgrenzung durch Theoriebildung

Der Ausdruck ‚Alltagswissen' wurde bisher nicht weiter problematisiert. Aber obwohl wir alle Alltagswissen besitzen, ist es doch keineswegs selbstverständlich, was genau unter ‚Alltagswissen' zu verstehen ist. Wenn Wissenschaft von Alltagswissen abgegrenzt werden soll, muss deutlich sein, *wovon* abgegrenzt werden soll. Wilfrid Sellars' Konzeption des *manifest image*[3] (vgl. Sellars 1962/1991: 7–43) ist für eine solche Begriffsschärfung geeignet, weil sie explizit in Abgrenzung zum *scientific image*, zum wissenschaftlichen Bild der Welt, formuliert ist. Beide ‚Bilder' werden von Sellars als vollkommen kohärente und insofern auch vollkommen *systematische* Begriffssysteme konzipiert. Das wissenschaftliche Bild unterscheidet sich vom manifesten Bild also nicht etwa durch ein höheres Maß an *Systematizität*, sondern vielmehr durch das Merkmal der *Theoriebildung*: In der Wissenschaft werden, im Gegensatz zum Alltagswissen, theoretische Entitäten zum Zweck der Erklärung von Phänomenen postuliert. Die dadurch markierte Grenze ist scharf gezogen: Die Postulierung theoretischer Entitäten ist *keine* Strategie des Alltagswissens:

> There is, however, one type of scientific reasoning which it [the manifest image] by stipulation, does *not* include, namely that which involves the postulation of imperceptible entities, and principles pertaining to them, to explain the behaviour of perceptible things. [...] [W]hat I have referred to as the ‚scientific' image of man-in-the-world and contrasted with the ‚manifest' image, might better be called the ‚postulational' or ‚theoretical' image. (Sellars 1962/1991: 12–13)

Skizzieren wir zunächst, was Sellars unter dem *manifest image* versteht. Sellars kennzeichnet mit diesem Ausdruck einen Begriffsrahmen, mit dessen Hilfe der Mensch seiner selbst als ‚Mensch in der Welt' bewusst geworden ist („in terms of which man came to be aware of himself as man-in-the-world" (Sellars 1962/1991:11)). Es mag überraschen, dass Sellars davon spricht, dieser Begriffsrahmen sei „in an appropriate sense" [...] „a scientific image" (Sellars 1962/1991: 12), also in wohlverstandenem Sinne selbst schon ein wissenschaftliches Bild der Welt. Das bedeutet, dass mit *manifest image* keine vor-wissenschaftliche, unkritische oder naive Konzeption der Welt, kein animistisches Weltbild des frühen Menschen bezeichnet werden soll, in dem physische Gegenstände in bestimmter Weise als ‚beseelt' oder ‚personal' aufgefasst wurden. Stattdessen enthält das Bild des ‚Menschen in der Welt' den Begriff der *Person*, die den wahrnehmbaren *Dingen* der Welt gegenübersteht und nach Gründen handelt. Dass der Mensch sich in seinem Handeln zur physischen Welt in Bezug setzt, macht ihn zum ‚man-in-the-world'. Dieser Weltbezug des Menschen schließt ein, dass sein Handeln sich an der physischen Beschaffenheit der Welt orientiert – ansonsten könnte er oder sie nicht jene Handlungsoptionen bestimmen, die am besten geeignet erscheinen, seine Absichten und Zwecke zu erfüllen.

Die Art und Weise, in der die physische Beschaffenheit der Welt Eingang in das *manifeste Bild* findet, ist die Wahrnehmung von *Korrelationen* zwischen Ereignissen, Eigenschaften und Sachverhalten in der Welt, sowie die Verwendung (enumerativer) induktiver Schlüsse *(correlational induction,* vgl. Sellars 1962/1991: 12), die aus der Erfahrung solcher Korrelationen gezogen werden: Wo Rauch ist, ist auch Feuer. Erfahrungswissen stützt sich auf die menschliche Fähigkeit, signifikante Korrelationen in der Welt zu erkennen und einfache verallgemeinernde Schlüsse aus ihnen zu ziehen. Indem das manifeste Bild der Welt diesen elementaren Aspekt methodischen Denkens, das induktive Schließen, enthält, trägt es selbst schon Züge eines wissenschaftlichen Bildes der Welt.

Zum manifesten Bild der Welt gehören nicht nur Begriffe, mit denen wir die Welt der physischen Dinge beschreiben, sondern auch alltagspsychologische Begriffe wie ‚Gefühl' *(feeling),* ‚Sinneseindruck' *(sensation),* oder ‚Gedanke' *(thought).* In Hinsicht auf diese Begriffe, mit denen wir, wie Sellars sich in seinem Essay *Empiricism and the Philosophy of Mind* von 1956 (Sellars 1956/1991) ausdrückt, ‚innere Episoden' bezeichnen, offenbart sich ein grundlegender Unterschied seiner Konzeption des manifesten Bildes zu einem Begriff von *Lebenswelt,* wie er häufig in Opposition zur Welt der Wissenschaft gebraucht wird: Gefühle, Eindrücke und Gedanken sind, so Sellars, gerade nicht ‚unmittelbar' beobachtbare Gegebenheiten unseres Bewusstseins, Gegenstände einer ‚privaten', uns in privilegierter Weise zugänglichen Welt, die im Gegensatz stehen zu den ‚öffentlichen' Gegenständen der wissenschaftlichen Welt. Stattdessen müssen wir sie als

‚theoretische Entitäten'[4] (Sellars 1956/1991: 151) auffassen. Sellars lässt diesen Umstand, zunächst für den Fall von Sinneseindrücken, von einem fiktiv eingeführten ‚Jones' entdecken, der versucht, bestimmte Tatsachen darüber zu erklären, wie farbige Dinge uns *erscheinen*: Dass uns eine blaue Krawatte im künstlichen Licht des Krawattenladens als grün erscheint, lässt sich damit erklären, dass wir eine Erfahrung ihres (vermeintlichen) Grün-Seins machen, die von derselben Art ist wie jene (bei natürlichem Licht gemachten) veridischen Erfahrungen, die wir als ‚Sehen, dass die Krawatte grün ist' beschreiben. Der einzige Unterschied dieser Erfahrungen besteht darin, dass das Sehen eben in dem einen Fall ein veridisches Sehen ist und in dem anderen Fall nicht (Sellars 1956/1991: 152). Die hypothetische Existenz unmittelbarer Erfahrungen, unabhängig davon, ob ihr Gehalt zutreffend ist oder nicht, erklärt, dass das Grün-Erscheinen dieselben intrinsischen Merkmale aufweist wie die Erfahrung des Sehens von etwas Grünem.

In derselben Weise führt Jones auch ‚Gedanken' als theoretische Entitäten ein, um das intelligente Verhalten seiner Mitmenschen zu erklären, das sich in sprachlichen Äußerungen manifestiert.[5] Aus dem sprachlichen Verhalten erschließt Jones abduktiv innere Episoden stummen Denkens, d. h. sprachliches Verhalten dient als Evidenzbasis der hypothetischen Zuschreibung von Gedanken. In derselben Weise wird das alltagspsychologische Urteil, dass eine andere Person jetzt gerade *Schmerzen* empfindet, aus ihrem körperlichen Verhalten und aus bestimmten sprachlichen Äußerungen erschlossen. Schon in unserer Alltagspsychologie, also innerhalb des manifesten Bildes, existiert nach Sellars eine Praxis der Einführung theoretischer Entitäten zu Erklärungszwecken, ausgestattet mit dem Instrument eines *behaviourism in the broad sense*[6].

Wie kann aber dann eine Abgrenzung des wissenschaftlichen- gegenüber dem manifesten Bild aufrechterhalten werden, die sich doch gerade auf die Praxis abduktiven Erschließens theoretischer Entitäten stützen sollte? Die Antwort ist, dass die Einführung theoretischer Entitäten im Rahmen des manifesten Bildes eine Art Vorstufe der wissenschaftlichen Praxis der Theoriebildung ist, die aber – innerhalb dieses Rahmens – nicht weiter ausgebaut wird. Der Begriff des ‚Gedankens' wird z. B. zwar als theoretischer Begriff eingeführt, aber nicht zum Ausgangspunkt der Theoriebildung gemacht, also der Schritt in die Wissenschaft nicht vollzogen. Stattdessen beschließt Sellars die Geschichte von Jones damit, dass Jones – nach Einführung der theoretischen Entität ‚Gedanke' – seinen Mitmenschen beibringt, sich dieses Begriffs im Verständnis des eigenen Verhaltens und bei der Interpretation des Verhaltens anderer so zu bedienen, als handele es sich bei Gedanken um beobachtbare Gegenstände. Der Begriff des Gedankens nimmt seinen Platz im manifesten Bild ein, indem er zu einem zulässigen Bestandteil von *Beobachtungsaussagen*, von alltagspsychologischen Zuschreibungen und Berichten wird. Andererseits ist mit Jones' Innovation schon innerhalb das manifesten Bildes der Keim zur Praxis des theoretischen Postulierens gesetzt. Nachdem Gedanken als alltagspsychologische Entitäten eingeführt sind, können sie nicht nur in das manifeste Bild integriert, sondern auch die Frage nach der Natur dieser Entitäten gestellt werden: Sind Gedanken z.B. mit neurophysiologischen Entitäten zu identifizieren? Eine solche Frage würde die Tür zum wissenschaftlichen Bild aufstoßen.

Die Vorstufe zum wissenschaftlichen Denken, bei der das manifeste Bild stehen bleibt, wird im wissenschaftlichen Bild ausgebaut. Dies erzeugt eine Abgrenzung zwischen Wissenschaft und Alltagswissen, die zugleich scharf und durchlässig ist. Gleichzeitig ist zu beachten, dass diese Abgrenzung eine *Idealisierung* einschließt. In der Realität des Denkens über die Welt gehen ‚correlational methods', das induktive Schließen aus Korrelationen, und ‚postulational methods', die hypothetische Annahme von Entitäten und Prinzipien, die diese Korrelationen erklären sollen, stets Hand in Hand. Der Begriff des *manifest image* stellt also eine historische und methodologische Fiktion dar, allerdings eine fruchtbare Fiktion (vgl. Sellars 1962/1991: 12), die den Unterschied zwischen der Praxis des alltäglichen Schließens und der Generierung theoretischer Hypothesen hervorheben soll. Auch wenn im alltäglichen Denken diese beiden Methoden nicht säuberlich voneinander getrennt vorkommen, stellt für Sellars die Postulierung theoretischer Entitäten das Alleinstellungsmerkmal der Wissenschaft dar.

Auf der anderen Seite macht Sellars deutlich, dass die Wissenschaft im Alltagswissen *verankert* ist und wissenschaftliche Praktiken ohne diese Verankerung ‚in der Luft hängen' würden. Auch WissenschaftlerInnen betreiben ihre Wissenschaft als ‚man-in-the-world'; vor der Postulierung theoretischer Entitäten steht die bewusste Wahrnehmung der zu erklärenden Korrelationen. Wenn beispielsweise die wissenschaftliche Frage gestellt wird, ob bestimmte Spezies über Begriffe verfügen, so lässt diese Frage sich sinnvoll nur vor dem Hintergrund eines klaren Verständnisses der auszeichnenden Merkmale von Begriffen in der menschlichen Alltagskommunikation beantworten.[7] Aber nicht nur die *Methoden* des Alltagsdenkens und des wissenschaftlichen Denkens durchdringen sich, auch die *Gegenstände*, von denen wir im Alltag sprechen und Rekonstruktionen solcher Gegenstände, die durch die Wissenschaft erzeugt werden, leben in friedlicher Koexistenz:

> There is nothing immediately paradoxical about the view that an object can be both a perceptible object with perceptible qualities and a system of imperceptible objects, none of which has perceptible qualities. (Sellars 1962/1991: 26)[8]

Es handelt sich für Sellars um zwei verschiedene Repräsentationen unterschiedlicher Präzision und Erklärungskraft, die sich aber beide auf denselben materiellen Gegenstand beziehen, wobei die eine (wissenschaftliche) Repräsentation als Verfeinerung und Verbesserung der anderen (alltäglichen) aufgefasst werden kann.

Aber nicht in jedem Fall ist eine solche friedliche Koexistenz zwischen alltäglichem und wissenschaftlichem Bild garantiert. So kann sich unter dem Einfluss wissenschaftlichen Wissens das manifeste Selbstbild des Menschen als Trugbild herausstellen: vielleicht sind wir nicht die rational und willentlich handelnden Personen, als die wir uns verstehen. Vielleicht ist das ‚Selbst' keine unabhängige Instanz, die der physischen Welt gegenübertritt, sondern ein Konstrukt dieser physischen Welt in Form neuronaler Prozesse. Sellars hielt es, zumindest auf physikalischem und psychologischem Gebiet, für berechtigt, dem wissenschaftlichen Bild den Vorrang einzuräumen (‚primacy of the scientific image' (vgl. Sellars 1962/1991: 35))[9]. Dennoch folgt daraus aus seiner Sicht nicht etwa eine Elimination von Auffassungen des *manifest image*; vielmehr sei ein ‚stereoskopischer' Blick (vgl. Sellars 1962/1991: 14), eine Synthese von manifestem und wissenschaftlichem Bild möglich[10] und wünschenswert – das wissenschaftliche Bild kann zur Korrektur fehlerhafter Anteile des manifesten Bildes führen, ohne dass ein verbessertes wissenschaftliches Verständnis beispielsweise unserer eigenen Denkprozesse das vorgängige manifeste Verständnis eliminiert. Im Gegenteil: Jeder Schritt zur *Verfeinerung* unseres Wissens wird als solcher nur erkennbar, wenn sichtbar bleibt, *was* durch ihn verfeinert wurde; ein Vorzug der durch das wissenschaftliche Bild eingeführten theoretischen Entitäten und Prinzipien besteht ja gerade darin, *erklären* zu können, weshalb bestimmte Gegenstände uns im manifesten Bild so erscheinen, wie sie uns erscheinen.

Ist Sellars' Konzeption des *manifest image* geeignet, um den Begriff des Alltagswissens im Kontrast zu wissenschaftlichem Wissen zu präzisieren? Einige Gründe sprechen dafür: Zunächst ist in dieser Konzeption eingefangen, dass Alltagswissen sich nicht in einer Menge von Tatsachen erschöpft, von denen Menschen ‚im Alltag' Kenntnis besitzen – diese Menge hängt von der jeweiligen Person ab und ist zeitlich veränderlich. Vielmehr stellt ‚Alltagswissen' einen bestimmten *begrifflichen und methodischen Rahmen* dar, um Tatsachen der Welt zu ordnen und in Beziehung zu setzen – nur so kann es eine *vor-wissenschaftliche* Form des Wissens darstellen.

Ein zweiter wichtiger Aspekt ist, dass Sellars *manifest image* einen *idealisierten* Begriff des Alltagswissens darstellt und deshalb mit der Tatsache vereinbar ist, dass das reale Alltagswissen *unscharfe* Konturen besitzt. Das Alltagswissen wird eben nicht durch einen festen Wissens-Kanon ausgezeichnet, sondern dadurch, dass in ihm neben seinen unzweifelhaften Grundbestandteilen (Begriffe für makroskopische Gegenstände und deren raumzeitliches Verhalten, der Begriff der Person und der Handlung etc.) wissenschaftliche und technische Begriffe, sowie Elemente wissenschaftlicher Methoden erscheinen. So sind Begriffe wie ‚Smartphone' zu einem vertrauten Bestandteil des Alltagswissens geworden, aber an die Verwendung der Begriffe werden gewöhnlich keine besonderen Ansprüche wissenschaftlicher Präzision gestellt – Wissen über elektromagnetische Wellen ist z. B. keine Bedingung für ihre Verwendung. Ähnliches gilt für ‚aktuelle' wissenschaftliche Termini wie den Begriff des „schwarzen Loches". Dem genuinen Alltagswissen werden ständig neue Begriffe hinzugefügt, die der Wissenschaft entstammen, wobei der jeweilige Begriffsinhalt unscharf bleibt und womöglich erst mit großer Verzögerung an wissenschaftliche Wissensbestände angepasst wird. Schließlich, dies ist der dritte Vorzug der Konzeption, stellt Sellars'*manifest image* ein strenges, wenngleich idealisiertes, Abgrenzungskriterium gegenüber wissenschaftlichem Wissen zur Verfügung: Wissenschaft unterscheidet sich von Alltagswissen durch Postulierung theoretischer Entitäten und Prinzipien, die die Aufgabe haben, das wahrnehmbare Verhalten von Personen und Dingen zu erklären.

Bas van Fraassen 1999 hat Sellars' Konzeption des *manifest image* scharf kritisiert. Mit dem manifesten und dem wissenschaftlichen Bild stünden sich zwei unvereinbare Weltbilder gegenüber, wobei der Konflikt zwischen ihnen zwangsläufig damit enden müsse, dass das überlegene wissenschaftliche Bild das manifeste Bild vollständig ersetzt. Der Hinweis auf Sellars' ‚synoptic view' genügt, um zu sehen, dass van Fraassens Rekonstruktion der Auffassung von Sellars nicht gerecht wird. Sellars hat gerade darauf bestanden, dass gelungene wissenschaftliche Reduktionen das manifeste, vor-wissenschaftliche Bild *intakt* lassen. Dies muss schon deswegen der Fall sein, weil sonst die Erklärung, die das Ergebnis der Reduktion ist, in der Luft hängen würde: wer nicht benennen kann, *welche Frage* durch die Reduktion beantwortet wurde, kann gar nicht einschätzen, worin die Erklärungsleistung der Reduktion besteht – und wie sie gegebenenfalls noch verbessert werden könnte. Umso mehr gilt Sellars' Votum der Koexistenz der beiden Bilder in Bezug auf (noch) nicht gelungene Reduktionen, also etwa für den Fall der Erfahrungsqualitäten (‚Qualia'). Und schließlich weist Sellars, nicht weniger als van Fraassen, selbst auf *autonome* Bestandteile des Alltagswissens hin, die dessen Berechtigung unabhängig vom wissenschaftlichen Wissen begründen: das Wissen, dass Personen in ein Netz von Rechten und Pflichten eingebunden sind, sowie die Rolle von Interessen und Zwecken, die Personen in der Alltagskommunikation verfolgen, finden gewöhnlich keinen Platz in wissenschaftlichen Theorien.

Ein weiterer Kritikpunkt betrifft Sellars' Abgrenzungskriterium, die Postulierung nicht-manifester Entitäten durch die Wissenschaft. Schon innerhalb des Alltagswissens, so van Fraassen, ist es gängige Praxis, neue Entitäten einzuführen: Hexen, die wunderbaren Wirkungen von Heilkräuter-Kuren, UFOs und vieles mehr. Die meisten dieser ‚Entitäten' wurden schließlich als Fiktionen erkannt, aber trifft dies nicht auch auf viele Entitäten zu, die irrtümlich in der Wissenschaft eingeführt wurden, auf den ‚Wärmestoff', den ‚Äther' oder die ‚kalte Fusion'? Der entscheidende Unterschied zwischen Alltagswissen und Wissenschaft besteht, so van Fraassen, nicht in der *Einführung* neuer Entitäten, sondern im *kritischen Umgang* mit solchen Entitäten:

> [I]n science these processes [der Einführung neuer Entitäten] are bridled, constrained, checked in their course by harsh demands of productivity – which they are much less, and never systematically, in ordinary life. Science is bridled superstition, just as rationality is bridled irrationality [...]. Science teaches us how not to believe things, how to let go of our ideas [...]. (van Fraassen 1999: 45)

Es besteht sicher kein Zweifel daran, dass Wissenschaft sich (auch) durch *kritische Prüfung* auszeichnet. Es ist nur die Frage, ob durch dieses Kriterium gerade die Abgrenzung zwischen Wissenschaft und *Alltagswissen* markiert wird. Man kann van Fraassen entgegenhalten, dass die Einführung fragwürdiger Entitäten im alltäglichen Diskurs besser als das Eindringen von *Pseudowissenschaft* (‚UFOs') ins Alltagswissen verstanden werden kann, so wie auch respektablere Entitäten der Wissenschaft (‚Äther') häufig Teil des Alltagswissens werden. Ihre Sortierung in ‚respektabel' und ‚nicht respektabel' läuft darauf hinaus, Wissenschaft gegenüber *Pseudowissenschaft* durch das Verfahren der kritischen Prüfung abzugrenzen. Dies alles berührt aber, so kann man mit Sellars argumentieren, nicht die Behauptung, dass das *manifest image* grundsätzlich durch das Fehlen *eigener* theoretischer Annahmen gekennzeichnet ist. Der Ausdruck *manifest image* bezeichnet eben das *idealisierte*, nicht das empirisch vorfindliche Alltagswissen, im dem Aberglaube, Pseudowissenschaft und Ideologie ebenso vermischt vorkommen können wie auch Elemente wissenschaftlichen Wissens.

Insgesamt zeichnet van Fraassen ein Bild von Wissenschaft, das die Wissenschaft als eine *nicht überlegene* Form des Wissens zeigt. Wissenschaft steht nicht *über* dem Alltagswissen, sondern *neben* ihm. Sie erfüllt andere Aufgaben als das Alltagswissen, vor allem die praktische Aufgabe, *Vorhersagen* zu ermöglichen – über zukünftige Sonnenfinsternisse, über die Veränderung des Klimas, über Reaktionen von Menschen auf ökonomische Krisen etc. – und sie greift dafür jeweils auf einen (möglichst) engen Kreis relevanter Entitäten zurück. Viele Entitäten des Alltagswissens bleiben aus diesem Kreis ausgeschlossen – wenn sie irrelevant in Bezug auf die jeweiligen Voraussagen sind; aber das Alltagswissen hat eben, so van Fraassen, einen anderen Fokus: den zwischenmenschlichen Diskurs aus der Perspektive von Interessen und Zwecken. Was sich hier abzeichnet, ist der Dissens zwischen van Fraasens *pragmatisch-empiristischem* Wissenschaftsverständnis und Sellars *wissenschaftlichem Realismus*[11]: Nach van

Fraassen hat die Wissenschaft gar nicht die Aufgabe, ein *Bild* der Welt zu entwerfen, deshalb kann sie das Alltagswissen auch nicht dadurch übertreffen, dass sie ein *besseres* Bild der Welt entwirft.

## 4.4 Theoriebildung und angewandte Forschung

Das mithilfe von Sellars' Unterscheidung *manifest image* versus *scientific image* konturierte Abgrenzungskriterium der Theoriebildung orientiert sich am Idealtypus *reiner* Wissenschaft und der für sie charakteristischen Entdeckung des Neuen. Aber wie kann dann *angewandte* Forschung überhaupt als Teil der Wissenschaft verstanden werden?

Forschung findet nicht nur an Universitäten oder in staatlichen Forschungseinrichtungen statt, sondern auch in den Forschungslaboren großer Unternehmen. Die dort betriebene Forschung zielt nicht in erster Linie darauf, durch Postulierung theoretischer Entitäten und Prinzipien Phänomene zu erklären oder neue Phänomene zu entdecken. Stattdessen geht es um die Lösung praktischer Probleme, v.a. um die Entwicklung oder Verbesserung technologischer Verfahren auf Grundlage schon bekannter wissenschaftlicher Prinzipien. Während reine- oder Grundlagenforschung den Werkzeugkasten der Wissenschaft auffüllt, macht angewandte Forschung von diesem Werkzeugkasten Gebrauch.[12] Das von Sellars inspirierte Abgrenzungskriterium der Theoriebildung, das sich ausschließlich am Idealtypus reiner Wissenschaft und der sie kennzeichnenden Entdeckung des Neuen orientiert, ruft daher das Problem hervor, ob und wie angewandte Forschung überhaupt als Teil der Wissenschaft zu verstehen ist.

Der von Thomas S. Kuhn eingeführte Terminus ‚Normalwissenschaft' scheint eine Antwort auf diese Frage nahezulegen. Wenn die tägliche Arbeit *fast aller* Forscher und Forscherinnen als normalwissenschaftliches ‚*puzzle solving*' auf Grundlage etablierter Theorien zu verstehen ist, dann sind vielleicht beide, reine und angewandte Forschung, unter ‚Normalwissenschaft' zu subsumieren. Einen Unterschied gäbe es dann, innerhalb der Normalwissenschaft, nur in der *Sorte* der zu lösenden Probleme: Während die reine Forschung an Problemen arbeitet, die sich aus fundamentalen Theorien ergeben (z.B. wie die Eigenschaften eines bestimmten Materials aus der Quantenmechanik ableitbar sind), sucht die angewandte Forschung nach Lösungen konkreter technischer Probleme (z.B. ob dieses Material zum Bau eines Hochhauses geeignet ist). Zwar handelt es sich in beiden Fällen um *puzzle solving*, aber die zu lösenden Probleme sind doch von ganz unterschiedlicher Art. Die Differenz zwischen reiner und angewandter Forschung kommt also auch unter dem Dach des Begriffs ‚Normalwissenschaft' wieder zum

Vorschein: ‚Reine' normalwissenschaftliche Forschung erkundet, welche Aussagen über die Welt aus wissenschaftlichen Theorien folgen – sie nimmt dabei eine *epistemische* Perspektive ein. Angewandte Forschung sucht nach Lösungen für technische Probleme und nimmt dabei eine *praktische* Perspektive ein. Die Ausgangsfrage stellt sich dann erneut, nur in anderer Formulierung: Ist die praktische Perspektive, aus der angewandte Forschung ihre Probleme betrachtet, eine *wissenschaftliche* Perspektive oder ist sie typisch für die Lösung von Alltagsproblemen?

Eine geläufige Antwort auf diese Frage ist, dass angewandte Forschung schwerwiegende *methodologische Defizite* aufweist (vgl. Carrier 2004: 4), die ihre Wissenschaftlichkeit in Frage stellen. Die Einnahme einer praktischen Perspektive verdrängt das epistemische Interesse; es genügt z. B., *dass* ein bestimmtes nanotechnologisches Verfahren der Leitung von elektrischem Strom durch eine Kette von Makromolekülen funktioniert, weil der dabei auftretende Widerstand überraschend gering ist, ohne dass die Frage aufgeworfen wird, *warum* er so gering ist. Das praktische Nutzungsinteresse überwiegt die wissenschaftliche Neugier (vgl. Carrier 2004: 7). Anstatt die Komplexität einer Situation durch idealisierende Annahmen zu reduzieren, um erklärende Mechanismen für einen bestimmten Effekt aufzufinden und dieses Wissen dann in die Praxis zu transferieren, werden Instrumente, die diesen Effekt nutzen, durch *trial and error*-Verfahren sukzessive optimiert. Die Modelle, die in der angewandten Forschung entwickelt werden, sind ‚lokale' Modelle (vgl. Carrier 2004: 5), also Modelle geringer Reichweite, sie beruhen auf empirischen Generalisierungen ohne theoretische Fundierung. Die Methodologie der angewandten Forschung scheint damit eher den Strategien des Alltagswissens zu folgen als den Verfahren der Wissenschaft.

Auch wenn das oben gezeichnete grobe Bild in vielen Fällen zutrifft, kommen sich, so Carrier, reine und angewandte Forschung methodologisch häufig näher als dieses Bild glauben macht. Dies hat einen doppelten Grund: Zum einen muss auch die reine Forschung auf lokale Modelle zurückgreifen, um die große Distanz zwischen fundamentalen Theorien und konkreten Situationen zu überbrücken. Wissenschaftstheoretikerinnen wie Nancy Cartwright (1983), Mary Morgan und Margaret Morrison (1999) haben an einer Reihe von Beispielen demonstriert, dass Abweichungen, die zwischen Vorhersagen idealisierter wissenschaftlicher Modelle und dem Verhalten konkreter Systeme auftreten, häufig nicht durch theoretisch begründete Korrekturen beseitigt werden, sondern mithilfe von zusätzlichen phänomenologischen Gesetzen, Tatsacheninformationen, Näherungen und ‚per Hand' eingefügten Parametern. In diesem Sinne ‚folgen' Beschreibungen konkreter Systeme nicht einfach aus fundamentalen Theorien; vielmehr müssen die Theorien, bzw. die aus ihnen gewonnenen Modelle, an die konkreten Systeme

‚angepasst' werden. Die Notwendigkeit der Anpassung an die Komplexität konkreter Systeme führt häufig auch dazu, dass theoretische Modelle dieser Systeme aus verschiedenen ‚lokalen' Modellen mit eingeschränkten, spezifischen Geltungsbereichen zusammengesetzt werden. Beispiele dafür sind die Beschreibung des Verhaltens viskoser Flüssigkeiten durch bereichsabhängige lokale Modelle (vgl. Morrison 1999: 53–61) oder die parallele Verwendung von Tropfen- und Schalenmodell zur Beschreibung von Atomkernen.

Andererseits erweist es sich zur Lösung mancher Probleme der angewandten Forschung als nützlich, ein tieferes Verständnis der beteiligten kausalen Prozesse zu erwerben, um Aussagen darüber treffen zu können, wie in das betrachtete komplexe System am besten eingegriffen werden kann, um einen bestimmten Effekt auszulösen. Um technisch optimale Lösungen zu erzielen, sind *trial and error*-Verfahren dagegen häufig auch ökonomisch viel zu aufwendig:

> [C]ontrol is achieved best by bringing to bear methodological standards that also characterize understanding, namely, unified explanation and causal analysis [...] we grasp a causal relation when we can take account of the process leading from the cause to the effect [...] such methodological virtues are also crucial for making sustained technological progress possible. (Carrier 2004: 5)

Ein Beispiel dafür ist der 1988 entdeckte 'Giant Magnetoresistance' (GMR)-Effekt, der auf der Spin-abhängigen Streuung von Elektronen an Grenzflächen zwischen ferromagnetischen und nicht-ferromagnetischen Materialschichten beruht und der in den 1990er Jahren zu einem Gegenstand der Industrieforschung geworden ist. Da GMR-Systeme sehr empfindlich auf äußere Magnetfelder reagieren, durch die die Magnetisierungsrichtung der ferromagnetischen Materialschichten beeinflusst wird, können sie als Sensoren für Magnetfelder fungieren. Der Effekt wird heute in Leseköpfen für hard discs oder magnetische Tonbänder genutzt (vgl. Carrier 2004: 7, sowie Wilholt 2006: 72f.).

Auf der einen Seite ist die Industrieforschung zum GMR-Effekt, u.a. durch IBM in Kalifornien und Philips in Eindhoven, ein klares Beispiel für technologische, an der praktischen Nutzung orientierte Forschung. Auf der anderen Seite unterscheidet sie sich aber von einer rein technologisch ausgerichteten Entwicklungsforschung schon deswegen, weil sie zu einem Zeitpunkt begann, zu dem der Effekt nur in einem groben qualitativen Sinn physikalisch verstanden war (vgl. Wilholt 2006: 73). Das Wissen über den Effekt war in mancher Hinsicht unvollständig, vor allem in Hinsicht auf solche Fragen, die das Design möglicher GMR-Sensoren betrifft. So konnten die ForscherInnen keine eindeutigen Voraussagen darüber machen, wie die Stärke des Effekts vom Material und der Struktur der Schichten abhängt, die von den Elektronen durchlaufen werden. Exploratives Experimentieren wäre eine zu zeitaufwändige Methode gewesen, um Aufschluss über diese Fragen zu gewinnen. Die ForscherInnen wählten daher einen stärker theoretisch ausgerichteten Ansatz: „Rijks and many other researchers in private and public institutions worldwide chose a more theoretical approach: they worked on improving the models of the effect" (Wilholt 2006: 78).

Diese Modelle verbanden semi-klassische Beschreibungen, die die Transport-Elektronen als Punkt-Teilchen beschreiben, mit quantenmechanischen Methoden wie der Fermi-Dirac-Statistik. Sie erwiesen sich als hilfreich, um bestimmte Trends vorherzusagen, z. B., dass die Schichten eine Dicke von eher 60 Å als 600 Å besitzen sollten, um einen starken Effekt zu erzielen (vgl. Wilholt 2006: 78). Aus solchen Vorhersagen konnten dann ‚design rules'[13] für das optimale Design von GMR-Systemen abgeleitet und getestet werden. Das Beispiel zeigt, dass technologische und epistemische Forschungsinteressen sich nicht ausschließen müssen, sondern Hand in Hand gehen können.

Der Etablierung von *design rules* für GMR-Systeme liegen *lokale Modelle* im Sinne von Carrier (2004) zu Grunde. Während manche anderen lokalen Modelle der angewandten Forschung lediglich relativ oberflächliche, wenngleich praktisch nutzbare, empirische Generalisationen widerspiegeln, vermitteln *diese* Modelle *kausales Wissen* über GMR-Systeme und eröffnen daher die Möglichkeit gezielter Interventionen zu deren Optimierung (vgl. Carrier 2004: 15). Reine und angewandte Forschung sind auf lokale Modelle angewiesen, wenn auch aus unterschiedlichen Gründen: Im Rahmen reiner Forschung dienen sie dazu, fundamentale Theorien zu ‚erden', also zur Beschreibung konkreter Systeme nutzbar zu machen, im Rahmen angewandter Forschung erfüllen sie den Bedarf an Theoriebildung und kausalem Wissen, ohne das auch das praktische Interesse an der Natur häufig nicht auskommt.

Für unsere Ausgangsfrage, inwiefern angewandte Forschung sich als Teil der Wissenschaft verstehen lässt, ergibt sich daraus folgende Antwort: Wenn technologische Forschung sich darin erschöpft, bereits etablierte wissenschaftliche Modelle zu verwenden, um bestimmte Parameter für ein konkretes System zu berechnen, oder empirische Generalisationen mithilfe einer Versuch-und-Irrtums-Methode zu bilden, ohne die zugrunde liegenden kausalen Mechanismen näher zu untersuchen, dann erfüllt sie nicht die Kriterien, die wissenschaftliche Praktiken von Praktiken des Alltagswissens unterscheiden. Schließlich stellen induktive Verallgemeinerung beobachteter Korrelationen und Lernen durch Versuch und Irrtum, so systematisch sie auch immer betrieben werden, Erkenntnis-Strategien des Alltagswissens dar.

Das obige Beispiel hat aber verdeutlicht, dass auch in bestimmten Zweigen technologischer Forschung eine Tendenz zur Theoriebildung existiert, zur Erforschung kausaler Zusammenhänge, durch die Erklärungen, Vorhersagen und gezielte Interventionen möglich werden. Dies aber sind die Kriterien, die *wissen-*

*schaftliche* Aktivität von alltagswissenschaftlichen Erkenntnis-Strategien unterscheiden. Es gibt also gewissermaßen eine Dialektik von praktischem und wissenschaftlichem Interesse, die Carrier wie folgt charakterisiert:

> [S]cience is faced with a question dynamics leading from applied issues to fundamental ones. For methodological reasons, applied research tends to transcend practical questions and grows into epistemic research. (Carrier 2004: 15)

Technologische Forschung geht, gerade um die sie bestimmenden praktischen Interessen zu verwirklichen, tendenziell in Grundlagenforschung über. Dieser Umstand relativiert die These, nach der die immer noch zunehmende Bedeutung anwendungsorientierter Industrieforschung dazu führe, dass wissensgetriebene Forschung durch auf praktische Bedarfe fokussierte Forschung verdrängt wird (vgl. Carrier 2016: 7–8). Hier kann erneut das Beispiel der Klimaforschung angeführt werden, in der das praktische Interesse der Öffentlichkeit an den Ergebnissen der Forschung keineswegs intensive Grundlagenforschung hemmt, sondern vielmehr antreibt. Martin Carrier (2016) hat dieses Phänomen mit dem Begriff der *Anwendungsinnovativität* charakterisiert und auf das Beispiel der Entdeckung der Retroviren als Resultat von angewandter Forschung verwiesen (vgl. Carrier 2016: 12). In einigen Fällen – so z. B. in der anwendungsorientierten Forschung mit dem Ziel der Gentherapie – führten Fehlschläge dazu, dass die Forschung auf der Suche nach deren Ursachen ein vertieftes Verständnis der relevanten Prozesse anstrebte. Man „musste [...] zunächst das praktische Forschungsziel suspendieren und in eine Phase der breiter angelegten Forschung eintreten, um am Ende praktisch erfolgreich zu sein (vgl. Carrier 2016: 15). Grundlagenforschung stellt zwar kein Allheilmittel dar, um praktische Probleme zu lösen, sie ist aber geeignet, dort für Dynamik und Vielfalt zu sorgen, wo angewandte Forschung an ihre Grenzen stößt, weil sie nicht die notwendige Eindringtiefe erreicht, oder wo ökonomische und politische Interessen sie zur Einseitigkeit verleiten.

## 4.5 Abgrenzung von Pseudowissenschaft, Religion und Metaphysik

Bisher haben wir ausschließlich die Abgrenzung zwischen Wissenschaft und Alltagswissen diskutiert. Für die Abgrenzung gegenüber nicht-empirischen Ideensystemen haben wir uns auf Poppers Falsifikationskriterium (vgl. 1.6) verlassen. Obwohl schon klar geworden ist, dass dieses Kriterium, wie es von Popper ursprünglich konzipiert wurde, als Idealisierung zu verstehen ist und die Überprüfung wissenschaftlicher Theorien in der Regel kein Punktereignis darstellt, sondern einen Prozess des Abwägens von Gründen, die für oder gegen eine Theorie sprechen, kann es generell zur Abgrenzung gegenüber nicht-empirischen Ideensystemen eingesetzt werden – gleichgültig ob es sich um pseudowissenschaftliche, religiöse oder metaphysische Ideensysteme handelt.

Allerdings nivelliert dieses Kriterium alle Unterschiede, wie sie etwa zwischen intellektuell anspruchsvollen spekulativ-metaphysischen Systemen und pseudowissenschaftlicher Phantasterei bestehen. Schließlich hatte Popper Theorien wie den nicht testbaren antiken Atomismus des Demokrit in ihrer intellektuellen Signifikanz deutlich höher eingeschätzt als pseudowissenschaftliche Ideensysteme, die, wie z. B. der Kreationismus, ebenso nicht getestet werden können. Es kommt eben nicht nur darauf an, *dass* ein Ideensystem empirisch nicht überprüfbar ist, sondern auch darauf, *weshalb* dies so ist. Während der antike Atomismus aufgrund des Fehlens entsprechender Testverfahren zu seiner Zeit *de facto* nicht überprüfbar war, sind pseudowissenschaftliche Theorien häufig gerade so konstruiert, dass jede mögliche Überprüfung *grundsätzlich* ausgeschlossen ist; sie sind durch geeignete ‚Immunisierungsstrategien' gegenüber allen möglichen Prüfinstanzen abgesichert. Wenn der Kreationismus beispielsweise behauptet, dass Gott die Welt vor 4004 Jahren mit allen empirischen Merkmalen ausgestattet hat, die wir heute feststellen können, so kann grundsätzlich kein heute festgestelltes empirisches Merkmal eine Prüfinstanz der Theorie darstellen. ‚Immunisierte' Theorien sind deswegen intellektuell unfruchtbar und wertlos, weil sie – durch Ausschluss aller möglichen Prüfinstanzen – keine möglichen überraschenden Entdeckungen zulassen, die zur Korrektur bzw. zur Erweiterung unseres Wissens führen können. Dagegen handelt es sich beim antiken Atomismus um ein intellektuell fruchtbares Ideensystem, weil er weitere verfeinerte atomistische Systeme angeregt hat, die schließlich auch mit Testinstanzen verbunden werden konnten. Wir werden daher im Folgenden Sorten nicht-empirischer Ideensysteme anhand der *Gründe* ihrer Nicht-Falsifizierbarkeit unterscheiden.

Bevor wir pseudowissenschaftliche, religiöse und metaphysische Ideensysteme in dieser Weise näher charakterisieren und voneinander abgrenzen, liegt es nahe, auf Ideensysteme einzugehen, die sich vermeintlich eng an die Wissenschaft und besonders an die Naturwissenschaften anlehnen und unter den Begriff ‚wissenschaftliches Weltbild' fallen. Was darunter zu verstehen ist, erläutert Volker Gadenne (2011) wie folgt:

> Wer heute nach Antworten auf Fragen sucht, die das Weltbild betreffen, wendet sich in erster Linie an die Naturwissenschaften: Wie ist das Universum entstanden? Welche Eigenschaften hat es (ist es z. B. endlich oder unendlich, welche Struktur hat der Raum usw.)? Welche

Naturgesetze gelten in unserer Welt? Wie ist die Materie aufgebaut? Wie ist das Leben entstanden? Welche Mechanismen bestimmen den Fortgang der Evolution? (Gadenne 2011: 91)

Problematisch erscheint zunächst, wie auch Gadenne anmerkt, die relativ einseitige naturwissenschaftliche Ausrichtung der Fragen, die unter dem Begriff des ‚Weltbildes' subsumiert werden:

> Aber sind die Naturwissenschaften für alles zuständig, das unser Weltbild einschließlich des Menschen betrifft? Können sie auch Fragen beantworten, die mit Seele, Geist und Bewusstsein zu tun haben, mit dem Problem des freien Willens oder mit ethischen Fragen? Lassen sich entsprechende Phänomene naturwissenschaftlich beschreiben und erklären? (Gadenne 2011: 91)

Wenn es sich wirklich um ein wissenschaftliches *Weltbild* handeln soll, und nicht nur um eine systematische Darstellung des gegenwärtigen naturwissenschaftlichen Wissens, dann müssen auch Theorien und Resultate der Psychologie und Soziologie, der Ökonomie, der Geschichtswissenschaft, der Anthropologie, der Pädagogik usw. mit eingeschlossen werden. Die Frage, wie weit und in welchem Sinne Gegenstände und Prinzipien dieser Wissenschaften auf Gegenstände und Prinzipien der Naturwissenschaften zurückgeführt werden können, muss in den meisten Fällen zum gegenwärtigen Zeitpunkt offen bleiben. Die wenigen bis heute durchgeführten und erfolgreichen Reduktionen *innerhalb* der Naturwissenschaft rechtfertigen keine allumfassende Reduktionsbehauptung. Eine solche zum Zentrum eines wissenschaftlichen Weltbildes zu machen, bedeutet, in Kauf zu nehmen, dass dieses Weltbild weder gegenwärtig bestätigt noch falsifizierbar ist[14], und dies heißt, dass es jedenfalls nicht aus der Naturwissenschaft abgeleitet werden kann. Wie Gadenne anmerkt, haben „[d]ie Naturwissenschaften selbst [...] nie behauptet, dass es in der Welt nur Gegenstände gäbe, mit denen sie sich befassen. Und es gibt auch überhaupt keinen vernünftigen Grund dafür, dies anzunehmen" (Gadenne 2011: 106).

Ein Nebeneinander verschiedener wissenschaftlicher Resultate aus Geistes-, Sozial- und Naturwissenschaften kann andererseits schwerlich jene systematische Einheit generieren, die der Ausdruck ‚Weltbild' suggeriert. Selbst wenn man den Begriff des Weltbildes auf die Naturwissenschaften verengen wollte, bliebe es doch eine Tatsache, dass es von der jeweils bevorzugten *Interpretation* der gegenwärtigen fundamentalen Theorien v. a. der Physik abhängt, welche Entitäten und Prinzipien als die zentralen Bestandteile eines naturwissenschaftlichen Weltbildes anzusehen sind. Es ist daher kein Zufall, dass Wissenschaftskonzeptionen seit der Entstehung der modernen Naturwissenschaft, von Kant bis zu Sellars' ‚*scientific image*' (siehe Kapitel 1 bzw. 4.3), *erkenntnistheoretische* und *methodologische* Merkmale der Wissenschaft in den Vordergrund gestellt und keinen Versuch einer inhaltlichen Synthese der Wissenschaften unternommen haben. Insgesamt scheint es vernünftig zu sein, den Anspruch auf ein wissenschaftliches *Weltbild* aufzugeben zugunsten einer wissenschaftlichen *Weltauffassung*, d.h. einer kognitiven Einstellung, die vom Bestreben nach Vereinbarkeit aller Behauptungen mit gut bewährten Erkenntnissen der Wissenschaften geprägt ist. Wer sich diese Einstellung zu eigen macht, wird zumindest grundlegende Resultate der modernen Wissenschaft teilen, die „die Art und Weise, wie Menschen sich und ihr Leben in der Welt und in der Gesellschaft verstehen, nachhaltig beeinflusst" haben (Prinz 1995: 341): der Übergang zum heliozentrischen System, die Erkenntnis der atomaren Struktur der Materie und die Evolution der biologischen Arten.

Karl Popper hat sein Abgrenzungskriterium der Prüfbarkeit oder Falsifizierbarkeit v.a. mit dem Ziel der Abgrenzung der Wissenschaft von Pseudowissenschaften[15] verwendet. Pseudowissenschaften sollten nicht jene epistemische Autorität in Anspruch nehmen dürfen, die allein der Wissenschaft zukommt. Im Zentrum seiner Kritik steht nicht, dass es berechtigte Zweifel an der Wahrheit pseudowissenschaftlicher Aussagen geben kann: „Dabei war ich mir durchaus im klaren darüber, dass die Wissenschaft oft irrt und dass eine Scheinwissenschaft gelegentlich auch auf die Wahrheit stoßen kann" (Popper 1963/2009: 48).

Der entscheidende Punkt ist vielmehr, dass pseudowissenschaftliche Aussagen sich nicht dem Wettbewerb um die Wahrheit aussetzen, der nur möglich ist, wenn das Risiko der Falsifikation eingegangen wird. Die von Popper aufs Korn genommenen Pseudowissenschaften, vor allem die Psychoanalyse Freuds und die Individualpsychologie Adlers, zeichnete es aus seiner Sicht aus, dass sie fähig zu sein scheinen, „alles zu erklären, was in ihren Anwendungsbereich fiel": „Die Welt war übervoll von *Verifikationen* der Theorie. Was immer sich ereignete, war eine Bestätigung für sie" (Popper 1963/2009: 50). Folglich konnten diese Theorien durch empirische Erfahrung nicht erschüttert werden. Ihre Bestätigungen bestätigten aber, so Popper, lediglich, dass eine bestimmte Tatsache „im Sinne der Theorie *gedeutet* werden *konnte*", aber dies bedeutete – im Blick auf die Theorien Adlers und Freuds – nicht viel, „denn jeder nur denkbare Fall konnte ja im Sinne von Adlers Theorie gedeutet werden; aber auch ebensogut im Sinne von Freuds Theorie" (Popper 1963/2009: 51).[16] Popper resümiert:

> Ich konnte mir kein menschliches Verhalten ausdenken, das man nicht durch beide Theorien interpretieren konnte. Es war gerade diese Tatsache – dass die Theorien immer passten, dass sie immer bestätigt wurden –, die in den Augen ihrer Bewunderer so sehr für sie sprach und die sie für ihre größte Stärke hielten. Mir dämmerte, dass diese scheinbare Stärke in Wirklichkeit die Schwäche dieser Theorien war. (Popper 1963/2009: 52)

In den Augen Poppers gleichen die erwähnten Systeme damit eher vorwissenschaftlichen Mythen als wissenschaftlichen Theorien. Die letzteren zeichnet es aus, dass ihre Bestätigungen *zählen*, weil sie das Resultat echter *Überprüfungen* sind, d. h. weil das Nicht-Eintreten der beobachteten Sachverhalte, auf die sie sich stützen, eine Widerlegung der Theorie zur Folge gehabt hätte (Popper 1963/2009: 53–54).

Poppers Erläuterung des Abgrenzungskriteriums zur Pseudowissenschaft unterscheidet nicht besonders sorgfältig zwischen der *Struktur* der in Frage stehenden Theorien selbst und dem *Gebrauch*, den VertreterInnen der Theorien von ihnen machen. Eine Therapeutin, die sich gegenüber den Aussagen der von ihr vertretenen psychoanalytischen Theorie kritisch verhält, also die Aussagen der Theorie zur Deutung des Verhaltens und Erlebens ihrer PatientInnen verwendet, *ohne* dabei auszuschließen, dass ein mögliches Scheitern einer solchen Deutung ein Indiz für die Falschheit oder Korrekturbedürftigkeit der Theorie sein kann, verhält sich durchaus rational und wissenschaftskonform. Dass eine Theorie für jeden möglichen Fall potentiell erklärende Mechanismen zur Verfügung stellt, bedeutet noch lange nicht, dass in einem konkreten Fall irgendeiner dieser Mechanismen tatsächlich erfolgreich erklärt – z. B. können es die biographischen PatientInnendaten ausschließen, dass ein zunächst naheliegender Mechanismus das konkrete psychische Symptom erklärt und auch ein anderer Mechanismus nicht in Frage kommt.

Ähnliches gilt für den Fall der marxistischen Geschichtstheorie, die Popper ebenfalls als Beispiel einer ‚Scheinwissenschaft' ansah. Auch hier erscheint es denkbar, die Theorie in wissenschaftlicher Einstellung zu vertreten, der zufolge bestimmte geschichtliche Tatsachen und Entwicklungen bzw. Verhaltensweisen von Menschen als mögliche Gegenbeispiele für Aussagen der Theorie ernsthaft erwogen werden und im Zweifelsfall die Konsequenz einer Abänderung oder gar Verwerfung der Theorie in Kauf genommen wird. Diese Einstellung sei jedoch, so resümiert Popper seine Erfahrungen mit den intellektuellen Debatten im Wien der 1920er Jahre, bei Marxisten sowie Anhängern von Freud und Adler nicht anzutreffen; er charakterisiert sie im Rückblick als „people living in a closed framework [...]. None of them could ever be shaken in his adopted view of the world. Every argument against their framework was interpreted by them so as to fit into it" (Popper 1994: 53).[17] In einige, weniger respektable pseudowissenschaftliche Theorien wie die von einem Teil der Kreationisten vertretene These der Entstehung der Welt vor 4004 Jahren ist der Dogmatismus allerdings fest ‚eingebaut': jedes vermeintlich falsifizierende Datum wird automatisch in die Theorie integriert, weil, so die These, eben auch dieses Datum mit all seinen Merkmalen, die die Theorie zu falsifizieren scheinen, vor 4004 Jahren mit erschaffen wurde.

In Bezug auf die Psychoanalyse Freuds kann man den Pseudowissenschafts-Vorwurf Poppers in beiderlei Hinsicht in Frage stellen: Weder schließt die Struktur der Theorie Widerlegungen aus, noch hat Freud selbst in der klinischen Praxis die Möglichkeit von Widerlegungen ausgeblendet. Clark Glymours Analyse des berühmten Fallbeispiels des ‚Rattenmanns' aus dem Jahr 1909 (Glymour 1980: 264 f.)[18] zeigt, dass Freuds Argumentation in diesem Fall auf einen Test der Theorie im Sinne des *Bootstrap*-Konzepts der Bestätigung (vgl. 2.6) hinausläuft:

> The general structure of the Rat Man case, as I see it, is roughly like this. Freud is presented with a patient with a variety of symptoms, both behavioral and subjective, and a history that is recounted to Freud both by the patient himself and, in part, by the patient's mother. From the patient's symptoms, feelings, and history Freud infers, using rather definite psychoanalytic generalizations, a sequence of unconscious mental states in terms of which he explains the patient's symptoms. He further infers that the patient at one time (early childhood) had certain conscious wishes in virtue of an inferred violent conflict with his father; Freud then tries, and fails, to establish independently that the required conflict between father and child took place. (Glymour 1980: 265)

Die einzelnen Schritte von Freuds Deutung der Symptome des Rattenmanns (Paul Lorenz), die zu einer Erklärung dieser Symptome führen sollen, sind wie folgt: Aus dem vom Patienten geschilderten (bewussten) Schuldgefühl für den Tod des Vaters schließt Freud (einer allgemeinen Hypothese der Theorie folgend) auf die Existenz eines unbewussten Gedankens, der einen adäquaten Grund für dieses Schuldgefühl bildet; diese Hypothese erfährt eine Bestätigung durch das vom Patienten geäußerte Gefühl der Angst, das den Gedanken an den Tod des Vaters begleitet; denn eine weitere Hypothese der Theorie besagt, dass eine solche Angst der bewusste Ausdruck eines unbewussten Wunsches ist. Dieser unbewusste Wunsch also, der sich auf den Tod des Vaters richtet, ist der gesuchte adäquate Grund für das Schuldgefühl gegenüber dem Vater. Der unbewusste Wunsch geht (wieder nach einer Hypothese der Theorie) zurück auf einen in der Kindheit liegenden bewussten Wunsch, der Vater möge sterben, der wiederum (so die Theorie) auf einen infantilen Konflikt mit dem Vater in Hinsicht auf die infantilen sexuellen Bedürfnisse des Patienten weisen muss. Dieser Konflikt mit dem Vater muss stattgefunden haben, bevor der Patient sechs Jahre alt war (das heißt zu einem Zeitpunkt, an den die bewusste Erinnerung nicht zurückreicht). Wenn dieser Konflikt tatsächlich, bevor der Patient sechs Jahre alt war, stattgefunden hat, dann muss er auf eine Bestrafung durch den Vater für eine sexuelle Praxis des Patienten zu dieser Zeit (vermutlich Masturbation) zurückzuführen sein. Alle diese Deutungsschritte für die klinischen Daten des Patienten folgen Freuds Theorie, und sie führen offenbar auf ein konkretes Ereignis, das stattgefunden haben muss, wenn Freuds Schlüsse korrekt sind – und dessen Fehlen somit umgekehrt einen negativen Test des gesamten Schlussgebäudes zur Folge hat. In der Tat hat Freud den Patienten und seine Mutter nach einem solchen möglichen Ereignis befragt, mit dem Resultat, dass kein Hinweis darauf zu finden war.

Der Analyse des Rattenmann-Beispiels zeigt, dass Freuds klinische Praxis zum Test verschiedener psychoanalytischer Hypothesen geführt hat – wobei manche dieser Tests positiv und andere (wie im Fall des fehlenden Konflikt-Ereignisses) negativ ausfielen. Nicht nur hat die Struktur der Theorie solche Tests offenbar zugelassen, Freuds Verhalten zeigt auch, dass er die Bedeutung der Tests für die Akzeptanz seiner Theorie klar erkannt und keineswegs herunter gespielt hat.[19] Weder ist die Theorie selbst gegen mögliche Überprüfungen immun, noch haben ihre Vertreter sie grundsätzlich immunisierend behandelt. Adolf Grünbaum hat dazu angemerkt, dass bereits die „flüchtige Durchsicht der bloßen Titel von Freuds Aufsätzen und Vorlesungen in den Gesammelten Werken [...] zwei Beispiele für Falsifizierbarkeit" erbringt (vgl. Grünbaum 1994/1988:182). Das erste Beispiel ist Freuds Aufsatz *Mitteilung eines der psychoanalytischen Theorie widersprechenden Falles von Paranoia* von 1915 (Freud 1964, GW 10: 234–246), in dem er einräumt, dass die Wahnvorstellungen einer Frau, die ihren ehemaligen Liebhaber der Belästigung beschuldigte, *nicht* die in seiner Theorie enthaltene Hypothese von der homosexuellen Ätiologie der Paranoia bestätigt.[20] In diesem Zusammenhang ist es interessant, dass Popper in seiner Autobiographie von 1974 seine undifferenzierte Position, die er noch in *Vermutungen und Widerlegungen* vertreten hatte, insofern korrigiert, als er nun einräumt, dass Theorien einerseits, und das intellektuelle Verhalten ihrer Anhänger andererseits, „zwei gänzlich verschiedenen ‚Welten' angehören" (Popper 1974: 144).

Pseudowissenschaften wird häufig ein ‚ideologischer' Charakter attestiert. Aber weder stellt jede Pseudowissenschaft eine Ideologie dar, noch besitzt jede Ideologie einen pseudowissenschaftlichen Hintergrund. Allerdings kann man aus einer Pseudowissenschaft eine Ideologie machen, indem man sie mit bestimmten normativen Idealen und Forderungen verbindet. Ideologien unterscheiden sich von Pseudowissenschaften grundsätzlich darin, dass sich in ihnen *deskriptive* und *normative* Anteile mischen. So zielt eine ideologiekritische Analyse z. B. einer gesellschaftswissenschaftlichen Theorie darauf, deren verdeckte normative Anteile herauszuarbeiten, um damit den Anspruch der Theorie auf wissenschaftliche Objektivität zu diskreditieren oder zu relativieren. Während die These der Erschaffung der Welt vor 4004 Jahren zwar von fundamentalistischen Theologen mit normativen Absichten vertreten wird, die These selbst aber zunächst keinen normativen Gehalt hat, enthalten beispielsweise rassistische Ideologien nicht nur deskriptiv falsche Aussagen – etwa die Aussage, dass die gegenwärtige Menschheit in klar abgrenzbare Gruppen (‚Rassen') aufgeteilt ist – sondern auch normative Anteile – wie die Aussage, dass die Rassen unterschiedlich wertvoll seien und ‚wertvolle' Rassen sich gegenüber weniger ‚wertvollen' durchsetzen *sollen*. Politische Ideologien grenzen sich, unabhängig von ihren deskriptiven Gehalten, schon durch ihre normativen Anteile von wissenschaftlichen Theorien ab.

Besonders umstritten ist die Abgrenzung religiöser Ideensysteme[21] gegenüber der Wissenschaft. Einerseits sind die Theologien an den Universitäten vertreten, wodurch ihr Anspruch auf Wissenschaftlichkeit institutionell legitimiert ist, andererseits wird die Rationalität religiöser Überzeugungen bestritten, die eine Voraussetzung von Wissenschaftlichkeit darstellt. Es ist zunächst unstritig, dass die Aufgaben der Theologien an den Universitäten, zu denen die Interpretation von Texten der religiösen Tradition und die Explikation von Dogmen und der darin enthaltenen metaphysischen Annahmen gehören, der geisteswissenschaftlichen Forschung zuzurechnen sind. Semantische Analysen der ‚Rede von Gott' wie theoretische Explikationen des Gottesbegriffs, und erst recht religionspsychologische oder religionssoziologische Untersuchungen (die allerdings eher der Disziplin der Religionswissenschaft zuzurechnen sind), verlassen nicht den Rahmen der Geisteswissenschaft. Der Streit um den Status religiöser Ideensysteme beginnt erst dort, wo es um die *Rechtfertigung* religiöser Überzeugungen selbst geht. Wenn der religiöse Mensch sich gegenüber seinen Überzeugungen nicht erkenntnistheoretisch offen verhält, also nicht akzeptiert, dass es mögliche Erfahrungen gibt, die seine Überzeugungen widerlegen könnten, stehen seine religiösen Überzeugungen sicher außerhalb der Wissenschaft. Aber wie verhalten sie sich zur Rationalität?

Eine Strategie zur Rechtfertigung der Rationalität religiöser Überzeugungen besteht darin, die enge Verbindung zwischen Rationalität und Wissenschaft zu lösen und eine außerwissenschaftliche Rationalität religiöser Überzeugungen zu reklamieren. Hans Küng (2005) hat in diesem Zusammenhang eine ‚innere Rationalität' reklamiert, von Hans Albert als Rückfall in eine gegen Kritik immunisierte Position kritisiert, die „Gläubigen einen privilegierten Zugang zur Wirklichkeit verschafft" (vgl. Albert 2011: 82). Küngs Argumentation läuft darauf hinaus, dass Menschen nur unter Voraussetzung der Existenz Gottes eine vollständige Erkenntnis der Wirklichkeit gewinnen können. Nach Küng schöpft die Wissenschaft den Begriff der Rationalität nicht aus, vielmehr manifestieren religiöse Überzeugungen sogar eine umfassendere Art der Rationalität, indem sie einen Sinn-Zusammenhang aufdecken, der einer rein wissenschaftlichen Rationalität verborgen bleibt. Problematisch ist diese Argumentation darin, dass die ‚innere Rationalität', also die für religiöse Überzeugungen zuständige Art der Erkenntnis, die Existenz ihrer Erkenntnisobjekte, also v. a. die Existenz Gottes, schon einschließen soll. Sie kann zu keinem anderen Ergebnis als zur Existenz Gottes führen, besteht also eigentlich in einem Glaubensakt, der im ‚Vertrauen' ausgeführt wird. Damit beruht sie aber gerade nicht auf einem kritischen, ergebnisoffenen Verfahren, das Überzeugungen durch Selektion von Alternativen aufgrund ihrer Erklärungsleistung legitimiert[22] – und ist mithin keine Form von Rationalität. Damit bleibt Küngs Konstruktion auch hinter der Position Kants zurück, nach der religiöse Überzeugungen immerhin im Sinne der ‚praktischen Vernunft' rational gerechtfertigt sind, nämlich aufgrund ihrer Fähigkeit, moralische Pflicht mit der Idee menschlichen Wohlergehens zu verbinden.

Aus der Perspektive der berühmten religionssoziologischen Studien von Georg Simmel (1901/1917) besteht der Fehler der Rechtfertigung religiöser Überzeugungen im Stile Küngs darin, Religion als „Vorgang im menschlichen Bewusstsein" nicht klar genug von der „Gültigkeit der religiösen Behauptungen" zu unterscheiden. Religiösität gehöre „wie das Sein und das Sollen, die Möglichkeit wie die Notwendigkeit, das Wollen wie das Fürchten" zu den „grundlegenden formalen Kategorien" unseres inneren Lebens, und statte so „mit dem ihr eigenen Ton gewisse Vorstellungsinhalte" aus (vgl. Simmel 1901/1917: 10). „Gott und sein Verhältnis zur Welt, Offenbarung, Sünde und Erlösung" können „unter dem bloßen Gesichtspunkte des Seins betrachtet werden" – als metaphysische Tatsachen, in Bezug auf die eine *epistemische* Einstellung eingenommen werden kann. Religiöse Bedeutung haben diese Vorstellungsinhalte aber nur, wenn sie von Menschen in einer charakteristischen „einheitlichen Stimmung der Seele" (vgl. Simmel 1901/1917: 11) vergegenwärtigt werden. Religiosität ist also nicht etwa gleich zu setzen mit der Akzeptierung der metaphysischen Hypothesen einer Religion, sondern sie ist vielmehr gegeben „als ein Zustand oder Ereignis in unserer Seele" (vgl. Simmel 1901/1917: 9).

Die ontologische Gotteshypothese zu akzeptieren, ist nach Simmel also der Vollzug einer *epistemischen* (oder allgemeiner einer philosophischen), aber gerade noch nicht einer *religiösen* Einstellung gegenüber Vorstellungsinhalten einer Religion. Der religiöse Glaube unterscheidet sich, so Simmel, dadurch wesentlich vom ‚theoretischen' Glauben oder Für-wahr-halten metaphysischer Hypothesen als Gegenstand metaphysischer oder erkenntnistheoretischer Untersuchungen. Wenn wir die Existenz Gottes als plausible Hypothese akzeptieren, dann glauben wir an ihn zunächst nur „wie man an die Existenz des Lichtäthers oder an die atomistische Struktur der Materie glaubt" (Simmel 1901/1917: 15). Der Glaube an Gott ist auch nicht nur ein bestimmtes Gefühl[23], sondern vielmehr ein charakteristischer „Zustand der menschlichen Seele", dessen Identität durch zwei voneinander abhängige Komponenten bestimmt wird, die „theoretische Vorstellung von der Existenz der Heilstatsachen" auf der einen und eine innere Gestimmtheit auf der anderen Seite, die eine „Hingabe" an Gott beinhaltet. Die wechselseitige Abhängigkeit dieser beiden Komponenten drückt sich darin aus, dass die Art der seelischen Gestimmtheit sich mit dem Glaubensinhalt ändert: „[D]er Glaube eines anderen Gottes ist ein anderes Glauben" (Simmel 1901/1917: 18).

Simmels Bestimmung des Begriffs der Religion impliziert, dass die Besonderheit des religiösen Glaubens nicht in bestimmten für wahr gehaltenen Sachverhalten besteht. Nur in Hinsicht auf das Für-wahr-halten von Sachverhalten kann aber von Rationalität bzw. Irrationalität die Rede sein – von Irrationalität dann, wenn jede kritische Prüfung ausgeschlossen wird oder an der Überzeugung gegen vorhandene Evidenzen festgehalten wird. Sofern der Glaube das Für-wahrhalten von religiösen Sachverhalten einschließt, stellt sich die Frage nach seiner Rationalität. Stellt er aber (nur) einen psychischen Zustand der oben bezeichneten Form dar, dann kann er weder rational noch irrational sein, sondern besitzt vielmehr außerwissenschaftlichen und außerrationalen Status.

Nachdem wir das Abgrenzungsproblem in Hinsicht auf Pseudowissenschaft, Ideologie und Religion erörtert haben, soll zum Schluss kurz das Verhältnis von Wissenschaft und Metaphysik beleuchtet werden – eine ausführliche Behandlung folgt in Kapitel 5. Wie schon erwähnt, hat Karl Popper eine ‚tolerante' Einstellung gegenüber der Metaphysik vertreten – Metaphysik steht aus seiner Sicht zwar außerhalb der Wissenschaft, ist aber keineswegs in jeder ihrer Formen irrational oder ‚sinnlos'. Er selbst bezeichnet sich gelegentlich als ‚metaphysischen Realisten' und seine Theorie der drei Welten (Popper 1972/1973: 123 ff., 172 ff.) stellt aus seiner Sicht eine metaphysische Theorie dar. Hinsichtlich der realistischen Interpretation theoretischer Entitäten (Atom, Elektron etc.) kann allerdings die Einordnung als ‚Metaphysik' bestritten werden, wie dies die Philosophen des *scientific realism* (u. a. Smart 1968, Putnam 1975, Boyd 1984, Leplin 1984) getan haben. Nach ihrer Auffassung sind die zentralen Aussagen des Realismus, dass die theoretischen Terme einer reifen wissenschaftlichen Theorie sich auf etwas Wirkliches beziehen und, dass die Gesetze einer solchen Theorie wenigstens in Näherung wahr sind, selbst *wissenschaftliche Hypothesen*, die in erster Linie im Blick auf ihre explanative Leistung – im Sinne eines Schlusses auf die beste Erklärung – zu bewerten sind (vgl. Bartels 2009: 296). Ähnliches gilt auch für Entitäten und Theorien, die gemeinhin als ‚metaphysisch' bezeichnet werden: Naturgesetze und Naturgesetz-Theorien, Möglichkeiten und Theorien der Potentialität, Kausalität und Kausalitäts-Theorien. In jedem dieser Beispiele ist es selbst Gegenstand der Debatte, ob die entsprechenden Entitäten in den Bereich ‚normaler' wissenschaftlicher Entitäten fallen oder nicht und die entsprechenden Theorien somit als wissenschaftliche Theorien (dies ist die Auffassung einer ‚naturalistischen Metaphysik') oder als genuin metaphysische Theorien aufzufassen sind.

Aber welche Gegenstände sind überhaupt ‚genuin metaphysisch'? Der Ausdruck ‚metaphysisch' scheint aufgrund der Tatsache, dass die Abgrenzung zur Wissenschaft selbst innerhalb der Metaphysik strittig ist, nur mehr eine historische und konventionelle Bedeutung zu besitzen. Als unbestritten ‚metaphysische'

Entitäten oder Prinzipien werden ‚Gott', die ‚Unsterblichkeit der Seele ' usw. angesehen, die allesamt dem religiösen Bereich zugehören – gemeinhin wird davon ausgegangen, dass bei Aussagen über solche Entitäten nicht von Prüfbarkeit an der Erfahrung die Rede sein kann. Aber wenn diese Entitäten durch Schluss auf die beste Erklärung von Alltagserfahrungen eingeführt werden, wird damit zugleich auch schon eine Ebene von Prüfinstanzen angegeben. Die zunächst klar erscheinende Abgrenzung gegenüber Erfahrungsgegenständen wird in diesem Fall fraglich.

Wissenschaftsnahe Gegenstände wie Naturgesetze gelten per Konvention als ‚metaphysische' Gegenstände, aber damit allein ist noch keineswegs eine bestimmte Art der Abgrenzung gegenüber wissenschaftlichen Gegenständen präjudiziert. Im Besonderen hängt es von den spezifischen Theorien über solche Gegenstände ab, ob für sie die in der Wissenschaft üblichen Kriterien der Rechtfertigung theoretischer Entitäten gelten (z. B. das Kriterium des Schlusses auf die beste Erklärung von Erfahrungstatsachen). Poppers Abgrenzungskriterium erweist sich daher gegenüber der Metaphysik als zu starr. Es bleibt erst zu untersuchen, ob sich Gegenstände und Prinzipien, die nach traditioneller Auffassung in einem Bereich jenseits der Wissenschaft und ihrer Überprüfungs-Verfahren angesiedelt sind, tatsächlich nicht in wissenschaftlicher Weise rechtfertigen lassen. Die Anerkennung ‚theoretischer' Entitäten in der Wissenschaft, beginnend mit dem Feldbegriff der Elektrodynamik, hat hier sozusagen einen Dammbruch gegenüber dem traditionellen Verständnis von Metaphysik bewirkt. Warum sollten Naturgesetze nicht Gegenstände der Wissenschaft sein, so wie Elektronen, Quantenfelder oder schwarze Löcher?

## 4.6 Zusammenfassung und Bewertung

Eine Vielzahl historischer und aktueller Wissenschaftskonzepte betont die Kontinuität zwischen wissenschaftlichem und Alltagswissen: Wissenschaft ist verfeinertes und systematisiertes Alltagswissen. Diese These erscheint sehr plausibel. Die Wissenschaften produzieren kein Geheimwissen, das nur Eingeweihten zugänglich ist. Im Gegenteil, wissenschaftliche Argumente und Schlussweisen sollen für ein interessiertes und aufgeklärtes nicht-akademisches Publikum nachvollziehbar und grundsätzlich auch überprüfbar sein. Es ist u. a. die Aufgabe des von WissenschaftlerInnen selbst geleisteten Wissenschaftstransfers und des Wissenschaftsjournalismus, die Öffentlichkeit an Ergebnissen und Denkweisen der Wissenschaft Anteil haben zu lassen, ohne ihr abzuverlangen, selbst ein Teil der Wissenschaftsgemeinschaft zu werden. Die Sprache der Wissenschaft ist grundsätzlich in Umgangssprache übersetzbar, so mühsam es auch im Einzelnen sein mag, solche Übersetzungen herzustellen. Dies alles wäre nicht möglich, wenn es keine Gemeinsamkeit zwischen Wissenschaft und Alltagsdenken in grundlegenden Begriffen und Argumentstrukturen gäbe. Im Alltagsdenken wie in der Wissenschaft werden logische Schlussformen und induktive Generalisationen verwendet, Schlüsse auf die beste Erklärung vollzogen, wesentliche von zufälligen Ähnlichkeiten unterschieden und allgemeine Behauptungen an Einzelfällen überprüft. Schließlich ist die Wissenschaft aus alltäglichem menschlichem Denken auf Grundlage praktisch erfolgreicher Erkenntnisstrategien heraus gewachsen – eine wesentliche Voraussetzung für den Erfolg der Wissenschaft.

Es gibt also überwältigende Evidenz für die Richtigkeit der Kontinuitätsthese. Andererseits kann aber nicht übersehen werden, dass jenseits des Alltagswissens kognitive Instrumente und Fähigkeiten entstanden sind, die es Menschen ermöglichen, weit über die dem Alltagswissen zugänglichen Erkenntnisse hinaus zu greifen. Durch die Wissenschaft sind die menschlichen Erkenntnisfähigkeiten nicht nur graduell verfeinert, sondern auf eine qualitativ neue Ebene gehoben worden. Die Innovation, die dies ermöglicht, besteht in Theoriebildung und der Einführung theoretischer Entitäten und Mechanismen (siehe Kapitel 2). Entdeckungen, das Salz in der Suppe der Wissenschaft, werden entweder dadurch möglich, dass eng geknüpfte Netze theoretischer Einschränkungen uns Lücken und Inkonsistenzen in unserer ‚empirischen Erfahrung' vor Augen führen – oder ein durch theoretische Vorerwartungen geschärftes intuitives Wahrnehmen einen Prozess der Theoriebildung anstößt. Die Grenze zwischen Wissenschaft und Alltagswissen ist daher, wie die Kontinuitätsthese es besagt, eine durchlässige Grenze – aber sie ist gleichwohl eine Grenze, jenseits derer nicht nur Vertrautes wieder auftaucht, sondern auch Neues beginnt. Jenseits der Grenze des Alltagswissens finden wir eine innovative Erkenntnisstrategie, die neue Erkenntnismöglichkeiten eröffnet, die spezifischen Erkenntnismöglichkeiten der Wissenschaft.

Das Abgrenzungskriterium der Theoriebildung besitzt in Sellars' Unterscheidung ‚scientific image' versus ‚manifest image' (vgl. 4.3) einen philosophischen Vorläufer, und es orientiert sich an der durch Carnap vorbereiteten, später durch die strukturalistische Wissenschaftstheorie durchgeführten Analyse der ‚Theoretizität' von Begriffen (vgl. 2.2). Mit diesem Kriterium sollen nicht etwa ‚vorparadigmatische' Phasen wissenschaftlicher Disziplinen aus dem Kreis der Wissenschaften ausgegrenzt werden. An der Fallstudie zur Alzheimerschen Krankheit (vgl. 3.7) wird aber exemplarisch gezeigt, dass der Weg der Theoriebildung (ausgelöst durch Alzheimers Entdeckung) erst der Schlüssel ist, um jene epistemischen Vorzüge zu erschließen, der die Wissenschaft ihre Sonderstellung verdankt, v. a. Möglichkeiten der Erklärung und der Vorhersage von Phänomenen. Das Kriterium der Theoriebildung lässt andere Abgrenzungskriterien wie das von

Hoyningen-Huene vertretene Systematizitäts-Kriterium (vgl. 4.2) bestehen. Eine Steigerung an Systematizität – relativ zu den verschiedenen epistemischen Dimensionen – ist in der Tat ein Kennzeichen von Wissenschaften. Aber wenigstens in Bezug auf die zentrale epistemische Dimension der Erklärung liefert Theoriebildung die grundlegendere Abgrenzung: Der Gebrauch von Theorien ist der *Grund* dafür, dass wissenschaftliche Erklärungen systematischer sind als entsprechende Alltagserklärungen.

Aus der Tatsache, dass unser Alltagswissen zu jeder Zeit durch ‚theoretische' Begriffe aus verschiedenen Disziplinen der Wissenschaft infiltriert wird, die dann zu Bestandteilen der Umgangssprache werden, folgt keineswegs, dass die Praxis der Einführung theoretischer Entitäten keine Grenze zwischen Wissenschaft und Alltagswissen markieren könne (vgl. ein entsprechendes Argument von van Fraassen in 4.2). Ausdrücke wie ‚schwarzes Loch' o. ä. werden zwar heute im Alltagsdiskurs verwendet, aber in der Regel nur mit relativ vagen assoziativen Vorstellungen verbunden. Für den alltagssprachlichen Gebrauch ist gerade keine Verwendung solcher Ausdrücke typisch, die deren explanatives oder prädiktives Potential nutzt; wo dies der Fall ist, wechselt der Sprecher in die Sphäre der Wissenschaft. Auf der anderen Seite sind Inhalte und Argumentstrukturen des ‚Alltagswissens' aber auch nicht anthropologisch fixiert und unwandelbar (wie in manchen Verwendungen des Begriffs ‚Lebenswelt' unterstellt wird). Unser Alltagswissen nimmt Erkenntnisse der Wissenschaft auf – z. B. Wissen über Mechanismen von Infektionskrankheiten – und verwendet sie zur praktischen Orientierung. Aber die Verwendung wissenschaftlicher Begriffe und Erkenntnisse dient hier eben ausschließlich lebenspraktischen Zwecken und nicht etwa – wie in wissenschaftlichen Kontexten – der Erzeugung neuen Wissens oder der kritischen Überprüfung von Aussagen. Mit anderen Worten: Dem Alltagswissen fehlt es gerade an jener Dynamik, die wissenschaftliches Wissen auszeichnet.

Die Frage der Abgrenzung von Wissenschaft gegenüber nicht-wissenschaftlichen Ideensystemen ist vielschichtiger als es den Anschein hat, wenn man sich ausschließlich an Poppers Falsifikationskriterium orientiert. Zweifellos ist empirische Überprüfbarkeit – und damit im Besonderen die Möglichkeit des Scheiterns an der erfahrbaren Wirklichkeit – grundsätzlich ein Kriterium für jede Form der Wissenschaft. Nur indem die Wissenschaft eine *Auswahl* trifft aus der Vielfalt von Aussagen, die wahr sein *könnten*, führt sie zu einem Zuwachs an Erkenntnis über die Welt. Dies gilt im Besonderen auch für die Geisteswissenschaften (vgl. die Fallstudie zur *Pretense*-Theorie in 2.7). Dass geisteswissenschaftliche Theorien Gegenstände der Wirklichkeit *interpretieren*, begründet keinen Gegensatz zu empirischen Theorien. Denn auch naturwissenschaftliche Theorien interpretieren – indem sie theoretische Begriffe in hypothetischer Weise auf Phänomene anwenden.

Pseudowissenschaften geben, dem Wortsinn nach, nur vor wissenschaftlich zu sein, indem sie den möglichen Konflikt mit Erfahrungstatsachen vermeiden. Dabei muss allerdings unterschieden werden zwischen Vermeidungsstrategien, die von einzelnen WissenschaftlerInnen verwendet werden – z. B. indem bei jedem Auftauchen einer Anomalie schwer überprüfbare ad-hoc-Annahmen eingeführt werden, die die Theorie gegen ihre Widerlegung ‚immunisieren' – und strukturellen Barrieren, die Widerlegungen grundsätzlich ausschließen. Gegenüber Fällen der ersten Art stellt Poppers Falsifikationskriterium ein eher wissenschaftsethisches Postulat dar. Es gibt vermutlich nur wenige konkrete Beispiele für Pseudowissenschaften, die in die zweite Kategorie fallen; ein klares Beispiel ist die kreationistische These der Erschaffung der Welt vor 4004 Jahren (vgl. 4.5). Beispiele wie die von Popper zunächst unter ‚Pseudowissenschaft' subsumierte Psychoanalyse Freuds erweisen sich bei näherer Analyse keineswegs als ‚unfalsifizierbar' – wie in 4.5 gezeigt. Dagegen gibt es eine Unzahl fragwürdiger Ideensysteme, für die, vorausgesetzt es gelingt, die in ihnen verwendeten Begriffe zu präzisieren, Falsifikationsinstanzen angegeben werden könnten und die deshalb streng genommen nicht als Pseudowissenschaften im Sinne von Poppers Falsifikationskriterium gelten können. Diese Ideensysteme ‚überleben' nur deswegen und nur solange, wie kein ernsthafter Versuch ihrer Widerlegung unternommen wird.

Religiöse Ideensysteme verdienen nicht die Bezeichnung ‚Pseudowissenschaft', weil (bzw. sofern) sie nicht vorgeben, wissenschaftliche Systeme zu sein. Die Transsubstantiationslehre kann unmittelbar falsifiziert werden ebenso wie manche astrologischen Vorhersagen unmittelbar widerlegt werden können. Aber solche Lehren als Teil religiöser Ideensysteme haben nicht die Funktion, die empirische Wirklichkeit zu beschreiben, sondern religiöse Glaubensinhalte auszudrücken. Nach Simmels Analyse, die in 4.5 skizziert wird, unterscheidet sich der religiöse Glaube wesentlich vom ‚theoretischen' Glauben oder Für-wahr-halten von Hypothesen. Der religiöse Glaube ist ein charakteristischer „Zustand der menschlichen Seele", dessen Identität durch zwei voneinander abhängige Komponenten bestimmt wird, die „theoretische Vorstellung von der Existenz der Heilstatsachen" auf der einen und eine innere Gestimmtheit gegenüber religiösen Vorstellungsinhalten auf der anderen Seite, die eine ‚Hingabe' an Gott beinhaltet. Eine Frage nach der Rationalität oder Irrationalität des Glaubens stellt sich aber nur hinsichtlich des Für-wahr-haltens religiöser Sachverhalte, also der epistemischen Einstellung, die mit dem religiösen Glauben einhergehen mag. Der religiöse Glaube selbst, also die innere Gestimmtheit gegenüber religiösen Vorstellungsinhalten, ist außerwissenschaftlich und außerrational.

Schließlich ist das Verhältnis von Wissenschaft und Metaphysik in der Philosophie in vielfältiger Weise diskutiert worden. Sofern der ‚Metaphysik' ein

Realitätsbereich *jenseits* der Gegenstände der Wissenschaft zugeordnet wird, kann sie in diesem Buch keine Rolle spielen – was man auch immer von einem solchen Realitätsbereich halten mag. Allerdings verdankt sich die Verortung der Metaphysik als ‚jenseits der Wissenschaft' einer Grenzziehung, die auf einem veralteten, wenn auch noch häufig anzutreffenden, Verständnis der Domäne der Wissenschaft beruht. Danach kann die Wissenschaft nur solche Gegenstände thematisieren, die grundsätzlich unserer Sinneswahrnehmung zugänglich sind, und nur insofern, als diese Gegenstände Gesetzmäßigkeiten aufweisen, die dann in Generalisationen ausgedrückt werden. Beispiele für ein solches empiristisch geprägtes Wissenschaftsverständnis sind Ernst Mach (1883) und Pierre Duhem (1906/1998). Letzterer hatte Begriffe in der Physik, die nicht unmittelbar ‚anschaulichen' Charakter besitzen, wie z. B. die Newtonsche Gravitationskraft, als ‚fiktional' klassifiziert. Solche Begriffe besitzen, so Duhem, lediglich ‚symbolische' Bedeutung durch ihren logisch-mathematischen Zusammenhang innerhalb der Axiome der Physik, die zur Systematisierung des physikalischen Wissens ersonnen wurden, um aus ihnen deduktiv die empirischen Gesetze der Physik ableiten zu können. Versucht man aber, diesen Begriffe eine Bezeichnungsfunktion zu geben – deutet man z. B. den Ausdruck ‚Kraft' in Newtons Physik als Bezeichnung in der Natur wirksamer Kräfte – so führt man dadurch obskure metaphysische Pseudoentitäten ein, d. h. man missversteht die Physik. Van Fraassen (1980) hat diesen Gedanken in gewisser Weise in die neuere Wissenschaftstheorie übertragen, indem er den fiktionalen Begriffen Duhems zwar, im Gegensatz zu Duhem, nicht die Funktion des Bezeichnens von Entitäten abgesprochen hat, wohl aber jede Veranlassung leugnet, ihnen gegenüber ein realistisches *commitment* einzugehen.

Schon Ernst Mach musste sich überzeugen lassen, dass man Atome, die aus seiner Sicht einen zweifelhaften, eben metaphysischen Charakter hatten, doch sichtbar machen kann. Im Lauf des 20ten Jahrhunderts sind dann eine Vielzahl von Entitäten in die Wissenschaft eingewandert, die dem herkömmlichen empiristischen Wissenschaftsverständnis nach nur als metaphysisch gelten konnten: Spin, Quarks, Raumkrümmung, virtuelle Teilchen und vieles mehr. Alle diese Ausdrücke sind im realistischen Wissenschaftsverständnis, das sich als Antwort auf die Veränderung der Wissenschaft im 20ten Jahrhundert gebildet hat, weder metaphysisch noch ‚rein symbolisch' zu verstehen, sondern als (tentative) Bezeichnungen physikalischer Entitäten. Die ältere empiristische Grenzziehung zwischen Wissenschaft und Metaphysik hat sich auf diese Weise verflüchtigt; in gewisser Weise hat sich die Wissenschaft – vor allem in Gestalt der modernen Physik – in Richtung des einstmals ‚Metaphysischen' ausgedehnt.

Das Verständnis von Metaphysik als *Fundierung* der Wissenschaft wurde bereits anhand von Kants Wissenschaftskonzeption in 1.4 diskutiert; aus heutiger

Sicht erscheint eine wissenschaftsfundierende Rolle der Metaphysik als problematisch – schon aufgrund der langen Liste gescheiterter historischer Versuche. Was bleibt, ist Metaphysik als Theorie meta-wissenschaftlicher Gegenstände, unter ihnen Raum und Zeit, Kausalität, Naturgesetz, Möglichkeit und Notwendigkeit. Die wissenschaftstheoretische Tradition des *Wissenschaftlichen Realismus* hat durch ihre realistische Interpretation hypothetischer Entitäten Akzeptanz dafür geweckt, auch gemeinhin als ‚metaphysisch' aufgefasste Gegenstände als Gegenstände der Wissenschaft zu verstehen. Kapitel 5 wird deshalb darlegen, wie meta-wissenschaftliche Gegenstände sich in Gegenstände wissenschaftlicher Theorien verwandeln, den Charakter wissenschaftlicher Hypothesen annehmen, oder immerhin nur auf Grundlage wissenschaftlicher Tatsachen erschlossen werden können.

# 5 Wissenschaft und Metaphysik

## 5.1 Einleitung: Metaphysische Fragen der Wissenschaft

Im Jahr 1926 schrieb Erich Becher, ordentlicher Professor der Philosophie an der Universität München:

> In der Zeit nach dem Verfall der spekulativen deutschen Metaphysik glaubte man vielfach, insbesondere in den Kreisen der Naturforscher, dass das alte Band zwischen Metaphysik und Naturwissenschaft endgültig zerschnitten, dass jene durch diese für immer überwunden und gänzlich vernichtet sei. (Becher 1926: 1)

In den „letzten Jahrzehnten", also etwa seit Beginn des 20ten Jahrhunderts, sei es aber auch Naturforschern „wieder zum Bewusstsein gekommen, dass die weitreichenden Gesetze und Theorien ihres Forschungsbereiches" – Becher nennt hier einige Beispiele, vom Energieerhaltungssatz bis zu Darwins Evolutionstheorie –

> [...] bis an die Grenzen der Metaphysik [...] hineinreichen. Gerade die bedeutendsten Theoriebildungen der gegenwärtigen Naturwissenschaft, die Triumphe und der fortschreitende Ausbau der Atomistik, der Quantentheorie mit ihren Rätseln, die Relativitätstheorie mit ihren Paradoxien drängen metaphysische Fragen nach den letzten Bausteinen der Außenwelt, nach der Bedeutung unserer Naturgesetze, nach dem tiefsten Wesen und Verhältnis von Raum und Zeit auf. (ebenda)

Zur gleichen Zeit, in der Erich Becher die neuen wissenschaftlichen Theorien des 19ten und des 20ten Jahrhunderts „bis an die Grenzen der Metaphysik" reichen sieht und an das „alte Band" zwischen Naturwissenschaft und Metaphysik erinnert, führen Vertreter der analytischen Philosophie wie Bertrand Russell oder Rudolf Carnap ihren Kampf für die Überwindung der Metaphysik, die sie als Anachronismus und als Hemmschuh einer sich endgültig emanzipierenden Wissenschaft verstehen. Die beiden philosophischen Richtungen, radikale Metaphysikkritik und Verteidigung metaphysischer Fragen, die aus der Naturwissenschaft entspringen, sind in der Sache näher beieinander als es zunächst den Anschein hat. Gemeinsam ist ihnen die Ablehnung *traditioneller* Konzepte der Metaphysik, in der Version Kants als zeitlose *Vorbedingung aller Wissenschaft*, aber erst recht in der Version der spekulativen Metaphysik des deutschen Idealismus, nach der metaphysische Prinzipien eine von den Wissenschaften unabhängige fundamentalere Realität widerspiegeln.[1] Becher hat diese Ablehnung mit dem konstruktiven Ansatz einer *induktiven Metaphysik* verbunden, in der Resultate der Naturwissenschaft die Basis für weitergehende Schlüsse auf die Natur von Raum und Zeit und andere ‚metaphysische' Fragen bilden sollen. Nicht irgendeine apriorische Einsicht in die Natur der Dinge, sondern die Vereinbarkeit mit der Gesamtheit der Wissenschaft fungiert als Kriterium für die Akzeptanz metaphysischer Aussagen. Damit wird eine neue Sicht auf das Verhältnis zwischen Wissenschaft und Metaphysik propagiert, deren Wirksamkeit sich allerdings erst etwa 30 Jahre später entfaltete.

Während es in der vom Wiener Kreis geprägten analytischen Philosophie der 1920er und 30er Jahre – eine Ausnahme bildet hier Hans Reichenbach[2] – kaum Versuche gab, Metaphysik auf Basis der Wissenschaften wiederzubeleben, entstand in den frühen 1960er Jahren mit dem *Wissenschaftlichen Realismus* (Smart 1968, Putnam 1975 u. a.)[3] eine philosophische Richtung, die sich zum Ziel setzte, Wissenschaft nicht mehr nur methodologisch und erkenntnistheoretisch zu analysieren, sondern auch zu fragen, welche *ontologischen* Konsequenzen für Raum und Zeit, den Determinismus oder die Entstehung komplexer Strukturen in der Evolution des Kosmos aus aktuellen naturwissenschaftlichen Theorien wie Relativitäts- und Quantenphysik gezogen werden können. Im Zentrum des Interesses stand dabei zunächst die Frage, wie der ontologische Status von Raum und Zeit auf Basis der Relativitätstheorien neu interpretiert werden kann – die bis heute andauernde Debatte soll in 5.2 aufgegriffen werden. Bei aller Vielfalt der darin vertretenen Positionen, ist es ein Grundzug dieser Debatte, dass Raum und Zeit (bzw. die Raumzeit) nicht mehr, wie in der von Kant geprägten Tradition als universelle Formen der Erkenntnis, sondern selbst als empirische Gegenstände der Physik aufgefasst werden. Die philosophischen Prämissen des Wissenschaftlichen Realismus, die in dieser Debatte federführend sind, werden ihrerseits nicht mehr einer ‚über' der Wissenschaft stehenden Metaphysik zugerechnet, sondern selbst als wissenschaftliche Hypothesen betrachtet. Diese Entwicklung ist Gegenstand von 5.3 (*Realismus*).

Weitere Themen, die gegenwärtig in der *metaphysics of science*[4] diskutiert werden, sind *Kausalität* (5.4), *Naturgesetze* (5.5), sowie *Möglichkeit und Notwendigkeit* (5.6). Gemeinsam ist ihnen, dass es sich um Grundkategorien[5] von hohem Allgemeinheitsgrad handelt, die über alle Zeiten hinweg und bis heute für das menschliche Denken über die Natur von zentraler Bedeutung sind und in wissenschaftlichen Theorien ihren Niederschlag gefunden haben. Aufgrund ihrer Universalität lassen sie sich als *meta-wissenschaftliche* Begriffe verstehen. Dies impliziert aber nicht, dass es sich um nicht-empirische und in diesem Sinne *metaphysische* Begriffe handelt. Stattdessen stellt sich heraus, dass Kausalität, Naturgesetze und Möglichkeiten auf dem Boden wissenschaftlicher Theorien expliziert werden können. Diese Begriffe handeln, ebenso wie einzelwissenschaftliche Begriffe, von Gegenständen und Strukturen der Natur, die wissenschaftlich beschrieben und erklärt werden können.

## 5.2 Raumzeit

Die Hauptfrage der Metaphysik ist „Was existiert, und in welcher Weise existiert es?". Der zweite Teil der Frage nimmt darauf Rücksicht, dass konkrete Dinge wie Bäume, Schmetterlinge oder Häuser in anderer Weise existieren als Abstrakta wie Zahlen, Bedeutungen oder Normen. Was existiert, kann außerdem als Gegenstand, als Eigenschaft oder als Relation existieren. Und schließlich scheint es eine vertikale Ordnung des Existierenden zu geben: Bäume bestehen aus Zellen, Zellen aus Molekülen usw. Die Metaphysik hat das Ziel, das gesamte ‚Mobiliar' der Welt auf möglichst einfache und systematische Weise den Kategorien Gegenstand, Eigenschaft und Relation zuzuordnen und zu bestimmen, welches die fundamentalen, voneinander unabhängigen Entitäten der Welt sind, und welche in einer von fundamentalen Entitäten abhängigen Weise existieren.

Raum und Zeit existieren. Vielleicht können wir uns eine Welt ausdenken, die weder räumlich noch zeitlich ist, aber die Welt, in der wir leben, scheint nicht von dieser Art zu sein. Aber *in welcher Weise* existieren Raum und Zeit? Die Philosophiegeschichte hat hier eine Vielzahl von Vorschlägen zu bieten: Raum und Zeit als Gegenstände, als Eigenschaften (Räumlichkeit, Zeitlichkeit) oder als Systeme von Relationen (Abstandsrelation, früher-später-Relation). Descartes fasste den Raum als eine Eigenschaft[6] auf, nämlich als die den Körpern wesentlich zukommende Eigenschaft, ausgedehnt zu sein (vgl. 1.3), Leibniz als eine Struktur, die durch die Abstands-Relation zwischen materiellen Gegenständen geordnet ist, und Newton schließlich als einen Gegenstand (den ‚absoluten' Raum) mit fester, intrinsischer Struktur, die die Trägheitsbewegungen von Körpern bestimmt.

Betrachtet man die Methoden, mit denen diese verschiedenen Vorschläge gewonnen werden, so zeigt sich, dass sie sich nicht von Argumenten unterscheiden, wie sie in der Wissenschaft verwendet werden. Descartes demonstriert mithilfe eines Ausschlussverfahrens, dass die intrinsische Eigenschaft, auf der die Körperlichkeit physischer Körper beruht, nur in ihrer *Ausgedehntheit* bestehen kann, wobei Alternativen wie die Trägheit (Widerstand, den ein Körper seiner Bewegung entgegensetzt) deswegen ausscheiden, weil sie vom Bezugssystem abhängen, in dem der Körper betrachtet wird und daher nicht die nötige *Invarianz* aufweisen. Nur Invarianten, so der Kern von Descartes' Argumentation, können intrinsische Eigenschaften von Körpern repräsentieren. Auch in der Argumentation von Leibniz spielen Invarianten und die entsprechenden Symmetrien eine wesentliche Rolle: in seinem berühmten Briefwechsel mit Clarke weist Leibniz darauf hin, dass nur die Invariante der Symmetriegruppe[7] simultaner starrer Bewegungen eines Körpersystems, nämlich seine charakteristische Abstandsstruktur, empirische Bedeutung besitzen kann. Während absolute Raumpositionen von Körpern, und somit ein ‚absoluter Raum' als Gesamtheit absoluter

Raumpositionen, empirisch nicht identifizierbar sind, können die *relativen* Abstände der Körper beobachtet und gemessen werden. Mit anderen Worten: Nur Aussagen über relative Raumpositionen sind mögliche Gegenstände einer empirischen Wissenschaft.

Newton hält in den *Principia* dagegen, dass es – neben der Existenz einer „absoluten, wahren und mathematischen Zeit", die „an sich und ihrer Natur nach gleichmäßig, ohne Beziehung auf äußere Gegenstände" fließt – gerade die Existenz absoluter Raumpositionen ist, die von der Theorie gefordert ist: Nur in Bezug auf absolute Raumpositionen können Kräfte ihren Status als bezugssystemunabhängige Ursachen von Beschleunigungen besitzen. Der absolute Raum ist aber nach Newton nicht nur ein notwendiges Element einer physikalischen Theorie, seine Existenz wird außerdem durch Beobachtungen verifiziert. Dies demonstriert Newton anhand des ‚Eimer-Versuchs': Bei der Rotation eines wassergefüllten Eimers tritt eine Wölbung der Wasseroberfläche am Rand des Eimers unabhängig von der Relativbewegung zwischen Wasser und Eimerwänden auf und kann daher nicht auf diese zurückgehen. Stattdessen hängt der Effekt kontrafaktisch von der Relativbewegung zwischen dem Wasser und dem ‚unbeweglichen' absoluten Raum ab, was aus Newtons Sicht den Schluss rechtfertigt, dass der absolute Raum diesen Effekt verursacht. Newtons Argumentation läuft also darauf hinaus, dass die Existenz des absoluten Raums durch eine wissenschaftliche Theorie impliziert und in direkter Weise empirisch gestützt wird.

Die Frage danach, unter welcher ontologischen Kategorie der Raum zu subsumieren ist, stellt zwar eine Angelegenheit der Metaphysik dar – keine physikalische Theorie[8] und kein physikalisches Lehrbuch greift diese Frage explizit auf – aber Antworten auf sie werden seit Beginn der neuzeitlichen Naturwissenschaft mit wissenschaftlichen Argumenten gesucht. Dies gilt auch für die Debatte über den Status des Raums (bzw. der Raumzeit), die im Anschluss an die Formulierung der Allgemeinen Relativitätstheorie durch Einstein im Jahr 1915 geführt wird. Dabei überwiegt zunächst die auch von Einstein selbst geteilte Auffassung, dass die Allgemeine Relativitätstheorie einen gegenständlichen Charakter von Raum und Zeit ausschließt:

> Dass [die] Forderung der allgemeinen Kovarianz, welche dem Raum und der Zeit den letzten Rest physikalischer Gegenständlichkeit nimmt, eine natürliche Forderung ist, geht aus folgender Überlegung hervor. Alle unsere zeiträumlichen Konstatierungen laufen stets auf die Bestimmung zeiträumlicher Koinzidenzen hinaus. Bestände beispielsweise das Geschehen nur in der Bewegung materieller Punkte, so wäre letzten Endes nichts beobachtbar als die Begegnungen zweier oder mehrerer dieser Punkte. Auch die Ergebnisse unserer Messungen sind nichts anderes als die Konstatierung derartiger Begegnungen materieller Punkte unserer Maßstäbe mit anderen materiellen Punkten bzw. Koinzidenzen zwischen Uhrzeigern,

Zifferblattpunkten und ins Auge gefassten, am gleichen Orte und zur gleichen Zeit stattfindenden Punktereignissen. (Einstein 1916: 776)

Auch Einsteins Argument gegen den Gegenstandscharakter von Raum und Zeit gründet sich, ähnlich wie die Argumentation von Leibniz, auf die Unterscheidung zwischen *Invarianten* als Träger der empirischen Bedeutung der Theorie – dies sind bei Einstein die ‚zeiträumlichen Koinzidenzen' –, und Elementen der entsprechenden *Symmetriegruppe*, die aufgrund des ‚allgemeinen Relativitätspostulats'[9] alle möglichen stetigen Koordinatentransformationen einschließt (auch solche, die Beschleunigungen repräsentieren). Die verschiedenen Elemente dieser Gruppe entsprechen den unterschiedlichen epistemischen *Perspektiven*, unten denen das physikalische Geschehen in Raum und Zeit betrachtet werden kann; von der intrinsischen Raumzeit-Struktur Newtons bleibt allein das Netz der ‚zeiträumlichen Koinzidenzen' übrig. Der Gegenstand Raumzeit ist somit aller seiner inneren Eigenschaften – bis auf ein Netz von Koinzidenzen – entkleidet und verliert in diesem Sinne seine Identität, seine ‚Gegenständlichkeit', wie Einstein es formuliert.

Ein philosophischer Interpret der Relativitätstheorie, Ernst Cassirer, hat daraus die Folgerung gezogen, dass die Allgemeine Relativitätstheorie den Standpunkt Leibniz' bestätige, nach dem es „völlig dasselbe" sei, „ob man zur Darstellung der kosmischen Bewegungserscheinungen den Koordinatenmittelpunkt in die Sonne oder die Erde verlegt" (Cassirer 1904: 109). Für die Auszeichnung des Kopernikanischen Systems gegenüber dem Ptolemäischen – der Kant noch eine metaphysische Grundlage hatte geben wollen – spricht danach nur die größere Einfachheit, also ein pragmatischer Grund.

Die Einschätzung, dass Einsteins Theorie eine *relationale* Theorie des Raumes sei, die den unerwünschten metaphysischen Gegenstand ‚absoluter Raum' endgültig beseitigt und an seine Stelle ein Geflecht von Beziehungen gesetzt hat, findet in der Diskussion noch 40 Jahre später ihren Widerhall. So schreibt Hans Reichenbach 1955 in seinem Aufsatz *Die philosophische Bedeutung der Relativitätstheorie*, dass die Allgemeine Relativitätstheorie zwar von der Realität von Raum und Zeit spreche, diese Realität aber eine Realität der „Verhältnisbeziehungen" sei; die räumlichen und zeitlichen Begriffe, so Reichenbach, „beschreiben Beziehungen, die zwischen physikalischen Gegenständen, nämlich festen Körpern, Lichtstrahlen und Uhren gelten" (Reichenbach 1955/1979: 330 – 331).

Schon zu Beginn der 1920er Jahre hatte Einstein jedoch seine ursprüngliche minimalistische Ontologie der Raumzeit erheblich revidiert. Er spricht jetzt davon, dass die Raumzeit selbst ein physikalisches Feld darstelle, das *metrische* Feld (vgl. Einstein 1920). Dieses Feld wird durch den Metrik-Tensor charakterisiert, der an jedem Punkt die metrischen Beziehungen zu den Punkten seiner unmittelbaren Umgebung angibt. Durch die Metrik wird in eindeutiger Weise die raumzeitliche Länge einer Weltlinie zwischen zwei Punkten bestimmt, die die ‚Eigenzeit' eines Beobachters auf dieser Weltlinie bestimmt, also die Zeit, die der Beobachter auf seiner mitgeführten Uhr abliest. Die Raumzeit erweist sich also keineswegs als strukturlose, amorphe Mannigfaltigkeit, sondern vielmehr als durch ihre Metrik intrinsisch strukturiertes physikalisches Objekt (vgl. Friedman 1983: 26). Ein Beleg für die physikalische Realität des metrischen Feldes ist die Tatsache, dass der Riemannsche Krümmungstensor ein invariantes mathematisches Objekt ist, das an jedem Punkt der Raumzeit die dort existierende Raumzeit-Krümmung angibt. Die Raumzeit-Krümmung bestimmt, wie ein physikalisches Objekt beim Durchgang durch ein kleines raumzeitliches Gebiet deformiert wird. Die Raumzeit übt also, vermöge ihrer Krümmungseigenschaft, messbare physikalische Wirkungen aus (vgl. Ohanian 1976: 26 f.).

Die Tatsache, dass die Raumzeit in der Theorie durch ein intrinsisch strukturiertes physikalisches Feld repräsentiert wird, führt zu Konsequenzen hinsichtlich der ontologischen Interpretation der Punkt-Mannigfaltigkeit als Träger dieses Feldes. Einstein hatte in seiner ‚Lochbetrachtung' 1913[10] auf seinem Weg zur Formulierung der Feldgleichungen der Gravitation festgestellt, dass ein metrisches Feld sich auf dem Hintergrund der Mannigfaltigkeit verschieben lässt, ohne dass sich dies im physikalischen Aussagegehalt niederschlägt. Die Verschiebung des Feldes hat große Ähnlichkeit mit der von Leibniz erwogenen starren Verschiebung eines Systems von Körpern im Raum, die aus seiner Sicht ebenfalls keine neue physikalische Situation erzeugt. Aus Einsteins Lochbetrachtung lässt sich der Schluss ziehen – ganz analog zu Leibniz' Folgerung, dass nur räumliche *Relationen* physikalische Bedeutung besitzen –, dass die Punkte der Mannigfaltigkeit keine *primitive* Identität, das heißt keine Identität unabhängig von ihren metrischen Eigenschaften besitzen. Aber dies bedeutet noch nicht zwangsläufig, dass Raumzeit-Punkte keine Individuen sind. Ein ‚raffinierter Substanzialismus' (vgl. Pooley 2006: 101) individuiert die Punkte der Mannigfaltigkeit, indem er ihnen charakteristische metrische Eigenschaften zuschreibt. Raumzeit-Punkte sind danach Mannigfaltigkeits-Punkte plus Metrik, das heißt physikalische Entitäten, deren qualitative Identität durch *essentielle metrische Eigenschaften* bestimmt ist.[11] Eine Alternative besteht darin, die Raumzeit mit dem metrischen Feld zu *identifizieren*.[12] Das System von Relationen, durch welche das metrische Feld charakterisiert ist, wird in dieser Interpretation zu einer unabhängig existierenden Struktur. Die Relata dieser Struktur, die Raumzeit-Punkte, erhalten ihre Identität dadurch, dass sie in spezifischen metrischen Relationen zu den umgebenden Raumzeit-Punkten stehen. Für diesen ‚moderaten Strukturenrealismus' (vgl. Esfeld und Lam 2008) besitzen Raumzeit-Punkte keine intrinsischen Eigenschaften, die über die Instanziierung metrischer Relationen hinausgehen, wobei andererseits die metrischen Relationen nicht unabhängig von ihren Relata, den Raumzeit-Punkten, existieren.

Probleme der korrekten Interpretation einer physikalischen Theorie sind zum Ausgangspunkt einer metaphysischen Debatte über die Existenzweise von Raumzeit-Punkten geworden, wobei verschiedene metaphysische Konzepte der Identität ins Spiel kommen. Die physikalische Theorie allein erzwingt keine definitive Auswahl unter diesen Konzepten – sie bestimmt nicht ihre eigene Interpretation –, aber mit ihrer Hilfe lässt sich der Ausschluss bestimmter Konzepte begründen. So ist, wie bereits gesehen, die *primitive* Identität von Raumzeit-Punkten eine mit der Allgemeinen Relativitätstheorie unvereinbare metaphysische Option. Wissenschaftliche Theorien können metaphysische Annahmen bestätigen oder widerlegen, so wie Beobachtungen wissenschaftliche Theorien bestätigen oder widerlegen können.

Metaphysische Begriffe sind Werkzeuge, die zur Interpretation physikalischer Theorien verwendet werden. Mit neuen wissenschaftlichen Theorien entsteht die Notwendigkeit, diese Werkzeuge zu verfeinern. Dies zeigt sich nicht nur an der eben skizzierten Debatte, in welchem Sinne Raumzeit-Punkte Individuen sein können, sondern auch an der alten Frage nach den fundamentalen Substanzen der Welt: Gibt es *zwei* unabhängige Substanzen, Raumzeit und Materie (Dualismus), oder nur *eine*, Raumzeit oder Materie (Monismus)? Der *Super-Substanzialismus* (vgl. Lehmkuhl 2018) behauptet, dass es nur eine Substanz gibt, die Raumzeit. Natürlich heißt dies nicht, dass etwa die Existenz der Materie geleugnet wird, die Materie stellt nur keine Substanz dar, weil sie von der einzigen vorhandenen Substanz, der Raumzeit, abhängig ist. Diese Abhängigkeit begründet einen ‚ontologischen Vorrang' der Raumzeit. Tatsächlich spricht die Allgemeine Relativitätstheorie aufgrund der Tatsache, dass bestimmte Modelle der Theorie keine Materiefelder enthalten (Vakuum-Welten), dafür, dass die Raumzeit, repräsentiert durch das metrische Feld, ontologischen Vorrang vor der Materie besitzt:

> [The theory] allows for spacetime to exist without matter, but not for matter to exist without spacetime. Furthermore [...] in GR [General Relativity] it is in general not possible to assign the property of possessing mass-energy, essential for a field to be a matter field, without reference to the spacetime metric. (Lehmkuhl 2018: 33)[13]

Der ontologische Vorrang der Raumzeit bzw. die Abhängigkeit der Materie von der Raumzeit kann nun in ganz unterschiedlicher Weise gedeutet werden. Descartes hat beispielsweise eine Auffassung vertreten, die Schaffer (2009) als *identity view* bezeichnet. Materielle Objekte sind danach mit Raumzeit-Gebieten zu identifizieren bzw. sie sind aus ihnen gebildet (vgl. Lehmkuhl 2018. 34). Dies setzt allerdings voraus, dass Materialität als ‚Ausdehnung' zu verstehen ist; sicher keine Option im Rahmen der Allgemeinen Relativitätstheorie. Die Theorie, so Lehmkuhl, liefert auch keinen Grund dafür anzunehmen, dass die Materie auf Raumzeit *reduzierbar*, oder auch nur relativ zur Raumzeit *supervenient* ist:

> [...] the matter fields have dynamical degrees of freedom that are independent of spacetime structure: the matter fields interact with the metric field, but what they do, how they develop, cannot be reduced to and does not supervene on what the metric field does. (Lehmkuhl 2018: 36)

Ein weiterer Versuch, einen ontologischen Vorrang der Raumzeit gegenüber der Materie auszudrücken, besteht darin, Raumzeit-Punkten bzw. Raumzeit-Gebieten nicht nur jene geometrischen Eigenschaften zuzuschreiben, die durch den Metrik-Tensor bestimmt werden (räumliche und zeitliche Abstände, Unterschied zwischen Vergangenheit und Zukunft), sondern auch weitere physikalische Eigenschaften wie Masse oder Ladung. Eigenschaften, die wir gewöhnlich auf Objekte in Raum und Zeit beziehen, sollen nun direkt Raumzeit-Gebieten zugeschrieben werden. Dieser *moderate Super-Substanzialismus* (vgl. Lehmkuhl 2018: 36f.) ist von Sklar etwas unfreundlich als linguistischer Trick bezeichnet worden (vgl. Sklar 1974: 166). Anstatt die Legitimität dieser Position in Zweifel zu ziehen, sollte man aber besser darauf verweisen, dass eine solche bloße Zuschreibung über die eigentlich interessierende Frage hinweg geht, aus welchen *physikalischen Gründen* denn Eigenschaften wie Masse oder Ladung als Eigenschaften von Raumzeit-Punkten oder Raumzeit-Gebieten verstanden werden könnten. Eine metaphysische Rekonstruktion der physikalischen Ontologie gewinnt Glaubwürdigkeit nicht dadurch, dass sie widerspruchfrei möglich ist, sondern dadurch, dass sie aus physikalischen Gründen gefordert oder zumindest nahegelegt ist.

Der *radikale Super-Substanzialismus*, wie er durch Wheelers ‚Geometrodynamik' verwirklicht wurde, erfüllt dieses Kriterium. Dieses Forschungsprogramm zielte darauf, das Auftreten verschiedener materieller Eigenschaften durch raumzeitliche Eigenschaften, im Besonderen durch Krümmungs-Eigenschaften entsprechender Raumzeit-Gebiete, physikalisch zu *erklären* (vgl. Wheeler 1962). Wheeler gab seinem Programm den prägnanten Titel: „Curved empty space-time as the building material of the world". Während Wheelers Programm aus physikalischen Gründen scheitern konnte (und auch tatsächlich gescheitert ist), kann der moderate Super-Substanzialismus sich bestenfalls als pragmatisch unvorteilhaft erweisen.

Die jüngste Entwicklung der Physik scheint jedoch nicht in die Richtung eines Super-Substanzialismus zu deuten. Ganz im Gegenteil: Die Quantenfeldtheorien der Materie gelten als die fundamentalen Theorien der Welt, während die Allgemeine Relativitätstheorie als klassische, nicht-quantisierte Theorie nur für niedrige Energien (bzw. für kosmologische Dimensionen) begrenzte Gültigkeit zu besitzen scheint. Nach dieser Auffassung repräsentieren die Materietheorien die fundamentalen Bausteine der Welt und es stellt sich die Frage, wie raumzeitliche Strukturen derivativ daraus gewonnen werden können. In Harvey Browns Deutung ist die lokale Lorentz-Struktur[14] der Raumzeit keine intrinsische Struktur der Punkt-Mannigfaltigkeit, sondern sie lässt sich vielmehr zurückführen auf die erstaunliche Eigenschaft der lokalen Lorentz-Invarianz *aller* Materiefelder (vgl. Brown 2005). Auch eine solche ‚konstruktive', auf die Bewegungsgesetze der Materie rekurrierende Begründung der Raumzeit-Struktur muss allerdings die Existenz rudimentärer räumlicher, z.B. topologischer Strukturen der Welt voraussetzen.

Schließlich stellen neuere Ansätze der Quantengravitation, in denen Relativitäts- und Quantenphysik vereinheitlicht werden sollen, den fundamentalen Status von Raumzeit grundsätzlich in Frage: Vielleicht ist die Raumzeit überhaupt keine fundamentale Struktur. Es könnte vielmehr sein, dass die fundamentale Realität durch nicht raumzeitlich eingebettete Quantenobjekte, z. B. durch ‚causal sets' (vgl. Wüthrich 2012) verkörpert wird, deren Elemente selbst keine raumzeitlichen Eigenschaften besitzen, aus deren Beziehungen aber makroskopische emergente Strukturen hervorgehen können, die aufgrund der durch sie erfüllten Funktionen (z.B. der Funktion der Bestimmung ‚räumlicher' und ‚zeitlicher' Abstände) als ‚raumzeitliche' Strukturen verstanden werden können.

## 5.3 Realismus

Im letzten Abschnitt haben wir uns mit verschiedenen Modellen der Existenzweise raumzeitlicher Entitäten beschäftigt und sind zu dem Resultat gelangt, dass Argumente für oder gegen die Akzeptanz solche Modelle sich auf wissenschaftliche Theorien stützen, ohne dass dadurch ein Modell eindeutig ausgezeichnet würde. Metaphysische Fragen, die sich im Anschluss an wissenschaftliche Theorien stellen, unterscheiden sich in dieser Hinsicht nicht von wissenschaftlichen Fragen. Aber setzt diese Sicht der Dinge nicht *voraus*, dass wissenschaftliche Theorien überhaupt Aussagen über eine vom menschlichen Geist unabhängige, d.h. im Besonderen sprach- und begriffsunabhängige, Realität treffen? Ist nicht der *Realismus* in Bezug auf wissenschaftliche Theorien selbst eine metaphysische Annahme, die nicht durch wissenschaftliche Argumente gestützt ist?

In Kapitel 4 haben wir gesehen, dass Karl Popper das Falsifikationskriterium zur Abgrenzung gegenüber metaphysischen Theorien verwendet hat. Metaphysische Theorien sind nach dieser Auffassung nicht testbar, sie gehören nicht zur Sphäre der Wissenschaft, was nicht ausschließt, dass sie rational diskutiert, das heißt mit Argumenten für oder gegen sie Stellung bezogen werden kann. Dies gilt nach Popper auch für den Realismus in Hinsicht auf wissenschaftliche Theorien. Popper bekennt sich zum Glauben an die metaphysische Theorie des Realismus, ohne dass diese Theorie einem Test unterzogen werden könnte. Der Glaube an den Realismus ist aber andererseits nach Popper *kein irrationaler* Glaube: Wenn es das Ziel der Wissenschaft ist, wahre[15] Aussagen über die Welt zu finden, dann muss es grundsätzlich möglich sein, mittels wissenschaftlicher Theorien der Wahrheit zumindest nahe, bzw. aufgrund des wissenschaftlichen Fortschritts der Wahrheit immer näher zu kommen, auch wenn die Geschichte der Wissenschaft voller Irrtümer und Fehlschläge sein mag. Jedenfalls wäre es unvernünftig, an diesem Ziel der Wissenschaft festzuhalten, wenn seine Erreichbarkeit grundsätzlich ausgeschlossen ist. Letztlich hängt also Poppers ‚Glaube an den Realismus' von der Annahme ab, dass Wahrheit das Ziel der Wissenschaft ist. Was ist von dieser Annahme zu halten? Sicher würden ihr viele WissenschaftlerInnen zustimmen, aber es gab und gibt auch ablehnende Stimmen – Bas van Fraassens konstruktiver Empirismus, auf den wir unten eingehen werden, formuliert beispielsweise eine Gegenauffassung. Es gibt allerdings keine *a priori*-Gründe, die ‚Wahrheit' als Zielbestimmung der Wissenschaft von vorneherein ausschließen (vgl. dazu 6.3).

Popper hat seine Einschätzung, dass der Realismus keine wissenschaftliche Theorie darstellt, damit begründet, dass wissenschaftliche Aussagen grundsätzlich nur hypothetische Geltung besitzen. Der Realismus schließe aber den Glauben an die Wahrheit wissenschaftlicher Aussagen ein – eine Realistin muss nicht *alles* für wahr halten, was die Wissenschaft behauptet, aber sie muss wenigstens *irgendwelche* wissenschaftlichen Aussagen für wahr halten; ansonsten wüssten wir nicht, weshalb sie als Realistin gelten soll. Nun geht aber, so Popper, der Glaube an die Wahrheit irgendwelcher wissenschaftlicher Aussagen über das hinaus, was aufgrund ihrer hypothetischen Geltung zu rechtfertigen ist: „[...] I would not be prepared to point to any particular law of physics and say: ‚This law is true' [...]" (vgl. Popper 1983: 72). Ein solcher Glaube entspräche dem Ausstellen eines ungedeckten Schecks, der niemals eingelöst werden kann.

Während mit der zunehmenden Gewöhnung an die These der Hypothetizität allen wissenschaftlichen Wissens das Gefühl für die Spannung, die zwischen dieser These und einer realistischen Wissenschaftsauffassung besteht, fast verschwunden ist (vgl. Bartels 2009: 295 f.), lässt sich diese Spannung aus Poppers Sichtweise noch herauslesen: Wie kann es, so Popper, legitim sein, an die Wahrheit von Aussagen zu glauben, die niemals endgültig verifiziert werden können? Erst die Philosophen des *scientific realism* (u. a. Smart 1968, Putnam 1975, Boyd 1984, Leplin 1984 und 1997) haben auf diese Frage eine Antwort gegeben, die Hypothetizität und Realismus miteinander zu vereinbaren erlaubt: Die Behauptungen des Realismus, dass die vermutlich referentiellen Ausdrücke einer entwickelten Wissenschaft sich tatsächlich auf Entitäten der Welt beziehen und dass die Gesetze einer entwickelten Wissenschaft näherungsweise wahr sind (vgl. Leplin 1984: 203) – müssen *selbst* als wissenschaftliche Hypothesen verstanden werden, die nur aufgrund ihrer erklärenden Kraft, v. a. in Hinsicht auf den Erfolg der Wissenschaft, gerechtfertigt werden können.

Eine wissenschaftliche Realistin in Bezug auf eine bestimmte wissenschaftliche Theorie zu sein bedeutet danach, die Überzeugung zu vertreten, dass die realistische Hypothese, die besagt, dass diese Theorie näherungsweise wahr ist, am besten abschneidet, wenn es um die Erklärung der epistemischen Vorzüge der Theorie (empirische Adäquatheit, Erklärungskraft, Fähigkeit, verschiedene Phänomene zu vereinheitlichen usw.) geht. Sie rechtfertigt ihre realistische Überzeugung mittels eines ‚Schlusses auf die beste Erklärung', also in derselben Weise, in der sie auch einzelwissenschaftliche Behauptungen rechtfertigt. Der wissenschaftliche Realismus kann darüber hinaus als These verstanden werden, die nicht nur einzelne Theorien, sondern die Wissenschaft als Ganze zum Gegenstand hat: Für den Erfolg der Wissenschaft im Ganzen muss es, so argumentiert die Realistin, einen Grund geben, es sei denn, man möchte an Wunder glauben. In Hilary Putnams berühmten *no miracle argument* stellt der Realismus nicht nur die *beste*, sondern sogar die *einzige* Erklärung für den Erfolg der Wissenschaft dar:

> The positive argument for realism is that it is the only philosophy that doesn't make the success of science a miracle. That terms in mature scientific theories refer [...], that the theories accepted in a mature science are typically approximately true, that the same term can refer to the same thing even when it occurs in different theories – these statements are viewed by the scientific realist not as necessary truths but as a part of the only scientific explanation of the success of science, and hence, as part of any adequate scientific description of science and its relations to its objects. (Putnam 1975: 73)

Da der Realismus nun eine wissenschaftliche Hypothese wie jede andere sein soll, müssen für das obige Argument auch dieselben Akzeptanzkriterien gelten wie sie in der Wissenschaft üblich sind: Erstens, ist ihr *Explanandum* ein wahrer und relevanter Sachverhalt? Zweitens, wird dieser Sachverhalt durch das *Explanans* erklärt? Drittens, gibt es keine alternativen, möglicherweise besseren Erklärungen? Die erste Frage lässt sich mit ja beantworten, wenn wir daran denken, dass mithilfe wissenschaftlicher Theorien Phänomene erklärt bzw. überhaupt erst entdeckt werden konnten, die zu früheren Zeiten als rätselhaft galten und dass die praktische Anwendung von Wissenschaft es beispielsweise erst ermöglicht hat, eine Vielzahl von Infektionskrankheiten erfolgreich zu behandeln, die in früheren

Zeiten tödlich verlaufen sind. Der theoretische und praktische Erfolg der Wissenschaft steht trotz aller Fehlschläge und nachteiligen Folgen technologischen Fortschritts außer Zweifel. Weiter muss man den Erfolg der Wissenschaft als relevanten Sachverhalt in Hinblick auf den Wahrheitsgehalt wissenschaftlicher Theorien ansehen, wenn man nicht in Zweifel zieht, dass es die Aufgabe der Wissenschaft ist, theoretische Einsicht und praktischen Nutzen zu produzieren.

Die zweite Frage, ob die Annahme der Wahrheit wissenschaftlicher Theorien überhaupt eine Erklärung für den Erfolg der Wissenschaft liefert, ist nicht so leicht zu beantworten. Der Wissenschaftshistoriker Larry Laudan (1981) hat auf diese Frage eine negative Antwort gegeben. Sein Argument der *pessimistischen Meta-Induktion* besagt, dass in der Geschichte der Wissenschaft häufig Theorien empirisch erfolgreich waren, indem sie die bekannten Phänomene erklärten, die wir heute als falsch betrachten, beispielsweise die Theorie des Lichtäthers. Der Erfolg einer Theorie ist offenbar kein untrügliches Indiz für ihre Wahrheit und deshalb ist es auch in Hinblick auf die gegenwärtigen Theorien nicht gerechtfertigt, ihren Erfolg als Anzeichen ihrer Wahrheit zu interpretieren. Wahrheit und Erfolg sind in der Wissenschaft nicht systematisch korreliert, und deshalb kann der Erfolg der Wissenschaft nicht durch Wahrheit erklärt werden.

Selbst wenn wir Laudan's pessimistische Meta-Induktion als Übertreibung betrachten – schließlich sind die heute für falsch gehaltenen Theorien an ihren Misserfolgen gescheitert und die bis heute erfolgreichen Anwendungen der streng genommen falschen Newtonschen Theorie sind gerade deshalb möglich, weil die Theorie auch nach heutigem Urteil in vieler Hinsicht annähernd wahr ist – ist damit unsere dritte Frage noch nicht beantwortet: Angenommen, die Wahrheit ihrer Theorien erklärt den Erfolg der Wissenschaft, stellt dies auch die *einzige* bzw. die *beste* Erklärung ihres Erfolgs dar? Der Wissenschaftstheoretiker Bas van Fraassen hat eine Alternativerklärung vorgeschlagen: Unsere ‚reifen' wissenschaftlichen Theorien sind deshalb empirisch adäquat (‚erfolgreich'), weil sie sich im harten Wettbewerb historischer Theorienselektion durchgesetzt haben:

> I claim that the success of current scientific theories is no miracle. It is not even surprising to the scientific (Darwinist) mind. For any scientific theory is born into a life of fierce competition [...]. Only the successful theories survive – the one which in fact latched on the actual regularities in nature. (van Fraassen 1980: 40)[16]

Van Fraassens evolutionäre Erklärung für den Erfolg der Wissenschaft erscheint nicht weniger plausibel und ist damit eine zumindest gleichrangige Alternative zur realistischen Erklärung. Wer den Erfolg der Wissenschaft nicht als Wunder hinnehmen möchte, muss nicht deswegen den Realismus akzeptieren. Der Befund, dass Realismus und Anti-Realismus sich argumentativ die Waage halten und auch das Verfahren des Schlusses auf die beste Erklärung keinen eindeutigen Vorzug der einen gegenüber der anderen Position begründen kann, legt den Schluss nahe, dass es sich – entgegen der These des ‚wissenschaftlichen Realismus' – eben doch um zwei gegensätzliche metaphysische Perspektiven ohne empirische ‚Bodenhaftung' handelt, die daher auch empirisch unentscheidbar bleiben müssen. Aber dieser Schluss wäre voreilig. Schließlich ist die empirische Entscheidung auch zwischen alternativen einzelwissenschaftlichen Theorien umso schwieriger, je allgemeiner und abstrakter diese Theorien sind; der wissenschaftliche Realismus, bzw. Anti-Realismus ist aber – als Metatheorie der Wissenschaft – noch allgemeiner bzw. abstrakter als jede einzelwissenschaftliche Theorie.

In Kapitel 6.5 werden wir uns ausführlicher mit einer Erklärungsleistung des Realismus beschäftigen, die mit dem wissenschaftlichen Wandel und der Abfolge von Theorien zu tun hat und, eher beiläufig, in Putnams Definition des wissenschaftlichen Realismus auftaucht, die wir oben zitiert haben: „The same term can refer to the same thing even when it occurs in different theories". Die transtheoretische Konstanz der *Referenz* von Begriffen der Wissenschaft ist eine wichtige Voraussetzung dafür, dass die Abfolge von Theorien als sukzessive Verbesserung unseres Wissens über die Welt verstanden werden kann. Nur der Realismus, so werden wir in Kapitel 6.5 zeigen, lässt diese Voraussetzung als begründet erscheinen.

## 5.4 Kausalität

Nach David Hume (1739/1989: 99) stellen kausale Schlüsse das einzige Instrument unseres Erkenntnisvermögens dar, das uns erlaubt, über den gegenwärtigen Strom von Eindrücken in unserem Bewusstsein hinauszugreifen.[17] Erst kausale Verknüpfungen von Gegenständen, wie sie unser Geist aufgrund der Erfahrung von Regelmäßigkeiten produziert, so Hume, machen uns Zukunft und Vergangenheit epistemisch zugänglich. Der Wissenschaftsphilosoph Leslie Mackie hat die Kausalrelation als „the cement of the universe" (Mackie 1974) bezeichnet. Es gibt aber eine einflussreiche, auf Bertrand Russell zurückgehende Kritik des Kausalbegriffs, die das kausale Denken als ein vorwissenschaftliches Relikt diskreditiert, das bestenfalls in unserem Alltagsdiskurs geduldet werden kann, aber ohne jede Bedeutung für die moderne Wissenschaft ist. Metaphysik erscheint hier in Gestalt des Kausalbegriffs als im schlimmsten Fall schädliches, über den wahren Charakter der Wissenschaft täuschendes Konstrukt, das aus dem wissenschaftlichen Denken entfernt werden muss:

> Das Kausalgesetz, wie so vieles, das von Philosophen akzeptiert wird, ist meiner Meinung nach ein Überbleibsel aus vergangenen Zeiten, das – wie die Monarchie – nur deshalb noch nicht verschwunden ist, weil es irrtümlich für harmlos gehalten wird. (Russell 1912/13: 1)

Russell identifiziert zwei Merkmale des Kausalbegriffs, die aus seiner Sicht in der modernen Wissenschaft keinen Platz haben. Das erste dieser Merkmale ist die Vorstellung der *kausalen Determination* eines Ereignisses durch ein anderes Ereignis. Physikalische Gesetze setzen aber ein einzelnes lokales Ereignis $E$ mit einer Menge von Ereignissen in seiner Vergangenheit in Beziehung, seine ‚kausale Vergangenheit', die mathematisch durch den ‚Vergangenheits-Lichtkegel' des Ereignisses repräsentiert wird. Das Kausalgesetz, ausgedrückt durch die auf Mill zurückgehende Formel ‚gleiche Ursache, gleiche Wirkung', verliert angesichts der Komplexität dieser Konstellation seine Anwendbarkeit. Man müsste ja, um das Kausalgesetz auf $E$ anzuwenden, voraussetzen, dass der exakt gleiche Weltzustand, der in der Vergangenheit von $E$ vorhanden war, ein zweites Mal auftritt, was äußerst unwahrscheinlich ist.

Das zweite Merkmal ist die Annahme der *Asymmetrie* der Kausalrelation – wenn $A$ die Ursache von $B$ ist, dann ist $B$ *nicht* die Ursache von $A$. Eine solche asymmetrische Relation findet sich aber laut Russell in den modernen Theorien der Physik nicht. Die Gesetze dieser Theorien machen keinen Unterschied zwischen einer Bestimmung des Zustands eines Systems durch seine vergangenen oder seine zukünftigen Zustände. In physikalischen Theorien ist es nicht die ‚gleiche Ursache', die die ‚gleiche Wirkung' erzeugt, vielmehr sind es invariante Relationen in Form von Differentialgleichungen, mittels derer zukünftige durch vergangene ebenso wie vergangene durch zukünftige Zustände eines Systems bestimmt werden. ‚Bestimmen' bedeutet hier, dass die Werte physikalischer Variablen durch mathematische Funktionen festgelegt werden:

> The law makes no difference between past and future: the future 'determines' the past in exactly the same sense in which the past 'determines' the future. The word 'determine', here, has a purely logical significance: a certain number of variables 'determine' another variable if that other variable is a function of them. (Russell 1912/13: 15)

Russells Argument, nach dem Abhängigkeiten in der Physik nicht die im Kausalbegriff vorausgesetzte Asymmetrie aufweisen, bezieht sich auf die fundamentalen Gesetze der Physik, bzw. auf die mathematischen Gleichungen, die diese Gesetze repräsentieren.[18] Es ist aber keineswegs selbstverständlich, dass der Platz des Kausalbegriffs in der Physik in ihren *Gesetzen* zu suchen ist. Während die Gesetze einer physikalischen Theorie angeben, welche Beziehungen zwischen den zentralen Variablen der Theorie bestehen, sind es ihre *Modelle*, die die physikalischen Prozesse für bestimmte Sorten von Systemen beschreiben. So beschreibt Newtons Gravitationsgesetz nicht selbst die Bewegungen der Planeten in unserem Sonnensystem, sondern gibt vielmehr an, welche grundlegende Beziehung zwischen der Gravitationskraft und der durch sie auf einen Körper ausgeübten Beschleunigung besteht. Erst eine spezielle Lösung der Gleichung, die das Gesetz repräsentiert, also ein Modell der Theorie, beschreibt dann tatsächlich die Bewegung eines bestimmten Planeten im Schwerefeld der Sonne. Daher belegt die Tatsache, dass die Gesetze der Physik invariant gegenüber Zeitumkehr sind, noch nicht die Abwesenheit des Kausalbegriffs in der Physik. Der Platz der Kausalität in der Physik ist vielmehr in ihren Modellen zu suchen.

Wie aber können nun *kausale Relationen* in Modellen der Physik (und anderer Naturwissenschaften) rekonstruiert werden? Eine Antwort auf diese Frage gibt die auf den australischen Philosophen Phil Dowe (2000) zurückgehende *Transfer-Theorie* der Verursachung. Dowe versteht unter einem kausalen *Prozess* die Weltlinie eines Objektes, das eine physikalische Erhaltungsgröße (Energie-Impuls, Ladung etc.) besitzt. Eine kausale *Wechselwirkung* stellt dann einen Schnittpunkt zweier Weltlinien dar, an dem der Austausch einer physikalischen Erhaltungsgröße stattfindet (vgl. Dowe 2000: 90).[19] Zwei Ereignisse A und B werden danach durch eine *kausale Relation* miteinander verbunden, wenn zwischen ihnen eine kontinuierliche Kette kausaler Prozesse und Wechselwirkungen (in dem eben beschriebenen Sinn) existiert, durch die eine physikalische Erhaltungsgröße von *A* nach *B* transferiert wird (vgl. Dowe 2000: 147).[20]

Löst diese Theorie das Problem der Asymmetrie der Verursachung, also der zeitlichen Gerichtetheit der Kausalrelation? Obgleich der Begriff des Transfers einer Erhaltungsgröße die Vorstellung einer zeitlichen Richtung intuitiv zu enthalten scheint, ist dies nicht der Fall. Woher wissen wir denn, dass eine Erhaltungsgröße von einem *früheren* zu einem *späteren* Ereignispunkt transferiert wurde? Müssen wir nicht schon vorher wissen, was früher und später bedeutet, um dieses Urteil treffen zu können? Die Erhaltungsgesetze, die den Hintergrund der Transfer-Theorie bilden, sind jedenfalls zeitsymmetrisch und bevorzugen keine der beiden zeitlichen Richtungen. Das von Russell aufgeworfene Problem der Erklärung der kausalen Asymmetrie durch die Physik bleibt also zunächst bestehen.

Eine Lösung dieses Problems zeichnet sich ab, wenn wir die zeitliche Struktur der Welt im Ganzen in den Blick nehmen, wie sie durch die Allgemeine Relativitätstheorie beschrieben wird. Für diese Theorie gilt, dass ihre kosmologischen Modelle zeitlich *asymmetrisch* sein können, während die Theorie selbst invariant gegenüber Zeitumkehr, also zeitlich *symmetrisch* ist: Fast alle[21] Lösungen von Einsteins Feldgleichungen, die einen ‚kosmischen' universellen Zeitparameter enthalten, der Newtons ‚absoluter' Zeit entspricht, und in denen es darüber hinaus Materiefelder gibt, sind zeitlich asymmetrisch.[22] Da unsere Welt Materiefelder enthält und vermutlich ein kosmischer Zeitparameter existiert, können wir also sehr wahrscheinlich davon ausgehen, dass unsere Welt im globalen Sinne zeitlich asymmetrisch ist. Damit sich diese globale Eigenschaft auch lokal, in jeder speziellen Region auswirkt, muss sie allerdings auf die lokale Ebene ‚heruntergebrochen' werden.

Die Basis hierfür ist ein kontinuierliches zeitartiges Vektorfeld, das aus dem Energie-Impuls-Tensor der Raumzeit gebildet werden kann und den lokalen Transfer von Energie-Impuls anzeigt. Wenn wir nun *kausale Relationen* zwischen zwei Ereignispunkten im Sinne der oben erläuterten Transfer-Theorie der Verursachung als Transfer von Energie-Impuls verstehen, dann fehlt uns für die Rekonstruktion zeitlich asymmetrischer Verursachung nur noch die Auszeichnung einer positiven Zeitrichtung für den Transfer von Energie-Impuls.[23] Diese zeitliche Ausrichtung wird nun durch die globale Zeitrichtung auf jeden einzelnen Raumzeit-Punkt übertragen.[24]

Diese kosmologische Rekonstruktion stellt eine physikalische Begründung für unsere tagtägliche Erfahrung dar, dass die Zeit in eine Richtung ‚verläuft' und Prozesse in der ‚Vorwärts'-Zeitrichtung anders verlaufen als wenn man sie in der ‚Rückwärts'-Zeitrichtung betrachtet. Sie unterstreicht Tim Maudlins Einschätzung in *The Passing of Time* (2007), dass unsere Erfahrung des Zeitflusses in der zeitlichen Struktur unserer Welt verankert ist: „[T]he passage of time is an intrinsic asymmetry in the temporal structure of the world" (Maudlin 2007: 108). Eine Gegenposition, die zeitliche Asymmetrien und kausale Beziehungen *epistemisch* interpretiert, wird von Frisch (2014) vertreten. Die zeitliche Asymmetrie unserer Erfahrung ist nach Frisch auf den Umstand zurückzuführen, dass *common cause*-Erklärungen für physikalische Korrelationen, die Korrelationen zwischen Ereignissen auf die Existenz gemeinsamer Ursachen zurückführen, Anfangsdaten voraussetzen, die nicht schon selbst Korrelationen aufweisen (wie durch die *initial randomness condition* gefordert); dies aber ist eine Bedingung, die nur in *eine* der beiden möglichen Zeitrichtungen erfüllt ist; diese Richtung fassen wir aufgrund der genannten Tatsache als ‚Vorwärts-Zeitrichtung' auf.

Unabhängig davon, welche Erklärung für die alltägliche Erfahrung der Richtung der Zeit und der kausalen Prozesse in der Zeit sich letztlich als physikalisch tragfähig erweist, können wir konstatieren, dass physikalische Theorien den Begriff der Kausalität aus der alltäglichen Erfahrung nicht einfach ‚übernehmen'. Erst sorgfältige Interpretation dieser Theorien kann Aufschluss darüber geben, ob und wie sich die kausale Struktur der Welt in diesen Theorien widerspiegelt.

## 5.5 Naturgesetze

Gesetze sind uns als Bestandteile wissenschaftlicher Theorien wohlvertraut.[25] Es fällt uns, v. a. in den Naturwissenschaften, nicht schwer, Beispiele von Gesetzen aufzuzählen: Das Gravitationsgesetz, die Maxwell-Gleichungen der klassischen Elektrodynamik, das Brechungsgesetz der geometrischen Optik, Mendels Vererbungsgesetze usw. Gesetze bilden den Kern wissenschaftlicher Theorien, mit ihrer Hilfe können Phänomene erklärt und vorhergesagt werden, sie bilden die Grundlage kontrafaktischer Argumente und enthalten Information darüber, welche Vorgänge möglich oder unmöglich sind, was wir mit unseren Handlungen bewerkstelligen können und was nicht – z. B. wissen wir aufgrund von Gesetzen, dass wir einen Körper nicht auf Über-Lichtgeschwindigkeit beschleunigen können. So gesehen, ist die Frage „Was sind Gesetze?" ohne viel Mühe zu beantworten. Sie wird aber zu einer schwierigen Frage, wenn wir sie nicht als Frage nach den Gesetzesaussagen verstehen, die Teile von Theorien sind, sondern als die metaphysische Frage danach, auf welche Gegenstände oder Strukturen *in der Realität* diese sich beziehen. Anders formuliert: Was in der Realität ist es, das Gesetzesaussagen als Teile von Theorien *wahr* macht? Solche Wahrmacher von Gesetzesaussagen wollen wir im Folgenden *Naturgesetze* nennen.

Eine erste Antwort lautet: Naturgesetze sind wiederkehrende Muster oder Regularitäten in der Natur. Das Boyle-Mariotte-Gesetz für ideale Gase, $pV = kT$ (in Worten: Die Temperatur in einem idealen Gas ist proportional zum Produkt aus Druck und Volumen, mit $k$ als Konstante, die zur Molekülmasse des Gases proportional ist) wird wahr gemacht durch das unabhängig vom Ort und der Zeit wiederkehrende Muster des in der Formel angegebenen Verhältnisses von Druck, Volumen und Temperatur eines idealen Gases. Wissenschaftler formulieren häufig Gesetzeshypothesen, wenn sie in ihren Versuchen wiederkehrende Muster erkennen. Dies macht es plausibel, dass Naturgesetze nichts anderes sind als solche Muster. Dennoch gibt es überzeugende Einwände gegen diese Antwort. Ein erster Einwand besteht in dem Hinweis auf Gegenbeispiele wie das Trägheitsgesetz der Mechanik (In Abwesenheit äußerer Kräfte bewegt sich ein Körper mit unveränderter Geschwindigkeit unbegrenzt geradlinig fort.), die in realen Situationen nicht instanziiert sein können: Es gibt keine völlig kräftefreien Bewegungen in unserer Welt und daher keine unbegrenzt fortgesetzten Trägheitsbewegungen. Das Trägheitsgesetz, das offenbar einen nie realisierten idealen Grenzfall beschreibt, hat sich dennoch als äußerst fruchtbar erwiesen. Aber da es sich auf keine realen Fälle bezieht, bezieht es sich sicher auch nicht auf ein wiederkehrendes Muster realer Fälle.

Ein weiterer Einwand besagt, dass die *Verlässlichkeit* von Naturgesetzen als Basis von Voraussagen nicht durch eine Regularitätstheorie verständlich gemacht werden kann. Wie können wir darauf vertrauen, dass ein bis zum gegenwärtigen Zeitpunkt stets wiederkehrendes Muster sich auch in Zukunft fortsetzen wird? Man könnte zwar meinen, es sei aufgrund der bisherigen Erfahrung induktiv gerechtfertigt, zur Annahme eines *permanenten* Musters überzugehen. Aber dies ist nicht der Fall, denn die bisherige Erfahrung kann durch eine viel schwächere Annahme ebenso gut erklärt werden, nämlich durch die Annahme der Existenz des Musters bis zum *gegenwärtigen* Zeitpunkt. Wer die Regularitätstheorie vertritt, kann Gesetze nicht mit gutem Grund in die Zukunft extrapolieren. Allerdings sind, wie Helen Beebee (2011) gezeigt hat, von derselben *crux* der *induktiven Skepsis* auch andere Theorien von Naturgesetzen wie der Dispositions- oder der *Necessitation*-Ansatz (die wir im Folgenden besprechen werden) betroffen. Ein stärkerer Einwand gegen die Regularitätstheorie gründet sich auf die Erfahrung, dass Naturgesetze *diktieren*, was wir tun können und was wir nicht tun können. Sie repräsentieren die ‚Widerständigkeit' der Natur (Hüttemann 2014: 33f.), indem sie unserem Handeln Grenzen setzen – z.B. ist jeder Versuch, einen Körper auf Überlichtgeschwindigkeit zu beschleunigen, zum Scheitern verurteilt, weil Naturgesetze dies verbieten. Das Gravitationsgesetz *konstatiert* nicht nur, wie Planeten sich zu einem bestimmten Zeitpunkt *de facto* bewegen, sondern bestimmt, dass die Planeten eine bestimmte Bahn verfolgen *müssen*. Naturgesetze diktieren den Verlauf des Geschehens, sie enthalten eine bestimmende *modale Kraft*, die jedem Versuch sich ihr entgegenzustemmen, widersteht. Jede Auffassung von Naturgesetzen muss diese Art von Erfahrungen erklären können. Die Regularitätsauffassung kann eine solche Erklärung nicht leisten, weil das regelmäßige Vorkommen eines Musters in der Natur letztlich durch eine Menge zwangloser, *kontingenter* Tatsachen realisiert wird, deren Nicht-Eintreten jederzeit möglich bleibt.

David Lewis' *Best-System*-Ansatz[26] (vgl. Lewis 1973) verkörpert eine subtilere Version der Regularitätsauffassung. Ebenso wie die ‚gewöhnliche' Regularitätstheorie bestreitet sie, dass ein kategorialer Unterschied zwischen Aussagen besteht, die Naturgesetze und solchen, die Regularitäten zum Inhalt haben. Gesetzesartigkeit ist nach Lewis nicht ein spezifisches Merkmal individueller Aussagen, das ihnen *per se* zukommt, sondern eines, das sich aufgrund ihrer Mitgliedschaft in einem ganzen *System* von Aussagen ergibt. Damit wird eine wichtige Intuition über Naturgesetze eingefangen: Die Intuition, dass die Regularitäten unserer Welt in einem System *fundamentaler* Regularitäten (dem System der Naturgesetze) wurzeln.

Der metaphysische Hintergrund des *Best-System*-Ansatzes ist die *Humesche Metaphysik*: Die Welt stellt danach ein vierdimensionales raumzeitliches Mosaik von punktartig instanziierten Eigenschaften dar; die Eigenschaftsinstanzen weisen keine inneren Verbindungen untereinander auf, d.h. das Auftreten einer Eigenschaft an einem Punkt bedingt, anders als es z. B. bei Dispositionen der Fall ist, nicht das Auftreten einer bestimmten anderen Eigenschaft an einem anderen Punkt. Die Welt ist eine Gesamtheit von isolierten Eigenschafts-Pixeln.[27] Angesichts der Quantenphysik, in der irreduzibel relationale Eigenschaften auftreten (d. h. die Werte einer bestimmten Eigenschaft an unterschiedlich lokalisierten Teilsystemen sind miteinander korreliert), scheint die Humesche Metaphysik eine zu sparsame Struktur zu enthalten, aber es ist in der Philosophie häufig eine fruchtbare Strategie, von metaphysisch sparsamen Annahmen auszugehen, um zu erkunden, welche Strukturen der Welt sich auf einer solchen Basis rekonstruieren lassen.

Aus dem Humeschen Mosaik, das die gesamte Welt in Vergangenheit, Gegenwart und Zukunft umfasst, lassen sich, so Lewis' Überlegung, Regularitäten herauslesen, stabile Beziehungen zwischen Eigenschaftsvorkommnissen, die wir zunächst in einfachen Generalisierungen der Art ausdrücken „Zitronenbäumchen, die zwei Wochen lang kein Wasser erhalten, gehen ein". Solche Regularitäten lassen sich nun, mithilfe geeigneter Rand- und Anfangsbedingungen, aus allgemeineren Regularitäten ableiten, und wenn wir alle Regularitäten der Welt als Gesamtheit betrachten, dann gibt es Systeme allgemeiner Aussagen, aus denen sich zumindest eine große Anzahl von Regularitäten dieser Gesamtheit deduktiv ableiten lassen. Es kann eine Vielzahl solcher deduktiven Systeme geben, die miteinander darum konkurrieren, welches System die Regularitäten der Welt mit der größten Vollständigkeit abzuleiten erlaubt (*strength*), und welches dies auf die einfachste oder sparsamste Weise tut – also die kleinste Anzahl unabhängiger Annahmen zur Ableitung benötigt (*simplicity*). Diese beiden Kriterien ziehen nun aber in verschiedene Richtungen, man kann sie nicht beide zugleich optimal erfüllen: Um möglichst viele Regularitäten ableiten zu können, darf ein System nicht zu sparsam sein, und das informativste System ist offenbar eine Liste aller Regularitäten, also ein extrem verschwenderisches System. Deswegen favorisiert Lewis Systeme, die ein Optimum der *Kombination* aus Einfachheit (*simplicity*) und Informationsgehalt (strength) erreichen: „What we value in a deductive system is a properly balanced combination of simplicity and strength – as much of both as truth and our way of balancing permit" (Lewis 1973: 73).

Es kann nun mehrere deduktive Systeme geben, die diese Anforderungen gleich gut erfüllen; eine Generalisation ist dann ein Naturgesetz, so Lewis, wenn sie in all diesen ‚besten' Systemen, als ihr unentbehrlicher Bestandteil, vorkommt:

> A contingent[28] generalization is a law of nature if and only if it appears as a theorem (or axiom) in [...] the true deductive systems that achieve a best combination of simplicity and strength. (Lewis 1973: 73)

Einfachheit und Informationsgehalt sind *epistemische* Begriffe, der Begriff des Naturgesetzes wird also durch Lewis' Definition selbst zu einem epistemischen Begriff: Naturgesetze sind nach dieser Definition dadurch *konstituiert*, dass sie die geforderten epistemischen Kriterien erfüllen. Dies kollidiert mit der Intuition, dass zwar Naturgesetzaussagen epistemischen Charakter haben, aber die durch sie bezeichneten Naturgesetze Bestandteile der Natur sind. Daher liegt es nahe, Lewis' Kriterien als *heuristische* Kriterien umzuinterpretieren, in dem Sinne, dass sie uns bei der Suche nach Naturgesetzen *leiten*. Haben wir ein System gefunden, das wir aufgrund dieser Kriterien für das – gegenwärtig – beste halten, dann haben wir Grund zur Annahme, Naturgesetze entdeckt zu haben. Lewis' Kriterien wären nach dieser Interpretation lediglich *Indikatoren* für Naturgesetze.

Eine weitere Kritik an Lewis' Ansatz bezieht sich darauf, dass er Naturgesetze zwar nicht mehr unmittelbar mit Regularitäten identifiziert, der Begriff des Naturgesetzes aber weiter an die faktisch auftretenden Regularitäten gebunden bleibt. Schließlich, so die Kritiker (u. a. Tooley 1977), könnte es ‚leere' oder ‚stille' Naturgesetze geben, die z. B. für die Wechselwirkung zwischen zwei Sorten von Teilchen gelten, sich aber nicht in Regularitäten ihres Verhaltens ausdrücken – einfach weil diese Teilchensorten niemals in Situationen auftreten, in denen sie diese Wechselwirkung ‚spüren'. Eine solche Situation tritt nicht nur in fiktiven Gedankenexperimenten auf, sondern innerhalb der gegenwärtigen Physik: Das Trägheitsgesetz ist ein unentbehrlicher Bestandteil des ‚besten Systems', das wir gegenwärtig kennen, aber es wird durch keine einzige Regularität instanziiert, weil es keine exakt kräftefreien Situationen im Universum gibt. Stille Gesetze können also durchaus Bestandteil des Systems der Naturgesetze sein, ohne sich in entsprechenden Regularitäten auszudrücken; ihr Beitrag besteht dann darin, im Zusammenhang mit anderen Gesetzen Erklärungsarbeit zu leisten. Solange stille Naturgesetze zusammen mit den anderen Naturgesetzen einen deduktiven Zusammenhang erzeugen, scheint also ein Konflikt mit Lewis' Ansatz vermeidbar. Für den hypothetischen Fall eines vollkommen isoliert von anderen Gesetzen existierenden, stillen Naturgesetzes bleibt dem Vertreter des Ansatzes von Lewis nur, diesem vermeintlichen Gesetz die Anerkennung zu versagen. Diese Reaktion wäre auch plausibel, denn wie sollte ein solches Gesetz sich jemals bemerkbar machen, so dass seine Annahme gestützt wäre?

Schließlich ist umstritten, ob der *Best-System*-Ansatz die schon im Zusammenhang mit der gewöhnlichen Regularitätstheorie erwähnte Intuition der Widerständigkeit von Naturgesetzen einfangen kann. Dass im ganzen Universum (vermutlich) keine Goldkugel mit einem Durchmesser von mehr als 10 m existiert, ist eine kontingente Regularität, eine allgemeine Tatsache, die nur deswegen gilt, weil bisher noch niemand die Konstruktion einer *Goldkugel* mit mehr als 10 m Durchmesser in Angriff genommen hat. Mit *Urankugeln* eines Durchmessers von mehr als 10 m verhält es sich anders: Niemand könnte die entsprechende Konstruktionsaufgabe erfüllen, weil er oder sie bei einem Versuch die Widerständigkeit der Natur zu spüren bekäme, die sich bei Erreichen einer kritischen Größe unterhalb 10 m Durchmesser in der Auslösung einer Kettenreaktion manifestieren würde. Während wir im ersten Fall von einer bloßen Regularität sprechen, beruht die zweite Regularität auf Naturgesetzen der Quantenphysik. Lewis könnte den Unterschied der beiden Situationen wie folgt verständlich machen: Im Fall der Urankugeln ist die Regularität aus dem *Best-System*, also aus Naturgesetzen, deduktiv ableitbar, mithin selbst naturgesetzlich. Die Goldkugel-Regularität würden wir dagegen niemals als Bestandteil eines *Best-System* akzeptieren – sie ist weder ein Axiom noch eine Konsequenz der Axiome (ein Theorem) eines *Best-System*.

Nach der Auffassung von Hüttemann (2014) lässt sich die Intuition der ‚Widerständigkeit' von Naturgesetzen aber trotz dieses Rettungsversuches nicht im Rahmen des *Best-System*-Ansatzes erklären. Denn Naturgesetze bleiben, wie optimal auch immer systematisiert, *de facto* in der Welt bestehende Muster, von denen keine Aktivität ausgehen kann, die uns als ‚Widerständigkeit' erscheinen könnte. Wie oben gesehen, lässt aber der *Best-System*-Ansatz eine Interpretation zu, nach der die *best combination of simplicity and strength* lediglich ein epistemisch verlässlicher *Indikator* für Naturgesetze ist, anstatt Naturgesetze zu *konstituieren*. Naturgesetze könnten so konstituiert sein (z. B. als Typen elementarer physikalischer Wechselwirkungen, siehe den Schluss von 5.5), dass ihnen ‚Widerständigkeit' in natürlicher Weise zukommt, wobei Lewis' Ansatz nur eine geeignete Heuristik für die Identifizierung von Naturgesetzen wäre.

Im Gegensatz zu den oben dargestellten Regularitätstheorien charakterisiert der *Necessitation*-Ansatz des australischen Philosophen David Armstrong (1983) Naturgesetze wesentlich durch ihre Aktivität. Gesetzesartige Regularitäten der Art „Alle *F*'s sind *G*'s" (wobei *F* und *G* für Typen von Sachverhalten stehen) sind danach lediglich *Erscheinungsformen* von Naturgesetzen, die dadurch zustande kommen, dass das Auftreten einer Eigenschaft *F* das Auftreten der anderen Eigenschaft *G* erzwingt. Die Beziehung zwischen *F* und *G*, bezeichnet durch $N(F,G)$, stellt eine theoretische, in der Erfahrung nicht direkt nachweisbare *Erzwingungsrelation* (*necessitation*) dar, deren Existenz vorausgesetzt werden muss, um erklären zu können, worin sich gesetzesartige Muster in der Natur, die mit der oben skizzierten Widerständigkeit ausgestattet sind, von *de facto* vorliegenden Mustern unterscheiden: Gesetzesartige Regularitäten werden durch erzwingende Relationen zwischen Sachverhalts-Typen *erzeugt*, kontingente Regularitäten existieren ohne einen solchen Hintergrund.

Entscheidend für das Gelingen eines solchen Ansatzes ist, dass über die Relation $N(F,G)$ mehr gesagt werden kann, als dass sie eben die Sachverhalts-Typen *F* und *G* zwingend miteinander verbindet, so dass *unter keinen Umständen* ein Sachverhalt des Typs *F* ohne einen Sachverhalt des Typs *G* auftreten kann. Würde man sich damit zufrieden geben, dass *N(F,G)* allein dadurch charakterisiert ist, dass es diese gewünschte Funktion erfüllt, so hätte man einfach einen Gegenstand mit den gewünschten Eigenschaften postuliert. Dies genügt sicher nicht, um die Existenz von Relationen der Art *N(F,G)* glaubhaft zu machen. Dafür ist es vielmehr notwendig, einen plausiblen *Mechanismus* anzugeben, der die *N(F,G)* zugeschriebene Funktion *erfüllen* kann. Der von Armstrong angegebene Mechanismus ist ein *kausaler* Mechanismus:

> The theory being advanced is that when one particular state of affairs brings about another, then the pattern instantiated, one state-of-affairs type bringing about a further state-of-affairs type according to some pattern, is a ‚direct' relation between the state-of-affairs types involved, *a relation that is the causality instantiated in the situation.* (Armstrong 1997: 228)[29]

Mit anderen Worten: Wenn ein Stück reinen Kupfers in gesetzmäßiger Weise bei einer Temperatur von 1085° Celsius zu schmelzen beginnt, dann realisiert diese Situation ein kausales Muster, ein Muster, dass darin besteht, dass Kupfer bei Erreichen von 1085° Celsius zwangsläufig zu schmelzen beginnt. Die Instanziierung der Erzwingungsrelation *N(F,G)* ist hier nichts anderes als die zwischen Instanzen von *F* (‚aus Kupfer sein') und *G* (‚bei 1085° Celsius schmelzen') bestehende Kausalrelation.

Aber hier tritt nun ein Problem auf: Nach unserer Erfahrung kann jede kausale Verbindung durch dazwischen tretende Einflüsse gestört oder ganz verhindert werden. Kausale Beziehungen weisen nicht die geforderte Zwangsläufigkeit auf. So kann das ansonsten tödliche Gift einer Königskobra durch ein entsprechendes Serum neutralisiert werden. Daher muss die oben vorgenommene Identifikation von *N(F,G)* mit der Kausalrelation zwischen *F* und *G* durch die Klausel „wenn keine Störung die Verbindung unterbricht" abgeschwächt werden (vgl. Armstrong 1997: 230). Damit ist es aber nicht getan, denn nun müssen zwei Sorten von Gesetzen unterschieden werden, die ‚ehernen Gesetze' (*iron laws*) und die ‚Gesetze aus Eichenholz' (*oaken laws*) – erstere gelten streng und ausnahmslos, weil keine Störung ihre Realisierung verhindern kann, während letztere ‚weicher' sind, weil störende Faktoren Einfluss nehmen können. Diese Unterscheidung bedroht aber nun die Konsistenz der gesamten Theorie: Wenn alle Gesetze auf Erzwingungsrelationen *N(F,G)* beruhen, wie ist es dann überhaupt möglich, dass Gesetze ‚oaken' sind – wie kann eine kontingente Störung eine *zwangsläufig* bestehende Verbindung unterbrechen, d. h. eine Realisierung von *G* verhindern, obwohl eine Instanz von *F* aufgetreten ist? ‚Erzwingung' soll doch bedeuten: in *jedem* Fall, komme was wolle. Die Annahme der Existenz von *oaken laws* ist, obgleich aufgrund der Natur kausaler Beziehungen gefordert, offenbar nicht konsistent mit Armstrongs Theorie. Dasselbe gilt aber auch für *iron laws*: Wir wissen nun einmal, dass Störungen kausaler Prozesse *immer* möglich sind, also kann es auch keine ‚ehernen' Gesetze im Sinne von Armstrong geben (vgl. Schrenk 2011: 580 – 581).

Aus Sicht von Alexander Bird (2005) zeigt dieses Scheitern, dass Armstrong die Erzwingungsrelationen $N(F,G)$ nicht mit genügender Durchschlagskraft ausgestattet hat. Die Relationen $N(F,G)$ sind, so wie sie von Armstrong konzipiert wurden, einfach zu schwach, um *garantieren* zu können, dass eine Instanz von $F$ *ohne jede mögliche Ausnahme* eine Instanz von $G$ nach sich zieht. Es besteht grundsätzlich die *Möglichkeit*, dass $F$ vorhanden ist, ohne das Auftreten von $G$ zu erzwingen. Diese Möglichkeit muss, so Bird, ausgeschlossen werden, indem man postuliert, dass die erzwingende Kraft, eine Instanz von $G$ zu erzeugen, eine *essentielle Eigenschaft* von $F$ ist, d. h. $F$ kann nicht auftreten, ohne eine Instanz von $G$ zu erzeugen. Der oben skizzierte Fall einer Störung der Beziehung zwischen $F$ und $G$ wäre damit ausgeschlossen.

Wenn man Birds Kritik anwendet, um Armstrongs Theorie im obigen Sinne zu modifizieren, so läuft dies letztlich darauf hinaus, zu postulieren, dass die Eigenschaft $F$ in essentieller Weise die *Disposition* besitzt, $G$ hervorzubringen. Mit anderen Worten: Wenn die Eigenschaft $F$ auftritt, dann *muss* auch ihre Disposition, $G$ hervorzubringen, aktualisiert sein. Das Resultat ist also eine *Dispositionsauffassung*, genauer: ein *dispositionaler Essentialismus*[30] in Hinsicht auf Naturgesetze, wie er in Bird (2007) konzipiert ist. Danach sind Naturgesetze Dispositionen, über die natürliche Eigenschaften in essentieller Weise verfügen – oder stärker ausgedrückt: Natürliche Eigenschaften *sind* Dispositionen, andere natürliche Eigenschaften hervorzubringen, und welche anderen Eigenschaften dies sind, wird in einer Gesetzesaussage angegeben.[31] Der dispositonale Essentialismus rekonstruiert beispielsweise Newtons Gravitationsgesetz so: Die Eigenschaft der aktiven Gravitationsmasse $M$ in einem Körper $K$ schließt die Disposition ein (bzw. ist mit der Disposition identisch), ein Beschleunigungsfeld $A$ um sich zu verbreiten, dessen Intensität im Abstand $R$ von $K$ proportional zu $M$ und proportional zu $1/R^2$ ist. Auf einen Körper $K'$ im Abstand $R$ von $K$, der die träge Masse $M'$ besitzt, wird daher eine Gravitationskraft $G$ ausgeübt, die proportional ist zum Produkt aus $A$ und $M'$.

Die starken metaphysischen Annahmen des dispositionalen Essentialismus erlauben einerseits eine Erklärung für das Phänomen der Widerständigkeit von Naturgesetzen, andererseits sind diese Annahmen so stark, dass sie Naturgesetze *metaphysisch notwendig* machen: In allen möglichen Welten, die dieselben natürlichen Eigenschaften enthalten, *müssen* die Naturgesetze unserer Welt gelten. Die Naturgesetze gelten alternativlos. Dies erkennt man anhand von Birds Ableitung von Naturgesetzen aus Dispositionen (Bird 2007: 46). Diese Konsequenz der Theorie widerspricht aber einer starken Intuition, dass in unserer Welt *andere* Naturgesetze gelten könnten (vgl. Tahko 2015).

Anstatt sie durch die metaphysisch (zu) starke Theorie des dispositionalen Essentialismus zu ersetzen, kann man umgekehrt versuchen, aus der ‚Schwäche' von Armstrongs Theorie eine Tugend zu machen. Die modale Kraft von Naturgesetzen, die Armstrong in der Erzwingungsrelation *N* und Bird in essentiellen Dispositionen natürlicher Eigenschaften lokalisieren wollte, benötigt vielleicht gar keinen starken metaphysischen Hintergrund, sondern lässt sich aus kontingenten physikalischen Tatsachen unserer Welt erklären: Es ist eine kontingente Tatsache, dass die fundamentalen physikalischen Wechselwirkungen[32], auf die alle spezielleren Gesetze zurückgeführt werden können, in einer besonderen Weise voneinander unabhängig sind.[33] Wir könnten uns durchaus vorstellen, dass die Intensität eines Gravitationsfeldes davon abhängt, welche anderen, z. B. elektromagnetischen Wechselwirkungen im selben Raumzeitgebiet präsent sind. Tatsächlich aber stellen wir das Gegenteil fest: Jede der Wechselwirkungen verhält sich so, als seien die anderen nicht vorhanden, jede erbringt den ihr eigenen Beitrag zum Gesamtgeschehen der Welt unabhängig von der Existenz anderer Beiträge. Die Beiträge verschiedener Wechselwirkungen setzen sich zwar stets nach bestimmten Regeln zu einer Gesamtwirkung zusammen, aber der Beitrag, den eine einzelne Wechselwirkung liefert, ist unabhängig vom Beitrag der anderen Wechselwirkungen. Diese Eigenschaft ist von elementarer Wichtigkeit für die Methodologie der Physik, die zur Erklärung von Phänomenen ein ‚Baukasten-Prinzip' verwenden kann, in dem jede Wechselwirkung einen universell verwendbaren, invarianten Baustein bildet.

Die kontingente Tatsache relativer Unabhängigkeit physikalischer Wechselwirkungen liefert eine Erklärung für das Phänomen der Widerständigkeit von Naturgesetzen: Die invariante Natur einer Wechselwirkung setzt Grenzen für das, was wir tun oder nicht tun können. Weder durch eine Intervention in akzidentelle Randbedingungen noch durch den Einsatz weiterer Wechselwirkungen können wir diese Grenzen überwinden. Der Begriff des Naturgesetzes erweist sich als ein meta-wissenschaftlicher Begriff, dessen Klärung nicht zwangsläufig die Verwendung metaphysischer Terminologie erfordert (wie z.B. des Begriffs der ‚Disposition'). Es gibt auch die Option, diesen Begriff auf physikalische Begriffe zurückzuführen. Aus dieser naturalistischen Perspektive sind die besonderen Eigenschaften von Naturgesetzen (z.B. ihre ‚Widerständigkeit') keine analytischen Begriffsmerkmale, die unabhängig von den kontingenten Merkmalen der physikalischen Welt bestehen, sondern sie resultieren gerade aus diesen kontingenten Merkmalen: Die Naturgesetze sind so wie sie sind aufgrund der besonderen Beschaffenheit unserer Welt.

## 5.6 Möglichkeit und Notwendigkeit

Die Wissenschaft beschäftigt sich in erster Linie damit, wie unsere Welt tatsächlich beschaffen *ist*. Aber gelegentlich spielt auch die Frage eine Rolle, wie die Welt beschaffen sein *könnte*, oder ob und wie sie *anders* hätte sein können. Mit anderen Worten: Die Wissenschaft hat es auch mit (alternativen) *Möglichkeiten* zu tun. WissenschaftlerInnen geben sich nicht damit zufrieden, dass ein bestimmtes Phänomen eintritt; sie möchten wissen, ob das Phänomen nur unter spezifischen Anfangs- und Randbedingungen eintritt oder in notwendiger Weise aufgrund von Naturgesetzen.[34] Im ersten Fall realisiert das Phänomen nur eine Möglichkeit und kann verhindert werden, indem man etwas an den äußeren Bedingungen ändert. Im zweiten Fall gehört es zu den robusten Tatsachen der Welt, an denen nicht zu rütteln ist (jedenfalls, solange die Naturgesetze in Kraft sind). Biologen interessiert es beispielsweise, ob bestimmte Spezies mit einer anderen durchschnittlichen Größe hätten auftreten können als der tatsächlichen. Ist ihre Größe durch Naturgesetze bestimmt und daher gesetzesartig notwendig oder in einem bestimmten Varianzbereich kontingent?

Es gibt eine ganze Vielfalt von Begriffen der Möglichkeit, und korrespondierend dazu, der Notwendigkeit: Logische, metaphysische, naturgesetzliche, natürliche, physikalische, und praktische (technologische) Möglichkeit bzw. Notwendigkeit. Die verschiedenen Arten von Möglichkeit lassen sich durch ihre Abgrenzung gegenüber verschiedenen Arten notwendiger Wahrheiten charakterisieren: Logische Möglichkeiten grenzen sich ab in Bezug auf logisch notwendige Wahrheiten – was nicht durch logische Notwendigkeit ausgeschlossen ist, ist logisch möglich. Metaphysische Möglichkeiten grenzen sich ab in Bezug auf metaphysisch notwendige Wahrheiten: was nicht durch metaphysisch notwendige Wahrheiten ausgeschlossen wird, ist metaphysisch möglich. Naturgesetzliche Möglichkeiten müssen mit den Naturgesetzen vereinbar sein, physikalische Möglichkeiten mit den Tatsachen der Physik, praktische (technologische) Möglichkeiten mit Grenzen menschlichen Handelns (bzw. mit technologischen Grenzen).

Möglichkeiten können in der Wissenschaft als *epistemische* oder als *objektive* Möglichkeiten auftreten. Jede zukünftige Entwicklung eines Systems, die aufgrund begrenzten menschlichen Wissens über das System nicht ausgeschlossen ist, stellt eine epistemische Möglichkeit dar. Epistemische Möglichkeiten müssen aber nicht zugleich objektive Möglichkeiten sein: Obgleich sie eine epistemische Möglichkeit repräsentiert, kann eine bestimmte zukünftige Entwicklung eines Systems durch seine inneren Eigenschaften oder irgendeine uns noch unbekannte Beschaffenheit der Welt ausgeschlossen sein. Objektive Möglichkeiten sind

Möglichkeiten, die aufgrund der Beschaffenheit der Welt und unabhängig davon bestehen, was wir über die Welt wissen oder für wahr halten.

Um diesen Unterschied zu veranschaulichen, stellen wir uns die typische Situation einer verpassten Gelegenheit vor: Ich hätte meinen Schirm mitnehmen können, als ich das Haus verließ, aber unglücklicherweise habe ich es nicht getan. Nun, da es angefangen hat, stark zu regnen, bedaure ich, dass ich diese Gelegenheit verpasst habe. Soweit ich beurteilen kann, hätte ich den Regenschirm ohne weiteres mitnehmen können, als ich das Haus verließ. Es gab, soweit ich weiß, nichts, was mich daran hätte hindern können. Die verpasste Gelegenheit repräsentiert also sicher eine epistemische Möglichkeit: eine Möglichkeit, den Schirm mitzunehmen, die durch nichts, was ich über die Situation wusste oder weiß, ausgeschlossen wird. Aber wenn man die verpasste Möglichkeit *nur* als epistemische Möglichkeit versteht, entgeht einem ein wesentlicher Aspekt der Geschichte: Ich *bedauere*, den Schirm nicht mitgenommen zu haben. Die Existenz einer epistemischen Möglichkeit kann sicher nicht der Grund dieses Bedauerns sein. Ich hadere ja nicht damit, dass meine Kenntnis nicht so weit reicht, um eine bestimmte Möglichkeit ausschließen zu können. Mein Bedauern richtet sich vielmehr darauf, dass ich eine *objektive* Möglichkeit verpasst habe, deren Nutzung für mich vorteilhaft gewesen wäre: Ich hätte, so wie die Dinge lagen, den Schirm *tatsächlich* mitnehmen können. Weder meine eigene Verfassung noch die äußeren Umstände hätten mich daran gehindert (vgl. Müller 2012: 52).

Objektive Möglichkeiten treten nicht nur im Alltag, sondern auch in der wissenschaftlichen Praxis auf. Bei wissenschaftlichen Experimenten setzen WissenschaftlerInnen voraus, dass die objektive Möglichkeit für das Auftreten eines Effekts besteht, die bis zum Zeitpunkt des Experiments latent vorhanden war und die nun durch Manipulation bestimmter Parameter aktualisiert wird. Objektive gesetzesartige Möglichkeiten treten auch im Fall von Gedankenexperimenten auf, die durch kontrafaktisches Argumentieren herauszufinden versuchen, wie Geschehnisse anders verlaufen wären, wären nur die Umstände andere gewesen: Hätte das Brücken-Desaster vermieden werden können, wenn die Brücke nach Konstruktionsplan *B* und nicht nach Plan *A* gebaut worden wäre? Fällt die Antwort positiv aus, ist dies Anlass zum Bedauern: Es hat eine objektive, mit den Naturgesetzen kompatible Möglichkeit gegeben, die bedauerlicherweise nicht realisiert wurde.

Bisher haben wir objektive Möglichkeiten in der Wissenschaft im Sinne gesetzesartiger (*nomologischer*) Möglichkeiten thematisiert. Der in der Physik gebräuchliche Sinn von ‚physikalisch möglich' oder ‚physikalischer Möglichkeit' kann aber nicht durchgehend als nomologische Möglichkeit verstanden werden. *Einerseits* ist es keineswegs so, dass jede Lösung einer fundamentalen Gleichung der Physik als legitime physikalische Möglichkeit akzeptiert wird. So gibt es viele

Beispiele für mathematisch erlaubte Lösungen von Einsteins Feldgleichungen der Gravitation, die von manchen Physikern als ‚physikalisch sinnlos' und in diesem Sinne ‚unmöglich' betrachtet werden – etwa Raumzeiten mit geschlossenen raumzeitlichen Kurven, ‚nackten Singularitäten'[35] oder anderen ‚exotischen' Objekten. Ein solcher Ausschluss bestimmter nomologischer Möglichkeiten kann nicht auf irgendein verbindliches intuitives Verständnis von ‚physikalisch sinnvollen' oder ‚physikalisch vernünftigen' Lösungen gestützt werden – die Kriterien dafür würden unter PhysikerInnen stark divergieren.

Andererseits haben Geroch und Horowitz eingewandt, Einsteins Feldgleichungen der Gravitation hätten ohne Restriktionen keinen Gehalt: „With no restrictions Einstein's equation has no content" (Geroch und Horowitz 1979: 260). Dies soll bedeuten, dass wir diese mathematischen Gleichungen mit geeigneten *Anwendungsbedingungen* versehen müssen, um sie zur Beschreibung der physikalischen Welt zu verwenden. Der Teil der Gleichungen, der im Besonderen eingeschränkt werden muss, ist der Tensor, der ‚Materie-Energie' repräsentieren soll. Will man dieses mathematische Objekt auf tatsächliche physikalische Materiefelder einschränken, so kann man dies tun, indem man eine allgemeine ‚physikalisch vernünftige' Bedingung hinzufügt, nämlich die *Energiebedingung*. Es gibt verschiedene Varianten der Energiebedingung[36], die aber im Wesentlichen auf die Forderung hinauslaufen, dass Materiefelder positive Masse-Energie besitzen und die Gravitation daher eine anziehende Kraft ist, so wie wir dies bei den klassischen Formen von Materie in unserer Welt feststellen. Nur Realisierungen des Materie-Energie-Tensors, die diese Bedingung erfüllen, so die Annahme, haben physikalischen Gehalt.

Da die Energiebedingung nicht den Status eines physikalischen Gesetzes hat, werden die physikalischen Möglichkeiten durch diese Bedingung zu einer (echten) Teilmenge nomologischer Möglichkeiten. Curiel weist allerdings darauf hin, dass Verletzungen der Energiebedingung in ihrer starken Variante sogar innerhalb der gegenwärtigen Standard-Kosmologie vorkommen können (vgl. Curiel 2017: 82). Der Grund dafür ist die Existenz einer positiven kosmologischen Konstante, die durch die Tatsache einer beschleunigten Expansion des Universums gefordert zu sein scheint. Eine Verletzung der starken Energiebedingung ist auch für die ‚inflationäre' Phase der Entwicklung unseres Universums zu erwarten; und sogar die schwächste Form der Energiebedingung könnte durch skalare Materiefelder, die in der Physik durchaus gebräuchlich sind, verletzt werden. Eine weitere Quelle von Verletzungen der Energiebedingung sind exotische Objekte wie Singularitäten und geschlossene Raumzeit-Kurven (vgl. Curiel 2017: 84). Alle diese möglichen Verletzungen der Energiebedingung als physikalisch sinnlos oder unmöglich zu erklären, wäre purer Dogmatismus. Man sollte die Energiebedingung daher nicht als absolutes Ausschluss-Kriterium ansehen, sondern als ein Instrument zur *tentativen* Einschränkung des Raums von Möglichkeiten in der Exploration zukünftiger Physik. Sie gehört zum Bestand dessen, woran man voraussichtlich in zukünftigen Entwicklungen der physikalischen Theorie festhalten muss, komme, was wolle (vgl. Curiel 2017: 90). Der Begriff der physikalischen Möglichkeit muss jedenfalls *enger* aufgefasst werden als der Begriff der nomologischen Möglichkeit.

Andererseits ist von WissenschaftshistorikerInnen und PhysikerInnen, u. a. Steinle (1997), Franklin (2005) und Karaca (2017) auf eine Praxis der Physik hingewiesen worden, die dafür spricht, dass der Bereich der physikalischen Möglichkeit auch *mehr* umschließt als die nomologischen Möglichkeiten. Es ist die Praxis, mithilfe *explorativer Experimente* Entdeckungen anzustoßen (vgl. 3.6). Explorative Experimente sollen letztlich Voraussetzungen für die Konstruktion einer Theorie schaffen. Die physikalischen Möglichkeiten, die durch sie aufgedeckt werden, sind im Möglichkeitsraum einer noch nicht gefundenen Theorie angesiedelt. Explorative Experimente bilden daher eine Art der systematischen *Antizipation* physikalischer Möglichkeiten, die durch im Entstehen befindliche Theorien eröffnet werden. Der Begriff der physikalischen Möglichkeit ist also im Fall explorativer Experimente logisch *umfassender* als der Begriff der nomologischen Möglichkeit.

Nach Karaca (2017) deckt der oben skizzierte Begriff des explorativen Experiments nicht die explorativen Verfahren ab, wie sie in hoch entwickelten gegenwärtigen Forschungsfeldern praktiziert werden, die an etablierten Theorien orientiert sind. Ein Beispiel sind die LHC-Experimente (Experimente am *Large Hadron Collider* in Genf), die, so Karaca, explorative wie nicht-explorative Verfahren umfassen, je nachdem welche Strategie der Daten-Selektion[37] verwendet wird. Es gibt Strategien der Daten-Selektion, die darauf abzielen, Vorhersagen des Standard-Modells zu testen, Strategien, die solche Ereignisse herausfiltern, die Vorhersagen von Modellen *jenseits* des Standard-Modells bestätigen, und schließlich Strategien, die physikalische Prozesse entdecken sollen, die weder vom Standard-Modell noch von seinen Erweiterungen vorhergesagt werden (vgl. Karaca 2017: 341f.). Karacas Fallbeispiel zeigt also, dass explorative experimentelle Verfahren nicht nur dazu geeignet sind, physikalische Möglichkeiten jenseits der zu einer Zeit *etablierten Theorien* aufzudecken, sondern sogar Möglichkeiten jenseits *aller alternativen theoretischen Perspektiven* der Gegenwart.

Als Fazit ergibt sich, dass physikalische Möglichkeit als Gesamtheit dessen, was sich überhaupt in der physikalischen Welt ereignen kann, nicht mit nomologischer Möglichkeit gleichgesetzt werden darf. Physikalische Möglichkeiten schließen alle Möglichkeiten ein, die sich vor einem mit Augenmaß projizierten Horizont der zukünftigen Physik abzeichnen – vor dem Hintergrund nicht kontroverser Grundannahmen aktueller Physik.

Zum Schluss soll noch erörtert werden, was unter *metaphysischer Möglichkeit* zu verstehen ist – und in welchem Verhältnis metaphysische und physikalische Möglichkeiten zueinander stehen. Metaphysische Möglichkeiten sind *per definitionem* dadurch bestimmt, dass sie mit allen metaphysisch notwendigen Wahrheiten verträglich sind. Im Folgenden sollen zwei einflussreiche Konzeptionen metaphysischer Notwendigkeit diskutiert werden. Anschließend stelle ich eine Konzeption vor, die sich an die obigen Überlegungen zum Begriff der physikalischen Möglichkeit anlehnt.

Die erste dieser Konzeptionen, der von Alexander Bird (2005) vertretene und schon in 5.5 behandelte *dispositionale Essentialismus*, betrachtet *alle Naturgesetze* unserer Welt als metaphysisch notwendige Wahrheiten. Denn die Naturgesetze folgen nach dieser Auffassung zwangsläufig aus der dispositionalen Natur der fundamentalen physikalischen Eigenschaften unserer Welt. Daher müssen in jeder möglichen Welt, die dieselben fundamentalen physikalischen Eigenschaften enthält, auch dieselben Naturgesetze gelten. Die Verträglichkeit mit den Naturgesetzen unserer Welt markiert also zugleich den Bereich der metaphysischen Möglichkeiten. Gegen den dispositionalen Essentialismus und seine Auffassung, dass alle Naturgesetze metaphysisch notwendig sind, spricht die Intuition, dass in unserer Welt auch andere Gesetze gelten könnten als jene, die tatsächlich gelten: Wir können uns z. B. ohne weiteres vorstellen, dass in unserer Welt ein Gravitationsgesetz gilt, nach dem die Gravitationskraft mit der dritten Potenz des Abstandes abnimmt. Da Vorstellbarkeit aber ein zweifelhafter Garant für metaphysische Möglichkeit ist, ist ein anderer Einwand zwingender: Physikalische Eigenschaften sind in ihrer Bedeutung nicht festgelegt durch die *kausale Rolle*, die sie in einer bestimmten Theorie spielen; beispielsweise sind die metrischen Eigenschaften, die in der Allgemeinen Relativitätstheorie vorkommen, nicht durch die kausale Rolle festgelegt, die sie in dieser Theorie spielen, nämlich den affinen Zusammenhang (die Trägheitsstruktur der Welt) festzulegen. Es gibt Theorie-Varianten, in denen der affine Zusammenhang *unabhängig* von den metrischen Eigenschaften ist, z. B. den sogenannten ‚Palatini-Formalismus' (vgl. Bartels 2019). Solche Tatsachen verbieten es, fundamentale physikalische Eigenschaften mit Dispositionen zu identifizieren.

Kit Fine (2002) hat den dispositionalen Essentialismus dafür kritisiert, den Unterschied zwischen *metaphysischer* und *natürlicher* Notwendigkeit zu verwischen. Natürliche Notwendigkeit, so Fine, tritt im Zusammenhang mit gesetzesartigen Verknüpfungen auf, wobei sie aber (anders als die nomologische Notwendigkeit) kein Attribut der *Gesetzesaussagen*, sondern der in gesetzesartigen Beziehungen stehenden *natürlichen Phänomene* ist:

> Natural necessity is the form of necessity that pertains to natural phenomena. Suppose that one billard-ball hits another. We are then inclined to think that it is no mere accident that the second billard-ball moves. Given certain antecedent conditions and given the movement of the first ball, the second ball *must* move. And the 'must' is the 'must' of natural necessity. (Fine 2002: 256)

In Naturgesetzen unserer Welt wirken, so Fine, Phänomene mit *natürlicher* Notwendigkeit aufeinander ein: Das eine Phänomen *macht*, dass das andere auftritt. Es handelt sich hier um jene Art von natürlichen Kräften, deren Erkennbarkeit David Hume so vehement bestritten hatte. Aber diese natürlichen Kräfte sorgen nicht dafür, dass die Wechselwirkungen unserer Welt zwangsläufig so und nicht anders erfolgen müssen. Die Gesetze für den Stoß zwischen Billardkugeln könnten andere sein als die tatsächlich festgestellten – wobei in solchen möglichen anderen Gesetzen dann ebenso natürliche Notwendigkeit zum Ausdruck käme wie es für die tatsächlichen Gesetze der Fall ist. Die Gesetze der Quantenchemie, die mit natürlicher Notwendigkeit auf Basis von Konfigurationen von $H_2O$-Molekülen (und anderer Bestandteile von Wasser) die typischen beobachtbaren Eigenschaften von Wasser erzeugen, könnten eine andere Form besitzen – und würden dann vielleicht nicht zur Existenz von Wasser führen. Anders als in der Konzeption von Bird sind die fundamentalen Eigenschaften, die Bestandteil von Naturgesetzen sind, nicht mit essentiellen Dispositionen ausgestattet, die zwangsläufig nur eine, nämlich die tatsächliche Form der Naturgesetze zulassen. Daher kann natürliche Notwendigkeit keine Quelle *metaphysischer* Notwendigkeit sein. Wahrheiten wie ‚Wasser = $H_2O$'[38] gelten auch nach Auffassung von Fine zwar metaphysisch notwendig, aber nicht aufgrund der wirkenden natürlichen Notwendigkeit.

Der Grund dafür, dass Identitätsaussagen wie ‚Wasser = $H_2O$' in *metaphysisch notwendiger* Weise gelten, ist stattdessen, dass ein Einzelding oder eine natürliche Art nicht vorkommen kann, ohne eben genau *dieses* Einzelding bzw. *diese* natürliche Art zu sein. Deshalb drücken Identitätsaussagen über Einzeldinge oder natürliche Arten Wahrheiten aus, die unter allen nur möglichen Umständen oder ‚in allen möglichen Welten' gelten und in diesem Sinne ‚metaphysisch notwendig' sind. David Wiggins drückt dies so aus, dass Tatsachen über die Identität oder Verschiedenheit von Individuen und natürlichen Arten Teil der notwendigen Struktur der Realität und vollständig invariant über mögliche Welten hinweg sind (vgl. Wiggins 2001: 117).

Offen bleibt nur noch die Frage, weshalb ‚Wasser = $H_2O$' überhaupt eine wahre *Identitätsaussage* darstellt. Der Grund dafür besteht darin, dass die Tatsache der erfolgreichen Erklärung der Oberflächeneigenschaften von Wasser mithilfe der Konstitutionshypothese (‚Wasser besteht – im Wesentlichen – aus $H_2O$-Molekülen') und Gesetzen der Quantenchemie am besten durch die Wahrheit dieser Identitätsaussage erklärt werden kann. Aber spiegelt diese Identitätsaussage nicht nur den *gegenwärtigen* Stand der Wissenschaft wider? Tatsächlich könnte der Fortgang der Forschung ergeben, dass die Annahmen, die gegenwärtig zur Erklärung der Oberflächeneigenschaften von Wasser verwendet werden, korrigiert werden müssen. Es bleibt aber jedenfalls richtig, dass ‚Wasser = $X$' eine wahre Identitätsaussage darstellt – wenn $X$ dasjenige ist, wodurch die Oberflächeneigenschaften von Wasser zutreffend erklärt werden, was immer $X$ sein mag.

Fine ist davon überzeugt, dass die Naturgesetze unserer Welt in *kontingenter* Weise gelten.[39] Danach sind Welten möglich, in denen *andere* Naturgesetze gelten als in unserer Welt[40], in denen z. B. die Gravitationskraft mit der dritten Potenz des Abstandes abnimmt. Wären alle Naturgesetze unserer Welt deterministisch (was gegenwärtig noch eine offene Frage ist), so wäre auch der Determinismus eine natürliche Eigenschaft unserer Welt; er würde aber nicht metaphysisch notwendig gelten, weil es mögliche Welten gibt, die nicht deterministisch sind.

Es ist eine weitere Konzeption metaphysischer Möglichkeit denkbar, die in gewisser Weise zwischen Bird und Fine angesiedelt ist, indem sie zwar grundsätzlich an der Kontingenz der Naturgesetze festhält, aber im Gegensatz zu Fines Position für eine stärkere Einschränkung metaphysischer Möglichkeiten plädiert. Nehmen wir mit Bird an, dass die Welt mit einem Ensemble fundamentaler physikalischer Eigenschaften ausgerüstet ist – d. h. mögliche Welten mit ‚exotischen' Eigenschaften, die von den Eigenschaften unserer Welt abweichen, werden aus der Betrachtung ausgeschlossen.[41] Aber anders als Bird nehmen wir nicht an, dass die fundamentalen Eigenschaften *notwendig* mit den Naturgesetzen unserer Welt verbunden sind, also z. B. die *Gravitationsmasse* notwendig mit dem tatsächlich geltenden Gravitationsgesetz. Stattdessen verknüpfen wir die Gravitationsmasse mit einem Spektrum möglicher Gravitationsgesetze, das durch bestimmte Bedingungen eingeschränkt wird, z. B. durch die Bedingung der Geltung des *Äquivalenzprinzips* (träge und schwere Masse sind identisch) oder der im ersten Teil von 5.6 erläuterten *Energiebedingung* (Gravitation wirkt anziehend). Von diesen Bedingungen können wir annehmen, dass sie die *physikalischen Möglichkeiten* einschränken, die mit der fundamentalen Eigenschaft der Gravitationsmasse verträglich sind. Denn es sind Bedingungen, die für den in die Zukunft projizierten Horizont der Physik maßgeblich sind. Mit anderen Worten: Welche Naturgesetze eine zukünftige Physik auch immer finden wird, es ist – nach allem, was wir heute wissen – unmöglich, dass das Äquivalenzprinzip (und vielleicht auch die Energiebedingung) durch sie verletzt werden. Die physikalischen Möglichkeiten, die mit dem Ensemble fundamentaler physikalischer Eigenschaften unserer Welt verbunden sind, stecken zugleich ihre metaphysischen

Möglichkeiten ab. Die für die Abgrenzung maßgeblichen Bedingungen erhalten dabei metaphysisch notwendigen Status.

## 5.7 Zusammenfassung

Am Ende dieses Kapitels können wir festhalten, dass die moderne Wissenschaft nicht nur, wie Erich Becher es formulierte, „bis an die Grenzen der Metaphysik heranreicht", sondern dass die Gegenstände der Metaphysik selbst, jedenfalls soweit sie überhaupt wissenschaftlichen Bezug besitzen – Raumzeit, Realismus, Kausalität, Naturgesetze und Möglichkeit bzw. Notwendigkeit – sich in Gegenstände wissenschaftlicher Theorien verwandeln (Raumzeit), den Charakter wissenschaftlicher Hypothesen annehmen (Realismus) oder nur auf Grundlage wissenschaftlicher Tatsachen erschlossen werden können (Kausalität, Naturgesetze, Möglichkeit und Notwendigkeit). Genuin ‚metaphysisch' bleiben dabei die *Fragen*, die wir an diese Gegenstände richten, Fragen nach ihrer Existenz und ihrer Existenzweise.

# 6 Objektivität, Wahrheit und Ethik der Wissenschaft

## 6.1 Einleitung: Objektivität als Merkmal der Wissenschaft

Die vorangegangenen Kapitel sollten verdeutlicht haben, dass die Erzeugung *sicheren* Wissens kein Ziel der modernen Wissenschaft sein kann. Wissenschaft zeichnet sich gegenüber dem Alltagswissen nicht grundsätzlich dadurch aus, dass sie den Zweifel ein für alle Mal zum Schweigen bringt. An die Stelle des unerfüllbaren Gewissheitsideals ist ein *Objektivitätsideal* getreten: Wissenschaftliche Aussagen sollen von ‚subjektiven' Anteilen ‚gereinigt' sein und dadurch dem Ideal einer nur durch das ‚Objekt' bestimmten Wahrheit näher kommen. Aber auch das Objektivitätsideal der Wissenschaft stößt auf Widerspruch; es wird als unerfüllbar oder gar ideologisch motiviert verworfen (Beispiele dafür in 6.4). Bei dieser Kritik wird das Objektivitätsideal aber häufig in zu große Nähe zum alten Gewissheitsideal gerückt. Die Objektivität der Wissenschaft schließt eben nicht ein, dass wissenschaftliche Aussagen unumstößlich sind. Deshalb ist es kein Argument gegen die Objektivität der Wissenschaft, wenn WissenschaftlerInnen aufgrund neuer Forschungsergebnisse vorher geäußerte Auffassungen ändern oder zu einem bestimmten Zeitpunkt verschiedene WissenschaftlerInnen die vorliegenden Forschungsergebnisse unterschiedlich bewerten.

Eine Voraussetzung dafür, dass wissenschaftliche Aussagen überhaupt von ‚subjektiven' oder kulturell bedingten Vorannahmen und Sichtweisen gereinigt werden können, wird durch die menschliche Natur selbst eingelöst (vgl. Mühlhölzer 2011: 117f.): Weil wir als Menschen über einen weitgehend identischen sensorischen Apparat verfügen, können wir uns über den Gehalt einfacher Beobachtungen meist problemlos einigen – bzw. in problematischen Fällen durch gemeinsame Methoden der Überprüfung Übereinstimmung herstellen. Auch die kulturell bedingten Unterschiede der menschlichen Sprachen sind dort am geringsten, wo es um einfache ‚Beobachtungsbegriffe' geht.[1] Dies erklärt, weshalb über den Ausgang eines Experiments – in dem wir einfangen wollen, wie die Natur auf unsere Annahmen ‚antwortet' – in der Regel intersubjektive Übereinstimmung erzielt und dadurch fehlerhafte Annahmen korrigiert werden können.

Um Objektivität, wie sie durch die gleichförmige menschliche Natur ermöglicht wird, zu realisieren, macht die Wissenschaft von *Methoden der Objektivierung* Gebrauch. In 6.2 werden wir einige dieser Methoden, die in der einen oder anderen Form schon in vorangegangenen Kapiteln thematisiert wurden, in zwei Kategorien zusammenfassen, die die Auswahl und die Erzeugung wissenschaftlicher Aussagen betreffen: Testung bzw. Fehlerelimination, sowie Invarianz (vgl.

Mühlhölzer 2011, 110 f.). Wenn wissenschaftliche Aussagen unter Verwendung dieser Methoden selektiert worden sind, kommt ein weiterer Faktor ins Spiel, der eine weitgehende Willkürfreiheit als Merkmal der Objektivität der Wissenschaft sichert: In der modernen Wissenschaft ist es gelungen, Netze theoretischer Aussagen so eng zu knüpfen, dass der Abänderung einzelner Gesetze (oder Generalisationen), trotz allen historischen Wandels, relativ enge Grenzen gezogen sind, wenn die Übereinstimmung mit schlichten empirischen Tatsachen gewahrt bleiben soll. Die einzelnen Elemente des Netzes stützen sich gegenseitig und verhindern dadurch eine Beliebigkeit seiner Erweiterung. Mühlhölzer spricht in diesem Zusammenhang von Objektivität ‚von oben' (vgl. Mühlhölzer 2011: 117 und 119).

Nach geläufigem Wissenschaftsverständnis ist aber das *erste* Ziel der Wissenschaft weder empirische Adäquatheit noch Objektivität, sondern *Wahrheit*. Empirische Adäquatheit oder Objektivität sind erwünschte Merkmale wissenschaftlicher Aussagen, die als Mittel zur Erreichung des Ziels der Wahrheit gelten, vielleicht auch als geeignete Indikatoren dafür, dass wir diesem Ziel nahe (oder näher) gekommen sind, aber nicht als das Ziel selbst. Andererseits fehlt es nicht an kritischen Hinweisen darauf, dass der Begriff der Wahrheit im Zusammenhang mit der Wissenschaft unbestimmt (und vielleicht grundsätzlich unbestimmbar) sei und die entsprechende Zielangabe daher naiv und letztlich inhaltsleer bleiben müsse (vgl. Mühlhölzer 2011: 72 f.). Wissenschaft als ‚Suche nach Wahrheit' wäre, wenn diese Kritik zutrifft, nicht mehr als eine Leerformel. In 6.3 werde ich versuchen, das geläufige Wissenschaftsverständnis in Hinblick auf wissenschaftliche Wahrheit zu verteidigen: Nicht die *Bedeutung* des Begriffes Wahrheit ist unbestimmt – das Problem ist vielmehr das Fehlen von *Wahrheitskriterien*. Wissenschaftliche Wahrheit muss daher nur insofern ‚ungreifbar' bleiben, als wir grundsätzlich nicht wissen, ob eine bestimmte wissenschaftliche Aussage wahr ist. Daraus folgt jedoch nicht, dass der *Begriff* der wissenschaftlichen Wahrheit leer ist. Wir können wissenschaftliche Wahrheit auf nachvollziehbare Weise fördern, etwa mithilfe von Methoden der Objektivierung.

In 6.4 werden Probleme diskutiert, die sich aus der in der Öffentlichkeit verbreiteten Relativierung von Objektivität und wissenschaftlicher Wahrheit ergeben. In der öffentlichen Diskussion ist die Behauptung, dass wissenschaftliche Aussagen lediglich perspektiv- und interessenabhängigen Status besitzen, und es sich bei ihrer vermeintlichen Objektivität (oder gar Wahrheit) um ein ideologisches Konstrukt handele, mit einer Abwertung der Autorität der Wissenschaft verbunden. Die Verteidigung des Wahrheitsanspruchs der Wissenschaft gewinnt daher auch eine politische Dimension.

Eine weitere Herausforderung für den Anspruch auf wissenschaftliche Objektivität und Wahrheit besteht in der historischen Tatsache des wissenschaftlichen Wandels (6.5). Wie können Aussagen einer wissenschaftliche Theorie zu einem bestimmten Zeitpunkt jemals als wahr oder objektiv gelten, wenn, wie es in der Geschichte der Wissenschaften die Regel ist, eine nachfolgende Theorie deren Objektivitäts- und Wahrheitsanspruch revidiert? Die Analyse wird zeigen, dass auch radikale Brüche in der Abfolge wissenschaftlicher Theorien nicht Objektivität und Wahrheit der Wissenschaft als (realistische) Ziele in Frage stellen: Nachfolgende Theorien müssen, um Akzeptanz zu gewinnen, erklären können, warum ihre ‚Vorgänger' in der Erklärung bestimmter Phänomene erfolgreich gewesen sind – und weshalb sie an der Erklärung anderer Phänomene gescheitert sind. Es ist also eine der *Bedingungen* wissenschaftlichen Fortschritts, dass nachfolgende Theorien sich als verbesserte Repräsentationen von Ausschnitten der Welt verstehen lassen.

Schließlich behandelt 6.6 das Themenfeld *Ethik der Wissenschaft*. Hierzu zählen Fragen wie die nach der moralischen Verantwortung von WissenschaftlerInnen (oder der Wissenschaft im Allgemeinen) für die natürlichen oder sozialen Folgen wissenschaftlicher Entwicklungen. Welche Rolle spielt in diesem Zusammenhang Webers These der Wertfreiheit? Die These wird leicht so missverstanden, dass WissenschaftlerInnen allein der Objektivität und Wahrheit ihrer Resultate verpflichtet sind – und daher idealerweise ‚neutral' gegenüber allen moralischen und politischen Wertungen agieren sollen. Forschung, die auf bestimmte gesellschaftliche Ziele gerichtet und in diesem Sinne ‚wertorientiert' ist (vgl. das Beispiel der Entwicklungsökonomik in 6.2), wäre danach nicht mit einem der Wertfreiheit verpflichteten Wissenschaftsverständnis vereinbar. Weber hat aber keineswegs WissenschaftlerInnen aus der moralischen und politischen Sphäre verbannen oder Wertorientierungen der Forschung diskreditieren wollen; vielmehr geht es darum, dass WissenschaftlerInnen die von ihnen als BürgerInnen vertretenen Wertungen *explizit* machen sollen, wenn sie im öffentlichen Raum agieren. Die Wissenschaft selbst kann, so Weber, jedenfalls keine Werturteile produzieren oder begründen.

In 6.7, *Forschungsethik*, wird das Thema der ethischen Legitimation von Grundlagenforschung zunächst in allgemeiner Form erörtert. Anschließend werden am Beispiel der Embryonenforschung spezielle Argumente für die Begrenzung biologischer Grundlagenforschung vorgestellt. Die Jahrzehnte dauernde Debatte hat inzwischen in Deutschland und den anderen europäischen Ländern zu gesetzlicher Regulierung und der Schaffung von Kontrollinstanzen der Forschung geführt. Eine relativ neue Herausforderung stellt das *Genome Editing* dar, eine Methode zur Behebung von Gendefekten am menschlichen Embryo.

Nicht um die ‚klassische' Frage der Abwehr möglicher Gefahren, sondern um die Suche nach einem unter ethischen Kriterien optimalen *Design* technologischer Entwicklungen geht es in der *Roboter-Ethik* (6.8), in der ethische Maßstäbe für die

Verwendung von Robotern zur Unterstützung der medizinischen Pflege oder als Sensoren (bzw. Agenten) in Ökosystemen gewonnen werden sollen. Das Beispiel zeigt, wie technologische Forschung und ethische Reflexion ‚Hand in Hand' gehen können.

## 6.2 Methoden der Objektivierung

Schon Francis Bacons induktive Methoden lassen sich als Verfahren der Elimination lesen (siehe 1.2): In einer Welt, die voller täuschender Korrelationen ist, kann der Weg zur Erkenntnis der wahren kausalen Beziehungen (z.B. worin die Beschaffenheit von Wärme besteht bzw. wodurch das Phänomen der Wärme erzeugt wird) nur über den Ausschluss von Umständen führen, in denen das Zusammentreffen von Phänomenen uns über die Natur der Dinge täuscht. Wärme tritt häufig zusammen mit Licht auf, und es scheint sehr plausibel zu sein, dass beide Phänomene innerlich miteinander verbunden sind; aber Umstände, in denen das eine *ohne* das andere auftritt, belehren uns darüber, dass diese scheinbare Verbindung als Antwort auf die Frage nach der Natur der Wärme nicht in Frage kommt.

In der modernen Wissenschaft führt der Weg zur Entdeckung kausaler Beziehungen häufig über kontrollierte Experimente (*randomized controlled trials – RCT*). Diese Form des Experiments kann nicht nur verwendet werden, um *Ursachen* für bestimmte Phänomene aufzudecken, wie etwa im berühmten Semmelweis-Fall (vgl. Carrier 2006: 33f.), sondern auch um herauszufinden, wie Phänomene durch Interventionen erfolgreich beeinflusst werden können. Die Methode, deren gewöhnliches Anwendungsgebiet die medizinische und pharmakologische Forschung ist, kann auch in der Entwicklungsökonomik mit dem Ziel der Armutsbekämpfung in Entwicklungsländern eingesetzt werden. Die Ökonomie-ProfessorInnen Esther Duflo und Abhijit Banerjee am Massachusetts Institute of Technology (Duflo und Banerjee 2011) und Harvard-Professor Michael Kremer haben für die Entwicklung und Durchführung solcher Versuche im Jahr 2019 den Nobelpreis für Wirtschaftswissenschaften erhalten. Sie arbeiten mit randomisierten Test- und Kontrollgruppen: Auf die Testgruppe wird eine bestimmte Intervention angewendet, der Bau von Schulen, Kredite zum Aufbau von Unternehmen, Aufklärung von Familien etc. In der Kontrollgruppe unterbleiben diese Interventionen. Die beiden Gruppen sollen sich wesentlich nur hinsichtlich der Interventionsvariablen unterscheiden, d.h. alle anderen möglichen Einflussfaktoren (soweit bekannt) sollen in den beiden Gruppen in gleicher Weise wirksam sein. Mithilfe solcher RCTs lassen sich herkömmliche Instrumente der Armutsbekämpfung auf ihre Wirksamkeit überprüfen und innovative Instrumente ausprobieren. Dies kann zur Korrektur überkommener Lehrmeinungen und zu Innovationen in der Praxis der Entwicklungshilfe führen. Experimentelle Methoden wie RCTs sind wirksame Methoden der Objektivierung, weil sie erlauben, bloße Mutmaßungen und ‚intuitives' Erfahrungswissen an der Realität zu messen.

Häufig scheinen statistische Daten auf den ersten Blick unsere Vorurteile zu bestätigen. So erscheint es intuitiv naheliegend, dass Privatschulen, die finanziell gut ausgestattet und daher für Lehrkräfte besonders attraktiv sind, die Fähigkeiten ihrer SchülerInnen besser fördern können als staatliche Schulen und damit auch den späteren Berufserfolg befördern. Es wäre also für Eltern die bessere Wahl, ihre Kinder auf Privatschulen zu schicken. Angenommen, die Daten belegen, dass die AbsolventInnen von Privatschulen in ihrem weiteren Studien- und Berufsweg tatsächlich erfolgreicher sind als die AbsolventInnen staatlicher Schulen. Es kann sich dann herausstellen, dass diese Daten lediglich eine Scheinkorrelation belegen, z. B. wenn eine umfangreiche Analyse der Daten eine mögliche ‚gemeinsame Ursache' von Schulwahl und Berufserfolg aufdeckt: das stärkere oder schwächere Investment der Eltern in die Bildung der Kinder. Eltern, die stärker in die Bildung ihrer Kinder investieren (können), schicken ihre Kinder zu einem höheren Anteil in Privatschulen, und stärkeres Bildungsinvestment verursacht (unabhängig davon) besseren Berufserfolg. Die Empfehlung an die Eltern müsste danach lauten, in die Bildung ihrer Kinder zu investieren – gleichgültig ob sie sich für eine Privatschule oder eine staatliche Schule entscheiden. Dieses (fiktive) Beispiel zeigt, dass eine Methode der Objektivierung wissenschaftlicher Aussagen darin besteht, die vorhandenen statistischen Daten kritisch auf verborgene ‚gemeinsame Ursachen' zu überprüfen.[2] Wie gesehen, kann dies auch einen erheblichen Unterschied ausmachen hinsichtlich der Empfehlungen, die aus solchen Daten gewonnen werden.

Die oben besprochenen Methoden der Objektivierung zielen darauf ab, unzureichend begründete und vorschnelle Urteile dem Richtspruch der Realität zu unterwerfen und auszusortieren. Sie werden unterstützt durch die soziale Praxis wechselseitiger Kritik innerhalb der Wissenschafts-Gemeinschaft, die durch regelgeleitete Begutachtung von wissenschaftlichen Publikationen und Forschungsanträgen (*peer review*), sowie durch entsprechende Karriere-Kriterien für WissenschaftlerInnen institutionalisiert wird.

Eine andere Methode der Objektivierung, die Bildung von *Invarianten*, setzt dagegen an der Form wissenschaftlicher Aussagen an: diese sollen möglichst von allen ‚subjektiven' perspektivischen Verzerrungen befreit werden, die sich aus der Abhängigkeit von willkürlich gewählten sprachlichen und begrifflichen Mitteln ergeben können. Wissenschaftlichen Aussagen eine Form zu geben, die invariant gegenüber perspektivischen Darstellungen ist, gilt daher in der Wissenschaft als ein anzustrebendes Ziel.

Beispiele für den Übergang von perspektivischen zu invarianten Aussagen findet man u. a. in der Physik. So stellen in der Physik Bezugssysteme und Koordinaten ein unentbehrliches Mittel zur Darstellung von Sachverhalten dar. Beispielsweise wird die Bewegung eines physikalischen Systems mittels räumlicher und zeitlicher Koordinaten (für ein bestimmtes Bezugssystem) beschrieben, die durch Maßstäbe und Uhren bestimmt werden. Dies impliziert keinen Verzicht auf Objektivität. Der Beitrag des Erkenntnissubjekts (die Wahl eines bestimmten Bezugssystems und entsprechender Koordinaten zur Darstellung einer Bewegung) ist ja *explizit* gemacht worden. Die Kennzeichnung einer Bewegung als ‚vertikal' ist z. B. unvollständig, solange kein Bezugssystem angegeben ist, relativ zu dem die Bewegung vertikal ist. Aber sobald ein Bezugssystem bestimmt ist (z. B. mittels der ausgezeichneten Richtung der Gravitationskraft), bezeichnet die Aussage einen objektiven Sachverhalt. Gleichwohl bleibt die Darstellung immer noch abhängig vom gewählten Bezugssystem. Deshalb besteht der nächste Schritt der Objektivierung darin, sich davon zu befreien, indem Übersetzungsregeln (Transformationen) für den Übergang zwischen verschiedenen Bezugssystemen eingeführt werden. Schließlich kann man in der Physik invariante Darstellungen finden, in denen der Bezug auf bestimmte Bezugssysteme eliminiert ist. Von diesen invarianten Darstellungen kann man dann umgekehrt wieder zu speziellen Darstellungen übergehen. So besitzen beispielsweise die Maxwell-Gesetze der klassischen Elektrodynamik eine Form, die invariant ist gegenüber allen gleichförmig zueinander bewegten Bezugssystemen (*Lorentz-Invarianz*). In jedem einzelnen Bezugssystem nehmen sie dann wieder eine besondere, partikuläre Form an.

Der Grad der Objektivität wissenschaftlicher Aussagen ist keineswegs zu jeder Zeit offensichtlich. Aussagen, die wir für gänzlich objektiv halten, können in versteckter Weise standpunktabhängig sein. Es bedarf dann der kritischen Analyse, um diese Standpunktabhängigkeit herauszuschälen – und sich gegebenenfalls von ihr zu befreien. Dass die klassische Elektrodynamik *lorentzinvariant* ist, hat erst Albert Einstein entdeckt. Das vor-relativistische Verständnis der Theorie hatte noch am Unterschied zwischen Ruhe- und Bewegungszuständen festgehalten, bezogen auf ein festes Bezugssystem aller elektromagnetischen Erscheinungen, den ‚Äther'. Einstein erkannte in diesem Verständnis der Theorie das Beharren auf einer standpunktabhängigen Art der Beschreibung, das durch die physikalischen Tatsachen nicht gedeckt war. Die Elektrodynamik Maxwells „wie diese gegenwärtig aufgefasst zu werden pflegt" führe „in ihrer Anwendung auf bewegte Körper zu Asymmetrien [...], welche den Phänomenen nicht anzuhaften scheinen" (Einstein 1905: 891).[3]

Bewegt man nämlich, aus klassischer Sicht, einen Magneten gegenüber einem in ‚Ruhe' befindlichen elektrischen Leiter, so erzeugt die zeitliche Veränderung des Magnetfeldes durch die Bewegung des Magneten ein elektrisches Feld in der Umgebung des Magneten, das auf Elektronen im elektrischen Leiter eine Kraft (die sogenannte Lorentz-Kraft) ausübt und zu einem Stromfluss im Leiter führt. Halten wir dagegen den Magneten ‚fest' und bewegen den Leiter relativ zu ihm, so entsteht kein elektrisches Feld und es sollte keine oder eine ganz andere Kraft auf die Elektronen im Leiter ausgeübt werden. Tatsächlich aber beobachtet man in beiden Fällen denselben elektrischen Strom im Leiter, wie es auch durch das Lorentzsche Kraftgesetz vorausgesagt wird.

Verantwortlich für diese Diskrepanz ist also nicht die Maxwell-Theorie selbst – in die anhand der Maxwell-Gleichungen vorgenommene Berechnung des im Leiter erzeugten Stromes geht nur die *Relativbewegung* zwischen Leiter und Magnet ein – sondern, wie Einstein in der oben zitierten Äußerung betont, „wie diese gegenwärtig aufgefasst zu werden pflegt", nämlich im Sinne der Existenz absoluter Ruhe- und Bewegungszustände. Die empirische Realität, die Tatsache der Unabhängigkeit des Stromflusses davon, ob der Leiter oder der Magnet in ‚Ruhe' ist, übt hier sozusagen einen Zwang aus, die standpunktabhängige Interpretation der Theorie aufzugeben.

Begriffliche oder apparative Mittel, die zur Ermittlung von Daten oder für die Formulierung von Theorien verwendet werden, dürfen letztlich keinen Einfluss auf die damit gewonnenen wissenschaftlichen Aussagen haben. Deswegen ist es von großer Bedeutung, jedes wissenschaftliche Resultat darauf zu überprüfen, ob es gegenüber einer Änderung des Messverfahrens, der äußeren Umstände der Beobachtung oder der sprachlichen Darstellung invariant ist. Wenn die Behauptung einer wissenschaftlichen Tatsache auf eine bestimmte Art von Messgerät gestützt wird (z. B. eine bestimmte Sorte von Mikroskopen), so muss durch Variation der Anwendungsbedingungen des Instrumentes gesichert werden, dass es keine ‚Artefakte' produziert (vgl. Hacking 1983/1996).

## 6.3 Wissenschaftliche Wahrheit

Aber Objektivität ist noch nicht Wahrheit. Selbst wenn man akzeptiert, dass die Wissenschaft über Methoden der Objektivierung verfügt, gibt es keine Garantie dafür, dass wissenschaftliche Aussagen, die mithilfe solcher Methoden ‚objektiviert', also in allen bekannten Hinsichten standpunktunabhängig sind, als ‚wahr' gelten können. Im Gegenteil, der Begriff der Wahrheit wird in Hinsicht auf die Wissenschaft häufig als untauglich oder irrelevant betrachtet. Um diese Abwehrhaltung zu begründen, wird dann zuweilen darauf hingewiesen, dass ‚vollständige' oder ‚absolute' Wahrheit unerreichbar sei. Aber wie steht es mit schlichter Wahrheit?

Im Alltag haben wir in Hinsicht auf den Begriff der Wahrheit wenig Skrupel. Wenn wir behaupten, „Robert liebt Anna", dann wollen wir damit nicht (nur) ausdrücken, dass wir über Indizien für Roberts Liebe zu Anna verfügen. Nein, wir behaupten, dass es in der wirklichen Welt zwei Personen dieses Namens gibt, zwischen denen eine reale Beziehung besteht, nämlich jene, die wir ‚Liebe' nennen. Wir müssen dabei weder beanspruchen, den (vermutlich) bestehenden Sachverhalt, vollständig charakterisiert zu haben (vielleicht gibt es verschiedene Arten und Grade der Liebe, die in unserer Behauptung nicht näher spezifiziert wurden). Noch sind wir darauf angewiesen, unserer Aussage ‚Absolutheit' zuzuschreiben, also eine Geltung, die ganz unabhängig von den verwendeten begrifflichen Kategorien besteht (solche Kategorien wie ‚Person' oder ‚Beziehung'). Aber wie ungenau und unvollständig auch immer, beanspruchen wir doch, dass unsere Behauptung wahr ist, dass wir mit ihr eine Tatsache getroffen haben – die auch nicht bestehen könnte (dann, wenn wir uns getäuscht hätten).

Unser alltäglicher Begriff der ‚schlichten' Wahrheit ist die intuitive Version der sogenannten *Korrespondenztheorie der Wahrheit*: Eine Aussage ist wahr, wenn sie einer Tatsache ‚entspricht' (oder mit ihr ‚übereinstimmt'). Die philosophischen Probleme dieser Theorie hängen mit den nur scheinbar harmlosen Ausdrücken ‚entsprechen' oder ‚übereinstimmen' zusammen. Wie Hilary Putnam bemerkt hat, besteht die Schwierigkeit nicht darin, dass es

> [...] keine Entsprechungen zwischen Wörtern oder Begriffen und anderen Entitäten gibt, sondern dass es *zu viele* solcher Entsprechungen gibt. Um nur *eine* Entsprechung zwischen Wörtern oder geistigen Zeichen und geistesunabhängigen Dingen herauszugreifen, müssten wir schon einen Bezugszugang zu den geistesunabhängigen Dingen haben." (Putnam 1981/1982: 104)

Dass uns dieser Umstand in unserem alltäglichen Verständnis von Wahrheit entgeht, so kann man Putnams Gedanken weiterführen, liegt nur daran, dass wir uns Tatsachen (wie die Tatsache „Robert liebt Anna") als etwas vergegenwärtigen, zu dem wir direkten Zugang besitzen, dass wir also Tatsachen selbst wie begriffliche Entitäten behandeln – das Auffinden einer Entsprechung zwischen Tatsache und Behauptung der Tatsache erscheint dann als ganz problemlos; z. B. kann man Wahrheit dann, wie von Russell vorgeführt (vgl. Russell 1912: 69–75), als Homomorphie (Strukturgleichheit) zwischen einer Tatsache und der ihr entsprechenden Behauptung explizieren.

Wenn wir dagegen Putnams Kritik akzeptieren, und uns klar machen, dass wir über keinen direkten ‚Bezugszugang' zu ‚geistesunabhängigen' Tatsachen verfügen, dann scheint die Brücke der ‚Entsprechungsrelation', die von einer Aussage zur korrespondierenden Tatsache führt, auf der Seite der Tatsachen ins Leere zu führen. Als ein wissenschaftliches Beispiel für diese Situation hat Putnam Newtons Gravitationstheorie angeführt:

> Träfe die Newtonsche Physik [...] zu, ließe sich jedes physikalische Einzelereignis in zwei Weisen beschreiben: im Sinne von Teilchen, die über eine Entfernung – über leeren Raum hinweg – wirken (dies ist Newtons Beschreibung der Gravitation), oder im Sinne von Teilchen, die auf Felder wirken, [...], die dann schließlich eine „Nahewirkung" auf andere Teilchen ausüben. (Putnam 1981/1982: 104–105)

Welcher Tatsache eine Aussage der Newtonschen Theorie entspricht, hängt also davon ab, welches *Modell* der Theorie (ein Fernwirkungs- oder ein Nahwirkungsmodell) wir in der Interpretation der Theorie unterstellen. Da wissenschaftliche Theorien eine Vielzahl von Modellen zulassen und keine Entscheidung für *ein* Modell implizieren, bleibt die Entsprechung zwischen Aussagen einer Theorie und Tatsachen mehrdeutig.

Was folgt daraus nun für den Begriff der wissenschaftlichen Wahrheit? Zunächst ist es selbst eine schlichte Tatsache, dass wir über keinen direkten epistemischen ‚Zugriff' auf die Tatsachen der Welt besitzen – dies gilt nicht erst für die Tatsachen der Wissenschaft, sondern schon für alltägliche Tatsachen der Art „Robert liebt Anna". Auch hier sind wir auf vermittelnde Vorstellungen angewiesen, die uns die entsprechenden Tatsachen zugänglich machen – z. B. auf Vorstellungen davon, worin Liebe besteht. In der Wissenschaft können wir solche vermittelnden Vorstellungen in der Regel nur genauer charakterisieren, eben als Modelle einer Theorie. Allerdings muss die Frage, welches Modell den Vorzug verdient, nicht grundsätzlich unbeantwortbar bleiben – das Fernwirkungs-Modell der Newtonschen Theorie erscheint beispielsweise mit dem heutigen Verständnis der Gravitation nicht mehr vereinbar. Grundsätzlich stellt die Einsicht, dass die ‚Entsprechungsrelationen' zwischen Aussagen und Tatsachen nicht einfach ‚gegeben', sondern teilweise begrifflich konstruiert sind, eine wichtige Einschränkung für ein korrespondenztheoretisches Verständnis von Wahrheit dar, sie diskreditiert aber dieses Verständnis nicht. Die Kurzformel ‚Wahrheit ist Entsprechung zu (bzw. Übereinstimmung mit) Tatsachen' kann, im Alltag und in der Wissenschaft, weiterhin zur (groben) Charakterisierung der *Bedeutung* von ‚wahr' und ‚Wahrheit' verwendet werden.

Unabhängig von der *Bedeutung* von ‚Wahrheit' ist die Frage der *Wahrheitskriterien*. Weder für die Wahrheit der Aussage „Robert liebt Anna" noch für die (näherungsweise) Wahrheit der Newtonschen Theorie gibt es Kriterien, d. h. Merkmale, an deren Vorliegen ein und für allemal die Wahrheit der Aussagen festgestellt werden könnte. Es fehlt uns dafür am direkten *epistemischen* Zugriff auf Tatsachen. Über Indizien oder Belege für die Wahrheit können wir niemals grundsätzlich hinauskommen. Diese Tatsache impliziert nicht, dass der Begriff der Wahrheit selbst seine *Bedeutung* verliert. Die Rede von der ‚Suche nach der Wahrheit' ist keine bloße Leerformel – solange sie nicht mit der Vorstellung von endgültiger, nicht revidierbarer Erkenntnis verbunden ist.

Weder externe noch interne Maßstäbe der Objektivität, weder empirische Testverfahren noch Objektivierung durch Invarianz können als Wahrheitskriterien fungieren. Eine wissenschaftliche Aussage mag empirisch so gut bestätigt sein, wie es die verfügbaren Testverfahren nur zulassen, und sie mag von allen nur denkbaren perspektivischen Einschränkungen befreit sein, ohne dass damit ihre Wahrheit garantiert wäre. Selbst aus Sicht des philosophischen Pragmatismus, nach dem Wahrheit gerade in der Erfüllung aller denkbaren epistemischen Kriterien *besteht*, also einen idealisierten Grenzbegriff der Objektivität darstellt, bleibt zu jedem bestimmten Zeitpunkt unerkennbar, *wie weit* wir uns dem Ziel der Wahrheit genähert haben. Methoden der Objektivierung ermöglichen es allerdings, unser Wissen in systematischer und kontrollierbarer Weise zu *verbessern*, durch genauere und vollständigere Übereinstimmung mit empirischen Belegen und durch ein größeres Maß an Unabhängigkeit von einschränkenden epistemischen Perspektiven. Die Methoden der Objektivierung sind keine Wahrheitsgaranten, aber sie sind *wahrheitszuträglich*. Die Wissenschaft kann also zu Recht den Anspruch erheben, sich der Wahrheit anzunähern – so weit wie es menschlicher Erkenntnis nur möglich ist. Bei aller Unvollkommenheit ist die Wissenschaft konkurrenzlos, wenn es darum geht, der Wahrheit auf die Spur zu kommen.

## 6.4 Der Wahrheitsanspruch der Wissenschaft im Disput der Öffentlichkeit

Der Anspruch der Wissenschaft auf epistemische Priorität ist in der öffentlichen Diskussion nicht unumstritten. Die Auseinandersetzungen in den Vereinigten Staaten über die Frage, ob im Biologieunterricht von Schulen die kreationistische Doktrin (unter dem Titel ‚creation science') gleichberechtigt neben der Evolutionstheorie (analog als ‚evolution science' bezeichnet) gelehrt werden sollte, wurde 1982 in Little Rock (Arkansas) zum Gegenstand eines aufwendigen Gerichtsprozesses, in dem namhafte BiologInnen, PhilosophInnen, aber auch TheologInnen, als ‚Zeugen' auf Seiten der Evolutionstheorie auftraten (vgl. Kitcher 1982); das Gericht stellte in seinem Urteil fest, dass ‚creation science' nicht als wissenschaftliche Theorie betrachtet werden kann und daher auch nicht gleichberechtigt im Biologieunterricht gelehrt werden darf. Nicht nur in den USA (George W. Bush plädierte noch 2005 für die Gleichwertigkeit von ‚Intelligent Design' und Evolutionstheorie), sondern auch in Deutschland hat es selbst bei politischen

Entscheidungsträgern Stimmen gegeben, die eine Gleichbehandlung von Evolutionstheorie und Kreationismus im Biologieunterricht befürworteten. Seitdem hat sich die Debatte auf andere wissenschaftliche Theorien verlagert, aber keineswegs beruhigt. Vielmehr wird in der öffentlichen Debatte von interessierter (und einflussreicher) Seite der Wahrheitsanspruch der Wissenschaft grundsätzlich in Frage gestellt, beispielsweise im Zusammenhang mit der Klimaforschung:

> We've seen the emergence of a „post-fact" politics, which has normalized the denial of scientific evidence that conflicts with the political, religious or economic agendas of authority. Much of this denial centers, now somewhat predictably, around climate change – but not all. (Otto 2016: 2)

Was Shawn Otto (2016) als ‚war on science' bezeichnet, wird einerseits von ökonomischen und politischen Interessen befeuert – wenn z. B. Energiekonzerne mit Unterstützung von mit ihnen verbundenen PolitikerInnen Außenseiter-Positionen zum Klimawandel lancieren, um gut belegte wissenschaftliche Tatsachen in den Ruch der Fragwürdigkeit zu bringen.

Auch von Seiten einer wissenschaftskritischen Soziologie wird der Anspruch der Wissenschaft auf Objektivität, hier mit Hinweis auf die vermeintlich grundsätzliche Wert- und Interessenabhängigkeit wissenschaftlicher Positionen, in Frage gestellt. Susan Haack (2007) hat in ihrer Verteidigung der Wissenschaft aus Perspektive eines kritischen *common sense* (sie spricht von *Critical Common-Sensism*) diese Auffassungen wie folgt charakterisiert:

> Appeal to „facts" or „evidence" or „rationality" [...] is nothing but ideological humbug disguising the exclusion of this or that oppressed group. Science is largely or wholly a matter of interests, social negotiation, or of myth-making, the production of inscriptions or narratives; not only does it have no peculiar epistemic authority and no uniquely rational method, but it is really, like all purported „inquiry", just politics. (Haack 2007: 21)

Die Inanspruchnahme wissenschaftlicher Objektivität ist aus Sicht dieser soziologischen Wissenschaftskritik lediglich vorgeschoben, um sich im öffentlichen Meinungsstreit eine privilegierte Position verschaffen und sozial benachteiligte Gruppen vom Diskurs ausschließen zu können. So behauptet etwa Bruno Latour: „All this business about rationality and irrationality is the result of an attack by someone on associations that stand in the way" (Latour 1987: 205). Wissenschaftliche Wahrheit kann danach nur in sozialen ‚Aushandlungsprozessen' unter Einschluss aller gesellschaftlichen Gruppen ermittelt werden. In der deutschsprachigen Diskussion stützen sich solche wissenschaftskritischen Auffassungen häufig auf erkenntnistheoretische Thesen, wie sie von VertreterInnen der Kritischen Theorie im Kontext des ‚Positivismusstreits' vertreten worden sind. So führt beispielsweise der Soziologe Paul Kellermann in diesem Sinne aus, dass „Sichtweisen und an sie gebundene Kenntnisse" immer „interessenbedingt und interessenbeeinflussend" seien, und es daher immer „verschiedene Wahrheiten" gebe:

> [W]er den „Werturteilsstreit" und den „Positivismusstreit" innerhalb der deutschsprachigen Sozialwissenschaft auch nur oberflächlich kennt, dürfte die Ansicht akzeptieren, dass es weder „reine Wahrheit" noch „wertfreie Wissenschaft" geben kann. (Kellermann 1990: 93)

Abgesehen davon, dass der Autor den Wahrheitsanspruch seiner eigenen Behauptung offenbar nicht als ‚interessenbedingt' versteht, ignoriert seine Darstellung die Existenz der in 6.2 erläuterten Methoden der Objektivierung mit ihrem Ziel, perspektivische Verzerrungen, die sich aus Interessenabhängigkeiten ergeben können, zu eliminieren. Selbst wenn *vollständige* Objektivierung ein unerreichbares Ideal darstellen mag, kann der Objektivitätsanspruch wissenschaftlicher Aussagen daher nicht einfach unterschiedslos als ‚interessenabhängig' relativiert werden. In 6.6 werden wir auch näher erläutern, inwiefern Wissenschaft tatsächlich ‚wertfrei' sein kann – in dem Sinne, dass der Wahrheitswert ihrer Aussagen nicht von Werturteilen abhängt – ohne dass damit wertorientierte Forschung (siehe das Beispiel der Entwicklungsökonomik in 6.2) ausgeschlossen würde.

Susan Haack hält den oben charakterisierten wissenschaftskritischen Auffassungen entgegen, dass die Standards wissenschaftlicher Forschung nicht für die Wissenschaft exklusiv gelten, sondern vielmehr in empirischen Untersuchungen aller Art verbreitet sind, ob sie nun von DetektivInnen, HistorikerInnen, investigativen JournalistInnen oder eben WissenschaftlerInnen angestellt werden:

> The core standards of good evidence and well-conducted inquiry are not internal to the sciences, but common to empirical inquiry of every kind. In judging where science has succeeded and where it has failed, in what areas and at what times it has done better and in what worse, we are appealing to the standards by which we judge the solidity of empirical beliefs, or the rigor and thoroughness of empirical inquiry, generally. (Haack 2007: 23)

Mit der Relativierung des Objektivitätsanspruches wissenschaftlicher Methoden wird daher nach Haack die menschliche Aktivität kritischer empirischer Untersuchung generell in Frage gestellt – was vermutlich nicht in der Absicht der Kritiker liegt. Ihren *Critical Common-Sensism*, also die Auffassung, dass die Methoden der Wissenschaft nur eine besondere Ausprägung der allgemein verbreiteten Praxis kritischer empirischer Untersuchung darstellen, unterstreicht Haack anhand einer Kreuzworträtsel-Metapher: Passung und Wert eines bestimmten Eintrags hängen davon ab, mit welchen anderen, vertikalen und horizontalen

Einträgen sich die entsprechende Zeile kreuzt; in derselben Weise hängen die Antworten, auf die eine empirische Untersuchung abzielt, von relevanten Einzeltatsachen und Generalisationen ab, die zu unserem Hintergrundwissen gehören. Die gesuchten Antworten müssen zu den ‚umgebenden' relevanten Informationen ‚passen', die wir schon als gut bestätigt akzeptiert haben.

Haacks Metapher des Kreuzworträtsels, obwohl grundsätzlich erhellend, vernachlässigt allerdings eine Besonderheit der Wissenschaft, auf die v. a. in Kapitel 2 hingewiesen wurde: Die ‚Einträge', nach denen wir in alltäglichen Fällen empirischer Untersuchung suchen, hängen von einzelnen Tatsachen und sicher auch von einschlägigen ‚Faustregeln' ab, mehr oder minder zutreffenden Generalisationen. Für die Wissenschaft dagegen, in der Theoriebildung ein zentrales Instrument ist, hängt die Antwort auf eine konkrete Frage häufig sehr spezifisch von Theorien und Gesetzen ab, deren universelle Gültigkeit unterstellt wird. Das Gewicht der ‚Passung' liegt – viel stärker als in Untersuchungen des Alltags – auf theoretischen Annahmen, durch die einzelne Antworten gerechtfertigt werden und die umgekehrt, im Erfolgsfall, durch die Bewährung dieser Antworten gestützt werden. Die stärkere Theorieabhängigkeit der Wissenschaft, im Vergleich zu Alltagsuntersuchungen, erfordert einerseits besondere Präzison und Strenge der empirischen Überprüfung und ein dichtes Netz von theoretischen Querverbindungen, das solche Überprüfungen erst ermöglicht. Andererseits werden gerade aufgrund der Theorieabhängigkeit weitreichende, auf allgemeine theoretische Aussagen gestützte Vorhersagen möglich, während wir im Rahmen von Alltagsuntersuchungen in der Regel auf induktive Verallgemeinerungen von Erfahrungen angewiesen sind. In diesem Sinne ist die Wissenschaft tatsächlich ‚epistemisch privilegiert' – ohne dass dies eine Haltung des ‚deferentialism' (Ehrfurcht) gegenüber der Wissenschaft (vgl. Haack 2007: 23) rechtfertigen würde, von der Haack befürchtet, dass sie aus der Annahme eines epistemischen Privilegs der Wissenschaft erwachsen könnte.

## 6.5 Wahrheit und wissenschaftlicher Wandel

Bereits in 1.7 haben wir mit Thomas S. Kuhns Wissenschaftskonzept eine Auffassung kennengelernt, nach der wissenschaftlicher Wandel nicht nur zur Verwerfung alter und zur Aneignung neuer Wahrheiten führt. Vielmehr stoßen wissenschaftliche Revolutionen – ganz analog zu politischen Revolutionen – unser gesamtes *Begriffssystem* um und führen damit auch neue *Maßstäbe* ein, nach denen Objektivität und Wahrheit wissenschaftlicher Aussagen bewertet werden. Wenn nun aber grundsätzlich eine neue Theorie den Objektivitäts- und Wahrheitsanspruch von Aussagen der alten Theorie revidiert, wie können wir dann jemals in legitimer Weise die Annahme vertreten, dass die Aussagen unserer *gegenwärtigen* Theorien Objektivität und Wahrheit beanspruchen können?

Mit den Arbeiten von Norwood Russell Hanson, Thomas Kuhn, Paul Feyerabend u. a. hatte in den 1960er Jahren eine stärkere Wahrnehmung der Bedeutung des wissenschaftlichen Wandels für unser Wissenschaftsverständnis eingesetzt. Schon Karl Popper hatte ein *kumulatives* Verständnis der Wissenschaftsgeschichte abgelehnt, also die Vorstellung, dass neue Theorien das vorhandene Wissen lediglich erweitern und ergänzen. Vielmehr treten neue Theorien *an die Stelle* ihrer widerlegten Vorgängerinnen. Objektivität und Wahrheitsanspruch der Wissenschaft schienen dadurch aber zunächst nicht berührt. Schließlich hatte Popper ein rationales Verfahren angegeben, das den wissenschaftlichen Wandel steuert: Das Verfahren der Falsifikation, dessen Kriterium allein der Vergleich zwischen den Vorhersagen (bzw. ‚Verboten') einer Theorie und den unabhängig von der Theorie bestehenden empirischen Tatsachen ist. Eine neue Theorie zu akzeptieren ist danach rational, wenn sie in diesem Vergleich besser abschneidet als ihre Vorgängerin, d. h. deren erfolgreiche Vorhersagen adaptiert und neue erfolgreiche Vorhersagen hinzufügt, unter anderen solche, an denen die Vorgängerin gescheitert war. Die Rationalität des wissenschaftlichen Wandels besteht also aus Sicht Poppers darin, dass sich jeder Übergang zu einer neuen Theorie als Wahl des Besseren (bzw. des besser Bewährten) rekonstruieren lässt, gemessen an den allgemein akzeptierten Zielen der Wissenschaft. Wenn die Bewährung an empirischen Tatsachen überhaupt als objektivitäts- und wahrheitszuträglich verstanden wird, dann kann daher wissenschaftlicher Wandel – sofern er den Kriterien des Falsifikationsverfahrens folgt – nur zu einer Steigerung von Objektivität und Wahrheitsnähe der Wissenschaft führen.

Thomas Kuhns Buch *Die Struktur wissenschaftlicher Revolutionen* (Kuhn 1962/1969), in dem ebenfalls eine nicht-kumulative Sicht der Wissenschaftsgeschichte vertreten wird, lässt dagegen Objektivität und Wahrheitsanspruch der Wissenschaft als zweifelhaft erscheinen. In erster Linie hat dies damit zu tun, dass Kuhn das von Popper beschriebene rationale Falsifikationsverfahren ablehnt: Wenn eine neue Theorie an die Stelle einer alten Theorie rückt, so geschieht dies nach Kuhn nicht aufgrund der Tatsache, dass sie in Bezug auf den Vergleich mit empirischen Tatsachen besser abschneidet. Zum einen stellen die in Frage kommenden Tatsachen keine gegenüber Theorien unabhängige Instanz dar; vielmehr ist die Feststellung einer Tatsache durch WissenschaftlerInnen stets durch die von ihnen vertretene Theorie geprägt – VertreterInnen verschiedener Theorien nehmen verschiedene empirische Tatsachen wahr. Deshalb ist der Vergleich zwischen Theorien und Tatsachen nicht ‚neutral' und ‚unparteiisch'. Ein Beispiel dafür ist die von Galilei wahrgenommene Tatsache, dass ein von einem Turm fallender

Stein die Rotationsbewegung der Erde mitvollzieht, während seine Kritiker den Stein nur eine vertikale Fallbewegung ausführen sehen.

Zum anderen folgen Prozesse der Ablösung von Theorien aus Sicht von Kuhn keinem rationalen Kalkül, keiner vorurteilsfreien Abwägung positiver und negativer Argumente, sondern eher dem Muster politischer Auseinandersetzung, in der Durchsetzungsstärke und Fähigkeit, die Meinungsführerschaft zu gewinnen, den Erfolg bestimmen. Kuhn kommt deshalb zu dem Ergebnis, dass reale Prozesse wissenschaftlichen Wandels sich de facto nicht an rationalen Kriterien orientieren und den WissenschaftlerInnen grundsätzlich auch keine solchen Kriterien zur Verfügung stehen. Vertieft wird der Hiatus zwischen Vorgänger- und Nachfolgertheorien dadurch, dass zwischen ihnen keine *begriffliche* Kontinuität besteht. Theorien vor und nach dem Umbruch sind relativ zueinander ‚inkommensurabel': Die Bedeutung ihrer zentralen Begriffe hängt so stark von miteinander unvereinbaren Annahmen der jeweiligen Theorien ab, dass aus Sicht der einen Theorie nicht einmal verständlich gemacht werden kann, wovon die Begriffe der anderen Theorie handeln. Kuhn vertritt damit eine holistische Sicht wissenschaftlicher Theorien, der zufolge Theorien mit ihren charakteristischen, nur im Theoriezusammenhang zu erläuternden Begriffen, ihrer speziellen Form der Festlegung, was als wissenschaftliche Tatsache gilt, der bevorzugten Art ihres methodischen Zugangs, und letztlich der für sie gültigen metaphysischen Annahmen, eigene geschlossene Welten ('Paradigmata'⁴) bilden. Diese Auffassung steht in scharfem Kontrast zum Wissenschaftsverständnis Poppers und des Kritischen Rationalismus, in dem Theorien, synchron oder diachron, im offenen, an universellen Kriterien messbaren Wettbewerb um die beste Bewährung gegenüber einer Welt ‚neutraler' Tatsachen stehen.

Da innerhalb des Rahmens der Anwendungen eines Paradigmas, also innerhalb des normalwissenschaftlichen Alltags der Forschung, nur von der Anwendung, nicht von ‚kritischer Überprüfung' des Paradigmas die Rede sein kann, bleiben nach Kuhn Ansprüche auf Objektivität und Wahrheit an das jeweilige Paradigma gebunden, d. h. sie besitzen keine theorieübergreifende Bedeutung. Daher kann in Zeiten einer wissenschaftlichen Revolution, in denen es um die Durchsetzung eines neuen Paradigmas und neuer epistemischer Regeln geht, kein ‚überparteilicher' Objektivitäts- und Wahrheitsanspruch geltend gemacht werden.

Der durch Kuhn initiierten Herausforderung kann begegnet werden, allerdings nur, wenn man Korrekturen an dem auf Popper und die logischen Empiristen zurückgehenden Wissenschaftsverständnis vornimmt. So hat Kuhn zunächst darin Recht, dass wissenschaftliche Theorien sich auf Tatsachen stützen, die selbst mithilfe von theoretischen Begriffen ‚bearbeitet' sind. Rohdaten ohne die Zutat theoretischer Interpretation, ohne Einbettung in ein Modell einer

Theorie, sprechen weder für noch gegen die jeweilige Theorie. Der senkrechte Fall eines Steins von der Spitze des Turms spricht für sich genommen weder für noch gegen Galileis Theorie der rotierenden Erde. Die Beobachtung kann aber – mittels einer zusätzlichen Hypothese, der Hypothese der zirkulären Trägheit – in Galileis Theorie eingebettet werden. Bestätigung oder Widerlegung durch Tatsachen hängen dann nicht nur vom beobachteten Sachverhalt selbst ab, sondern auch von den zusätzlichen Hypothesen, die zur ‚Bearbeitung' des Sachverhalts verwendet wurden. Bestätigung und Widerlegung werden dadurch zu einer Angelegenheit, die wesentlich komplexer ist als es in Poppers *Logik der Forschung* den Anschein hat.

Dieser Komplexität wird in Bestätigungstheorien wie der *Bootstrap-Theorie* von Clark Glymour Rechnung getragen (vgl. 2.6). Die Objektivität der Wissenschaft wird dadurch nicht grundsätzlich angetastet: Obgleich Tatsachen niemals frei von *jeder* begrifflichen Bearbeitung sind, können sie doch als ‚neutrale' Belege für eine Theorie gelten: entweder gehören die Begriffe und Annahmen, die in die Bearbeitung der Tatsachen eingehen, *anderen* Theorien an als jener, um deren Überprüfung es geht[5], oder sie gehören der überprüften Theorie selbst an; auch in diesem Fall können die entsprechenden Tatsachen die Theorie auf die Probe stellen – solange ihr Nicht-Zutreffen überhaupt mit der Theorie vereinbar bleibt. Kuhns Überlegungen zum Theorienvergleich können daher nicht die Auffassung ins Wanken bringen, dass ‚Nachfolgertheorien' früheren Theorien in dem Sinne überlegen sind, dass sie die schon durch die früheren Theorien behandelten Phänomene insgesamt besser und präziser erklären, und darüber hinaus auch neue Phänomene zugänglich machen. Letztlich hat auch Kuhn selbst eingeräumt:

> My own impression, though it is no more than that, is that a scientific community will seldom or never embrace a new theory unless it solves all or almost all the quantitative, numerical puzzles that have been treated by its predecessor. (Kuhn 1977: 289)

Andererseits, so Kuhn, sind Entscheidungen von WissenschaftlerInnen darüber, welche Verluste an Erklärungskraft sie beim Übergang zu einer neuen Theorie in Kauf zu nehmen bereit sind, letztlich nur psychologisch oder soziologisch zu erklären – ohne eine Erklärung dieser Art sei nicht klar, worin wissenschaftlicher Fortschritt überhaupt besteht (vgl. Kuhn 1977: 290). Dem kann man entgegenhalten, dass auch für die Inkaufnahme von ‚Erklärungsverlusten' durchaus rationale Gründe angegeben werden können, ohne dass die Psychologie von WissenschaftlerInnen oder soziale Gründe bemüht werden müssen: Frühere Probleme büßen ihren wissenschaftlichen Wert ein, wenn ihre Voraussetzungen aus Sicht der späteren Theorie entfallen. Sie werden dann ‚gegenstandslos'. So ist z. B. aufgrund der entwickelten Quantenmechanik ein Problem gegenstandslos geworden, das dem Bohrschen Atommodell anhaftete: Weshalb fallen Elektronen, die einen Atomkern umkreisen, nicht in den Kern? Ebenso rational zu rechtfertigen ist die Preisgabe einer früher akzeptierten ‚Problemlösung', die sich aus Sicht der neuen Theorie als irrig herausstellt – das vermeintlich gelöste Problem muss dann als weiterhin offen betrachtet werden. Die Hinnahme eines ‚Verlustes an Erklärungskraft' kann in beiden Fällen rational gerechtfertigt werden, wenn man für die Beurteilung die Perspektive der *neuen* Theorie übernimmt[6] – also die Perspektive der Theorie, die verglichen mit ihrer Vorgängerin wesentliche neue Erklärungserfolge für sich verbuchen kann.

Die Rekonstruktion der Ideen Kuhns im Rahmen der strukturalistischen Wissenschaftsphilosophie (siehe 2.2) hat zur Einsicht geführt, dass Theorien als Strukturen zu verstehen sind, wenn man der Komplexität der Überprüfung von Theorien gerecht werden will. Zu wissenschaftlichen Revolutionen kommt es dann, wenn das Potential einer solchen Struktur, durch Modifikationen[7] den Tatsachen gerecht zu werden, erschöpft scheint – und eine aussichtsreiche Alternativtheorie zur Verfügung steht. Hier entsteht nun aber für den Wahrheitsanspruch wissenschaftlicher Theorien ein weiteres Problem: Wenn Theoriendynamik in der Abfolge verschiedener Strukturen besteht und wenn die Begriffe von Vorgänger- und Nachfolgertheorie sich als Elemente verschiedener Strukturen *unvergleichbar* (in der Terminologie von Kuhn ‚inkommensurabel') gegenüber stehen, mit dem Ergebnis, dass Aussagen der Vorgängertheorie nicht einmal in Aussagen der Nachfolgertheorie *übersetzbar* sind, wie lässt sich der Fortgang der Wissenschaft dann als ein Fortschreiten in Richtung größerer Wahrheitsnähe verstehen?

In den 1980er Jahren hat Kuhn die These der semantischen Inkommensurabilität zwar deutlich abgeschwächt, indem er einräumte, dass nur die Zentralbegriffe historisch aufeinander folgender Theorien (wie Newtons und Einsteins Theorie der Gravitation) semantisch inkommensurabel sind, und es darüber hinaus Messverfahren als Methoden der Referenzfixierung gibt, die den Theoriewandel überdauern; es bleibt aber ein grundsätzliches Problem, zu verstehen, wie sich Begriffe verschiedener Theorien mit ganz unterschiedlicher Struktur auf *dieselben* Gegenstände bzw. Eigenschaften beziehen können. Wie ist es z. B. möglich, dass der Begriff des Elektrons bei Thomson sich auf dieselben Gegenstände bezieht wie der Elektronenbegriff der Quantentheorie? Ohne einen historisch konstanten Bezug zentraler Begriffe kann nicht die Rede davon sein, dass gegenwärtige Theorien uns besseres Wissen über *dieselben* Gegenstände vermitteln und daher ‚der Wahrheit näher kommen' als frühere Theorien.

PhilosophInnen und WissenschaftshistorikerInnen, u. a. Achinstein (1968), Nersessian (1984) und Arabatzis (2006 und 2008), haben die semantische Kontinuität theoretischer Begriffe wie ‚Masse', ‚elektromagnetisches Feld' oder

‚Elektron' zu begründen versucht, sei es mithilfe invarianter semantischer Merkmale (Achinstein), Ketten der Argumentation, die verschiedene Phasen der Entwicklung eines kognitiven ‚tools' miteinander verbinden (Nersessian), oder überdauernden experimentellen Charakteristika (Arabatzis). Gemeinsam ist diesen Ansätzen, dass sie die radikalen Bedeutungsverschiebungen, die bestimmte zentrale Begriffe in der Abfolge von Theorien erfahren haben, durch andere verbindende Merkmale zu kompensieren versuchen. Aber diese radikalen Bedeutungsverschiebungen theoretischer Begriffe, die einem radikal verschiedenen theoretischen Hintergrund entstammen, verschwinden nicht durch Gemeinsamkeiten, die in anderen Hinsichten vorhanden sind.

Ein solcher radikaler theoretischer Bruch liegt z. B. zwischen der Physik Newtons und den Relativitätstheorien Einsteins vor; ‚radikal' ist die Diskontinuität hier in dem Sinne, dass die *Anwendungsbedingungen* von Begriffen der Newtonschen Mechanik, z. B. des Begriffs der Masse, aufgrund der Geschwindigkeitsabhängigkeit der Masse in der Speziellen Relativitätstheorie nicht erfüllt sein können. Streng genommen ist daher aus Sicht der Speziellen Relativitätstheorie Newtons Begriff der Masse unanwendbar oder ‚leer'. Dies schließt aber nicht aus, dass Begriffe der beiden Theorien anhand der durch sie erklärten *Effekte* miteinander verglichen werden können – nämlich für den Anwendungsbereich kleiner Geschwindigkeiten.

Ein anderes Beispiel für Bedeutungsvergleiche anhand der mit Begriffen verbundenen Effekte ist der Begriff der ‚Schwarzschild-Masse' in der Allgemeinen Relativitätstheorie. Dieser Begriff kann als *semantische Erweiterung* des Begriffs der Newtonschen Gravitationsmasse verstanden werden, weil für große Abstände von der Quelle des Gravitationsfeldes ein Testkörper in einer Welt, die durch die Schwarzschild-Lösung mit dem Parameter $C$ (für die ‚Schwarzschild-Masse') beschrieben wird, sich näherungsweise so verhält wie ein Testkörper in einem Newtonschen Gravitationsfeld mit der Gravitationsmasse $M$ (vgl. Bartels 2010: 276 f.). Obgleich beide Begriffe ‚in ganz verschiedenen Welten leben', liefert der Begriff der Nachfolger-Theorie (Allgemeine Relativitätstheorie) eine präzisere und vollständigere[8] Beschreibung eines Phänomens, das in der Vorgänger-Theorie (Newtonsche Gravitationstheorie) durch den Begriff der Gravitationsmasse beschrieben wurde, wobei letzterer den ersten näherungsweise in einem begrenzten Bereich von Anwendungen ersetzen kann.

Die Ko-Referenz von Begriffen, nach der ein späterer Begriff sich auf dasselbe Phänomen bezieht wie der frühere Begriff, dieses Phänomen aber in vollständigerer Weise beschreibt, zeigt, dass trotz radikaler semantischer Brüche zwischen aufeinanderfolgenden Theorien am Bild eines Fortschreitens der Wissenschaft in Richtung größerer Wahrheitsnähe festgehalten werden kann.

## 6.6 Ethik der Wissenschaft

Umweltkatastrophen von Seveso bis Fukushima sind häufig Bezugspunkte für eine Kritik an der Wissenschaft aus ethischer Perspektive. Es stellt sich die Frage, ob der wissenschaftliche und technische Fortschritt mehr Probleme schafft, als er Problemlösungen erbringt, und inwiefern WissenschaftlerInnen (oder die Wissenschaft im Allgemeinen) moralische Verantwortung für die natürlichen und sozialen Folgen wissenschaftlicher Entwicklungen tragen. Zunächst sollte hier eine Differenzierung hinsichtlich des Ausdrucks ‚Wissenschaft' beachtet werden: Unter ‚Wissenschaft' können wir ein institutionelles Gebilde und soziales Subsystem der Gesellschaft (das ‚Wissenschaftssystem') verstehen, andererseits aber auch das System von Resultaten und Theorien der Wissenschaft. Das Wissenschaftssystem seinerseits lässt sich als formal bestimmte Organisationsstruktur verstehen, als Normensystem der Wissenschaft, oder als Ansammlung konkreter historischer Wissenschafts-Gemeinschaften wie z. B. der Gemeinschaft der am *Human Genome Project* beteiligten Forscher (vgl. Lenk 1990: 227).

Als Adressat moralischer Verantwortungszuschreibung kommen in erster Linie historisch konkrete Wissenschafts-Gemeinschaften und ihre Individuen in Frage. Wissenschaftliche Entdeckungen, die Erschließung neuer Forschungsfelder, wie sie sich aus der Zusammenarbeit von WissenschaftlerInnen unterschiedlicher Disziplinen an gesellschaftlich bedeutsamen Aufgaben (z. B. Krebsforschung) ergeben, können zwar, so Lenk, „Zielsetzungen als möglich, als erreichbar erkennen lassen, [...], sie „können zwar die Realisierbarkeit von Zielen deutlich machen, ja, auch gewährleisten, aber sie können diese Ziele nicht setzen, und sie können insbesondere nicht positiv entscheidend unter den vielen verschiedenen Realisierungsmöglichkeiten aussondern bezüglich der Frage, welche Ziele vorrangig verwirklicht werden sollen" (Lenk 1990: 232). Die „moralischen Folgefragen wissenschaftlich-technischer Innovationen sind", so Lenk weiter, „keine Fragen der Wissenschaft selbst, besonders nicht die der Grundlagenforschung, sondern der Verwendung, der Anwendung wissenschaftlicher Ergebnisse" (Lenk 1990: 232).

Allerdings lässt sich angesichts der zu beobachtenden Nivellierung der Abgrenzung zwischen Grundlagen- und angewandter Forschung (v. a. im Bereich der Industrieforschung) die Zuschreibung moralischer (und eventuell rechtlicher) Verantwortung nicht mehr ausschließlich auf ‚Entscheidungsträger' und ‚Anwender' der Forschung beziehen. Abhängig davon, wie konkret die Forschung auf bereits definierte Anwendungsziele gerichtet ist (ein Extrembeispiel ist das *Manhatten-Projekt* zur Entwicklung der amerikanischen Atombombe), muss von jedem der beteiligten WissenschaftlerInnen, so ‚theoretisch' auch immer ihr eigener Beitrag zum Projekt sein mag, das verlangt werden, was von allen StaatsbürgerInnen verlangt werden kann: Eine Einschätzung des eigenen moralischen Verantwortungsanteils, der aus der Mitarbeit an einem Produkt mit bestimmten wahrscheinlichen Folgewirkungen durch die intendierte Anwendung dieses Produkts erwächst. Einzelne WissenschaftlerInnen werden dadurch weder grundsätzlich exkulpiert, noch wird ihnen die gesamte Last der Verantwortung für möglicherweise desaströse Anwendungsfolgen ihrer Forschung aufgebürdet. Es wäre unrealistisch, von WissenschaftlerInnen grundsätzlich höhere moralische Sensibilität und ein größeres Verantwortungsbewusstsein zu verlangen als von NormalbürgerInnen; aber es ist nicht zu leugnen, dass die Dimension der moralischen Dilemmata, der ForscherInnen ausgesetzt sein können, jene übertrifft, mit der NormalbürgerInnen umzugehen haben. Deswegen muss für es für ihre Verantwortungsübernahme einen besonderen, institutionellen Schutz geben – etwa durch Ombudspersonen in Universitäten, außeruniversitären Forschungseinrichtungen und Industrielaboren, die helfen, einschneidende Karrierefolgen für die betroffenen WissenschaftlerInnen abzuwenden.

Eine ganz andere Frage ist es, inwiefern die Wissenschaft im Allgemeinen für Umweltschäden, Atomunfälle oder die Klimakrise verantwortlich gemacht werden kann. Nach Lenk ist „der abendländische Pakt mit dem technisch-wissenschaftlichen Fortschritt [...] tatsächlich ein faustischer Pakt" (Lenk 1990: 233). Das eine, Fortschritt in der Bekämpfung von früher tödlich verlaufenen Krankheiten, Erhöhung der Agrarerträge, um eine wachsende Menschheit zu versorgen etc., scheint ohne das andere, nämlich schädliche Nebenfolgen von Technologien, nicht möglich zu sein. Dies liegt an der begrenzten Vorstellungskraft von Menschen, aber auch an Rücksichtslosigkeit, mit der von Technologien Gebrauch gemacht wird, deren Möglichkeit die wissenschaftliche Forschung entdeckt hat. Ein Moratorium, eine Stilllegung der technischen Entwicklung und der sie antreibenden Forschung ist allerdings höchst unrealistisch – und die zu erwartenden Folgen wären ihrerseits kaum zu verantworten. Die wissenschaftlich-technische Entwicklung der Zivilisation seit dem 19ten Jahrhundert hat den Klimawandel, an dem wir jetzt leiden, hervorgebracht. Ohne ihn wissenschaftlich zu erforschen könnten wir ihn aber sicher nicht verstehen und ohne technologische Innovationen vermutlich auch nicht bekämpfen.

Sollte es nicht – nach all den desaströsen Erfahrungen mit Folgen und Nebenfolgen wissenschaftlich-technischen Fortschritts – eine *Verpflichtung* der Wissenschaft geben, dem Wohlergehen der Menschheit (bzw. des Planeten) zu dienen und Schaden von ihr abzuwenden? Sollten nicht alle WissenschaftlerInnen eine Art hippokratischen Eid ablegen? Eine ethische und soziale Verpflichtung der Wissenschaft erscheint allerdings nur solange plausibel, wie über die grundsätzlichen Ziele kein Dissens besteht. Aber selbst wenn es, wie in der Medizin, um solche scheinbar gemeinsam geteilten Ziele wie ‚Gesundheit' geht, sind

Zielkonflikte und rivalisierende Zielsetzungen die Regel, wie etwa hinsichtlich der Frage, ob und wie weit Medikamente zur Steigerung physischer und kognitiver Leistungsfähigkeit (*Enhancement*) dem menschlichen Wohlergehen dienen oder eher Schaden anrichten; dasselbe trifft auf Zielsetzungen der Landwirtschaft (Ertragssteigerung durch genmanipulierte Pflanzen?) oder der Wirtschaftswissenschaft (Wachstum als Ziel der Volkswirtschaft?) zu. In Ermangelung apriorischen Wissens darüber, „was für den Menschen das Gute ist", muss umstritten bleiben, auf *welche* Ziele Wissenschaft denn verpflichtet werden soll.

Unabhängig davon, dass Werte oder Ziele, denen eine Wissenschaft verpflichtet ist, stets umstritten sind oder wenigstens sehr unterschiedliche Interpretationen zulassen, stellt sich die Frage, ob Wertprämissen überhaupt in einer empirischen Wissenschaft auftreten können. Auf diese Frage hat der deutsche Soziologe Max Weber mit seiner berühmten ‚Wertfreiheitsthese' klar Stellung bezogen. In seinem Aufsatz *Die Objektivität sozialwissenschaftlicher und sozialpolitischer Erkenntnis* von 1904 betont Weber, dass empirische Wissenschaften, wie die Nationalökonomie, aus sich heraus keine Werturteile produzieren oder begründen können. Es ist „niemals Aufgabe einer Erfahrungswissenschaft [...] bindende Normen und Ideale zu ermitteln, um daraus für die Praxis Rezepte ableiten zu können" (Weber 1904/1988: 149). Stattdessen müsse der handelnde Mensch „nach seinem eigenen Gewissen und seiner persönlichen Weltanschauung zwischen den Werten, um die es sich handelt" wählen (Weber 1904/1988: 150). Denn „[e]ine empirische Wissenschaft vermag niemanden zu lehren, was er *soll*, sondern nur, was er *kann* und, unter Umständen, was er will" (Weber 1904/1988: 151). Dagegen besagt eine Wertung, wie etwas sein *soll*. Sie beurteilt eine durch unser Handeln beeinflussbare Erscheinung, so Weber 1917 in seinem Aufsatz *Der Sinn der „Wertfreiheit" der soziologischen und ökonomischen Wissenschaften*, als „verwerflich" oder „billigenswert" (Weber 1917/1988: 489). Will ein Wissenschaftler nicht mehr und anderes behaupten, als seine empirische Wissenschaft hergibt, so Weber, muss der Wissenschaftler

> [...] sich selbst unerbittlich klar [...] machen: was von seinen jeweiligen Ausführungen entweder rein logisch erschlossen oder rein empirische Tatsachenfeststellung und was praktische Wertung ist. (Weber 1917/1988: 490)

Im zweiten Teil des Aufsatzes von 1904 spricht Weber allerdings davon, es gebe „keine schlechthin „objektive" wissenschaftliche Analyse des Kulturlebens oder [...] der „sozialen Erscheinungen" unabhängig von speziellen und „einseitigen" Gesichtspunkten, nach denen sie – ausdrücklich oder stillschweigend, bewusst oder unbewusst – als Forschungsobjekt ausgewählt, analysiert und darstellend gegliedert werden" (Weber 1904/1988: 170). Denn „[d]ie Qualität eines Vorganges als „sozial-ökonomischer" Erscheinung sei „nicht etwas, was ihm als solchem „objektiv" anhaftet. Sie ist vielmehr bedingt durch die Richtung unseres Erkenntnisinteresses, wie sie sich aus der spezifischen Kulturbedeutung ergibt, die wir dem betreffenden Vorgange im einzelnen Fall beilegen" (Weber 1904/1988: 161). Spezielle Erkenntnisinteressen und, wie er später ausführt, „Wertideen" (Weber 1904/1988: 175), bestimmen also den Inhalt kulturwissenschaftlicher[9] Aussagen. In *diesem* Sinne sind die Kulturwissenschaften nach Weber also sicher nicht „wertfrei".

Dass kulturwissenschaftliche Aussagen von *Wertideen* abhängen, bedeutet aber nicht, dass Weber nun etwa doch *Werturteile* als konstitutiv für eine empirische Wissenschaft akzeptiert. Vielmehr ist er der Auffassung, dass Kulturwissenschaften das vorliegende empirische Material begrifflich ordnen, indem sie für dessen Deutung spezifische kulturelle *Bedeutungen* unterstellen – beispielsweise werden Hochzeitsbräuche in einer Gesellschaft als Manifestation spezifischer ökonomischer Beziehungen gedeutet. Die Deutung erfolgt aus Perspektive eines bestimmten Erkenntnisinteresses und bezieht die beobachteten Kulturerscheinungen auf ‚Wertideen' – nicht etwa in dem Sinne, dass diese Erscheinungen ‚gewertet', also als verwerflich oder billigenswert beurteilt werden, sondern vielmehr, indem ihnen eine Funktion oder ein ‚Stellenwert' im Rahmen einer besonderen Kultur zugeschrieben wird.[10] Natürlich werden dann auch die zur Beschreibung verwendeten Begriffe von der Deutung nach ‚Wertideen' abhängen – weswegen die Beschreibung nicht als *Abbildung*, sondern als *begriffliche Ordnung* der Realität zu verstehen ist.

Weber beschäftigt sich auch mit den Konsequenzen für das professionelle Selbstverständnis von WissenschaftlerInnen, die aus der Trennung von empirischer Aussage und Werturteil erwachsen. Die Frage der Wertfreiheit einer Wissenschaft sei „in keiner Weise identisch" mit der anderen Frage, „[o]b man im akademischen Unterricht sich zu seinen ethischen oder durch Kulturideale oder sonst weltanschauungsmäßig begründeten praktischen Wertungen „bekennen" solle oder nicht" (Weber 1917/1988: 489). WissenschaftlerInnen müssten sich (und ihrem Publikum) zwar *klar machen*, wo die Wiedergabe wissenschaftlicher Tatsachen endet und wo eigene Werturteile ins Spiel kommen – sie müssen sich aber solcher Werturteile nicht grundsätzlich *enthalten*.[11]

WissenschaftlerInnen sollen v. a. deutlich machen, dass etwaige Wertungen, die sie vornehmen, nicht aus ihren wissenschaftlichen Ergebnisse abgeleitet sind, noch die Akzeptierung dieser Wertungen für den Wahrheitsgehalt ihrer wissenschaftlichen Behauptungen relevant ist. Damit wird verhindert, dass Ideologien, politische Ansichten oder Meinungen in „pseudowertfreier" und „tendenziöser" Weise als wissenschaftliche Aussagen getarnt werden (Weber 1917/1988: 495). Ethische Gesichtspunkte, so respektabel sie auch sein mögen, sollten nicht in den wissenschaftlichen Erkenntnisgewinn eingespeist werden (vgl. dazu auch Luhmann 1990), auch weil WissenschaftlerInnen dadurch eine Verantwortungsübernahme akzeptieren, die sie – als WissenschaftlerInnen – kaum erfüllen können und die sie der Gefahr einer Instrumentalisierung durch Interessensgruppen aussetzt.

Aus all dem folgt, dass Webers Wertfreiheitsthese keineswegs ‚ethisch neutrale' WissenschaftlerInnen fordert, die von menschlichem Unglück und sozialem Unrecht unberührt und frei von allen Wertorientierungen sind. Ebenso wenig schließt die These aus, dass WissenschaftlerInnen ihre Forschungsziele abhängig von wertenden Gesichtspunkten auswählen (vgl. Weber 1917/1988: 499) – z. B. Gesichtspunkten der gesellschaftlichen Relevanz, der sozialen oder ökologischen Nützlichkeit. WissenschaftlerInnen, v. a. in den Kulturwissenschaften, verwenden bei der Bearbeitung des empirischen Materials deutende Gesichtspunkte – sie ‚lesen' das Material aus Perspektive spezifischer kultureller Bedeutungen. Sie können subjektive menschliche Wertungen natürlich auch zum *Objekt* ihrer Untersuchung machen – wie es für kulturanthropologische Studien ganz unvermeidlich der Fall ist. Und die These verleugnet auch nicht die Existenz *interner Werte* der Wissenschaft wie logische Konsistenz, Kritikoffenheit und Unparteilichkeit. Schließlich könnte man der Meinung sein, wissenschaftliche Tatsachenurteile und Werturteile ließen sich schon deshalb nicht voneinander trennen, weil wissenschaftliche Aussagen in den historischen- und Sozialwissenschaften von Prädikaten Gebrauch machen, die sowohl beschreibenden als auch wertenden Sinn besitzen, z. B. das Prädikat ‚besonnen', das in der Geschichtswissenschaft zur Charakterisierung der Handlungsweise von PolitikerInnen verwendet werden mag. Aber solche Fälle sind insofern ‚harmlos', als sich die Wissenschaft darin einer allgemeinen wertenden Praxis anschließt, in der sie sich mit dem Publikum einig wissen kann. Nimmt sie dagegen exponiertere Wertungen vor, sollte sie die Wert-Maßstäbe offenlegen, auf denen die Wertung beruht.

Webers Wertfreiheitsthese – die aus den genannten Gründen besser ‚Werturteilsfreiheitsthese' heißen sollte – ist also nicht als weltfremde Forderung zu verstehen, nach der politische Einstellungen und soziale Orientierungen aus der Praxis der Wissenschaft gelöscht werden sollten. Ethische und politische Wertungen und Präferenzen werden häufig die Wahl eines Forschungsthemas motivieren, wie dies etwa für die Armutsforschung, die Erforschung ökonomischer Krisen, die Klimaforschung und viele andere Forschungsgebiete plausibel ist. Die Akzeptierung von *best practice*-Regeln, die Bereitschaft, sich der Kritik durch die eigene wissenschaftliche Gemeinschaft auszusetzen oder der Einsatz für die Veröffentlichung politisch ‚unerwünschter' wissenschaftlicher Studien bringt ein Bekenntnis zu wissenschaftsinternen Werten zum Ausdruck. Aber WissenschaftlerInnen sollen sich stets der Grenzen bewusst sein, an denen die Wiedergabe wissenschaftlicher Tatsachen endet und eigene Werturteile ins Spiel kommen.

## 6.7 Forschungsethik

Mit der These der Wertfreiheit der Wissenschaft ist zugleich die *Legitimationsfrage* der Wissenschaft, v. a. in Hinsicht auf die Grundlagenforschung verbunden. Wenn Wissenschaft ein Unternehmen ist, das auf Wissensgewinn und Wahrheitsfindung abzielt, nicht auf Werturteile – eine Ausnahme sind *best practice*-Regeln, die dem Ziel der Wahrheitssuche dienen –, dann stellt sich die Frage, „wie eine Gesellschaft dazu kommt, Grundlagenforschung zu fördern und wie ein Staat dazu kommt, entsprechende Forschungseinrichtungen mit erheblichem finanziellen Aufwand zu alimentieren" (Prinz 1995: 339). Wolfgang Prinz hat, im Blick auf seine Disziplin, die experimentelle Kognitionspsychologie, zwei mögliche Antworten auf diese Frage unterschieden: Die erste legitimiert Grundlagenforschung als *Problemlösung auf Vorrat*. Grundlagenforschung stellt danach „Wissen bereit, das irgendwann später, wenn es vielleicht im Zusammenhang mit der Lösung praktischer Probleme benötigt wird, auf Abruf bereitsteht" (Prinz 1995: 340). Diese indirekte Legitimation hat den Nachteil, der Grundlagenforschung keine Autonomie zuzubilligen und dadurch nicht nur Disziplinen wie die Astronomie oder die Archäologie tendenziell in Frage zu stellen, sondern alle ‚theoretischen' Wissenschaften einem praktischen Verwertungsdruck auszusetzen, mit der unerwünschten Konsequenz, dass WissenschaftlerInnen in Versuchung geführt werden, in der Öffentlichkeit übertriebene Erwartungen an die praktische Anwendbarkeit ihrer Resultate zu wecken.

Die andere und bessere Antwort, so Prinz, betont dagegen die eigenständige Legitimation von Grundlagenforschung: „Grundlagenforschung stellt Wissen an und für sich bereit – d. h. *Aufklärung* über Sachverhalte, an deren Aufklärung ein allgemeines [...] Interesse besteht" (Prinz 1995: 340), z. B. Aufklärung darüber, wie kognitive Leistungen von Menschen zustande kommen. Grundlagenforschung befördert also sehr wohl ein Interesse des Menschen, allerdings nicht eines praktischer Art, sondern ein Interesse daran, die Welt, in der er oder sie lebt, zu verstehen, inklusive der Mechanismen des eigenen Verstehens der Welt. Dies hat auch eine ethische Dimension: Zum Mensch sein gehört das theoretische ebenso wie das praktische und das soziale Interesse an der Welt.

Ein wesentliches Merkmal von Grundlagenforschung ist ihre *Selektivität*, sie „lebt davon, dass sie einseitig ist" (Prinz 1995: 345). So betrachtet die experimentelle Kognitionspsychologie den Menschen als ein informationsverarbeitendes System, also unter einem bestimmten Aspekt, wobei andere Aspekte bewusst außer Acht gelassen werden. Darin steckt nicht etwa die Unterstellung, dass andere Aspekte – z. B. der Einfluss sozialer Beziehungen auf kognitive Leistungen – nicht existieren. Es hat sich in der Wissenschaft vielmehr als fruchtbar herausgestellt, Sachverhalte unter einer bestimmten selektiven Perspektive zu untersuchen. Dies spricht natürlich gar nicht gegen eine Verknüpfung von Forschungsperspektiven, z. B. einer Verknüpfung der Perspektive des informationsverarbeitenden Systems mit jener der sozialen Kognition. Ein ‚ganzheitliches' Erfassen der Natur oder des Menschen ist kein Forschungsziel, das direkt angesteuert werden könnte, es kann sich nur aus einem Zusammenfügen einzelner wissenschaftlicher Resultate ergeben, die mit selektiven Ansätzen gewonnen wurden.

Werte stehen außerhalb der Wissenschaft und können nicht in ihr selbst verankert werden. Dennoch besitzt Wissenschaft eigenständige Legitimation, aufgrund ihres Beitrags zu einem spezifischen menschlichen Wert, den wir oben als Wert der Aufklärung bezeichnet haben. Dieses Verständnis spiegelt sich wider in der grundgesetzlich geschützten *Forschungsfreiheit*. Aber dieser grundgesetzliche Anspruch gilt nicht uneingeschränkt. Weil Forschungsergebnisse das alltägliche Leben Vieler beeinflussen und verändern können, wird die Forschung durch die geltenden Gesetze und akzeptierte ethische Maßstäbe eingeschränkt. In den letzten Jahrzehnten wurde in Deutschland und generell in Europa u. a. über die ethische und rechtliche Legitimation der Embryonenforschung gestritten, gegenwärtig stehen die aktuellen Möglichkeiten des forschenden und therapeutischen Eingriffs in das menschliche Genom (*Genome Editing*) im Fokus der Diskussion. Auf diesen Feldern berühren sich Grundlagenforschung und medizinische Anwendung besonders eng, so dass die Argumente, die in die unterschiedlichen Gesetzgebungen verschiedener europäischer Länder eingegangen sind, sich sowohl auf die Forschungspraxis selbst als auch auf Folgen möglicher medizinischer Anwendung dieser Forschung beziehen.[12]

Auch wenn in diesem Rahmen die umfangreiche und weitverzweigte ethische Diskussion zur Embryonenforschung nicht erschöpfend dargestellt werden kann, sollen kurz einige der treibenden Argumente skizziert werden, aus denen sich die gegenwärtigen Einschränkungen dieser Forschung ergeben haben. Ein zentrales Argument gegen die Zulässigkeit der Embryonenforschung betrifft die durch solche Forschung eröffnete Möglichkeit reproduktiven Klonens, das die Einmaligkeit individuellen menschlichen Lebens in Frage stellen und den Weg zur Züchtung von Menschen für verschiedene, z. B. militärische Zwecke ebnen könnte. Dem gegenüber steht ein möglicher Nutzen dieser Forschung im Sinne eines therapeutischen Klonens zur Gewinnung von Zellersatzgewebe (vgl. Siep 2002: 183).

Von der Frage der erwünschten oder unerwünschten Anwendungen unabhängig ist das Argument, dass schon die Forschung an Embryonen unzulässig sei, weil sie Personalität und die Menschenwürde verletze, die schon der befruchteten Eizelle oder wenigstens dem Embryo in einer späteren Phase seiner Entwicklung zukomme. Naturgemäß eröffnen die Begriffe ‚Personalität' und ‚Menschenwürde' einen weiten Spielraum der Interpretation, der mit verschiedenen Fallstricken versehen ist. Würde man etwa der Intuition folgen, Personalität beginne erst mit dem Auftreten bestimmter kognitiver Fähigkeiten eines Menschen, so ließen sich damit möglicherweise biologische und psychologische Forschungen an Kleinkindern legitimieren. Setzt man diesen Begriff dagegen bereits für die befruchtete Eizelle an – aufgrund ihrer Potentialität, sich zu einer vollständigen menschlichen Person zu entwickeln – handelt man sich das Problem ein, rechtfertigen zu müssen, dass nicht schon der unbefruchteten menschlichen Ei- oder Samenzelle Personalität zugesprochen wird. Erst recht erscheint der Begriff der ‚Menschenwürde' als ein Formalbegriff, als eine Art Gefäß, das, je nach leitender Intuition, mit verschiedenen konkreten Menschenrechten gefüllt werden kann.[13]

Ein weiterer Argumenttyp ist das ‚Dammbruch-Argument' (vgl. Siep 2002: 188 f.). Nicht von der aktuellen Forschungspraxis selbst, auch nicht von den beabsichtigten Anwendungen dieser Praxis, geht danach eine Gefahr für das Allgemeinwohl aus, sondern von sekundären Effekten, die aus der Gewöhnung an diese Praxis folgen könnten. Ist es einmal möglich, aus embryonalem Klonen gewonnenes Zellersatzgewebe zur Verfügung zu stellen oder Gendefekte direkt am Embryo zu beheben, kann daraus, so das Argument, ein sozialer Zwang zu biologischer Optimierung bzw. zur Korrektur pathogener genetischer Anlagen entstehen, mit möglichen Folgewirkungen sozialer Ausgrenzung von Behinderten oder einer Verschärfung sozialer Ungleichheit.

Während die ethische Diskussion zur Embryonenforschung bereits zu gesetzlichen Regelungen auf nationaler und internationaler Ebene und zur Einrichtung von Kontrollinstanzen geführt hat, rücken die technischen Möglichkeiten des *Genome-Editings* (‚Genschere'), die auf Veränderungen in der menschlichen Keimbahn zielen, erst in den letzten Jahren in den Vordergrund. In seiner Empfehlung zu Keimbahneingriffen am menschlichen Embryo von 2017 (vgl. Sturma et al. 2018: 355 ff.) hat sich der Deutsche Ethikrat auf Forschungsergebnisse einer internationalen Forschergruppe unter Federführung der Oregon Health & Science University in Portland (USA) zur Keimbahntherapie einer schweren erblichen Herzmuskelerkrankung im Rahmen einer künstlichen Befruchtung bezogen. Der Ethikrat weist darauf hin, dass „[d]ie Risiken [...] als noch langfristig unbeherrschbar und die Erfolgschancen demgegenüber als zu gering" erscheinen (vgl. Sturma et al. 2018: 358). Außerdem biete die Präimplantationsdiagnostik eine „alternative Möglichkeit, die Weitergabe schwerer Erbkrankheiten im individuellen Fall zu verhindern" (vgl. Sturma et al. 2018: 358). Die sehr zurückhaltende Einschätzung des Ethikrates beruft sich u. a. darauf, dass die Grenze zwischen kalkulierbaren und nicht absehbaren Risiken von Eingriffen in die Keimbahn noch unbestimmbar sei, zumal die Einwilligung der zum späteren Zeitpunkt Betroffenen naturgemäß nicht eingeholt werden könne. Auch die Tatsache, dass viele Erbkrankheiten multifaktoriell bedingt seien und die Genaktivität auch von epigenetischen Faktoren abhinge, müsste berücksichtigt werden. Eine Reihe von Fragen, die schon in der früheren Diskussion zur Embryonenforschung eine Rolle spielten, werden erneut aufgeworfen, z. B. die Frage des möglichen sozialen Drucks auf Eltern und Folgen für die Akzeptanz von Behinderungen. Die Einschätzung des Ethikrates mündet schließlich in die Empfehlung an Bundestag und Bundesregierung, „das Thema möglicher Keimbahninterventionen beim Menschen auch und vor allem auf der Ebene der Vereinten Nationen zu platzieren", und sich dort für die „Verabschiedung von global verbindlichen Regularien oder völkerrechtlichen Konventionen" einzusetzen (vgl. Sturma et al. 2018: 364).

## 6.8 Roboter-Ethik

Ethische Fragen der Wissenschaft richten sich in der Regel auf potentiell ethisch problematische Konsequenzen, die sich aus schon entwickelten wissenschaftlichen Verfahren und Technologien ergeben. Eine Richtung der in den letzten Jahrzehnten entstandenen Roboter-Ethik, vertreten u. a. von Aimee van Wynsberghe (2013a, 2013b und 2016), propagiert dagegen einen *prospektiven* ethischen Blick auf den Einsatz von *service robots* oder *personal robots* (im Kontrast zu *industrial robots*) in verschiedenen Dienstleistungsbereichen:

> These personal robots already, and will continue to, vacuum floors, cook pancakes, fold clothes, harvest vegetables, and provide service in shopping malls to customers. They will also be used in a plethora of novel applications and contexts (e. g. robots assisting teachers in the classroom and robots assisting care givers in the hospital). With the introduction of robots in human environments, ethics scholars along with roboticists are asking how ethics can be applied to the discipline of robotics. (van Wynsberghe 2013a: 433)

Der besondere Bedarf an ethischer Reflexion entsteht, so van Wynsberghe, nicht einfach durch die Tatsache, dass wir, wie schon so oft, einer neuen Technologie im Alltag begegnen, sondern dadurch, dass Roboter mit einem gewissen Grad an künstlicher Intelligenz und Autonomie ausgestattet sind. Sie können Entscheidungen fällen, die uns betreffen, und dies löst die Frage aus, was es für uns bedeutet, eine solche Rolle an einen Roboter zu delegieren (vgl. van Wynsberghe 2016: 313).

Ethische Überlegungen, so van Wynsberghe, sollten schon in den *Design-Prozess* von Service-Robotern integriert werden. Das Ziel ist, einen Roboter so auszustatten, dass durch seinen Einsatz in einem speziellen Kontext wie der Pflege im Krankenhaus ethische Werte realisiert, bzw. ihre Realisierung verbessert werden können, die für die Interaktionen in diesem Kontext charakteristisch sind. Für jedes Praxis-Feld muss zunächst ein Rahmen abgesteckt werden, der den Handlungskontext, die Formen von Interaktionen, die Akteure, den Typus des verwendeten Roboters und die moralischen Tugenden (*moral elements*) definiert, die in diesem Kontext manifestiert werden sollen. Für das Praxis-Feld der Pflege ist dies das *care-centered framework* – *CC-framework* – (vgl. van Wynsberghe 2013b: 420f.) mit den relevanten moralischen Tugenden Achtsamkeit (*attentiveness*), Verantwortlichkeit (*responsibility*), Kompetenz (*competence*), sowie Empfänglichkeit des Patienten für die pflegerische Zuwendung (*responsiveness*). Diese moralischen Tugenden sind dadurch bestimmt, dass sie die für den Pflegekontext zentralen Werte (*care values*) fördern, also jene Ziele, die von den Akteuren angestrebt werden, weil sie ihre wesentlichen Bedürfnisse widerspiegeln. Beispiele für solche Werte oder Ziele (aus Sicht des Patienten) sind laut WHO (World Health Organization) Patienten-Sicherheit, menschliche Würde, sowie physisches und psychisches Wohlergehen (vgl. van Wynsberghe 2013b: 415). Aufgrund ihres Bezugs auf care values können die oben genannten moralischen Tugenden als professionelle *Standards guter Pflege* betrachtet werden.

Während das *CC-framework* den Rahmen für das Design von Pflege-Robotern absteckt, beschreibt das *Care-Centered Value Sensitive Design* – *CCVSD* – (vgl. van Wynsberghe 2013a: 434)[14] die Methode, nach der EthikerInnen innerhalb dieses Rahmens vorgehen. Sie besteht darin, zunächst die maßgeblichen Werte zu identifizieren[15], die in konkreten Formen der pflegerischen Interaktion gefördert (bzw. gewahrt) werden sollen, und – im Blick auf diese Werte – zu bestimmen, wie ein spezielles Design von Pflege-Robotern die Erfüllung von moralischen Tugenden unterstützt (bzw. schwächt), die erforderlich sind, um sicher zu stellen, dass die entsprechenden Werte realisiert werden:

> [T]he ethical dimension of the CC framework, and the CCVSD approach overall, is not to focus entirely on the consequences of the robot's actions nor to focus on certain duties that the engineer must abide by, or the robot must adhere to; the approach echoes the care ethics perspective in that it focuses on promoting values inherent in the relationships, roles, and responsibilities of the practice at hand. (van Wynsberghe 2016: 314)

Wie die *CCVSD*-Methode in der Anwendung funktioniert, demonstriert van Wynsberghe am Fall des *wee-bot*, eines Pflege-Roboters, der in pädiatrischen onkologischen Abteilungen von Krankenhäusern eine ganz spezielle Aufgabe erfüllen soll: Der *wee-bot* übernimmt die Überprüfung des von den Kindern abgegeben Urins auf bestimmte toxische Substanzen, deren Vorhandensein signalisiert, dass die Chemotherapie im Körper der Patienten wirksam geworden ist. Die Krankenschwestern, die diese Aufgabe bisher erfüllten, mussten sich dabei sehr sorgfältig davor schützen, dass ihre Haut mit den im Urin vorhandenen toxischen Komponenten in Berührung kommt. Häufig nahmen sich die Schwestern für diesen Schutz zu wenig Zeit, um ihre PatientInnen nicht zu sehr aus dem Blick zu verlieren. Der Einsatz des *wee-bot* kommt also dem Bedürfnis der Schwestern entgegen, sich in erster Linie mit ihren PatientInnen zu beschäftigen. Auf der anderen Seite soll die durch Roboter unterstützte Pflege weiterhin die oben erwähnten ethischen Standards erfüllen. Die *Verantwortlichkeit* der Schwester kann nun dadurch sichergestellt werden, dass der *wee-bot* in seinen Aktivitäten grundsätzlich durch sie gesteuert bleibt: „The robot is recognized as an actor in the practice but the final responsibility remains in the hands of the nurse and not the robot" (van Wynsberghe 2013a: 437). Die *Kompetenz* der Krankenschwester drückt sich darin aus, dass der Roboter ‚in ihrer Hand' bleibt, dass sie Fähigkeiten und Grenzen des Roboters kennt und dafür sorgt, dass die durch ihn gewonnenen Daten an die ÄrztInnen übermittelt werden.

Die Komponente *Achtsamkeit* betrifft aus Sicht der PatientInnen vor allem die Anwesenheit der vertrauten Schwester während des gesamten Vorgangs. Aber gerade diese Komponente könnte dadurch in Frage gestellt werden, dass die Schwester den *wee-bot* zur Überprüfung des Urins in das Badezimmer der PatientInnen zu navigieren hat und sich deshalb vielleicht mehr um den Roboter kümmern muss als um das Wohlergehen der PatientInnen. Der *wee-bot* muss daher selbst mit eigenen Navigationsfähigkeiten ausgestattet werden. Jedenfalls muss die Bedienung des Roboters durch die Krankenschwester technisch so wenig aufwendig sein, dass die Achtsamkeit gegenüber PatientInnen, zu der die Schwester ja gerade durch Einsatz des Roboters entlastet werden sollte, nicht zu sehr eingeschränkt wird. Dies legt nun vielleicht nahe, dass der Roboter am besten *alle* Aktionen, von der Bewegung auf dem Flur bis zur Meldung der Daten an die ÄrztInnen, völlig autonom ausführen sollte. Aber dies würde die Schwester zur Zuschauerin degradieren, also wieder ihre Verantwortlichkeit außer Kraft setzen. Van Wynsberghe schlägt daher für dieses ethische Dilemma die folgende Design-Lösung vor:

> To avoid these risks to responsibility but maintain the nurse's attention on the patient and not the robot, I, the ethicist, suggest that the robot act autonomously for travel and sample collection but that the nurses be responsible for identifying themselves to the robot prior to its entry into the hospital room. Identification could be through voice commands, facial

recognition, retinal scans, finger print analysis, etc. This gives the robot permission to enter the room but also ensures that the nurse is present and responsible for the practice [...]. The robot may also be designed such that when it leaves the hospital room it must also interact with the nurse prior to sending the information to the oncologist. What is more, once the information has been sent to the oncologist the robot requires that the nurse „sign-off", in a manner of speaking, before the robot is able to leave the room. (van Wynsberghe 2013a: 438)

Mit diesem Design, so van Wynsberghe, bleibt die Rolle der Krankenschwester, ihre Achtsamkeit gegenüber den PatientInnen und ihre Verantwortlichkeit für den gesamten Vorgang intakt, während Sicherheit und Effektivität gewonnen werden (vgl. van Wynsberghe 2013a: 438).

Ein wichtiges und schon relativ weit entwickeltes Einsatzfeld für Service-Roboter sind Umweltforschung und Umweltschutz. Dabei ist der Einsatz von *environmental robots* in der Umweltforschung (*robots in ecology*), insbesondere von Robotern, deren Design auf eine spezialisierte Anwendung in der Umweltforschung gerichtet ist (*robots-for-ecology*), zu unterscheiden von Robotern, die bestimmte funktionale Rollen in natürlichen und künstlichen Umgebungen erfüllen, also ‚aktiv' in Verfahren des Umweltschutzes involviert sind (*ecologically-functional-robots* oder kurz *ecobots*) (vgl. van Wynsberghe und Donhauser 2018: 1778). Die Bezeichnung ‚Roboter' kann dabei nicht mehr eng im Sinn von ‚künstlichem Menschen' verstanden werden, der menschliche Arbeit verrichtet, noch im Sinne von ‚Maschine plus Computer'-System, das komplexe, ansonsten nur durch Menschen ausführbare Tätigkeiten ausübt (wie in Asimovs Konzeption des Roboters); vielmehr ist den Robotern, von denen hier die Rede ist, gemeinsam, dass sie von Menschen gemachte Technologien sind – darunter auch Hybride aus biologischen und nicht-biologischen Materialien –, die autonom spezifische Aufgaben unter menschlicher Kontrolle übernehmen.

Beispiele für *robots in ecology* sind Drohnen, die ökologische Parameter überwachen oder verschiedene bedrohte Spezies in ihren Lebensräumen beobachten. Der Vorteil solcher Roboter liegt darin, dass sie stressreduzierte Tierbeobachtungen durchführen können (vgl. van Wynsberghe und Donhauser 2018: 1785) – wenn die Drohnen, oder auf dem Boden installierten künstlichen Beobachtungs-Systeme, so gestaltet sind, dass sie von den Tieren nicht als fremde, störende Elemente in der Umgebung wahrgenommen werden. Robotische Systeme in der Landwirtschaft können einerseits ertragssteigernde Funktionen haben (z. B. durch effektivere Bewässerung von Feldern), andererseits ökologische Schäden minimieren, indem der Einsatz von Chemikalien dem jeweiligen Bedarf der Pflanzen angepasst und Überdüngung vermieden wird. *Robots-for-ecology*, auf besondere Aufgaben der Umweltforschung spezialisierte Roboter, können z. B. auf Bäume hinaufklettern (*treebots*), um effektive Schädlings-Kontrolle durchzuführen (vgl. van Wynsberghe und Donhauser 2018: 1786), oder die Präsenz von

Konzentrationen bestimmter chemischer Stoffe in der Umwelt aufspüren und kontrollieren. Schließlich haben Forscher der *Queensland University of Technology* ein *ecobot*-System entwickelt, das mithilfe einer besonderen Erkennungs-Technologie automatisch Rotfeuerfische aufspürt und durch Injektion eines Giftes zerstört. Diese Spezies besitzt kaum natürliche Feinde und ist in der Lage, die Fisch-Biomasse an einem Korallenriff um 80 % in nur einem Monat zu reduzieren. Der *ecobot* trägt damit zur Erhaltung von Korallenriffen bei. Ein Beispiel eines hybriden *ecobots*, der eine biologische ‚Maschine' mit einem Computer-kontrollierten Feedback-System verbindet, integriert eine künstliche Feedback-Schleife aus Sauerstoff-Sensoren, UV-Licht und einem datenspeichernden Computer in ein marines Ökosystem. Der Computer schaltet das UV-Licht ein, um die Photosynthese anzuregen, wenn das Niveau des gelösten Sauerstoffs zu niedrig ist, um ein optimales Algen-Wachstum zu gewährleisten, und er schaltet es aus, wenn der Sauerstoffanteil zu hoch wird (vgl. van Wynsberghe und Donhauser 2018: 1790).

Für die ethische Bewertung des Einsatzes von *environmental robots* scheint es weitgehend unerheblich zu sein, welche *theoretische* Perspektive hinsichtlich der Frage der *Begründung* menschlicher Verantwortung für die Umwelt eingenommen wird. Die Begründung mag entweder im instrumentellen Wert der Umwelt für bestimmte menschliche Bedürfnisse und Zwecke gesucht werden (*Anthropozentrismus*) oder im intrinsischen Wert der Natur unabhängig von menschlichem Nutzen (*Ökozentrismus*). Dennoch werden Vertreter beider theoretischer Perspektiven gemeinsam ein und dasselbe Umweltschutz-Projekt unter Einsatz von Robotern ausführen oder aber ein solches Projekt aus ethischen Gründen ablehnen können.

Die *praktischen* ethischen Probleme, die durch robotische Systeme in der Umwelt aufgeworfen werden (vgl. van Wynsberghe und Donhauser 2018: 1793 f.), lassen sich – ganz ähnlich wie beim Einsatz von Robotern in der Pflege – im Hinblick auf relevante, allgemein akzeptierte Werte thematisieren: Im Fall des Einsatzes von Drohnen zur Tierbeobachtung ist ein solcher Wert z. B. die Stressfreiheit und Ungestörtheit der Tiere, die nicht nur den Tieren selbst, sondern auch dem menschlichen Zweck der Erkundung des *natürlichen* Tier-Verhaltens dient. Und wenn robotische Feedback-Systeme in die Umwelt eingreifen, stellt sich z. B. die Frage, ob es eine ethische Verpflichtung gibt, diesen Eingriff auf unbestimmte Zeit fortzusetzen. Ganz allgemein müssen alle solche Eingriffe, so nützlich und erwünscht sie zunächst auch erscheinen mögen, kritisch darauf überprüft werden, welche möglichen ökologischen Nebenfolgen eintreten können, die den erhofften Nutzen möglicherweise überwiegen.

## 6.9 Zusammenfassung und Bewertung

Der Einfluss wissenschaftlicher Expertise auf politische Weichenstellungen und auf die Willensbildung in der Gesellschaft wächst mit dem Bewusstsein der Auswirkungen, die ‚lokale' Entscheidungen auf ökologische und gesellschaftliche Entwicklungen im globalen Maßstab besitzen. Die Schlüsselrolle, die der Wissenschaft für die Entwicklung neuer, umweltschonender Technologien für die Gesundheitsprävention oder für die Entwicklung von Strategien der Armutsbekämpfung zugeschrieben wird, setzt aber voraus, dass sie Objektivität und die Fähigkeit, neues, für alle verlässliches Wissen gewinnen zu können, zu Recht beanspruchen kann. Dieser Anspruch ist von verschiedenen Seiten in Zweifel gezogen worden. So wird vertreten, dass auch wissenschaftliche Aussagen stets abhängig von Interessen und Erkenntnisperspektiven sind und daher mit Meinungen epistemisch gleichrangig sind, die durch gesellschaftliche Interessensgruppen artikuliert werden. Bestritten wird ein epistemisches Privileg der Wissenschaft und ihr Anspruch, verbindliches Wissen zur Verfügung zu stellen (vgl. 6.4). Besonders augenfällig wurde der Streit um den epistemischen Vorrang der Wissenschaft in den 1980er Jahren in der Auseinandersetzung um die gleichberechtigte Lehre kreationistischer Thesen im Biologieunterricht in den Vereinigten Staaten.

Die Wissenschaft muss den Anspruch auf ihren epistemischen Vorrang gegenüber solchen Angriffen verteidigen – indem WissenschaftlerInnen in der Kommunikation mit der Öffentlichkeit nicht nur die Resultate ihrer Forschung präsentieren, sondern auch deutlich machen, wie die angewendeten Methoden für die Verlässlichkeit dieser Resultate sorgen. Darüber hinaus ist natürlich auch das praktische Verhalten von WissenschaftlerInnen relevant für die Glaubwürdigkeit wissenschaftlicher Aussagen; sie selbst müssen durch ihr Verhalten deutlich machen, dass sie sich nicht durch politische Entscheidungsträger oder gesellschaftliche Interessensvertretungen instrumentalisieren lassen oder sich in die Rolle von Ratgebern für Fragen begeben, die außerhalb ihrer wissenschaftlichen Kompetenz liegen.

In 6.2 wurden einige Beispiele für *Methoden der Objektivierung* dargestellt, auf die der Anspruch der Wissenschaft auf Objektivität gegründet werden kann. Aus diesen Beispielen wird deutlich, dass WissenschaftlerInnen weder für ihre Resultate noch für ihre Methoden absolute Garantien abgeben können – auch das Bemühen um Objektivität ist menschlicher Fehlbarkeit ausgesetzt. So lassen sich beispielsweise nur solche systematischen Fehlerquellen ausschließen, deren sich WissenschaftlerInnen bei der Durchführung ihrer Untersuchung bewusst sind – wobei aber in der Regel eine weltumspannende Community dafür sorgt, dass methodische Fehler und Unterlassungen schnell publik werden.

Eine gebräuchliche Methode der Objektivierung bilden *randomized controlled trials*, mit denen z. B. die Wirksamkeit neuer Medikamente oder der Erfolg von Maßnahmen zur Armutsbekämpfung überprüft werden kann. Eine andere Methode der Objektivierung ist der Ausschluss von gemeinsamen Ursachen statistischer Korrelationen. Korrelationen können die tatsächlichen kausalen Verhältnisse verfälschen, deshalb ist es ein Gebot der Objektivierung, zu überprüfen, ob die betreffende Korrelation nicht etwa auf einen dritten, gemeinsamen Kausalfaktor zurückzuführen ist (‚*common cause*'), der für die Korrelation der Variablen verantwortlich ist; in solchen Fällen verschwindet die Korrelation der Variablen, wenn dieser dritte Einflussfaktor so kontrolliert wird, dass sein Einfluss auf die korrelierten Variablen ausgeschaltet ist.

Wissenschaftliche Aussagen sollen nicht nur gehärtet gegenüber möglichen fehlerhaften Interpretationen empirischer Daten sein, sie sollen auch, soweit wie irgend möglich, von besonderen epistemischen Perspektiven unabhängig (invariant) sein, wie sie etwa spezielle Techniken der Beobachtung oder Koordinatensysteme darstellen. Begriffliche oder apparative Instrumente, die zur Ermittlung von Daten oder für die Formulierung von Theorien verwendet werden, dürfen letztlich keinen Einfluss auf die damit gewonnenen wissenschaftlichen Aussagen haben. Deswegen ist es von großer Bedeutung, jedes wissenschaftliche Resultat darauf zu überprüfen, ob es gegenüber einer Änderung des Messverfahrens, der äußeren Umstände der Beobachtung oder der sprachlichen Darstellung invariant ist. Wenn die Behauptung einer wissenschaftlichen Tatsache auf eine bestimmte Art von Messgerät gestützt wird (z. B. eine bestimmte Sorte von Mikroskopen), so muss durch Variation der Umstände, unter denen das Instrument verwendet wird, gesichert werden, dass es keine ‚Artefakte' produziert (vgl. Hacking 1983/1996).

Häufig wird mit kritischem Unterton darauf hingewiesen, absolute ‚Objektivität' und ‚Wahrheit' seien auch in der Wissenschaft unerreichbar. Aber die Wissenschaft beansprucht eben auch gar keine absolute Sicherheit ihrer Aussagen, sondern lediglich die Art von Zuverlässigkeit, die erreichbar ist, wenn alle bekannten Fehlerquellen ausgeschaltet wurden. An ihrem Wahrheitsanspruch kann die Wissenschaft auch angesichts philosophischer Dispute um den Wahrheitsbegriff festhalten. Die Einwände gegen die Korrespondenztheorie der Wahrheit, die unseren ‚intuitiven' oder ‚schlichten' Alltagsbegriff der Wahrheit explizit macht, lassen sich immerhin so weit beantworten, dass ein korrespondenztheoretisches Verständnis wissenschaftlicher Wahrheit und die Auffassung von Wahrheit als Ziel der Wissenschaft legitim bleiben – natürlich unter der Voraussetzung, dass alle Erkenntnis unter Irrtumsvorbehalt steht (vgl. 6.3).

Was die Beziehung zwischen Wissenschaft und Ethik angeht, haben wir in 6.6 festgestellt, dass empirische Wissenschaften aus sich heraus keine Werturteile produzieren oder begründen können. Es ist, so Max Weber, „niemals Aufgabe einer Erfahrungswissenschaft [...], bindende Normen und Ideale zu ermitteln, um daraus für die Praxis Rezepte ableiten zu können" (vgl. Weber 1904/1988: 149). Es bleibt daher immer problematisch, wenn WissenschaftlerInnen mit dem Renommee, das ihnen ihre wissenschaftliche Expertise verleiht, Empfehlungen darüber abgeben, wie politisch gehandelt werden soll, bzw. was ethisch ‚erlaubt' oder ‚verboten' sei.

Dieses ‚Neutralitätsgebot' bezieht sich nicht auf Regeln der internen *Forschungsethik*. WissenschaftlerInnen sollen alles andere als ‚neutral' gegenüber den Standards guter Wissenschaft sein, sie sollten Plagiate und Täuschungen anprangern, methodisch unsaubere Arbeiten kritisieren, ihre eigenen Untersuchungen der Kritik der Wissenschaftsgemeinschaft aussetzen und sich nicht, von wem auch immer, instrumentalisieren oder korrumpieren lassen. Erfolgreiche Wissenschaft verlangt den ungehinderten Austausch von Ideen, unabhängig von Nation, Religion, Geschlecht und politischer Überzeugung – deswegen sind WissenschaftlerInnen natürliche GegnerInnen jeder Form der Einschränkung der Meinungsfreiheit, und, weil Meinungsfreiheit in der Regel nur im Kontext allgemeiner politischer Freiheit floriert, jeder Einschränkung von Freiheitsrechten im Allgemeinen.

Kulturwissenschaften, zu deren Gegenständen, kulturelle Bedeutungen und Normen gehören, sind von Webers ‚Wertfreiheitsthese' nicht ausgenommen. Die These behauptet nicht, WissenschaftlerInnen müssten eine Distanz gegenüber ‚werthaltigen' Phänomenen wahren. Es ist *eine* Sache, beobachtete Kulturerscheinungen auf ‚Wertideen' zu beziehen und das eigene Erkenntnisinteresse auf sie zu richten, aber eine ganz *andere* Sache, sich zu solchen Wertideen zu *bekennen*. Letzteres ist natürlich legitim, allerdings nicht mit Anspruch auf Wissenschaftlichkeit. ForscherInnen in Soziologie, Ökonomie, Klimaforschung oder Bildungswissenschaft richten ihr Erkenntnisinteresse auf Gegenstände, die für das Wohlergehen der Gesellschaft von Bedeutung und daher alles andere als ‚wertfrei' sind. Wenn WissenschaftlerInnen Methoden der Armutsbekämpfung untersuchen, so ist dies in der Regel auch persönlich durch das moralische und politische Ziel der Armutsbekämpfung motiviert. Aber persönliche Überzeugungen, so respektabel und vernünftig sie auch sein mögen, tragen nichts zur Wahrheit oder Falschheit wissenschaftlicher Aussagen bei.

Das Verhältnis von Wissenschaft und Ethik wird meist im Sinne von ethisch begründeten *Einschränkungen* der Wissenschaft diskutiert. Es geht dann darum, welche Experimente aus ethischen Gründen erlaubt oder verboten sind, bzw. welche Objekte erforscht werden dürfen und welche Anwendungen legitim sind. Aus dem Blickwinkel der Forschungsethik ist es Aufgabe der Ethik, der Wissenschaft Grenzen zu setzen. In 6.7 wird dieser Zusammenhang am Beispiel der Diskussion um die Embryonenforschung dargestellt, bei der experimentelle

Grundlagenforschung und Anwendung besonders eng zusammenhängen. Die Jahrzehnte dauernde Debatte hat inzwischen in Deutschland und den anderen europäischen Ländern zur gesetzlichen Regulierung und der Schaffung von Kontrollinstanzen der Forschung geführt. Die Entwicklung der experimentellen Methoden hat in neuerer Zeit Möglichkeiten der Behebung von Gendefekten am menschlichen Embryo (*Genome Editing*) eröffnet. Die Perspektive solcher Eingriffe in die menschliche Keimbahn hat erste Reaktionen, z. B. eine Einschätzung durch den Deutschen Ethikrat ausgelöst (vgl. 6.7).

Eine andere Perspektive auf die Beziehung zwischen Wissenschaft und Ethik wird in 6.8 am Beispiel der Ethik von *service robots* dargestellt. Die Verwendung von Robotern in der Krankenpflege oder im Umweltschutz wird nicht in erster Linie entlang der Frage diskutiert, ob und in welchem Ausmaß diese Verwendung ethisch legitim ist. Stattdessen wird die Frage gestellt, wie die für den Einsatzort typischen ethischen Werte schon im Prozess des Designs der Roboter berücksichtigt werden können. Grundlage dieses Austausches zwischen Wissenschaft und Ethik ist die Identifizierung professioneller ethischer Standards, z. B. im Bereich der Krankenpflege, d. h. solcher Tugenden, die dazu beitragen, die anerkannten ethischen Werte, die im jeweiligen Praxisfeld zu berücksichtigen sind, zu fördern. Der Einsatz von Robotern – und damit auch ihr Design – soll so optimiert werden, dass die Realisierung dieser Tugenden im Alltag möglichst unterstützt und gefördert wird. Ethische Reflexion soll in den hier dargestellten Beispielen nicht primär zur Reglementierung, sondern zur Verbesserung einer Praxis mithilfe der Wissenschaft beitragen.

Mit den in 6.8 dargestellten Beispielen kommt das in Kapitel 1–6 noch nicht thematisierte Verhältnis zwischen Wissenschaft und Philosophie in den Blick. Es wird Gegenstand von Kapitel 7 sein.

# 7 Schluss: Zwischen Wissenschaft und Philosophie

Zum Schluss des Buches soll ein Blick auf die Beziehung zwischen Wissenschaft und Philosophie geworfen werden. Warum genügt es nicht, wenn das Bild der Wissenschaft durch die Wissenschaft selbst gezeichnet wird? Wieso fällt der Philosophie die Rolle zu, Wissenschaft zu beobachten, zu kommentieren oder gar kritische Maßstäbe an sie zu richten? Ist diese Rolle schließlich eine, die ‚von außen' an die Wissenschaft herangetragen wird, oder ist der Platz der Philosophie inmitten der Wissenschaft? Ist Philosophie selbst eine Wissenschaft?

## 7.1 Welche Aufgaben stellen sich der Philosophie gegenüber der Wissenschaft?

Sehen wir uns zunächst etwas näher die Aufgaben an, die sich der Philosophie gegenüber der Wissenschaft stellen: Als eine Aufgabe der Philosophie wird häufig die *kritische Analyse* und *begriffliche Klärung* von Resultaten der Wissenschaft betrachtet. Kritische Analyse und begriffliche Klärungsarbeit findet allerdings schon innerhalb der Wissenschaft statt – und ist dort z. B. durch das *peer review*-Verfahren institutionalisiert – sie wird durch die Philosophie also bestenfalls in spezifischer Weise fortgesetzt. Eine weitere Aufgabe, die der Philosophie zugerechnet wird, besteht darin, den Ort der Wissenschaft innerhalb der Vielfalt kognitiver Unternehmungen des Menschen zu bestimmen: Wie grenzt sich Wissenschaft von den verschiedenen Formen von Nicht-Wissenschaft ab, von Ideologien, scheinwissenschaftlichen Behauptungen, religiösen Glaubenssystemen oder der Metaphysik, aber auch vom Alltagswissen – dies war das Thema von Kapitel 4 und 5. Um solche Abgrenzungen bestimmen zu können, muss zunächst eine Begriffsbestimmung von ‚Wissenschaft' erfolgen: Die besondere Natur wissenschaftlichen Wissens muss herausgearbeitet werden (vgl. Kapitel 2 und 3) und von anderen Formen des Wissens – oder vermeintlichen Wissens – unterschieden werden. Die genannten Aufgaben bezeichnen charakteristische, historisch tradierte Funktionen der Philosophie im Zusammenhang mit Wissenschaft (vgl. die Wissenschaftskonzepte in Kapitel 1).

Beginnen wir mit den Aufgaben kritischer Analyse und begrifflicher Klärung. In Kapitel 3 wurde darauf hingewiesen, dass gerade im Umfeld von Entdeckungen die eingeführten Begriffe explorativen Charakter besitzen; dies korrespondiert mit einer Unsicherheit darüber, wie das entdeckte Phänomen eingeordnet werden soll. Wäre dies schon entschieden, würde es sich nicht um eine Entdeckung handeln (diese Situation kennzeichnet v. a. *that-what*-Entdeckungen). So hören sich die Formulierungen von ForscherInnen, die ein neues Phänomen zu erfassen versuchen, häufig noch tastend und unsicher an. Erst im Laufe weiterer Untersuchung wird die Terminologie dann prägnanter und differenzierter. Begriffliche Klärung ist also das Ergebnis genauerer wissenschaftlicher Analyse eines Phänomens, ein Prozess, den Philosophen letztlich nur zur Kenntnis nehmen und jedenfalls nicht abkürzen können. Was also ist dann unter spezifisch *philosophischer* Analyse und begrifflicher Klärung zu verstehen?

Philosophische Klärungsarbeit wird in erster Linie durch *semantische Interpretation* wissenschaftlicher Theorien geleistet. Dabei geht es darum, wissenschaftliche Termini mit eindeutigen Bezugsobjekten zu verbinden. Beispielsweise sind Wahrscheinlichkeitsaussagen (wie sie etwa in der Quantenphysik vorkommen) zunächst vieldeutig hinsichtlich ihrer Bezugsobjekte: Beziehen diese Aussagen sich z. B. auf statistische Ensembles oder sollen sie dispositionale Eigenschaften einzelner Systeme widerspiegeln? Der semantische Sinn von Wahrscheinlichkeitsaussagen kann nur präzisiert werden, indem zwischen verschiedenen Interpretationen des mathematischen Wahrscheinlichkeits-Kalküls, wie sie in der Philosophie der Wahrscheinlichkeit ausgearbeitet wurden, eine Auswahl getroffen wird. Wissenschaftliche Begriffe werden in der Wissenschaft selbst in der Regel nur soweit semantisch spezifiziert, wie es ihre Anwendung innerhalb des theoretischen Begriffsnetzes erfordert, dem sie angehören. Aber auch WissenschaftlerInnen stellen Fragen, die jenseits des Anwendungskontextes liegen und die semantische Interpretation theoretischer Ausdrücke betreffen. So hat beispielsweise Isaac Newton in *De Gravitatione* 1684/85 Erwägungen darüber angestellt, ob die *Masse* eines Körpers eine innere Eigenschaft von Körpern darstellt. Diese Erwägungen sind philosophisch höchst relevant und bedeutsam, für die *Anwendung* seiner Gravitationstheorie aber letztlich unerheblich. Begriffliche Klärung im Sinne präzisierter semantischer Interpretationen stellt eine spezifisch philosophische (aber eben nicht nur PhilosophInnen vorbehaltene) Aufgabe dar, die über den Zweck der Anwendung wissenschaftlicher Begriffe hinausreicht.

Einen exklusiven Charakter hat eine zweite Aufgabe der Philosophie gegenüber der Wissenschaft, die *Abgrenzung* von Wissenschaft von Nicht-Wissenschaft. Unter Nicht-Wissenschaft fallen dabei Überzeugungen und Ideensysteme, die entweder Wissenschaftscharakter vortäuschen (Pseudowissenschaften) oder gar nicht den Anspruch auf Wissenschaftlichkeit erheben (z. B. religiöse Überzeugungen). Während in beiden Fällen klare Kriterien bzw. Gründe für die Abgrenzung von Wissenschaft angegeben werden können (vgl. Kapitel 4), stellt sich die Abgrenzung zwischen Wissenschaft und Metaphysik als besonders diffizil heraus: Wenigstens in jenem Bereich der gegenwärtigen Metaphysik, der sich mit meta-wissenschaftlichen Gegenständen (z. B. mit Kausalität oder Naturgesetzen) beschäftigt (*metaphysics of science*, vgl. Kapitel 5), spielen wissenschaftliche Kriterien eine Rolle – Theorien von Naturgesetzen oder Kausalität müssen sich an wissenschaftlichen Tatsachen messen und bewähren lassen – wobei aber in manchen dieser Theorien spezielle metaphysische Begriffe eingeführt werden, die nicht auf Begriffe einer Wissenschaft zurückgeführt werden können. Daher operiert metaphysische Theoriebildung, die im Rahmen der *metaphysics of science* betrieben wird, hinsichtlich ihres begrifflichen Gehalts wenigstens teilweise ‚jenseits', aber in Bezug auf ihr methodologisches Selbstverständnis inmitten der Wissenschaft.

Abgrenzungsfragen sind für das Verständnis von Wissenschaft fruchtbar, weil sie uns dazu zwingen, den Begriff der Wissenschaft zu schärfen. Dass dieser Begriff historisch starken Veränderungen unterworfen war, lässt sich an einflussreichen Wissenschaftskonzepten seit Beginn der wissenschaftlichen Moderne ablesen (siehe Kapitel 1). Einige der Merkmale, die in der Geschichte der Philosophie als charakteristisch für die Wissenschaft angesehen wurden, haben aber bis heute ihre Bedeutung nicht verloren. Dies gilt für das Methodenbewusstsein, die Forderung nach strenger Prüfung und Ausschaltung von Fehlerquellen, aber auch für das Ideal logischer Klarheit und den Verzicht auf sprachliche Exklusivität. Als zentral für den gegenwärtigen Begriff der Wissenschaft wurde in diesem Buch die Praxis der *Theoriebildung* ausgewiesen – worin Forschungspraktiken, die den *Weg* zur Theoriebildung ebnen (in der Diktion von Thomas Kuhn ‚vorparadigmatische' Wissenschaft) mit eingeschlossen sind (vgl. Kapitel 2). Durch Theoriebildung, die Einführung spezieller theoretischer Begriffe, durch die Phänomene erklärt und Voraussagen ermöglicht werden, grenzt Wissenschaft sich vom Alltagswissen ab – nicht allein dadurch, dass bestimmte Erkenntnisfunktionen (Beschreiben, Erklären, Überprüfen etc.) in systematischerer Form ausgeführt werden als im alltagswissenschaftlichen Denken. Wie anhand von Sellars' Unterscheidung zwischen *scientific image* und *manifest image* erläutert, ist der Gebrauch theoretischer Begriffe und theoretischer Annahmen das zentrale Unterscheidungskriterium, das Wissenschaft von unserer alltagswissenschaftlichen Welterklärung, z. B. unserer Alltagspsychologie, unterscheidet. Obgleich auch im Alltagswissen ‚nicht-beobachtbare' Entitäten wie Gedanken, Vorstellungen und Absichten eine Rolle spielen, repräsentiert der Gebrauch, den wir im Alltag von solchen Entitäten machen, bestenfalls eine Vorstufe der wissenschaftlichen Praxis: sie werden in ‚naiver' Weise zu Bestandteilen alltäglicher Beschreibungen von Personen gemacht, ohne dass ihr theoretisches Potential entfaltet, d.h. ohne dass ein weiterer Forschungsprozess angeregt würde. Andererseits führt über diese Vorstufe auch ein Weg zur forschenden Praxis, also zur

Wissenschaft: Die Grenze zwischen Alltagswissen und Wissenschaft ist scharf, aber gleichwohl durchlässig.

Dies alles führt zu einer scharfen Eingrenzung des Idealtypus ‚Wissenschaft', der in der Realität aber nicht immer in ‚reiner' Form vorliegt. Es kam mir aber weniger darauf an, in strikter Weise festlegen zu wollen, was als Wissenschaft gelten kann und was nicht – wenn man einmal von der notwendigen scharfen Abgrenzung von Wissenschaft gegenüber pseudowissenschaftlichen Behauptungen absieht. Vielmehr ging es darum, einen Begriff der Wissenschaft zu bilden, der geeignet ist, die Sonderstellung der Wissenschaft für Welterklärung und praktische Orientierung zu begründen.

Immer wieder ist der Philosophie auch die Rolle zugeschrieben worden, *Grenzen* wissenschaftlicher Erkenntnis aufzuzeigen. Dies kann einmal so gemeint sein, dass der Wissenschaft Erkenntnisgrenzen durch die endlichen Kapazitäten unseres Geistes gesetzt sind. *Ignorabimus*-Behauptungen, wie sie im 19ten Jahrhundert etwa von Du Bois-Reymond (1872) aufgestellt wurden, sind aber immer wieder durch neue Entdeckungen der Naturwissenschaft *ad absurdum* geführt worden. Eine andere Lesart wissenschaftlicher Erkenntnisgrenzen besagt, es gebe Gegenstandsbereiche oder Aspekte der Wirklichkeit, die aufgrund ihrer besonderen Natur den Methoden der Wissenschaft grundsätzlich nicht offen stünden. Mit solchen Behauptungen geht häufig ein veraltetes empiristisch geprägtes Wissenschaftsverständnis einher, nach dem die ‚naturwissenschaftliche Methode' auf Gegenstände der ‚äußeren Natur' eingeschränkt ist, die grundsätzlich durch unsere Sinneswahrnehmung erfasst werden können und beobachtbare Regularitäten aufweisen, die angeblich in humanen und sozialen Kontexten nicht zu erwarten sind.

Als Beispiele für Phänomene, die angeblich außerhalb der Reichweite der Wissenschaft liegen, werden häufig Bestandteile des Alltagswissens angeführt, z. B. das Netz von Rechten und Pflichten, innerhalb dessen Personen agieren, Interessen und Zwecksetzungen, aber auch Gefühle und Empfindungen. Sie gelten als Gegenstände eines ‚autonomen', grundsätzlich nicht-wissenschaftlichen Wissens. Aber diese Bestandteile des Alltagswissens sind keineswegs gegenüber wissenschaftlicher Erforschung abgeschirmt. Was Empfindungen betrifft, ist eine solche Auffassung schon durch die im 19ten Jahrhundert aufkommende Psychophysik, v. a. durch die Entdeckung des Gesetzes von Weber und Fechner 1860 erschüttert worden, das funktionale Abhängigkeiten zwischen der Intensität äußerer Reize und entsprechenden Empfindungsintensitäten beschreibt. Offenbar können Empfindungen doch ‚quantifiziert' werden. In Bezug auf Gefühle kann man auf die inzwischen umfangreiche Emotionsforschung verweisen. Es ist daher problematisch, wissenschaftlich vermeintlich nicht erforschbare Gegenstände *a priori* bestimmen zu wollen. Ein gegenwärtig noch diskutierter möglicher Kandidat für ‚Unerforschlichkeit' sind *Qualia*, also innere Erfahrungsqualitäten, wobei aber gerade umstritten ist, ob es sich hier überhaupt um genuine Gegenstände handelt (vgl. Dennett 1978). Normative Gegenstände wie Interessen, Zwecksetzungen, Rechte und Pflichten können in Psychologie, Soziologie, Rechtswissenschaft und Ethik thematisiert werden. ‚Autonom' sind sie nur in dem Sinne, dass uns diese Gegenstände schon vor-wissenschaftlich wohlvertraut sind; sie müssen nicht erst durch die Wissenschaft entdeckt werden und unser lebenspraktischer Umgang mit ihnen ist weitgehend resistent gegenüber wissenschaftlichen Forschungsergebnissen.

Schließlich wird manchmal von der Philosophie erwartet, ein *wissenschaftliches Weltbild* zu konstruieren, in dem die verschiedenen wissenschaftlichen Ergebnisse in einer Art Synthese zusammenfließen. In 4.5 wurden bereits Argumente dafür vorgetragen, die dafür sprechen, dass ein Anspruch der Philosophie, auf Basis der vielen Einzelwissenschaften ein ‚Weltbild' zu konstruieren, kaum realisierbar ist, weil jeder Versuch der Realisierung arbiträre Entscheidungen darüber abverlangt, welche wissenschaftlichen Gegenstände denn im Zentrum eines solchen Weltbildes stehen sollen. Ein Vorzug der Naturwissenschaften gegenüber den Geisteswissenschaften ist dabei z. B. ebenso schwer zu rechtfertigen wie, innerhalb des engeren Rahmens physikalischer Theorien, ein Vorzug bestimmter gegenüber anderen philosophischen Interpretationen dieser Theorien. Aus diesen Gründen gehören weder die Festlegung von Grenzen wissenschaftlicher Erkenntnis noch die Konstruktion wissenschaftlicher Weltbilder zu den erfolgversprechenden Aufgaben der Philosophie.

## 7.2 Welche Aufgaben erfüllt die Wissenschaft für die Philosophie?

VertreterInnen einer ‚reinen' Philosophie – ob sie nun eher dem ‚analytischen' oder dem ‚kontinentalen' Lager angehören – bestehen darauf, dass die Philosophie ihre zentralen Problemstellungen und entsprechende Lösungen jenseits und unabhängig von allen wissenschaftlichen Errungenschaften findet (oder finden sollte). Dagegen ist grundsätzlich nichts zu sagen – außer dass man dadurch möglicherweise auf ertragreiche Erkenntnisquellen verzichtet oder auf Problemlösungen setzt, die mit gegenwärtigem wissenschaftlichem Wissen kollidieren.

Eine Philosophie, die im Austausch mit der Wissenschaft operiert, kann von ihr in verschiedener Hinsicht profitieren: Die Wissenschaft liefert Tatsachen, an denen sich beispielsweise die Naturphilosophie orientieren kann. Die Wissenschaft liefert aber auch logische Instrumente und Methoden, die philosophische Analysen voranbringen können. Und schließlich bietet die Wissenschaft ein Reservoir von Unterscheidungen, die von PhilosophInnen aufgegriffen werden können, um feinere begriffliche Distinktionen einzuführen, durch die Engführungen philosophischer Argumentation beseitigt werden können.

Zu den wissenschaftlichen Tatsachen, von deren Berücksichtigung die Philosophie profitiert, zählen beispielsweise Entdeckungen der *kognitiven Ethologie*, die Belege für die Existenz einfacher Wahrnehmungsbegriffe bei bestimmten Tier-Spezies erbracht haben (vgl. Pepperberg 1999, Newen und Bartels 2007). Berücksichtigt man diese Belege, wird man kaum umhin kommen, philosophische Argumentationen mit Skepsis zu betrachten, die mit analytischen Mitteln nachzuweisen versuchen, dass der Mensch sich von Tier-Spezies *generell* durch die Verwendung von Begriffen unterscheidet, wie z. B. Davidson (1999).

Zu wissenschaftlichen Methoden, die in die Philosophie ‚eingewandert' sind, zählen die begrifflichen Instrumente der symbolischen Logik, die in der Metaphysik Verwendung gefunden haben, etwa Saul Kripkes Begriff der metaphysischen Notwendigkeit (vgl. Kripke 1972/1981). Eine Verfeinerung philosophischer Argumentation auf Grundlage von Unterscheidungen, die die Wissenschaft zur Verfügung gestellt hat, ist beispielsweise in naturphilosophischen Arbeiten zum Zeitbegriff zu verzeichnen. So hat die Unterscheidung zwischen *Koordinaten-Zeiten* und der *Eigenzeit* eines Systems in der Philosophie eine Vielfalt von Modellen der Unterscheidung von ‚Gegenwart', ‚Vergangenheit' und ‚Zukunft' hervorgerufen (vgl. u. a. Stein 1991). Der Zeitbegriff hat infolge wissenschaftlicher Theorien eine Differenzierung erfahren, die schwerlich aus Mitteln der Philosophie alleine hätte erzeugt werden können.

## 7.3 Philosophie – eine Wissenschaft?

Die Philosophie profitiert vom Austausch mit der Wissenschaft, aber ist sie selbst eine Wissenschaft? Wir wollen uns bei der Beantwortung dieser Frage an die Wissenschaftskriterien halten, die in diesem Buch herausgearbeitet wurden: Erstens, gibt es in der Philosophie Theoriebildung (bzw. Modellierung) und werden ‚theoretische' Begriffe verwendet? Zweitens, können Aussagen und Theorien der Philosophie an Erfahrungstatsachen überprüft und belegt werden?

Theoriebildung (Modellierung) findet in verschiedenen Bereichen der Philosophie statt, nicht nur in der Wissenschaftsphilosophie, sondern auch in der Erkenntnistheorie, der Metaphysik und der Ethik. Die Wissenschaftsphilosophie in der Tradition des logischen Empirismus hat beispielsweise Modelle wissenschaftlicher Erklärung und Bestätigung (vgl. Kapitel 2) entworfen, wobei theoretische Begriffe vor allem aus der Logik entlehnt wurden.[1] Die logischen Empiristen haben solche Theorien durchaus in dem Bewusstsein konstruiert, damit der

Wissenschaftlichkeit der Philosophie, die schon von Kant eingefordert worden war, endgültig zum Durchbruch zu verhelfen. In der Erkenntnistheorie steht die klassische Theorie des Wissens in der Diskussion, wobei deren Probleme durch neue Theorievarianten beantwortet werden (vgl. z.B. die Antwort von Gerhard Ernst auf das Gettier-Problem der klassischen Wissenstheorie in Ernst 2002). In Kapitel 5 haben wir u. a. Theorien von Naturgesetzen kennen gelernt, die der Metaphysik zuzurechnen sind, die Humesche Metaphysik wurde von Timothy Williamson als Beispiel von Modellierung in der Philosophie betrachtet (vgl. Williamson 2017), und in der Ethik gibt es verschiedene Varianten utilitaristischer und deontologischer Theorien, die alle das Ziel verfolgen, zu erklären, weshalb bestimmte Handlungen oder Regelungen ethisch geboten bzw. aus ethischen Gründen zu verwerfen sind.

Alle genannten philosophischen Theorien und Modelle kommen nicht ohne spezielle theoretische Begriffe aus (in der Theorie der Naturgesetze sind dies z.B. ‚Disposition' und ‚Erzwingungsrelation', in Wissenstheorien z.B. ‚Rechtfertigung' und ‚Reliabilität'), und es ist gerade die Verwendung solcher Begriffe, die diesen Theorien einen umfassenden Anwendungsbereich verschafft. Das Kriterium der Theoriebildung ist also in weiten Teilen der Philosophie erfüllt.

Wie steht es um das zweite Kriterium von Wissenschaftlichkeit in der Philosophie? Sind philosophische Aussagen und Theorien durch Erfahrungstatsachen überprüfbar und belegbar? Man könnte darauf hinweisen, dass philosophische Theorien als *Explikationen* zu verstehen sind – und sie dadurch von erfahrungswissenschaftlichen Theorien abzugrenzen versuchen. Beispielsweise kann das hypothetisch-deduktive Modell der Erklärung als Explikation des Erklärungsbegriffes verstanden werden, die Dispositionstheorie von Naturgesetzen als Explikation von ‚Naturgesetz' etc. Dabei schließt die explikative Rolle zugleich eine normierende Funktion ein, in der Art: Nur das, was die entsprechende Explikation von ‚Erklärung' erfüllt, darf als ein Fall von Erklärung akzeptiert werden.

Aber begründet die explikative Funktion philosophischer Theorien wirklich eine Unterscheidung gegenüber erfahrungswissenschaftlichen Theorien? Auch die Relativitätstheorie ‚expliziert' die Begriffe Raum und Zeit, indem sie spezifische Anwendungsregeln für diese auch umgangssprachlich verwendeten Begriffe einführt. Und umgekehrt schließt die explikative Rolle des hypothetisch-deduktiven Erklärungsmodells nicht aus, dass dieses Modell Erfahrungstatsachen erklärt, z.B. die Erfahrungstatsache, dass bestimmte Argumente als Erklärungen tatsächlich akzeptiert werden und andere nicht. Explikative Rolle auf der einen, Erfahrungswissenschaftlichkeit auf der anderen Seite schließen sich also nicht gegenseitig aus.

Philosophische Theorien erfüllen nicht nur explikative (und normierende) Rollen, sondern versuchen auch, Phänomene des menschlichen Lebens zu *er-*

*klären*, z. B. sollen Theorien der Ethik erklären, warum die meisten Menschen politische Regelungen für ethisch bedenklich oder gar für verachtenswert halten, durch die bestimmte Gruppen der Bevölkerung benachteiligt werden. Wenn Erklärungen offensichtlicher Erfahrungstatsachen scheitern, ist die entsprechende Theorie (zunächst) widerlegt und muss revidiert werden. Auch philosophische Theorien besitzen also *Prüfinstanzen* – die ‚experimentelle Philosophie' versucht sogar, die in der Philosophie üblichen Prüfinstanzen, die in ‚intuitiven', teilweise ausgedachten Alltagsbeispielen bestehen, durch systematisch erhobene Prüfinstanzen zu ersetzen, z. B. durch qualitative Interviews. Mit anderen Worten: Auch in der Philosophie gibt es erfahrungswissenschaftliche Theorien. Häufig werden sie nicht das Maß an Präzision und logischer Geschlossenheit erreichen, das Theorien v. a. in den Naturwissenschaften erreichen. Philosophische Argumentationen enthalten selbst dort Reste an Vagheit, wo sich PhilosophInnen, wie z. B. Carnap, um eine ‚wissenschaftlich' präzise Terminologie bemühen. Die Verbindlichkeit des wissenschaftlichen Arguments bleibt daher für die Philosophie ein (nicht vollständig erreichbares) Ideal. ‚Falsifikationen' philosophischer Theorien führen in der Regel nicht zur Verwerfung der Theorie (man denke an das *covering-law*-Modell der Erklärung (vgl. 3.2), das trotz vieler Gegeninstanzen einen breiten Anwendungsbereich behalten hat). Sicher hält die Geschichte der Philosophie auch Theorien bereit, die – sogar der Absicht nach – an *keiner* Erfahrung scheitern können. Es ist aber auch eine Erfahrung, dass solche Theorien den Fortschritt philosophischer Erkenntnis nicht befördert haben. Philosophie ist – nach den Kriterien dieses Buches – eine Wissenschaft, oder besser: sie besitzt die Möglichkeit es zu sein.

## 7.4 Soll man an die Wissenschaft glauben?

Der Titel dieses letzten Abschnitts ist mit Absicht provokativ. Ist nicht die Wissenschaft das genaue Gegenteil bloßen Glaubens und Für-wahr-haltens? Ist sie nicht das Paradigma kritischer, gerade nicht gläubiger Einstellung, des Bewusstseins niemals perfekten Wissens und epistemischer Fehlbarkeit? Dies alles trifft natürlich zu und sollte in diesem Buch deutlich geworden sein. Aber daraus folgt nicht, dass die Einstellung gegenüber der wissenschaftlichen Form des Wissens eine grundsätzlich skeptische sein muss. Denn auch zum Zweifeln braucht man einen (guten) Grund. Und einen guten Grund, an der wissenschaftlichen Form des Wissens zu zweifeln, gibt es nicht. Die Irrwege der Wissenschaft, der Zusammenbruch einst für unbezweifelbar gehaltener Theorien, die eingeräumte Unsicherheit wissenschaftlicher Aussagen, das Bewusstsein, dass wissenschaftliche Erkenntnisse Inseln in einem Meer des Nicht-Wissens sind, rechtfertigen nicht eine skeptische Distanz, sondern im Gegenteil unser Vertrauen in die Wissenschaft. Beispiele unreflektierter Geltungssucht, bis hin zur Bereitschaft, Ergebnisse zu fälschen, ignorantes Festhalten an widerlegten Theorien, Eitelkeit und intrigantes Verhalten gegenüber KollegInnen, soziale und ethische Blindheit, die Bereitschaft sich politisch instrumentalisieren zu lassen, sind gute Gründe, an der Vertrauenswürdigkeit von WissenschaftlerInnen (und vielleicht auch manchmal an der Gutartigkeit der menschlichen Natur) zu zweifeln, nicht aber am Wert der wissenschaftlichen Form des Wissens. Für die Beantwortung theoretischer Fragen („Auf welche Ursprünge geht *homo sapiens* zurück?" oder „Wie entwickelt sich das Universum?") bis zur Bewältigung praktischer Probleme der Gesellschaft (wie das Auftreten von Epidemien oder das Phänomen der Armut) gibt es keine bessere Art der Orientierung als jene an wissenschaftlichen Methoden. In diesem, aber nur in diesem Sinne, sollte man an die Wissenschaft glauben.

# Anmerkungen

## Kapitel 1

1 Deweys *Reconstruction in Philosophy* (1923) zielt auf eine Erneuerung der Philosophie, in deren Fokus die Lösung ethischer und gesellschaftlicher Probleme in wissenschaftlichem Geist steht.
2 Vgl. z. B. Hoyningen-Huene (2013), der Wissenschaft gegenüber Alltagswissen durch größere Systematizität ausgezeichnet sieht (vgl. 4.2).
3 Bacon spricht, noch in der Aristotelischen Terminologie verhaftet, von ‚Formen' (*formae*).
4 Bacon führt 27 verschiedene Vorkommnisse von Wärme auf.
5 Bacon bemerkt, dass der menschliche Geist, im Unterschied zu ‚affirmativen' kognitiven Fähigkeiten möglicher höherer Intelligenzen – also Fähigkeiten zur direkten Erkenntnis von Wahrheiten –, auf negative Heuristiken angewiesen ist.
6 Der vorhin erwähnte Analogieschluss von makroskopischen zu mikroskopischen Bewegungen erlaubt es zwar, ‚verborgene' Mechanismen zu erschließen, er ist aber durch Bacons methodisches Schema nicht gedeckt.
7 Wichtige philosophische Zeitgenossen sind Gassendi, Hobbes und Boyle, die das mechanistische Wissenschaftskonzept noch umfassender und ausschließlicher vertreten als Descartes.
8 Die räumliche Ausdehnung ist dabei als Eigenschaft des Körpers zu verstehen, die erst durch ihn in die Welt kommt. Es existiert nach Descartes kein ‚absoluter', von allen Körpern unabhängiger Raum, der durch Körper ‚besetzt' werden kann (vgl. Woolhouse 1993: 81 f.).
9 Vgl. Woolhouse (1993: 81).
10 Eine ähnliche Erklärung gibt Descartes auch für die Trägheit der Materie: Auch sie ist keine innere Eigenschaft der Materie, sondern bezeichnet die charakteristische Erfahrung, dass wir zur Erregung oder Hemmung der Bewegung eines Körpers eine Anstrengung aufbringen müssen (Descartes 1644/1992: 42–43).
11 Im Gegensatz dazu hatte Aristoteles für die Unterscheidung verschiedener Sorten der Materie auf unterschiedliche ‚substantielle Formen' zurückgegriffen.
12 Descartes kennzeichnet Bewegung „nicht nach der gewöhnlichen Auffassung, sondern der Wahrheit nach" als „Überführung eines Teiles der Materie oder eines Körpers aus der Nachbarschaft der Körper, die ihn unmittelbar berühren, und die als ruhend angesehen werden, in die Nachbarschaft anderer" (Descartes 1644/1992: 42–43).
13 Vgl. die Darstellung in Perler (2006: 209–231).
14 In Artikel 6 führt Descartes aus, dass „der Körper eines lebenden Menschen sich derart von dem eines toten Menschen unterscheidet, als es eine Uhr oder ein anderer Automat tut, (das heißt, eine andere Maschine, die sich aus sich selbst bewegt), die, wenn sie aufgezogen ist, in sich das körperliche Prinzip der Bewegung hat [...] und die gleiche Uhr oder eine andere Maschine, wenn sie zerbrochen ist, oder das Prinzip ihrer Bewegung zu wirken aufhört" (Descartes 1649/1996: 9–11).
15 Dies eröffnet die Möglichkeit, das Zustandekommen von Fehlwahrnehmungen oder vertauschten Sinnesmodalitäten zu erklären: Wir ‚sehen' einen Ton, wenn der auditive Reiz in anormaler Weise in einen visuellen Kanal weitergeleitet wird.
16 Da die Zirbeldrüse mit dem sensomotorischen Apparat des Körpers verbunden ist, können Sinneseindrücke (z. B. „Wildgewordener Stier, der sich auf mich zubewegt") auch direkt – ohne Vermittlung durch bewusste Vorstellungen der Seele – motorisch in eine Fluchtbewegung umgesetzt werden.

17 Wenn man von ‚seelischen Mechanismen' spricht, unterschlägt man den wunden Punkt von Descartes' Psychologie: Wie kann die nicht-ausgedehnte Seele mit ausgedehnter Materie wechselwirken? Descartes überbrückt diese Erklärungslücke durch die Annahme von *Korrelationen* zwischen körperlichen und seelischen Zuständen. Die körperlichen Mechanismen lassen sich auf diese Weise in den seelischen Bereich fortsetzen, ohne die Frage der kausalen Beziehung zwischen Seele und Körper beantworten zu müssen.

18 David Hume hat im *Treatise of Human Nature* 1739 die Möglichkeit, gesicherte wissenschaftliche Aussagen auf rationalem Wege zu gewinnen, geleugnet. Stattdessen sind Menschen, wenn sie über die Grenzen der Erfahrung hinausgehen, auf Schlussweisen angewiesen, die nicht rational begründet und insofern nicht gesichert, aber gleichwohl in der menschlichen Natur verankert sind.

19 „Mein Verstand [...] schreibt den Dingen selbst keine Regeln vor" (Kant 1783/1993: 49).

20 Siehe Kants Beispiel in einer Fußnote zu § 22 der Prolegomena (Kant 1783/1993: 62).

21 Kant (1787/1982: B 102f.).

22 Unter Anschauungen sind hier räumlich und zeitlich bestimmte Vorstellungen von Gegenständen zu verstehen, durch die die Begriffe exemplifiziert werden.

23 Vgl. Kant (1783/1993: 76).

24 In der B-Ausgabe von 1787 heißt es: „Alle Veränderungen geschehen nach dem Gesetze der Verknüpfung der Ursache und Wirkung" (B 233). Die erste Analogie der Erfahrung lautet: „Bei allem Wechsel der Erscheinungen beharret die Substanz, und das Quantum derselben wird in der Natur weder vermehrt noch vermindert" (B 225), und die dritte Analogie der Erfahrung ist: „Alle Substanzen, sofern sie *im Raume* als zugleich *wahrgenommen werden können*, sind in durchgängiger Wechselwirkung" (B 256).

25 So wird z. B. die Kategorie der Substanz durch die Materie der Physik realisiert.

26 Damit ist, so kommentiert Kant dieses Ergebnis, die Aufgabe gelöst, zu erklären, wie „reine Naturwissenschaft möglich ist" (Kant 1783/1993: 63).

27 Ich folge hier der Rekonstruktion in Friedman (1992: Kapitel 3).

28 Vgl. Lyre (2006: 7). Die erste Analogie der Erfahrung, also die Erhaltung der Substanz, führt zum Satz der Masseerhaltung, der aber nicht zu den Bewegungsgesetzen gehört.

29 Vgl. Lyre (2006: 8).

30 Newton ist sich dessen bewusst, dass seine Axiome nicht nur *ein* Bezugssystem, das den absoluten Raum repräsentiert, auszeichnen, sondern zugleich alle dazu gleichförmig bewegten Bezugssysteme: „The motions of bodies included in a given space are the same among themselves, whether that space is at rest, or moves uniformly forwards in a right line without any circular motion" (Corollary V zu den Bewegungsgesetzen, vgl. Newton (1972: 63)).

31 In derselben Weise *definiert* eine mathematische Theorie wie die Gruppentheorie ihren Bezugsbereich *implizit*, indem ihre Axiome festlegen, was im Sinne der Theorie als Gruppe gilt. Friedman 1992 kommentiert Kants Vorgehen wie folgt: „Kant, since he rejects absolute space, conceives the laws of motion rather as conditions under which alone the concept of true motion has meaning: that is, the true motions are just those that satisfy the laws of motion" (Friedman 1992: 143).

32 Der Grund für die Abweichung ‚von West nach Ost' liegt in der Coriolis-Kraft, einer Trägheitskraft, die in rotierenden nicht-Inertialsystemen auftritt.

33 Vgl. Kants Diskussion von Lehrsatz 4 im dritten Hauptstück (Mechanik) der *Metaphysischen Anfangsgründe der Naturwissenschaft* (Kant 1786/1997: 101 ff.).

34 Objektivität zu gewährleisten bedeutet aus Kants Sicht hier v. a., eine bevorzugte Form der Repräsentation zu wählen, die vom gewählten Standpunkt unabhängig ist.

**35** Im Gegensatz zu Descartes' naturphilosophischer Begründung der Wissenschaft hatte Kant einer ‚spekulativen' Metaphysik, die dem reinen Denken verlässliche Einsichten in die Natur der Dinge zutraute, schon eine Absage erteilt.

**36** Eine schrittweise Rückführung für alle Begriffe „bis zu den Begriffen niederster Stufe", d. h. ihre Einordnung in ein ‚Konstitutionssystem' hatte Carnap in seinem Werk von 1928, *Der logische Aufbau der Welt*, angegeben.

**37** In Abschnitt 6 des Aufsatzes zeigt Carnap, dass auch die sogenannte ‚Protokollsprache' eine Teilsprache darstellt, die in die physikalische Sprache übersetzbar ist. Innerhalb der Protokollsatzdebatte des Wiener Kreises (vgl. die ausgewählten Aufsätze in Stöltzner und Uebel (2006: Kap. V) waren Protokollsprachen eingeführt worden, die die ‚ursprünglichen' Protokolle von Wissenschaftlern wiedergeben und als empirische Basis der Wissenschaft gelten sollten. Auch die elementarste Form einer solchen Protokollsprache kann aber, so Carnap, in die physikalische Sprache übersetzt werden. Damit erweist sich die physikalische Sprache als eigentliche Basis-Sprache der Wissenschaft.

**38** Die Unabhängigkeit vom Sinnesgebiet (Intersensualität) besteht darin, dass einer quantitativen Bestimmung in der physikalischen Sprache qualitative Bestimmungen aus verschiedenen Sinnesmodalitäten zugeordnet sind. Für die Registrierung einer physikalischen Größe kann jede beliebige Sinnesmodalität eingesetzt werden, also z. B. die visuelle durch eine akustische Wahrnehmung ersetzt werden.

**39** Carnap weist darauf hin, dass es sich hier nicht um eine Zurückführbarkeit der biologischen Gesetze, sondern der biologischen *Begriffe* handelt. Deshalb ist die Frage, ob besondere vitalistische Gesetze existieren, für die Übersetzbarkeit der biologischen Sprache nicht maßgeblich. Typische vitalistische Begriffe, z. B. „Entelechie" können dagegen, so Carnap „nicht in einem sinnvollen Satz vorkommen"; sie sind „Scheinbegriffe, da für sie keine formal einwandfreien Definitionen gegeben werden" (Carnap 1932/2006: 335–336).

**40** Carnap betont, dass auch diese Form der Begriffseinführung empiristischen Ansprüchen genügt: „Durch diese Reduktion ist tatsächlich die Bedeutung des neuen Begriffs bestimmt; denn wir wissen, was wir zu tun haben, um im einzelnen Fall empirisch festzustellen, ob der neue Begriff einem gegebenen Ding b zukommt oder nicht" (Carnap 1936/2006: 367).

**41** Beispielsweise können Aussagen über die ‚Masse' eines Körpers nach der Newtonschen Gravitationstheorie nur an der Erfahrung überprüft werden, indem die Newtonschen Axiome bei der Ableitung einer Prüfinstanz *vorausgesetzt* werden.

**42** Vgl. für die formale Definition des Signifikanzkriteriums Carnap (1960: 220–221).

**43** Poppers eigene Beispiele spekulativer Gedankensysteme, gegenüber denen Wissenschaft abgegrenzt werden soll, waren die Psychoanalyse und der Marxismus.

**44** In diesem Verzicht besteht der wesentliche Dissens gegenüber dem Wissenschaftskonzept des logischen Empirismus, und nicht etwa, wie von Popper suggeriert, in der Zurückweisung der ‚induktiven Methode'; eine solche ist z. B. von Carnap nicht vertreten worden – in *Die physikalische Sprache als Universalsprache der Wissenschaft* von 1932 betont Carnap die Tatsache, dass ein Naturgesetz „in Bezug auf die singulären Sätze den Charakter einer *Hypothese*" besitze, also „aus keiner (endlichen) Menge singulärer Sätze streng abgeleitet werden" könne (vgl. Carnap 1932/2006: 324). Die Zurückführung wissenschaftlicher Sätze auf ‚Protokollsätze' ist daher, anders als von Popper behauptet, keineswegs „mit der Forderung der Induktionslogik identisch" (Popper 1935/2005: 11).

**45** Wie die Auseinandersetzungen um den relativen epistemischen Status von Evolutionstheorie und Kreationismus in den USA zeigen, handelt es sich dabei um ein durchaus reales und aktuelles Problem (vgl. dazu 6.4).

**46** Freilich hatte Carnap dem Begriff der ‚Sinnlosigkeit' von Sätzen eine präzise, formal bestimmbare Bedeutung gegeben, in die man eine abwertende Einstellung hineinlesen kann, aber nicht zwangsläufig muss.
**47** Vgl. Karl Poppers (1998/2001) *The World of Parmenides* (dt. Die Welt des Parmenides).
**48** Diese Forderung kann am besten erfüllt werden, wenn Forscherpersonen ‚riskante' und ‚kontraintuitive' Hypothesen aufstellen, die bestimmten gewöhnlichen Auffassungen zuwiderlaufen und daher klare Falsifikationsinstanzen implizieren.
**49** Vgl. Popper (1935/2005: 8). In Kapitel 3 wird der Frage nachgegangen, ob und in welchem Sinne, entgegen Poppers Diktum, eine ‚Logik der Entdeckung' existiert.
**50** Popper möchte von Problemen in einem objektiven und nichtpsychologischen Sinne sprechen. Das Problem, vor dem ein Lebewesen steht, muss diesem nicht als Problem bewusst sein (vgl. Popper 1972/1973: 272).
**51** Im Unterschied zur Amöbe, so betont Popper, ist allerdings Einstein *bewusst auf Fehlerbeseitigung aus.*
**52** „[I]t is normal science, in which Sir Karl's [Poppers] sort of testing does not occur, rather than extraordinary science which most nearly distinguishes science from other enterprises. If a demarcation criterion exists (we must not, I think, seek a sharp or decisive one), it may lie just in that part of science which Sir Karl ignores" (Kuhn 1977: 272).
**53** Vgl. die Darstellung der verschiedenen Hilfshypothesen, die im historischen Fall der Merkur-Anomalie ersonnen wurden, um den Konflikt mit der Newtonschen Gravitationstheorie aufzulösen, in Gähde 2007.
**54** „[W]enn eine wissenschaftliche Theorie einmal den Status eines Paradigmas erlangt hat, wird sie nur dann für ungültig erklärt, wenn ein anderer Kandidat vorhanden ist, der ihren Platz einnehmen kann. Kein bisher durch das historische Studium der wissenschaftlichen Entwicklung aufgedeckter Prozess hat irgendeine Ähnlichkeit mit der methodologischen Schablone der Falsifikation durch unmittelbaren Vergleich mit der Natur" (vgl. Kuhn 1969: 90).
**55** Vgl. Kuhn (1969: 90 ff.).
**56** Die Missachtung dieser Maßstäbe führt zu wissenschaftsfremden Verhalten von WissenschaftlerInnen; sie agieren dann nicht mehr ‚als WissenschaftlerInnen' und behindern damit die Entwicklung der Wissenschaft.
**57** Jedenfalls gilt dies für ‚reife' Wissenschaften, die die ‚vorparadigmatische' Phase eines Nebeneinanders verschiedener inkompatibler Ansätze überwunden haben.

# Kapitel 2

**1** Der Begriff ‚Tatsache' soll nicht implizieren, dass es sich um ‚sicheres Wissen' handelt. Allerdings erhebt jemand, der das Bestehen einer Tatsache behauptet, einen Wahrheitsanspruch. Von Tatsachen sprechen wir in Hinsicht auf partikuläre Sachverhalte, z. B. in dem Satz „Es ist eine Tatsache, dass Köln nördlich von Bonn liegt", als auch in Hinsicht auf generelle Sachverhalte, wie etwa in „Es ist eine Tatsache, dass alle Menschen sterben", und manchmal sogar in Bezug auf den Inhalt wissenschaftlicher Theorien, z. B. in „Die biologische Evolution ist eine Tatsache". Im vorliegenden Kapitel werden ‚Tatsachen' als bestehende partikuläre oder generelle Sachverhalte mit ‚Theorien' kontrastiert.
**2** ‚Masse' gilt als Beispiel eines *T-theoretischen Begriffs* (*T* steht hier für die Theorie, von der der Begriff abhängig ist, also im Beispiel die Newtonsche Gravitationstheorie). Der Begriff der *T-*

theoretischen Begriffe (bzw. der *T-Theoretizität*) wurde in der strukturalistischen Wissenschaftstheorie (u. a. Wolfgang Stegmüller und John Sneed) entwickelt; siehe Stegmüller (1980: 9).
**3** Vgl. Gähde (2007: 49). Für den Fall der Newtonschen Gravitationstheorie wäre dies die Konjunktion aus dem Gravitationsgesetz und den Axiomen der klassischen Mechanik.
**4** Nach heutiger Auffassung ist die syntaktische Charakterisierung von Gesetzen als generalisierte Bedingungsaussagen nicht adäquat. Sie kann von Aussagen erfüllt werden, die nicht gesetzesartig sind. Worin ‚Gesetzesartigkeit' stattdessen besteht, ist allerdings umstritten (siehe die Debatte über Naturgesetze in 5.5).
**5** Dies ist Poppers Falsifikationskriterium, mit dessen Hilfe sich erfahrungswissenschaftliche Theorien von nicht-wissenschaftlichen Aussagesystemen abgrenzen lassen (vgl. 1.6).
**6** Poppers Theoriebegriff ist unbestimmt hinsichtlich der Frage, welche Gesetze als grundlegend zur Theorie zu rechnen sind. Ist z. B. das Hookesche Gesetz Teil der klassischen Mechanik? (vgl. Gähde 2007: 53).
**7** Vgl. Gähde (2007: 52). Um diesem Mangel abzuhelfen, wurde in der strukturalistischen Theorienauffassung die Konzeption eines Netzes von Theorieelementen entwickelt, mit einem Kernelement, das im Beispiel der Gravitationstheorie Newtons die Axiome der klassischen Mechanik enthält, und erweiterten Theorieelementen, die durch spezifische Kraftfunktionen charakterisiert sind. Diesem Netz von Theorieelementen entsprechen Modell-Klassen, die ausgehend vom Kernelement immer weiter eingeschränkt werden. Auf diese Weise kann man verstehen, dass Modifikationen der Theorie zunächst an der am meisten spezifischen (oder engsten) Modell-Klasse (die durch Newtons Gravitationsgesetz charakterisiert ist) angreifen und erst dann auf weniger eingeschränkte Modell-Klassen übergreifen.
**8** Im strukturalistischen Theorienkonzept (vgl. z. B. Gähde 2007) werden Theorien durch Klassen von Modellen charakterisiert (die ‚intendierten' Modelle bilden Teilklassen). Die Modelle enthalten einen Bereich von Individuen sowie verschiedene Begriffe, in der Physik durch orts- und zeitabhängige Funktionen repräsentiert, die die Gesetze der Theorie erfüllen. Anstatt durch die Modelle werde ich Theorien direkt durch die Struktur kennzeichnen, deren Modelle sie sind, also durch ein System von Begriffen, die in bestimmten, für die Theorie charakteristischen Beziehungen zueinander stehen. Die Begriffe müssen im Allgemeinen nicht durch Funktionen repräsentiert werden, wie es typisch für die Physik ist. Häufig werden sie durch Variable wiedergegeben, die bestimmte Werte annehmen können, im Fall qualitativer Theorien durch qualitative Prädikate. Die Beziehungen zwischen den Begriffen können durch quantitative Gesetzesaussagen formuliert werden, aber auch durch qualitative, umgangssprachlich formulierte Beziehungsaussagen.
**9** Unter ‚Struktur' ist hier nicht das formale Gerippe einer Theorie zu verstehen – es geht nicht um die ‚Struktur einer Theorie', sondern um die Theorie *als* Struktur bedeutungsvoller Begriffe, also um die Theorie ‚aus Fleisch und Blut'.
**10** Nicht etwa, indem sie die Unterscheidung zwischen der Klasse der erlaubten und der Klasse der verbotenen ‚Basissätze' trifft, wie Popper es sah.
**11** Popper spricht von der ‚Bewährung' (Corroboration) einer Theorie.
**12** Dies impliziert nicht, dass es möglich ist, den Bestätigungsgrad einer Theorie zu quantifizieren (siehe 2.6).
**13** Für eine Skizze der sukzessiven Modifikationsversuche an der Newtonschen Gravitationstheorie als Reaktion auf das Phänomen des Merkur-Perihels siehe Gähde (2007: 58 f.).
**14** Eine gute Einführung gibt Andreas (2007: § 4).
**15** Insofern handelt es sich hier um eine semantische Konzeption von Theorien, im Kontrast zu der von Popper vertretenen ‚syntaktischen' Konzeption.

**16** Bas van Fraassen (1980) hat dennoch darauf bestanden, dass ein absolutes Kriterium für diese Unterscheidung existiert. Seine Unterscheidung betrifft aber, anders als jene von Carnap, nicht *Sprach-Ebenen* (Beobachtungs- und theoretische Sprachebene), sondern *Gegenstände*, auf die Ausdrücke der Sprache sich beziehen (beobachtbare Gegenstände versus theoretische Gegenstände). Beobachtbare Gegenstände sind laut van Fraassen solche, die jedenfalls prinzipiell mit bloßem Auge wahrgenommen werden können. Das Vertrauen, das wir in wissenschaftliche Theorien haben können, erstreckt sich nach van Fraassen auf Aussagen über beobachtbare Gegenstände, nicht jedoch auf Aussagen über theoretische Gegenstände. Die Existenz einer abgrenzbaren ‚reinen' Beobachtungssprache setzt van Fraassen jedoch nicht voraus.

**17** Die Beziehung zwischen zwei Variablen des Systems wird in der Regel durch weitere Parameter des Systems beeinflusst werden. Um den direkten kausalen Einfluss einer Variablen A auf eine andere Variable B zu testen, muss daher der Einfluss, der durch Variablen außerhalb A und B ausgeübt wird, unterbunden werden, d. h. die Werte dieser Variablen müssen konstant gehalten werden. Vgl. dazu die Erläuterungen zum Interventions-Modell der kausalen Erklärung in 3.2.

**18** Wenn man allerdings die beobachteten Eigenschaften des Universums über hinreichend große Distanzen mittelt, ergibt sich für sie annähernd eine isotrope Verteilung.

**19** Allerdings werden auch kontrahierende Universen durch Friedman-Lösungen beschrieben.

**20** Diese Erklärung für das Fehlen der zu erwartenden Temperatur-Fluktuationen wurde in den 1980er Jahren durch den kanadischen Astrophysiker Peebles vorgeschlagen. Im Jahr 1992 wurden die neuen Fluktuations-Vorhersagen auf Basis der Hypothese der dunklen Materie durch die COBE-Messungen bestätigt (COBE = Cosmic Background Explorer). Bartelmann kommentiert dieses Resultat wie folgt: „This can be seen as a turning point for cosmology, and at the same time as a piece of evidence that cosmic structures are dominated not by the electromagnetically interacting forms of matter that we know, but by some dark matter of hitherto unknown composition" (Bartelmann 2013: 15). Was zunächst als ernste Herausforderung des ursprünglichen Standardmodells erschien, hatte sich als eindrucksvolle Bestätigung des prädiktiven Wertes des Modells erwiesen.

**21** Dabei sind manche dieser Begriffe, wie etwa die ‚Expansionsrate', direkt, d. h. auch ohne Umweg über andere Begriffe des Netzes, in Kontakt mit Beobachtungstatsachen, während Begriffe wie die ‚Raumkrümmung' oder das ‚Alter des Universums' nur vermittelt über andere Parameter bestimmt werden können.

**22** Ein weitere Stufe der Erweiterung des Standardmodells nimmt ihren Ausgang von der empirischen Tatsache der gegenwärtig hohen Isotropie der Hintergrundstrahlung: „How could the temperature information at one point of the CMB sky ever have propagated far enough to adjust the temperature to the same value everywhere?" (Bartelmann 2013: 21). Diese Frage hat die Erfindung eines neuen Mechanismus hervorgerufen, des Mechanismus der *inflationären Expansion*.

**23** Deswegen ist es plausibel, wenn die ‚semantische' Theorienauffassung Theorien mit *Familien* von Modellen identifiziert.

**24** Selbst wenn empirische Information über Form und Stärken der Spezies-Interaktionen zur Verfügung stünde, bliebe es doch problematisch, dass die Richtung der Vorhersagen quantitativer Modelle sensibel von den genauen Werten der Interaktions-Stärken abhängt. Ein weiterer Nachteil besteht darin, dass Lotka-Volterra-Modelle nur Dynamiken nah des Gleichgewichts beschreiben (Ramsey und Veltman 2005: 906f.).

**25** Diese Modelle sind Anwendungen von *fuzzy cognitive maps* auf ökologische Gemeinschaften (vgl. Ramsey und Veltman 2005: 906).

**26** Diese Wahrscheinlichkeiten werden durch Mitgliedschaften in entsprechenden *fuzzy sets* repräsentiert. Dadurch wird der Ungenauigkeit Rechnung getragen, mit der Messungen der Populationsdichte, z. B. durch Aufstellen von Fallen, behaftet sind.
**27** Der neuronale Algorithmus lernt durch wiederholte Anwendung schrittweise, aus den verfügbaren empirischen Informationen realistische Wechselwirkungsstärken abzuleiten.
**28** Nur die Kontrolle aller Nesträuber-Populationen würde eine hohe Dichte des Vorkommens von Kokako zur Folge haben. Das Ziel der Intervention war aber nicht eine hohe Dichte, sondern die Stabilisierung der Spezies auf mittlerem Niveau.
**29** Die Erklärung hierfür ist, dass eine Reduzierung der Schiffsratten-Population, die eine Nahrungsquelle für die Wiesel darstellt, zugleich zu einer Abnahme der Wiesel-Population führt.
**30** Siehe z. B. die Vorhersage des IPCC Report 2013, der eine 60–100 % Wahrscheinlichkeit für eine mittlere globale Temperaturerhöhung vorhersagt, die zwischen 2,67 und 4,87 °C liegt (vgl. Elliott-Graves 2020: 2).
**31** Nach Elliott-Graves (2020: 4 f.) ist Präzision, bzw. der Mangel an Präzision, eine *matter of degree*. In verschiedenen Kontexten müssen – aufgrund der Natur der Sache oder unseres Wissens von ihr – verschiedene Grade an Ungenauigkeit, die mit qualitativen Methoden einhergehen, in Kauf genommen werden.
**32** Dies bedeutet nicht, dass *alle* qualitativen Modelle von Kritik ausgenommen werden können. Die Kritik ist z. B. dann berechtigt, wenn zur Bestimmung qualitativer Parameter-Werte unsaubere Methoden wie etwa nicht-repräsentative Befragungen verwendet werden.
**33** Daraus kann man nicht folgern, es gebe keine epistemischen Vorzüge *präziser* Vorhersagen. Unscharfe Vorhersagen können leichter ‚bestätigt' werden; eine Abweichung der Vorhersage von der Realität, die einen Hinweis auf einen weiteren Kausalfaktor enthalten mag, kann daher leichter unerkannt bleiben.
**34** Wie in 2.6 näher ausgeführt wird, tragen Beobachtungstatsachen nicht nur in direkter, sondern auch in indirekter Weise zur Bestätigung einer Theorie bei. In letzterem Fall erlauben sie die Spezifikation theoretischer Begriffe der zu bestätigenden Theorie, wobei aber zumindest Teile dieser Theorie vorausgesetzt werden müssen. Erst wenn alle theoretischen Begriffe der zu bestätigenden Theorie in Bezug auf ein konkretes System spezifiziert sind, kann entschieden werden, ob die Eigenschaften des konkreten Systems die fragliche Theorie bestätigen oder nicht (d. h. ob das System einen Anwendungsfall der Theorie darstellt oder nicht).
**35** Die Beziehungen, die zwischen den einzelnen Begriffen einer theoretischen Struktur bestehen, werden durch mathematisierte Gesetzesaussagen oder qualitative Generalisationen ausgedrückt, die hypothetischen Status besitzen. Deswegen ist im Folgenden von ‚Hypothesen' die Rede.
**36** Um dieses Resultat zu erhalten, muss man die weitere plausible Prämisse annehmen, dass eine Tatsache $E$, die eine Hypothese $H$ bestätigt, zugleich auch alle Hypothesen bestätigt, aus denen $H$ folgt, also z. B. auch $H \& H'$, wobei $H'$ irgendeine beliebige Hypothese sein kann. Nimmt man ferner an, dass $E$ mit einer Hypothese auch jede logische Konsequenz dieser Hypothese bestätigt, dann muss $E$ mit $H \& H'$ auch Hypothese $H'$ bestätigen, die willkürlich gewählt war.
**37** In Fällen, in denen die Evidenz $E$ schon lange Zeit bekannt war, also 'old evidence' ist, gilt $P(E) = 1$ und $P(E|H) = 1$, also $P(H|E) = P(H)$, d. h. $E$ stärkt die Glaubwürdigkeit der Hypothese nicht; vgl. Glymour (1980: 86).
**38** Bayesianer haben die Möglichkeit, diesen Einwand zu entkräften, indem sie den Zeitpunkt, zu dem die Wahrscheinlichkeit der ‚old evidence' bestimmt wird, *vor* den Zeitpunkt ihrer Entdeckung nach hinten verschieben. Aber wie groß war die Wahrscheinlichkeit des Merkur-Perihels vor seiner Entdeckung? Und zu welchem Zeitpunkt genau sollen wir zurückgehen?

**39** Walton knüpft an den *Pretense*-Begriff von John Searle (1975: 324) an, der geschrieben hatte: „[T]o pretend to [...] do something is to engage in a performance which is *as if* one were doing [...] the thing and is without any intent to deceive." Waltons Einwand ist, dass ein Schriftsteller (Künstler) *vorgeben* kann etwas zu tun, das er aber andererseits auch *tatsächlich* tut. Fiktion steht nicht im Gegensatz zu aktueller Durchführung: „The fiction writer need not be pretending to perform illocutionary acts any more than any fiction maker need be." (Walton 1990: 83). Ein prähistorischer Künstler schuf ein Bild eines Bisons, nicht um andere Menschen über die Existenz von Bisons zu informieren (oder um überhaupt etwas zu kommunizieren), sondern um ein neues, fiktionales Bison zu kreieren – ohne dabei irgendetwas *vorzugeben* (vgl. Walton 1990: 83). Es handelt sich auch nicht um *Mimesis* als Nachvollzug einer Tradition (eine solche existierte schlicht nicht). Stattdessen hat der Künstler eine ‚Requisite' (‚*prop*') geschaffen, die die Funktion hat, als Mittel zur Anregung von Aktivitäten des Vorstellens (*imagining*) bei Betrachtern zu dienen, die zu Bestandteilen eines *game of make-believe* werden können. Im Grunde ist Waltons Theorie also gerade *keine* Theorie über Praktiken, die nur ‚vorgeben', bestimmte Handlungen auszuführen.

**40** Dies erfordert die nicht selbstverständliche Annahme, dass auch Werke der Musik repräsentieren.

**41** Walton spricht in der Einleitung seiner Monographie von „paintings, novels, stories, plays, films, and the like" (Walton 1990: 1), macht aber später klar, dass er auch musikalische Werke einschließen möchte.

**42** ‚Make-believe' wird von Walton charakterisiert als „the use of (external) props in imaginative activities" (Walton 1990: 67).

**43** Zu Spielen des Glauben-Machens gehören imaginative Aktivitäten des Rezipienten eines Kunstwerkes. *Props* sind Instrumente, durch die solche Aktivitäten angeregt werden.

**44** Zum Beispiel ist es nur in Jean-Paul Sartres *Der Teufel und der liebe Gott* wahr, dass Götz seinen Besitz an die Bauern verschenkt.

**45** Walton unterscheidet die *work world* von den *game worlds*. Die verschiedenen Betrachter des Werks sind frei in der Gestaltung ihrer jeweils eigenen *game worlds*: „People can play any sort of game they wish with a given work". Aber nicht alle Inhalte solcher Spiele sind durch das Werk selbst erzeugt oder autorisiert.

**46** Dass die *props* eines Werkes – die Vehikel der Repräsentation – die *Funktion* haben, als Instrumente zur Erzeugung von Vorstellungsinhalten zu fungieren, erinnert daran, dass die Wirksamkeit fiktionaler Repräsentation von bestimmten kulturellen Traditionen, z. B. Lesegewohnheiten innerhalb einer sozialen Gemeinschaft abhängt. Was in der einen Gesellschaft als nichtfiktionaler Bericht gilt, kann in einer anderen eine fiktionale Erzählung sein.

**47** Es genügt keineswegs, dass eine Anzahl von Anwendungsbeispielen existiert, die mithilfe der Begriffe der Theorie plausibel interpretiert werden können. Dies könnte darauf zurückzuführen sein, dass ihre Begriffe so unbestimmt und vage sind, dass sie zu praktisch *jedem* Anwendungsbeispiel passend gemacht werden können.

**48** Dagegen ist es keine implizite Hintergrundannahme, die zu autorisierten fiktiven Vorstellungen führen würde, dass in dem Gemälde Nilpferde in Schlamm-Löchern auftauchen (vgl. Walton 1990: 60).

**49** Walton präsentiert dafür die Beispiele *Vanity Fair* und ein Newsweek Cover, das ein aus zwei Tonbändern konstruiertes Nixon-Portrait zeigt (Walton 1990: 285–286).

**50** Natürlich lässt sich diese Tatsache anzweifeln. Aber wir haben bereits gesehen, dass auch Tatsachen im Kontext naturwissenschaftlicher Theorien angezweifelt werden können – z. B. die

von Galilei angezweifelte Tatsache, dass ein Stein, der von einem Turm herabfällt, eine vertikale-, aber keine Drehbewegung ausführt.
**51** Dies ist zu unterscheiden von dem Fall einer *inkonsistenten Fiktion*, in der sowohl eine Tatsache p als auch ihre Negation non-p präsentiert werden (wie z. B. in Escher-Welten).

# Kapitel 3

**1** Einen umfassenden Überblick zur philosophischen Debatte über das Thema Erklärung bietet Thomas Bartelborth (2007).
**2** Für den Fall, dass mithilfe eines statistischen Gesetzes erklärt wird, kann das Explanandum nur mit einer gewissen Wahrscheinlichkeit abgeleitet werden, die sich aus dem statistischen Gesetz ergibt.
**3** Kausale Erklärungen sollen etwa in dem Sinne spezifisch sein, dass sie die nachgefragte Erklärungsebene treffen. Wenn z. b. nach der Ursache dafür gefragt wird, dass in einem bestimmten Augenblick mein Telefon geklingelt hat, würde eine Antwort, die den exakten Ablauf der Ereignisse auf mikrophysikalischer Ebene rekonstruiert, nicht die nachgefragte Erklärungsebene treffen, weil die spezifische Ursache hier eben nicht in den *genauen* tatsächlichen physikalischen Abläufen zu suchen ist, sondern darin, dass jemand zu diesem Zeitpunkt meine Telefonnummer gewählt hat.
**4** Die in den Strukturgleichungen formulierten kausalen Beziehungen zwischen den Variablen eines Systems können im Sinne kontrafaktischer Beziehungen gelesen werden: Würde eine Intervention $I$ in Bezug auf die Ausgangsvariable $A$ vorgenommen und dadurch der Wert von $A$ von $x$ auf $x'$ geändert, so würde der Wert der Zielvariablen $B$ eine Änderung von $y$ auf $y'$ erfahren, die sich aus der Strukturgleichung errechnet.
**5** Es gibt auch Verwendungen von ‚Erklärung', die quer zu den hier besprochenen Erklärungs-Konzepten liegen, z. B. wenn von der ‚Erklärung' eines Gemäldes die Rede ist. Hier ist nicht eine Antwort auf eine Warum-Frage gefordert, sondern eine Interpretation des Gemäldes (vgl. auch 4.2).
**6** Rationale Rekonstruktionen von Denkprozessen herzustellen ist nach Reichenbach eine Aufgabe der ‚deskriptiven Epistemologie'.
**7** Die Befunde des Falls veröffentlichte Alzheimer unter dem Titel *Über eine eigenartige Erkrankung der Hirnrinde* 1907 in der *Allgemeinen Zeitschrift für Psychiatrie und Psychisch-gerichtliche Medizin* 64: 146–8.
**8** Emil Kraepelin führte die Bezeichnung ‚Alzheimersche Krankheit' in der 8ten Auflage seines Lehrbuchs (1910: 356) ein.
**9** Für eine ausführliche Darstellung der klinischen Symptome der Patientin vgl. Alzheimer (1907). Siehe dazu auch Ramirez-Bermudez (2012: 2f.) sowie Cipriani et al. (2016: 526f.).
**10** Alzheimer schildert den histologischen Befund wie folgt: „Im mikroskopischen Bilde war im Bielschowsky-Präparat eine eigenartige Degeneration der Ganglienzellen der Hirnrinde auffällig, deren wesentliche Merkmale darin bestanden, dass sich ihre Fibrillen zusammenklumpten, die Färbbarkeit änderten und den Zerfall der Zelle überdauerten, so dass schließlich zu Knäueln zusammengerollte oder schlingenförmig zusammengebogene Fibrillenbündel als einzige Reste der Zelle im Gewebe lagen; daneben fanden sich eigenartige fleckförmige Herdchen in außerordentlich großer Zahl über die Hirnrinde zerstreut" (Alzheimer 1911: 356).

**11** Alzheimer berichtet darüber: „Recht bemerkenswert ist die Beobachtung, dass sich in recht zahlreichen, aus sehr vielen Stellen des Gehirns angefertigten Präparaten, nicht eine einzige Zelle finden ließ, welche die von mir beschriebene eigenartige Fibrillendegeneration zeigte" (Alzheimer 1911: 369). Vgl. zum Fall des Johann F. auch Möller und Graeber (1998), sowie Keuck (2018a: 45).
**12** Einen detaillierten Überblick der Geschichte der Alzheimerschen Krankheit bietet Keuck (2018a). Sie zeigt anhand der originalen Diagnosenbücher der von Alzheimer untersuchten Fälle, dass nur zwei der sieben PatientInnen zwischen 40 und 50 Jahren alt waren. Die Fälle, die als Alzheimersche Krankheit diagnostiziert wurden, erhielten diese Diagnose nicht in erster Linie aufgrund des geringen Alters der PatientInnen (vgl. Keuck 2018a: 53).
**13** Vgl. dazu Ramirez-Bermudez (2012: 4), sowie Berrios (1990: 359). Berrios räumt jedoch ein, dass Alzheimer etwas Neues über den *Zusammenhang* all dieser bekannten Phänomene zu sagen hatte: „He was saying something new, however, with regard to the combination of all these features, and the age of his subject" (Berrios 1990: 363).
**14** Nach Berrios (1990: 360) bestand das Neuartige in Alzheimers Berichten in seinem Fokus auf die Tatsache, dass eine senile Form der Demenz auch bei jüngeren Personen auftritt.
**15** Vgl. zur Verwendung des Ausdrucks ‚eigenartig' durch Alzheimer auch Berrios (1990: 359).
**16** Keuck (2018a: 45) weist allerdings darauf hin, dass unter den in der Münchener Klinik diagnostizierten Fällen solche älterer PatientInnen oder Fälle von seniler Demenz nicht ausgeschlossen wurden.
**17** Ein Vorbild dafür ist nach Alzheimer, dass es der Neurologie gelungen sei, „fast alle Nervenerkrankungen im engeren Sinne in einzelne Krankheiten aufzuteilen" (Alzheimer 1910: 2). Ein weiteres Beispiel, das Alzheimer vor Augen stand, war die Aufdeckung der Syphilis-Infektion als Ursache der Paralyse. Diese Entdeckung hatte erst eine scharfe Abgrenzung der Paralyse ermöglicht (vgl. Alzheimer 1910: 2).
**18** Die Suche nach ‚natürlichen Krankheiten' als ätiologisch abgrenzbaren Entitäten ist ein Beispiel dafür, wie die Suche nach ‚natürlichen Arten' als ein maßgeblicher Forschungshintergrund das methodische Selbstverständnis einer wissenschaftlichen Disziplin bestimmt.
**19** Berrios hat dazu ausgeführt: „The issue is whether in terms of what *they then* knew it was reasonable to conclude that a new disease had been discovered. The historian would find it difficult to say that it was. So reasons other than scientific must be sought for the hurried baptism of the disease" (Berrios 1990: 362). Es ist die Frage, ob Berrios forschungsstrategische Gründe – ‚Alzheimersche Krankheit' als explorative Kategorie – unter ‚wissenschaftlichen Gründen' subsumieren würde.
**20** Gzil (2007) hat die Auffassung vertreten, Alzheimer habe keine zuvor unbekannte Krankheit entdeckt. Stattdessen sollte von der Einführung oder Erfindung (‚invention') einer neuen Kategorie gesprochen werden. Die Verwendung dieser Kategorie habe es Alzheimer ermöglicht, eine neue Forschungsfrage zu etablieren, nämlich die Frage, welche Beziehung zwischen dem (relativ niedrigen) Alter der PatientInnen bei Krankheitsausbruch und der Schwere ihrer klinischen und histologischen Befunde auf der einen Seite und den bekannten Fällen der senilen Demenz auf der anderen Seite besteht.
**21** Nach der kreationistischen Sicht von Krankheiten stellen Krankheiten epistemische Kategorien dar, die aus unterschiedlichen, epistemischen und sozialen Gründen konstruiert werden.
**22** „Plaques and tangles – of which tangles were first discovered by Alzheimer in the brain of this patient [Auguste D.] – are the neuropathological hallmarks of Alzheimer's disease as we now understand it" (Müller, Winter und Graeber 2012: 129). Der Fall des Johann F., der keine ‚tangles' zeigte, wird als Instanz des ‚plaque-only-case' betrachtet, der Teil des heutigen Alzheimer-Konzepts ist (vgl. Möller und Graeber 1998: 111).

**23** Vgl. Müller, Winter und Graeber (2012: 129). Schon Alzheimer selbst hatte Fälle *seniler* Demenz als Alzheimersche Krankheit diagnostiziert, was dafür spricht, dass er an einen Krankheitsprozess denkt, der die Ursache von Erkrankungen im präsenilen wie im senilen Alter ist.
**24** Keuck (2018b) enthält eine detaillierte wissenschaftshistorische Studie dieses Wieder-Entdeckungsprozesses, wobei die Autorin auch grundsätzliche erkenntnistheoretische Fragen aufwirft. Ist es problematisch, das historische Material zu verwenden, um gegenwärtige wissenschaftliche Fragen zu beantworten („to read the past in present terms')? Keuck bemerkt hierzu: „Scientific realism and materialism guide such a notion of the history of a disease as something that can be „uncovered" by „hunting" for a brain. In this conception of 'history', the patient's brain [...] can be re-examined outside of its original context to inquire whether it shows the hallmarks of the disease [...]" (Keuck 2018b: 15).
**25** Vgl. den Bericht in Klünemann et al. (2002). Auch im Fall des Johann F. konnte bei der Re-Analyse des historischen biologischen Materials kein e4-Allel gefunden werden (vgl. Möller und Graeber 1998: 120).
**26** Die von Alzheimer beobachteten Plaques sind Amyloid-Plaques.
**27** „The hallmarks of AD [Alzheimer Disease], regardless of the age at dementia onset [...] are aggregations of the amyloid-ß (Aß) peptide into amyloid plaques and region-specific development of intraneuronal neurofibrillary tangles composed of hyperphosphorylated forms of the microtubule-associated protein, tau [...]. According to this [the Amyloid-] hypothesis, initial deposition of Aß [Amyloid-ß peptide] into amyloid plaques leads to downstream tau-related neuronal pathology (tangles), neuronal injury, and subsequent neuronal death, which is then manifested as cognitive impairment, ultimately culminating in dementia at the end stage of the disease" (Schindler und Fagan 2015: 2).
**28** Keuck merkt an, dass „the concept of Alzheimer's disease has been a moving target ever since its coming into being" (Keuck 2018b: 20).
**29** Kollektive Phänomene, in denen die Struktur des Gesamtsystems Bedingungen für die Entwicklung seiner individuellen Elemente definiert, sind aber spätestens seit den 1970er Jahren auch ein wichtiges Thema der Physik.
**30** Thomas Schelling schildert das Phänomen anschaulich so: „The demographic map of almost any American metropolitan area suggests that it is easy to find residential areas that are all white or nearly so and areas that are all black or nearly so but hard to find localities in which neither whites nor nonwhites are more than, say, three-quarters of the total. And, comparing decennial maps, it is nearly impossible to find an area that, if integrated within that range, will remain integrated long enough for a man to get his house paid for or his children through school" (Schelling 1971: 146).
**31** Schelling räumt ein, dass die Trennlinie zwischen ‚individuell motiviertem' Verhalten und solchem Verhalten, dass ‚extern', z. B. ökonomisch induziert ist, nicht ganz einfach zu ziehen ist.
**32** Es stellt sich dabei heraus, dass das besondere Resultat des Prozesses von der Reihenfolge der auf dem Brett ausgeführten Verschiebungen abhängt, der Charakter des entstehenden Musters aber davon unabhängig ist.
**33** Nancy Cartwright (1999) hat darauf hingewiesen, dass mathematische Modelle in der Ökonomie einen epistemisch problematischeren Charakter besitzen als Modelle in der Physik. Während physikalische Modelle de-idealisiert und dadurch in ihren Aussagen ‚mit der Wirklichkeit verglichen werden können', bleibt die Frage offen, ob z. B. Schellings dynamische Segregationsmodelle ausreichend Ähnlichkeit mit Aspekten wirklicher Segregationsprozesse besitzen, um aus ihnen auf deren Eigenschaften schließen zu können. Die entscheidende Methode der De-Idealisierung, die für diesen Unterschied verantwortlich ist, stützt sich in der Physik auf die

Existenz allgemeiner Gesetze; diese Methode versagt in der Ökonomie, weil es hier keine (bekannten) allgemeinen Gesetze gibt. Kann man beispielsweise abschätzen, welcher Fehler durch die Repräsentation eines Wohnviertels durch ein Schachbrett-Muster gemacht wird? Die Frage bleibt unbeantwortet, weil es keine Gesetze gibt, mithilfe derer dieser Fehler bestimmt werden könnte. Gegen dieses Argument von Cartwright kann man einwenden, dass es die Aufgabe ökonomischer Modelle ist, *heuristische Hinweise* auf mögliche Ursachen sozialer Phänomene zu geben, ohne dass – aufgrund des geschilderten Problems – ihre Adäquatheit *a priori* eingeschätzt werden kann (vgl. dazu Sugden 2000 und 2009).

**34** Cardano spricht in Bezug auf $\sqrt[2]{-15}$ von einer ‚*quantitas sophistica*', wofür Ebbinghaus (1992: 46) die Übersetzung ‚formale Zahl' vorschlägt.

**35** Bei diesem Vorgehen wird ein gewisses Wagnis eingegangen. Denn es ist ja die Frage, ob das Rechengesetz, das der Operation zugrunde liegt, auch in dem Fall anwendbar ist, in dem ‚unbekannte' Größen wie die Quadratwurzel aus einer negativen Zahl auftreten. Dass seine Anwendung zum ‚richtigen' Ergebnis führt, rechtfertigt allerdings dieses Wagnis.

**36** Rafael Bombelli hat Cardanos Operieren mit komplexen Zahlen fortgeführt und Rechenregeln für sie zusammengestellt (vgl. Ebbinghaus 1992: 47).

**37** Darunter wird im 16ten Jahrhundert, aber auch noch weit später, häufig eine anschauliche geometrische Interpretation verstanden.

**38** Die Additionsregel für komplexe Zahlen muss aufgrund der Identifikation mit Punkten der Euklidischen Ebene der bekannten Additionsregel für Vektoren der Euklidischen Ebene folgen: $(x_1, y_1) + (x_2, y_2) = (x_1 + x_2, y_1 + y_2)$.

# Kapitel 4

**1** Genau genommen müsste es hier heißen: Bestimmte Systeme heißen deswegen ‚wissenschaftlich', weil in ihnen systematischer erklärt wird als in entsprechenden auf Alltagswissen basierten Systemen.

**2** Hoyningen-Huene (2013: 68 f.) versteht historische Erklärungen als ‚narrative' Erklärungen. Es trifft zwar zu, dass HistorikerInnen (auch) herausfinden und erzählen möchten, „wie es gewesen ist", doch der Topos ‚narrative' Erklärung suggeriert, in den Geschichtswissenschaften werde zur Erklärung von Ereignissen oder Phänomenen gar nicht auf allgemeine Kategorien und (häufig implizite) empirische Generalisationen zurückgegriffen. Die gegenteilige Auffassung hat Carl Gustav Hempel in dem Buch *Aspects of Scientific Explanation* von 1965 vertreten. Wenn z.B. HistorikerInnen die Gründe für die Praxis des Ablasshandels der katholischen Kirche im 16ten Jahrhundert erläutern wollen, so müssten sie auf generalisierbare Erklärungsschemata zurückgreifen der Art „Wer (wie der Vatikan im 16ten Jahrhundert) seine Finanzprobleme lösen will, muss neue Einnahmequellen erschließen, und der Ablasshandel war ein Weg dies zu tun". Die Erklärung überzeugt nur, weil sie einem generalisierbaren intentionalen Erklärungsschema folgt. Auch Edward Carr betont in seinem Buch *What is History?* von 1961, HistorikerInnen interessierten sich nicht für das Einmalige *per se*, sondern für das Einmalige als Exemplifikation des *Allgemeinen*. Ursachen für den Ausbruch des 1. Weltkrieges anzugeben, bedeute daher auch, Generalisationen über Kriegsgründe zu bilden, die auf andere historische Situationen übertragbar sind. In der Regel werden historisch bedeutsame Generalisationen nicht (ausschließlich) von intentionaler Art sein, also nicht nur von menschlichen Zwecken und Absichten handeln, son-

dern sich auch auf soziale und politische Konstellationen und Phänomene beziehen, die mithilfe von theoretischen Begriffen beschrieben werden („Nationalismus', ‚ökonomische Krise', etc.).
3 Sellars setzt den Ausdruck ‚*manifest world*' in Sellars (1981: 325) synonym mit ‚Lebenswelt'. Das ‚*manifest image*' kann danach als ein Bild der Lebenswelt verstanden werden.
4 ‚Theoretisch' ist ein Begriff nach Sellars, wenn er keine beobachtbaren Gegenstände bezeichnet, aber beobachtbares Verhalten erklärt.
5 „Suppose, now, that in the attempt to account for the fact that his fellow men behave intelligently not only when their conduct is threaded on a string of overt verbal episodes – that is to say, as we would put it, when they ‚think out loud' – but also when no detectable verbal output is present, Jones develops a *theory* according to which overt utterances are but the culmination of a process which begins with certain inner episodes" (Sellars 1956/1991: 185–186).
6 Sellars charakterisiert den ‚*behaviourism in the broad sense*' wie folgt: „[I]ts place is not in the scientific image [...] but rather in the continuing correlational sophistication of the manifest image." Diese Art des Behaviorismus ist „simply a sophistication within the manifest framework" und „although it permits itself the use of the full range of psychological concepts belonging to the manifest framework, it always confirms hypotheses about psychological events in terms of behavioural criteria" (Sellars 1962/1991: 26). Der ‚*behaviourism in the broad sense*' ist zu unterscheiden vom ‚*behaviourism in the second sense*', wobei mit letzterem die Richtung des philosophischen Behaviorismus gemeint ist, nach dem psychische Zustände durch Verhaltensmerkmale *definiert* werden sollen (vgl. Sellars 1962/1991: 26–27).
7 Vgl. Newen und Bartels (2007). In Sellars (1980: 11) erwähnt Sellars das Beispiel einer Ratte, der nicht schon aufgrund ihrer Fähigkeit zur Ähnlichkeitserkennung Begriffe zugeschrieben werden können.
8 Sellars erinnert im selben Zusammenhang auch an Eddingtons Beispiel der zwei Tische (Sellars 1962/1991: 39). Sellars und Eddington lösen das Problem der zwei Tische sehr unterschiedlich: Während es für Sellars *einen* Tisch gibt, der im wissenschaftlichen und im manifesten Bild nur unterschiedlich begrifflich erfasst wird, wobei der wissenschaftliche Tisch hinsichtlich der Funktionen des Beschreibens und Erklärens der Welt einen Vorrang besitzt (Sellars 1956/1991: 173), sieht Eddington im wissenschaftlichen wie im manifesten Tisch ‚symbolische Rekonstruktionen' der Wirklichkeit, also Gedankengebilde, wobei das erste aber eine Verfeinerung des zweiten darstellt (Eddington 1929: ix).
9 Allerdings macht er die Einschränkung, dass Erfahrungsqualitäten (Qualia) eine wissenschaftliche, ‚funktionale' Reduktion nicht zuzulassen scheinen, und verortet die Welt der Gründe und des Sollens, das Netzwerk von Rechten und Pflichten außerhalb des *scientific image* (vgl. Sellars 1962/1991: 42).
10 Andererseits diskutiert Sellars Beispiele, in denen der ‚*clash*' zwischen den beiden Bildern unaufhebbar zu sein scheint, etwa im Fall des rosafarbenen Eiswürfels, der einerseits als homogen und auch bei feinster Zerteilung konstant rosafarben erscheint, andererseits, was seine molekularen Bestandteile betrifft, nirgendwo rosafarben ist (vgl. Sellars 1962/1991: 30).
11 Vgl. zur Frage des wissenschaftlichen Realismus 5.3.
12 Dies ist natürlich eine idealtypische Unterscheidung. An vielen Universitäten, v. a. an Technischen Universitäten und Fachhochschulen, wird (auch) angewandte Forschung betrieben.
13 „Design rules are typical outcomes of research processes in instrumental research. Let us define a design rule as a conditional proposition A → B, where B is a proposition that describes one or more properties of a certain kind of system that are interesting for its application, and A describes a set of characteristics of the same system that can be controlled during its production. In this general sense, it is powerful design rules that researchers in instrumental research should

strive to come up with if they want to promote the technological enterprise that their research is part of" (Wilholt 2006: 79).

14  Ähnliches gilt für die Behauptung eines universellen Determinismus oder eines universellen Indeterminismus. Beide Behauptungen können gegenwärtig nicht bestätigt werden, und sie sind auch gegenwärtig nicht falsifiziert.

15  Popper (1953/2009) spricht in einem Vortrag im Jahr 1953 von „Scheinwissenschaften".

16  Diese Diagnose erläutert Popper (1963/2009: 52) am fiktiven Fall eines Mannes, der ein Kind ins Wasser stößt in der Absicht, es zu ertränken, und eines anderen Mannes, der sein Leben opfert, um das Kind zu retten. Psychoanalyse und Individualpsychologie sind fähig, jeweils beide Fälle zu erklären. Beispielsweise kann die Psychoanalyse den ersten Fall als Ergebnis der Verdrängung eines Ödipuskomplexes erklären und den zweiten Fall als Resultat der Sublimierung dieses Komplexes. Stets bietet die Theorie einen erklärenden Mechanismus an, was auch immer gerade erklärt werden muss. Eine detaillierte Übersicht der Diskussion über den wissenschaftlichen Status der Psychoanalyse gibt Adolf Grünbaum (1984/1988) in seinem Buch *The Foundations of Psychoanalysis* (dt. *Die Grundlagen der Psychoanalyse*).

17  Auch gegenüber inhaltlich höchst fragwürdigen Theorien wie der Astrologie, der Homöopathie, oder der Behauptung, Wasseradern könnten mit Wünschelruten aufgespürt werden, kann grundsätzlich eine wissenschaftliche Einstellung eingenommen werden. Ihre kritische Prüfung wird aber schnell zu Widerlegungen führen. Daher sind ihre VertreterInnen in der Regel nicht bereit, sich auf kritische Prüfungen einzulassen.

18  Die von Freud und seinen MitarbeiterInnen verwendete Bezeichnung ‚Rattenmann' geht auf die von dem Patienten geschilderten obsessiven Fantasien von Ratten zurück.

19  Freud hat allerdings auch im Fall des Rattenmanns erwogen, seine Theorie so abzuschwächen, dass das fehlende Konflikt-Ereignis integriert werden kann. Der reale Konflikt könnte danach durch einen nur in den Gedanken des Kindes vorhandenen Konflikt ersetzt werden, in dem der Vater – in den Gedanken des Kindes – die Rolle des Opponenten gegenüber den sexuellen Fantasien des Kindes einnimmt (vgl. Glymour 1980: 274).

20  In einer weiteren Sitzung stellte es sich heraus, dass der Fall doch im Einklang mit der von der Theorie geforderten homosexuellen Ätiologie zu stehen schien. Entscheidend ist aber, dass Freud die *Falsifizierbarkeit* der psychoanalytischen Ätiologie der Paranoia offenbar akzeptiert (vgl. Grünbaum 1984/1988: 184).

21  Eine umfassende Darstellung des Themas Glaube und Religion liefert Ansgar Beckermann (2013).

22  Ein solches Verfahren könnte in unserem Fall darin bestehen, die historischen Gottesbeweise, v. a. den kosmologischen Gottesbeweis, im Sinne einer induktiven Metaphysik zu lesen, also so, dass die Beschaffenheit der Welt Evidenzen liefert, die – durch Schluss auf die beste Erklärung – induktiv auf die Existenz Gottes schließen lassen. Abgesehen davon, dass es zumindest sehr fraglich ist, ob sich ein solcher Schluss tatsächlich als Schluss auf die *beste* Erklärung ausweisen lässt, würde hier, anders als bei Küng, keine außerwissenschaftliche Rationalität in Anspruch genommen. Die religiöse Überzeugung erscheint nach diesem Verfahren als Ergebnis eines induktiven Schlusses auf eine metaphysische Entität, der sich auf ‚normale', nicht-religiöse Erfahrungen stützt.

23  Der evangelische Theologe und Philosoph Friedrich Schleiermacher (1799) hatte formuliert: „Religion ist nur das unmittelbare Gefühl der Abhängigkeit des Menschen von Gott".

# Kapitel 5

**1** Man denke etwa an das Prinzip der ‚Polarität' in Schellings Naturphilosophie, das grundsätzlich unabhängig von den Resultaten der Wissenschaft gelten soll. Naturwissenschaftliche Gesetze begründen das Prinzip aus Schellings Sicht nicht, bestätigen aber seine Geltung und machen es heuristisch zugänglich.
**2** Reichenbachs *The Direction of Time* (1956) ist ein Beispiel naturphilosophischer Auseinandersetzung auf Basis der Physik des 20ten Jahrhunderts.
**3** Eine Übersicht der im Wissenschaftlichen Realismus vertretenen Positionen gibt Leplin (1984).
**4** Eine Darstellung gegenwärtiger Themen und Theorien der *metaphysics of science* bietet Schrenk (2017).
**5** Mit diesem Ausdruck soll nicht präjudiziert werden, dass es sich hier um apriorisch für alle mögliche Naturerfahrung maßgebliche Kategorien im Sinne Kants handelt.
**6** Auch in Kants Auffassung des Raums als ‚Form der reinen Anschauung' hat der Raum Eigenschaftscharakter. Er repräsentiert die Art und Weise, in der physische Gegenstände uns (notwendigerweise) erscheinen.
**7** Eine Symmetriegruppe umfasst alle Transformationen einer bestimmten Art, in diesem Fall Translationen, die simultan auf alle Körper angewendet werden. Diese Transformationen bilden eine Gruppe im Sinn der mathematischen Gruppentheorie, d. h. sie erfüllen die Gruppenaxiome.
**8** Als Gegenbeispiel könnte man auf das *Scholium* zu Newtons *Philosophiae Naturalis Principia Mathematica* von 1687 verweisen. Aber dieses Scholium ist eben kein Teil der mathematischen Theorie, sondern dient vielmehr der philosophischen Erläuterung der Theorie.
**9** Einstein setzt in seiner Argumentation voraus, dass das Kovarianzprinzip – die Behauptung der Invarianz der fundamentalen Gleichungen der Theorie gegenüber beliebigen Substituitionen der Koordinaten – ein allgemeines Relativitätspostulat repräsentiert, das die Eliminierung aller objektiven raumzeitlichen Sachverhalte (wie z. B. der objektiven räumlichen Rotation eines Körpers), außer den Koinzidenzen, nach sich zöge. Diese Annahme hat Einstein schon wenig später revidiert.
**10** Vgl. Einstein und Grossmann (1913/1914). Das ‚Loch' ist eine materiefreie inselartige Region in der Raumzeit, deren Metrik durch die Materieverteilung im Rest der Raumzeit *prima facie* nicht eindeutig bestimmt ist: Die Metrik innerhalb des Loches lässt sich im Einklang mit Einsteins Feldgleichungen auf der Punktmenge stetig verschieben. Später erkannte Einstein, dass die ‚Unbestimmtheit' der Metrik innerhalb des Loches sich nur unter der Voraussetzung ergibt, dass Raumzeit-Punkte eine Identität unabhängig von den Werten der Metrik besitzen. John Stachel hat Einsteins ‚Lochbetrachtung' von 1913 in einem Vortrag zur Konferenz *General Relativity and Gravitation* 1980 in Jena aufgegriffen (Stachel 1989). Daran hat sich eine umfangreiche Debatte angeschlossen; vgl. z. B. Earman und Norton (1987).
**11** Diese Position wird als metrischer Essentialismus bezeichnet, vgl. Bartels (1996). Eine Alternative dazu ist, Raumzeit-Punkten *numerische* Identität auch ohne qualitative Identität zuzubilligen (vgl. Hoefer 1996).
**12** Da das metrische Feld Träger von Energie ist, übernimmt die Raumzeit in dieser Interpretation eine Rolle, die traditionell für die Materie reserviert ist.
**13** Diese durch die Allgemeine Relativitätstheorie gestützte Position stellt einen ‚minimal erweiterten' Super-Substanzialismus dar: Die Raumzeit ist eine unabhängige Substanz *und* sie ist ontologisch vorrangig gegenüber der Materie.

**14** Die lokale Lorentz-Struktur der Raumzeit bedeutet, dass an jedem Punkt der Raumzeit die (gegenüber Lorentz-Transformationen invarianten) Gesetze der Speziellen Relativitätstheorie gelten.

**15** Popper versteht ‚wahr' und ‚Wahrheit' im Sinne der Korrespondenztheorie der Wahrheit. Natürlich ist auch diese Auffassung nicht unumstritten, sie kann sich aber auf eine schon von Aristoteles formulierte Grundintuition der Bedeutung des Wortes ‚wahr' berufen (vgl. 6.3).

**16** Erfolgreiche Theorien zeichnen sich nach van Fraassen nicht durch ihre Wahrheit aus, sondern durch ihre *empirische Adäquatheit* – sie können die empirischen Regularitäten der Welt vollständiger und präziser erklären als ihre Konkurrentinnen.

**17** Für eine umfassende Darstellung des Themas siehe Andreas Hüttemann (2013).

**18** Russell hat hier v. a. Newtons Gravitationsgesetz im Blick. Man kann natürlich einwenden, dass doch biologische Modelle zweifellos kausale Prozesse wie den Blutkreislauf, die Photosynthese oder die Invasion eines HIV-Virus in menschliche Zellen beschreiben; danach spielen kausale Beziehungen eben doch eine wichtige Rolle in der Wissenschaft. Genauer betrachtet werden aber auch diese Beschreibungen durch Differentialgleichungen vermittelt, die *per se* keine kausale Richtung enthalten. Die ‚kausale' Interpretation der dargestellten Prozesse erfolgt vielmehr ‚von außen' aufgrund unseres vorwissenschaftlichen kausalen Verständnisses. Dies wirft die Frage auf, wodurch diese kausale Interpretation gerechtfertigt ist. Jedenfalls wird sie nicht schon durch die Gleichungen, auf denen die wissenschaftliche Beschreibung beruht, legitimiert.

**19** Siehe dazu auch Bartels (2015: 203 f.).

**20** Die Transfer-Theorie der Verursachung lässt sich sicher nicht ohne weiteres für kausale Erklärungen in Disziplinen wie der Neurowissenschaft, Psychologie, Ökonomie oder Soziologie verwenden. In diesen Wissenschaften wird bevorzugt auf das metaphysisch ‚neutrale' Interventionsmodell der kausalen Erklärung zurückgegriffen, wie es u. a. von James Woodward (2000, 2003 und 2007) vertreten wird (siehe 3.2). Nach Strevens (2011) sind allerdings auch höherstufige kausale Tatsachen, wie sie in den Humanwissenschaften beschrieben werden, in fundamentalen kausalen Einfluss-Relationen verankert. Die kausalen Einfluss-Relationen bilden sozusagen die *metaphysische Basis* aller kausalen Relationen in der Welt, auch wenn die höherstufigen kausalen Tatsachen (die beispielsweise auch Unterlassungen als Ursachen mit einschließen) nicht auf kausale Einfluss-Relationen *zurückgeführt* werden können (vgl. Strevens 2011: 30). Die von Dowe angeführten Transfers physikalischer Erhaltungsgrößen kommen als kausale Einfluss-Relationen im Sinne von Strevens in Frage.

**21** Der Sinn von ‚fast alle' lässt sich so präzisieren: Die Menge der symmetrischen Raumzeiten, die die oben angegebenen Bedingungen erfüllen, ist vom Maß Null.

**22** Eine Raumzeit ist zeitlich (a)symmetrisch, wenn es (k)eine raumartige Hyperfläche, also (k)eine räumliche Schnittfläche durch die Raumzeit gibt, die die Raumzeit in zwei Hälften unterteilt, so dass die eine Hälfte das zeitgespiegelte Bild der anderen Hälfte ist. Eine symmetrische Raumzeit ‚sieht' in beiden zeitlichen Richtungen ‚gleich aus' (vgl. Bartels und Wohlfarth 2014: 486 f.).

**23** Wir hatten oben erklärt, dass der Begriff des Transfers einer Erhaltungsgröße allein diese zeitliche Asymmetrie noch nicht ‚enthält'.

**24** Vgl. Bartels und Wohlfarth (2014: 495 f.). An jedem einzelnen Raumzeit-Punkt sind zwei lokale Lichtkegel definiert, die in entgegengesetzte zeitliche Richtungen zeigen. Die globale Zeitrichtung trifft für jedes dieser Paare die Unterscheidung des zeitlich vorwärts gerichteten und des zeitlich rückwärts gerichteten Lichtkegels.

**25** Ausführliche Darstellungen des Themas geben Jaag und Schrenk (2020), sowie Bartels (2015).

**26** Frühe Vertreter eines solchen Ansatzes sind John Stuart Mill und Frank P. Ramsey. Vgl. dazu Schrenk (2017: 135f.).
**27** In David Humes *Untersuchung über den menschlichen Verstand*, Abschnitt VII, Zweiter Teil, lesen wir: „Alle Ereignisse erscheinen durchaus unzusammenhängend und vereinzelt" [„All events seem entirely loose and separate"]. Und weiter: „Ein Ereignis folgt dem anderen, aber nie können wir irgend ein Band zwischen ihnen beobachten. Sie scheinen *zusammenhängend*, doch nie *verknüpft*" [„One event follows another; but we never can observe any tie between them. They seem *conjoined*, but never *connected*"] (Hume: 1748/1993: 90).
**28** Unter ‚kontingenten' Generalisationen versteht Lewis Generalisationen mit empirischem Gehalt.
**29** Siehe dazu auch Schrenk (2011: 579).
**30** Bird definiert Dispositionsausdrücke mittels kontrafaktischer Konditionale: Würde ein bestimmter Stimulus S auftreten, dann würde – unter Annahme der Existenz der entsprechenden Disposition D – eine Manifestation dieser Disposition eintreten (vgl. Bird 2007: 43). Fundamentale Eigenschaften der Physik, wie etwa die Gravitationsmasse, benötigen aber keinen Stimulus, um sich zu manifestieren. Sie manifestieren sich permanent, ohne von weiteren Bedingungen abzuhängen. Wenn nun eine solche Eigenschaft nicht ohne die entsprechende Disposition vorkommen kann, wie der dispositionale Essentialismus annimmt, so muss mit dem Auftreten dieser Eigenschaft *unter allen möglichen Bedingungen* und *in allen möglichen Situationen* auch diese Disposition manifestiert sein, die sich nach Voraussetzung selbst manifestiert, ohne irgendwelcher Stimuli zu bedürfen.
**31** Bird (2007: 46) zeigt, wie aus der Annahme, dass eine natürliche Eigenschaft $P$ in essentieller Weise eine Disposition $D$ besitzt, ein generalisiertes Konditional folgt, das ein Naturgesetz ausdrückt: Für alle Gegenstände $x$ gilt, dass das Vorliegen der Eigenschaft $P$ bei $x$ (und eines entsprechenden Stimulus $S$) die Manifestation von $D$ bei $x$ nach sich zieht.
**32** In Bartels (2019) werden fundamentale Naturgesetze mit Typen elementarer physikalischer Wechselwirkungen identifiziert (die durch entsprechende Lagrange-Funktionen typisiert werden). Naturgesetze sind also dynamische Gesetze. Symmetrie-Prinzipien, Erhaltungssätze, synchrone Gesetze und Kompositions-Gesetze sind davon wesentlich zu unterscheiden: Symmetrie-Prinzipien und Erhaltungssätze haben keinen Inhalt, der nicht schon in den dynamischen Gesetzen enthalten wäre, synchrone Gesetze und Kompositions-Gesetze repräsentieren keine eigenständigen Naturgesetze, sondern sind Teil-Komponenten dynamischer Naturgesetze bzw. beschreiben, wie verschiedene dynamische Gesetze zusammenwirken.
**33** Vgl. dazu auch Schrenk (2011: VII).
**34** Williamson (2016) skizziert eine Reihe von Beispielen für das Auftreten modaler Fragen und modalen Denkens in der Naturwissenschaft, v. a. der Physik. Dazu gehören kontrafaktische Argumentationen, Möglichkeiten, die in explorativen Experimenten erkundet werden, sowie die Beschreibung von Systemen durch Klassen möglicher Trajektorien in Zustandsräumen.
**35** Nackte Singularitäten sind im Gegensatz zu den Singularitäten im Inneren schwarzer Löcher nicht von Ereignishorizonten umgeben und in diesem Sinne ‚nackt'. Im Gegensatz zu schwarzen Löchern können aus nackten Singularitäten aufgrund quantenmechanischer Effekte nicht vorhersagbare physikalische Wirkungen in die umgebende Raumzeit entweichen.
**36** Für eine ausführliche Diskussion von Gestalt und Funktion der verschiedenen Varianten der Energiebedingung siehe Curiel (2017).
**37** Die Aufgabe einer Strategie der Daten-Selektion ist es, festzulegen, in welchem Ausmaß und in welcher Weise die theoretischen Modelle der Ziel-Phänomene bei der notwendigen Selektion der im Experiment produzierten Daten anzuwenden sind (vgl. Karaca 2017: 351).

**38** Diese Identität ist häufig als simplifizierend kritisiert worden (vgl. z. B. Häggquist und Wikforss 2017). Wasser besteht tatsächlich nicht nur aus $H_2O$-Molekülen, sondern enthält $H^+$- und $OH^-$-Ionen, in die sich $H_2O$-Moleküle ständig dissoziieren, außerdem aus $H_3O^+$-Ionen sowie aus $D_2O$ und $T_2O$ (D steht für Deuterium, T für Tritium, beides Isotope von Wasserstoff). Die Struktur von Wasser hängt zudem von Temperatur und Druck ab. Hoefer und Martí (2019) argumentieren dafür, dass Wasser dennoch als natürliche Art betrachtet werden kann: „[U]nder a given set of specified conditions, water will always settle down into having a certain specific micro-level structure and composition. This tendency to equilibrate into a predictable structure, with predictable properties and behaviors, is part of what makes it justified to consider water a natural kind" (Hoefer und Martí 2009: 9). Es bleibt also sinnvoll, 'Wasser = $H_2O$' als vereinfachende Kurzformel zu verwenden.

**39** Wolff (2013: 904–905) hat argumentiert, dass es metaphysisch notwendige Naturgesetze gibt. Ein Beispiel sei der Energieerhaltungssatz. In physikalischen Theorien mit lokalen Symmetrien würden nämlich die kontingenten Bewegungsgleichungen nicht benötigt, um Erhaltungssätze abzuleiten. Die Erhaltungssätze, so Wolff, gelten dann ausschließlich aufgrund mathematischer Beziehungen, und damit metaphysisch notwendig. Es kann aber gezeigt werden, dass die besagten mathematischen Beziehungen Einschränkungen an physikalische Felder repräsentieren und daher empirische Signifikanz besitzen (vgl. Bartels 2019: 14).

**40** Wahre Identitätsaussagen, die aufgrund der Naturgesetze unserer Welt gelten, wie ‚Wasser = $H_2O$', gelten dennoch metaphysisch notwendig. In anderen möglichen Welten, in denen andere Naturgesetze gelten, existiert kein Wasser, weil die Oberflächeneigenschaften, die Wasser charakterisieren, nicht erzeugt werden. Die Identitätsaussage gilt also, trivialerweise, auch in diesen möglichen Welten.

**41** Dies lässt sich damit begründen, dass es keine natürliche Grenze für mögliche exotische Eigenschaften gibt, so dass ihre Zulassung dazu führen würde, den Unterschied zwischen logischer und metaphysischer Möglichkeit zu verwischen. Schließlich sollen metaphysische Möglichkeiten nicht Möglichkeiten sein, wie *eine* Welt hätte sein können, sondern wie *unsere* Welt hätte sein können (bzw. sein könnte).

## Kapitel 6

**1** Dies ist auch ein Grund dafür, dass der ‚Beobachtungssprache' in der Philosophie häufig ein grundlegender Status zugesprochen wurde.

**2** Eine experimentelle Überprüfung der Hypothese, dass das Investment durch das Elternhaus als gemeinsame Ursache für die Korrelation von Schulwahl und Berufserfolg verantwortlich ist, könnte darin bestehen, dass nur jeweils SchülerInnen von Privatschulen und staatlichen Schulen mit ähnlichen Elternhäusern miteinander verglichen werden. Der Faktor ‚Investment durch das Elternhaus' wird dadurch als gemeinsame Ursache ‚abgeschirmt'. Die Hypothese ist bestätigt, wenn die Korrelation unter diesen Umständen verschwindet.

**3** Vgl. dazu die Darstellung in Kanitscheider (1988: 110 f.).

**4** Die Kernbedeutung des Paradigma-Begriffs ist den Musterlösungen entlehnt, anhand derer StudentInnen naturwissenschaftlicher Fächer lernen, die begrifflichen und methodischen Instrumente einer Theorie selbständig auf die gestellten Probleme anzuwenden: So, oder so ähnlich, wie in der Musterlösung soll die Theorie angewendet werden. Die StudentInnen sollen ge-

wissermaßen implizit, ohne Anleitung durch explizite Regeln, die Handhabung der Theorie erlernen und die für sie charakteristischen Annahmen verinnerlichen.
**5** Ein Beispiel sind radiometrische Daten, durch die Altersbestimmungen im Rahmen der Evolutionstheorie vorgenommen werden. Diese Daten sind ‚neutral' relativ zur Evolutionstheorie, während ihre Aussagekraft von Annahmen einer anderen Theorie, der Quantentheorie, abhängt.
**6** Kuhn ist offenbar gerade dazu nicht bereit. Er akzeptiert nicht die Rationalität einer asymmetrischen Perspektivnahme zugunsten der Nachfolgertheorie.
**7** Gähde (2007) hat am Beispiel der Newtonschen Gravitationstheorie gezeigt, wie die tentativen Modifikationen, die an einer Theorie angesichts widerstrebender Tatsachen (in diesem Fall der Tatsache des Merkur-Perihels) im Laufe der Zeit vorgenommen werden, zu einer sich verzweigenden Struktur von Theorieversionen führen. Erst wenn das Potential einer Theorie, problematischen Tatsachen mithilfe solcher Modifikationen gerecht zu werden, erlahmt, können Alternativtheorien zum Zuge kommen.
**8** Die Schwarzschild-Masse enthält, anders als die Newtonsche Gravitationsmasse, noch einen nicht-linearen Effekt, der darauf zurückgeht, dass auch das Gravitationsfeld Energie enthält und damit selbst als Gravitationsquelle wirkt.
**9** Naturwissenschaftliche Erkenntnis, so Weber, strukturiert die Vielfalt der Erscheinungen mithilfe gesetzesartiger, quantitativer Beziehungen. Sie ist nicht auf eine Strukturierung des Erfahrungsmaterials durch ‚Wertideen', also eine Gliederung aus ‚subjektiven' Perspektiven, angewiesen. Diese Art der Objektivität sei aber, jedenfalls nach gegenwärtigem Stand der Wissenschaft, nicht auf die Kulturwissenschaften übertragbar.
**10** Weber hat diese Zuschreibung im Sinne einer transzendentalen Voraussetzung empirischer Kulturwissenschaft verstanden. Aus heutiger Sicht könnte man sie auch, im Sinne einer hypothetisch-deduktiven Wissenschaftsauffassung, als hypothetische Interpretationsannahme verstehen.
**11** Weber selbst bevorzugt ein ‚neutrales' Verhalten: „Es ist stilwidrig, in sachliche Facherörterungen persönliche Angelegenheiten zu mischen. Und es heißt, den „Beruf" seines einzigen heute wirklich noch bedeutsam gebliebenen Sinnes zu entkleiden, wenn man diejenige spezifische Art von Selbstbegrenzung, die er verlangt, nicht vollzieht" (Weber 1917/1988: 494). Er räumt aber ein, dies selbst sei ein Werturteil und daher wissenschaftlich nicht austragbar.
**12** In Deutschland gilt das Embryonenschutzgesetz von 2002, nach dem der forschende Umgang mit Embryonen nach der Befruchtung grundsätzlich verboten ist. Allerdings dürfen Stammzelllinien aus überzähligen Embryonen zu hochrangigen Forschungszwecken importiert werden; die entsprechenden Forschungsanträge erfordern die Zustimmung der zentralen Ethikkommission (vgl. Siep 2002: 180). In Großbritannien gilt dagegen die Erlaubnis der Forschung an Embryonen bis zum 14. Tag nach der Befruchtung (vgl. Warnock 1985).
**13** So kann es z. B. unterschiedliche Intuitionen darüber geben, ob das Recht auf Wohnung als ein Menschenrecht, und damit als konstitutives Element von 'Menschenwürde' zu betrachten ist; das aktuelle Grundgesetz folgt dieser Intuition nicht.
**14** Der *VSD*-Ansatz wurde ursprünglich für das Design von Computer-Systemen entwickelt, um deren ethischen und sozialen Einfluss zu thematisieren, und später auf den Fall der pflegezentrierten Praxis übertragen (*CCVSD*).
**15** Der von van Wynsberghe vertretene Ansatz ist grundsätzlich unabhängig von der vertretenen ethischen Grundorientierung (Pflichten-orientierte Ethik, konsequentialistische Ethik, pragmatistische bzw. Tugend-Ethik etc.). Für die Identifikation von relevanten Werten ist es aber für EthikerInnen, so van Wynsberghe, von Vorteil, dass sie verschiedene grundlegende ethische

Theorien ins Spiel bringen können. So wird z. B. der Wert, dass die Privatsphäre von PatientInnen geschützt ist, besonders sichtbar aus einer Pflichten-ethischen Perspektive.

## Kapitel 7

1 An diesem Beispiel ist schön zu sehen, dass die sprachliche Unterscheidung zwischen ‚Theorie' und ‚Modell' weitgehend konventioneller Natur ist. Man kann ebenso gut von Theorien der Erklärung wie von Erklärungsmodellen sprechen.

# Literaturverzeichnis

Achinstein, Peter (1968), *Concepts of Science*, Baltimore: Johns Hopkins Press.
Albert, Hans (2011), Das wissenschaftliche Weltbild und die religiöse Weltauffassung, in: Bernulf Kanitscheider und Reinhard Neck (Hrsg.) (2011), *Das naturwissenschaftliche Weltbild am Beginn des 21ten Jahrhunderts*, Frankfurt am Main: Peter Lang, 2011, 67–90.
Alzheimer, Alois (1907), Über eine eigenartige Erkrankung der Hirnrinde, in: *Allgemeine Zeitschrift für Psychiatrie und Psychisch-gerichtliche Medizin* 64, 146–148.
Alzheimer, Alois (1910), Die diagnostischen Schwierigkeiten in der Psychiatrie, in: *Zeitschrift für die gesamte Neurologie und Psychiatrie* 1 (1), 1–19.
Alzheimer, Alois (1911), Über eigenartige Krankheitsfälle des späteren Alters, in: *Zeitschrift für die gesamte Neurologie und Psychiatrie* 4, 356–385.
Andreas, Holger (2007), *Carnaps Wissenschaftslogik*, Paderborn: mentis.
Arabatzis, Theodore (2006), *Representing Electrons. A Biographical Approach to Theoretical Entities*, Chicago: Chicago University Press.
Arabatzis, Theodore und Vasso Kindi (2008), The Problem of Conceptual Change in the Philosophy and History of Science, in: Stella Vosniadou (Hrsg.), *International Handbook of Research on Conceptual Change*, London: Routledge, 2008, 345–373.
Armstrong, David M. (1983), *What is a Law of Nature?*, Cambridge: Cambridge University Press.
Armstrong, David M. (1997), *A World of States of Affairs*, Cambridge: Cambridge University Press.
Bacon, Francis (1620/2009), *Novum Organum. Neues Organon, Zweites Buch*, 3. Auflage, Hamburg: Meiner.
Banerjee, Abhijit und Esther Duflo (2011), *Poor Economics. A Radical Rethinking of the Way to Fight Global Poverty*, New York: PublicAffairs.
Bartelborth, Thomas (2007), *Erklären. Grundthemen Philosophie*, Berlin: De Gruyter.
Bartelmann, Matthias (2013), Cosmology – The Largest Possible Model?, in: Ulrich Gähde, Stephan Hartmann und Jörn Henning Wolf (Hrsg.): *Models, Simulations, and the Reduction of Complexity*, Berlin: De Gruyter, 2013, 9-22.
Bartels, Andreas (1996), Modern Essentialism and the Problem of Individuation of Spacetime Points, in: *Erkenntnis* 45, 25–43.
Bartels, Andreas (2009), Hypotheticity and Realism – Duhem, Popper and Scientific Realism, in: Michael Heidelberger und Gregor Schiemann (Hrsg.), *The Significance of the Hypothetical in the Natural Sciences*, Berlin: De Gruyter, 2009, 295–311.
Bartels, Andreas (2010), Explaining Referential Stability of Physics Concepts: The Semantic Embedding Approach, in: *Journal for General Philosophy of Science* 41, 267–281.
Bartels, Andreas (2015), *Naturgesetze in einer kausalen Welt*, Münster: mentis.
Bartels, Andreas (2019), Explaining the Modal Force of Natural Laws, in: *European Journal for Philosophy of Science* 9, 6.
Bartels, Andreas und Daniel Wohlfarth (2014), How Fundamental Physics Represents Causality, in: Maria Carla Gavalotti et al. (Hrsg.), *New Directions in the Philosophy of Science*, Heidelberg: Springer, 2014, 485–500.
Bartels, Andreas und Manfred Stöckler (Hrsg.) (2009), *Wissenschaftstheorie. Ein Studienbuch*, 2. Auflage, Paderborn: mentis.
Becher, Erich (1926), *Metaphysik und Naturwissenschaften. Eine wissenschaftstheoretische Untersuchung ihres Verhältnisses*, München: Duncker & Humblot.

Bechtel, William (2011), Representing Time of Day in Circadian Clocks, in: Albert Newen, Andreas Bartels und Eva-Maria Jung (Hrsg.), *Knowledge and Representation*, Stanford: CSLI Publications, 2011, 129-162.
Beckermann, Ansgar (2013): *Glaube. Grundthemen Philosophie*, Berlin: De Gruyter.
Beebee, Helen (2011), Necessary Connections and the Problem of Induction, in: *Noûs* 45(3), 504–527.
Berrios, German E. (1990), Alzheimer's Disease: A Conceptual History, in: *International Journal of Geriatric Psychiatry* 5, 355–365.
Bewersdorff, Jörg (2013), *Algebra für Einsteiger*, 5. Auflage, Wiesbaden: Springer Spektrum.
Bird, Alexander (2005), The Ultimate Argument against Armstrong's Contingent Necessitation View of Laws, in: *Analysis* 65(2), 147–155.
Bird, Alexander (2007), *Nature's Metaphysics*, Oxford: Oxford University Press.
Boyd, Richard (1984), The Current Status of Scientific Realism, in: Jarrett Leplin (Hrsg.), *Scientific Realism*, Berkeley: University of California Press, 1984, 41–82.
Boyle, Robert (1666), The Origins of Forms and Qualities according to the Corpuscular Philosophy, in: M. A. Stewart (Hrsg.), *Selected Philosophical Papers of Robert Boyle*, Manchester: Manchester University Press, 1979.
Brown, Harvey (2005), *Physical Relativity*, Oxford: Oxford University Press.
Carnap, Rudolf (1928/1998), *Der logische Aufbau der Welt*, Hamburg: Meiner.
Carnap, Rudolf (1932/2006), Die physikalische Sprache als Universalsprache der Wissenschaft, in: Michael Stöltzner und Thomas Uebel (Hrsg.), *Wiener Kreis*, Hamburg: Meiner, 2006, 315–353.
Carnap, Rudolf (1936), Testability and Meaning, in: *Philosophy of Science* 3, 419–471.
Carnap, Rudolf (1936/2006), Über die Einheitssprache der Wissenschaft. Logische Bemerkungen zum Projekt einer Enzyklopädie, in: Michael Stöltzner und Thomas Uebel (Hrsg.), *Wiener Kreis*, Hamburg: Meiner, 2006, 362–374.
Carnap, Rudolf (1956/1958), The Methodological Character of Theoretical Concepts, in: Herbert Feigl und Michael Scriven (Hrsg.): *Minnesota Studies in the Philosophy of Science* I, 1956, 38–76. – dt. 1958: Beobachtungssprache und theoretische Sprache, in: *Dialectica* 12, 236–248.
Carnap, Rudolf (1960), Theoretische Begriffe der Wissenschaft, in: *Zeitschrift für philosophische Forschung* 14, 209–233 und 571–598.
Carr, Edward Hallett (1961), *What is History?*, London: Penguin.
Carrier, Martin (2004), Knowledge Gain and Practical Use: Models in Pure and Applied Research, in: Donald Gillies (Hrsg.), *Laws and Models in Science*, London: King's College Publications, 2004, 1–17.
Carrier, Martin (2006), *Wissenschaftstheorie zur Einführung*, Hamburg: Junius.
Carrier, Martin (2016), Zum Verhältnis von Anwendungs- und Grundlagenforschung, in: Franz Gustav Kollmann und Martin Carrier (Hrsg.), *Zum Verhältnis von Grundlagen- und Anwendungsforschung. Beiträge des Symposiums vom 5. Februar 2015 in der Akademie der Wissenschaften und der Literatur, Mainz*, Stuttgart: Franz Steiner Verlag, 2016, 7-17.
Cartwright, Nancy (1983), *How the Laws of Physics Lie*, Oxford: Clarendon Press.
Cartwright, Nancy (1999), The Limits of Exact Science, from Economics to Physics, in: *Perspectives on Science* 7 (3), 318–336.
Cassirer, Ernst (1904), *G. W. Leibniz, „Hauptschriften zur Grundlegung der Philosophie", Band 1: „Schriften zur Phoronomie und Dynamik", Einleitung*, Hamburg: Meiner.

Chalmers, Alan F. (2007), *Wege der Wissenschaft*, 6. Auflage, Berlin: Springer.
Cipriani, Gabriele et al. (2016), Three men in a (same) boat: Alzheimer, Pick, Lewy. Historical notes, in: *European Geriatric Medicine* 7, 526–530.
Curiel, Erik (2017), A Primer on Energy Conditions, in: Dennis Lehmkuhl et al. (Hrsg.), *Towards a Theory of Spacetime Theories. Einstein Studies 13*, New York: Springer, 2017, 43–104.
Davidson, Donald (1999), The Emergence of Thought, in: *Erkenntnis* 51, 7–17.
Dennett, Daniel C. (1978), Quining Qualia, in: A. J. Marcel und E. Bisiach (Hrsg.), *Consciousness in Contemporary Science*, Oxford: Clarendon Press, 1978, 42–77.
Descartes, René (1641/1993), *Meditationes de prima philosophia*. Meditationen über die Grundlagen der Philosophie, übersetzt von Arthur Buchenau, Hamburg: Meiner.
Descartes, René (1644/1992), *Principia Philosophiae*. Die Prinzipien der Philosophie, übersetzt von Arthur Buchenau, 8. Auflage, Hamburg: Meiner.
Descartes, René (1649/1996), *Les Passions de l'âme*. Die Leidenschaften der Seele, übersetzt von Klaus Hammacher, 2. Auflage, Hamburg: Meiner.
Dewey, John (1923/1989), *Reconstruction in Philosophy*. Die Erneuerung der Philosophie, Hamburg: Junius.
Dowe, Phil (2000), *Physical Causation*, Cambridge: Cambridge University Press.
Du Bois-Reymond, Emil Heinrich (1872), *Über die Grenzen des Naturerkennens*, Leipzig: Veit.
Duhem, Pierre (1906/1998), *La théorie physique, son objet, sa structure*. Ziel und Struktur der physikalischen Theorien, Hamburg: Meiner.
Earman, John und John Norton (1987), What Price Spacetime Substantivalism? The Hole Story, in: *British Journal for the Philosophy of Science* 38, 515–525.
Ebbinghaus, Heinz-Dieter et al. (Hrsg.) (1992), *Zahlen*, 3. Auflage, Berlin. Springer.
Eddington, Arthur Stanley (1929), *The Nature of the Physical World*, New York: The Macmillan Company.
Einstein, Albert (1905), Zur Elektrodynamik bewegter Körper, in: *Annalen der Physik* 17, 891–921.
Einstein, Albert (1916), Die Grundlage der allgemeinen Relativitätstheorie, in: *Annalen der Physik* 49, 769–822.
Einstein, Albert (1920), *Äther und Relativitätstheorie*, Berlin: Springer.
Einstein, Albert und Marcel Grossmann (1913/1914), Entwurf einer verallgemeinerten Relativitätstheorie und einer Theorie der Gravitation. I. Physikalischer Teil von Albert Einstein. II. Mathematischer Teil von Marcel Grossmann, Leipzig: Teubner; wiederabgedruckt 1914 in: *Zeitschrift für Mathematik und Physik* 62, 225–261.
Elliott-Graves, Alkistis (2020), The Value of Imprecise Prediction, in: *Philosophy, Theory, and Practice in Biology* 12 (4), 1–19.
Ernst, Gerhard (2002), *Das Problem des Wissens*, Paderborn: mentis.
Esfeld, Michael und Vincent Lam (2008), Moderate Structural Realism about Space-Time, in: *Synthese* 160, 27–46.
Fine, Kit (2002), Varieties of Necessity, in: Tamar Szabo Gendler und John Hawthorne (Hrsg.), *Conceivability and Possibility*, Oxford: Oxford University Press, 2002, 253–281.
Franklin, Laura R. (2005), Exploratory Experiments, in: *Philosophy of Science* 72, 888–899.
Freud, Sigmund (1964), *Gesammelte Werke*, hrsg. von Anna Freud, Frankfurt: Fischer.
Friedman, Michael (1983), *Foundations of Space-Time Theories. Relativistic Physics and Philosophy of Science*, Princeton: Princeton University Press.

Friedman, Michael (1992), *Kant and the Exact Sciences*, Cambridge Mass.: Harvard University Press.
Frigg, Roman (2010a), Models and Fiction, in: *Synthese* 172, 251–268.
Frigg, Roman (2010b), Fiction and Scientific Representation, in: Roman Frigg und M.C. Hunter (Hrsg.): *Beyond Mimesis and Convention. Boston Studies in the Philosophy of Science* 262, 2010, 97–138.
Frisch, Mathias (2014), *Causal Reasoning in Physics*, Cambridge. Cambridge University Press.
Gadenne, Volker (2011), Das naturwissenschaftliche Weltbild und das menschliche Bewusstsein, in: Bernulf Kanitscheider und Reinhard Neck (Hrsg.), *Das naturwissenschaftliche Weltbild am Beginn des 21ten Jahrhunderts*, Frankfurt am Main: Peter Lang, 2011, 91–107.
Gähde, Ulrich (2009), Modelle der Struktur und Dynamik wissenschaftlicher Theorien, in: Andreas Bartels und Manfred Stöckler (Hrsg.), *Wissenschaftstheorie. Ein Studienbuch*, 2. Auflage, Paderborn: mentis, 2009, 45–65.
Gauß, Carl Friedrich (1900), *Werke Band VIII*, Leipzig: Teubner.
Geroch, Robert und Gary Horowitz (1979), Global Structure of Spacetimes, in: Stephen Hawking und W. Israel (Hrsg.), *General Relativity: An Einstein Centenary Survey*, Cambridge: Cambridge University Press, 1979, Chapter 5, 212–293.
Glymour 1980, *Theory and Evidence*, Princeton: Princeton University Press.
Goodman, Jeffrey (2011), Pretense Theory and the Imported Background, in: *Open Journal of Philosophy* 1, 22–25.
Graeber, Manuel B. (1999), No man alone. The Rediscovery of Alois Alzheimer's Original Cases, in: *Brain Pathology* 9, 237–240.
Grünbaum, Adolf (1984/1988), *The Foundations of Psychoanalysis*. Die Grundlagen der Psychoanalyse, übersetzt von Christa Kolbert, Stuttgart: Reclam.
Gzil, Fabrice (2007), Alzheimer a-t-il découvert ou créé la maladie d'Alzheimer?, in: *Histoire des sciences médicales* 41 (4), 359–370.
Haack, Susan (2007), *Defending Science – within Reason*, New York: Prometheus Books.
Hacking, Ian (1983/1996), *Representing and Intervening*. Einführung in die Philosophie der Naturwissenschaften, übersetzt von Joachim Schulte, Stuttgart. Reclam.
Häggquist, Sören und Åsa Wikforss (2017), Natural Kinds and Natural Kind Terms: Myth and Reality, in: *British Journal for the Philosophy of Science* 69 (4), 911–933.
Hahn, Hans; Otto Neurath und Rudolf Carnap (1929/2006): Wissenschaftliche Weltauffassung. Der Wiener Kreis, in: Michael Stöltzner und Thomas Uebel (Hrsg.), *Wiener Kreis*, Hamburg: Meiner, 2006, 3–29
Hanson, Norwood Russell (1960), Is there a Logic of Scientific Discovery?, in: *The Australasian Journal of Philosophy* 38, 91–106.
Hanson, Norwood Russell (1965), *Patterns of Discovery*, Cambridge: Cambridge University Press.
Hempel, Carl Gustav und Paul Oppenheim (1948/1965), Studies in the Logic of Explanation, in: Carl Gustav Hempel, *Aspects of Scientific Explanation and Other Essays in the Philosophy of Science*, New York: Free Press, 331–496.
Hempel, Carl Gustav (1965), *Aspects of Scientific Explanation and Other Essays in the Philosophy of Science*, New York: Free Press.
Hoefer, Carl (1996), The Metaphysics of Space-Time Substantivalism, in: *Journal of Philosophy* 93, 5–27.

Hoefer, Carl und Genoveva Martí (2019), Water has a Microstructural Essence after all, in: *European Journal for Philosophy of Science* 9: 12.
Hoyningen-Huene, Paul (1987), Context of Discovery and Context of Justification, in: *Studies in the History and Philosophy of Science* 18, 501–515.
Hoyningen-Huene, Paul (2013), *Systematicity. The Nature of Science*, Oxford: Oxford University Press.
Hudson, Robert G. (2001), Discoveries, When and By Whom?, in: *British Journal for the Philosophy of Science* 52, 75–93.
Hume, David (1739/1989), *A treatise of human nature.* Ein Traktat über die menschliche Natur. Buch I: Über den Verstand, übersetzt von Theodor Lipps, 2. Auflage, Hamburg: Meiner.
Hume, David (1748/1993), *An enquiry concerning human understanding.* Eine Untersuchung über den menschlichen Verstand, übersetzt von Raoul Richter, 12. Auflage, Hamburg: Meiner.
Hüttemann, Andreas (2013), *Ursachen. Grundthemen Philosophie*, Berlin: De Gruyter.
Hüttemann, Andreas (2014), Scientific Practice and Necessary Connections, in: *Theoria* 79, 29–39.
Jaag, Siegfried und Markus Schrenk (2020), *Naturgesetze, Grundthemen Philosophie*, Berlin: De Gruyter.
Jellinger, Kurt A. (2006), Alzheimer 100 – highlights in the history of Alzheimer research, in: *Journal of Neural Transmission* 113, 1603–1623.
Kanitscheider, Bernulf (1988), *Das Weltbild Albert Einsteins*, München: Beck.
Kant, Immanuel (1781/1982), *Kritik der reinen Vernunft*, 6. Auflage, Frankfurt am Main: Suhrkamp.
Kant, Immanuel (1783/1993), *Prolegomena zu einer jeden künftigen Metaphysik*, Hamburg. Meiner.
Kant, Immanuel (1786/1997), *Metaphysische Anfangsgründe der Naturwissenschaft*, Hamburg: Meiner.
Karaca, Koray (2017), A Case Study in Experimental Exploration: Exploratory Data Selection at the Large Hadron Collider, in: *Synthese* 194, 333–354.
Kellermann, Paul (1990), Gesellschaftlich erforderliche Arbeit und die Ideologie des Geldes, in: Brunhilde Scheuringer (Hrsg.), *Wertorientierung und Zweckrationalität*, Opladen: Leske Verlag, 1990, 93–107.
Keuck, Lara (2018a), Diagnosing Alzheimer's disease in Kraepelin's clinic, 1909–1912, in: *History of the Human Sciences* 31(2), 42–64.
Keuck, Lara (2018b), History as a Biomedical Matter: Recent Reassessments of the First Cases of Alzheimer's Disease, in: *History and Philosophy of the Life Sciences* 40(1), 10.
Kitcher, Philip (1982), *Abusing Science. The Case against Creationism*, Cambridge Mass.: MIT-Press.
Klünemann, Hans H. et al. (2002), Alzheimer's Second Patient: Johann F. and His Family, in: *Annals of Neurology* 52, 520–523.
Kripke, Saul A. (1972/1981), *Naming and Necessity.* Name und Notwendigkeit, übersetzt von Ursula Wolf, Frankfurt am Main 1981.
Kuhn, Thomas S. (1962/1969), *The Structure of Scientific Revolutions.* Die Struktur wissenschaftlicher Revolutionen, übersetzt von Hermann Vetter, 4. Auflage, Frankfurt am Main: Suhrkamp.

Kuhn, Thomas S. (1977), Logic of Discovery or Psychology of Research?, in: *The Essential Tension. Selected Studies in Scientific Tradition and Change*, Chicago: The University of Chicago Press, 1977, 266–292.
Kuhn, Thomas S. (1977), *The Essential Tension*, Chicago: The University of Chicago Press.
Küng, Hans (2005), *Der Anfang aller Dinge: Naturwissenschaft und Religion*, München: Piper.
Latour, Bruno (1987), *Science in Action: How to Follow Scientists and Engineers Through Society*, Cambridge Mass.: Harvard University Press.
Laudan, Larry (1981), *Science and Hypothesis*, Dordrecht: Reidel.
Lehmkuhl, Dennis (2018), The Metaphysics of Super-Substantivalism, in: *Noûs* 52 (1), 24–46.
Lenk, Hans (1990), Rationalität und Ethik der Wissenschaft in der Postmoderne, in: Brunhilde Scheuringer (Hrsg.), *Wertorientierung und Zweckrationalität*, Opladen: Leske Verlag, 1990, 225–238.
Leplin, Jarrett (1984), *Scientific Realism*, Berkeley: University of California Press.
Leplin, Jarrett (1997), *A Novel Defense of Scientific Realism*, Oxford: Oxford University Press.
Lewis, David (1973), *Counterfactuals*, Oxford: Oxford University Press.
Luhmann, Nicklas (1990), *Die Wissenschaft der Gesellschaft*, Frankfurt am Main: Suhrkamp.
Lyre, Holger (2006), Kants „Metaphysische Anfangsgründe der Naturwissenschaft": gestern und heute, in: *Deutsche Zeitschrift für Philosophie* 54, 1–16.
Mach, Ernst (1883), *Die Mechanik in ihrer Entwicklung. Historisch-Kritisch Dargestellt*, Leipzig: Brockhaus.
Mackie, John Leslie (1974), *The Cement of the Universe*, Oxford: Oxford University Press.
Maudlin, Tim (2007), *The Metaphysics Within Physics*, Oxford: Oxford University Press.
Möller, Hans- Jürgen und Manuel B. Graeber (1998), The Case described by Alois Alzheimer in 1911, in: *European Archive of Psychiatry and Clinical Neuroscience* 248, 111–122.
Morgan, Mary S. und Margaret Morrison (1999), *Models as Mediators. Perspectives on Natural and Social Science*, Cambridge: Cambridge University Press.
Morrison, Margaret (1999), Models as autonomous Agents, in: Mary S. Morgan und Margaret Morrison (Hrsg.), *Models as Mediators. Perspectives on Natural and Social Science*, Cambridge: Cambridge University Press, 1999, 38–65.
Mudry, Anna (Hrsg.) (1987), *Galileo Galilei. Schriften. Briefe. Dokumente, Band 1 Schriften: Sternenbotschaft 1610*, München: Beck, 1987, 95–144.
Mühlhölzer, Felix (2011), *Wissenschaft*, Stuttgart: Reclam.
Müller, Thomas (2012), Branching in the Landscape of Possibilities, in: *Synthese* 188, 41–65.
Müller, U., P. Winter und M. B. Graeber (2013), A Presenilin 1 Mutation in the First Case of Alzheimer's Disease", in: *Lancet Neurology* 12, 129–130.
Nersessian, Nancy (1984), *Faraday to Einstein: Constructing Meaning in Scientific Theories*, Dordrecht: Reidel.
Newen, Albert und Andreas Bartels (2007), Animal Minds and the Possession of Concepts, in: *Philosophical Psychology* 20 (3), 283–308.
Newton, Isaac (1972), *Isaac Newton's ‚Philosophiae Naturalis Principia Mathematica'*, hrsg. von A. Koyré und I. B. Cohen, Cambridge Mass.: Harvard University Press.
Nickles, Thomas (1980), *Scientific Discovery: Case Studies. Boston Studies in the Philosophy of Science 60*, Dordrecht: Reidel.
Ohanian, Hans C. (1976), *Gravitation and Spacetime*, New York: Norton.
Otto, Shawn (2016), A Plan to Defend against the War on Science, in: *Scientific American*, October 9, 2016.

Peirce, Charles S. (1932), *Collected Papers I and II of Charles Sanders Peirce*, Cambridge Mass.: Belknap Press.
Pepperberg, Irene (1999), *The Alex Studies*, Cambridge Mass.: Harvard University Press.
Perler, Dominik (2006), *René Descartes*, München: Beck.
Pooley, Oliver (2006), Points, Particles, and Structural Realism, in: Dean Rickles, Steven French und Juha Saatsi (Hrsg.), *The Structural Foundations of Quantum Gravity*, Oxford: Clarendon Press, 2006, 83–120.
Popper, Karl (1935/2005), *Logik der Forschung*, 11. Auflage, Tübingen: Mohr Siebeck.
Popper, Karl (1963/2009), *Conjectures and Refutations*. Vermutungen und Widerlegungen, 2. Auflage, hrsg. von Herbert Keuth, Tübingen: Mohr Siebeck.
Popper, Karl (1972/1973), *Objective Knowledge*. Objektive Erkenntnis, 2. Auflage, Hamburg: Hoffmann und Campe.
Popper, Karl (1974), Autobiography, in: P. A. Schilpp (Hrsg.), *The Philosophy of Karl Popper*, Band 1, La Salle: Open Court, 1974, 2-184.
Popper, Karl (1983), *Realism and the Aim of Science*, London: Hutchinson.
Popper, Karl (1994), *The Myth of the Framework*, London: Routledge.
Popper, Karl (1998/2001), *The World of Parmenides*. Die Welt des Parmenides, München: Piper.
Prinz, Wolfgang (1995), Die Idee der reinen Wissenschaft: Das Beispiel der experimentellen Psychologie, in: Venanz Schubert (Hrsg.), *Experimente mit der Natur. Wissenschaft und Verantwortung*, St. Ottilien: EOS-Verlag, 1995, 321–353.
Putnam, Hilary (1975), What is Realism?, in: Jarrett Leplin (Hrsg.), *Scientific Realism*, Berkeley: University of California Press, 1975, 140–153.
Putnam, Hilary (1981/1982), *Reason, Truth and History*. Vernunft, Wahrheit und Geschichte, übersetzt von Joachim Schulte, Frankfurt am Main: Suhrkamp.
Putnam, Hilary (1991), The ‚Corroboration' of Theories, in: Richard Boyd, Philip Gasper und J.D. Trout (Hrsg.): *The Philosophy of Science*, Boston: MIT-Press, 1991, 121–137.
Ramsey, Dave und Clare Veltman (2005), Predicting the effects of pertubations on ecological communities: what can qualitative models offer?, in: *Journal of Animal Ecology* 74, 905–916.
Reichenbach, Hans (1938), *Experience and Prediction. An Analysis of the Foundations and the Structure of Knowledge*, Chicago: Chicago University Press.
Reichenbach, Hans (1955/1979), Die philosophische Bedeutung der Relativitätstheorie, in: Andreas Kamlah und Maria Reichenbach (Hrsg.), *Gesammelte Werke Band 3*, Braunschweig: Vieweg, 318–337.
Reichenbach, Hans (1956), *The Direction of Time*, Berkeley: University of California Press.
Russell (1912), *The Problems of Philosophy*, Oxford: Oxford University Press.
Russell, Bertrand (1912/1913), On the Notion of Cause, in: *Proceedings of the Aristotelian Society* 13, 1–26.
Schaffer, Jonathan (2009), Spacetime the One Substance, in: *Philosophical Studies* 145, 131–148.
Schelling, Thomas (1971), Dynamic Models of Segregation, in: *Journal of Mathematical Sociology* 1, 143–186.
Schindler, Samuel (2015), Scientific Discovery: That-Whats and What-Thats, in: *Ergo. Open Access Journal of Philosophy* 2, 123–148.

Schindler, Suzanne Elizabeth und Anne M. Fagan (2015), Autosomal dominant Alzheimer disease: a unique resource to study CSF biomarker changes in preclinical AD, in: *Frontiers in Neurology* 6, Article 142, 1–7.

Schrenk, Markus (2011), Interfering with Nomological Necessity, in: *The Philosophical Quarterly* 61, 577–597.

Schrenk, Markus (2017), *Metaphysics of Science*, London: Routledge.

Schurz, Gerhard (1983), *Erklärung. Ansätze zu einer logisch-pragmatischen Wissenschaftstheorie*, Graz: dbv-Verlag.

Schurz, Gerhard (2009), Wissenschaftliche Erklärung, in: Andreas Bartels und Manfred Stöckler (Hrsg.), *Wissenschaftstheorie. Ein Studienbuch*, 2. Auflage, Paderborn: mentis, 69–88.

Searle, John (1975), The Logical Status of Fictional Discourse, in: *New Literary History* 6, 319–332.

Sellars (1956/1991), Empiricism and the Philosophy of Mind, in: *Science, Perception and Reality*, Atascadero: Ridgeview Publishing Company, 129–194.

Sellars, Wilfrid (1962/1991), Philosophy and the Scientific Image of Man, in: *Science, Perception and Reality*, Atascadero: Ridgeview Publishing Company, 7–43.

Sellars, Wilfrid (1980), Behaviorism, Language and Meaning, in: *Pacific Philosophical Quarterly* 61, 3–30.

Sellars, Wilfrid (1981), Mental Events, in: *Philosophical Studies* 39 (4), 325–345.

Siep, Ludwig (2002), Kriterien und Argumenttypen im Streit um die Embryonenforschung in Europa, in: Ludger Honnefelder und Christian Streffer (Hrsg.), *Jahrbuch für Wissenschaft und Ethik, Band 7*, Berlin: De Gruyter, 2002, 179–195.

Simmel, Georg (1901/2017), Beiträge zur Erkenntnistheorie der Religion, in: *Georg Simmel. Aufsätze und Abhandlungen 1901–1908, Band 1*, 4. Auflage, Frankfurt am Main: Suhrkamp, 9–20.

Sklar, Lawrence (1974), *Space, Time, and Spacetime*, Berkeley: University of California Press.

Smart, John Jamieson Carswell (1968), *Between Science and Philosophy*, New York: Random House.

Stachel, John (1989), Einstein's Search for General Covariance, 1912–1915, in: Don Howard und John Stachel (Hrsg.), *Einstein and the History of General Relativity*, Boston: Birkhäuser, 63–100.

Stegmüller, Wolfgang (1980), *Neue Wege der Wissenschaftsphilosophie*, Berlin: Springer.

Stein, Howard (1991), On Relativity Theory and Openness of the Future, in: *Philosophy of Science* 58, 147–167.

Steinle, Friedrich (1997), Entering New Fields: Exploratory Uses of Experimentation, in: *Philosophy of Science* 64 (Proceedings), 65–74.

Steinle, Friedrich (2016), *Exploratory Experiments: Ampère, Faraday and the Origins of Electrodynamics*, Pittsburgh: University of Pittsburgh Press.

Stöltzner, Michael und Thomas Uebel (Hrsg.) (2006), *Wiener Kreis*, Hamburg: Meiner.

Strevens, Michael (2011), *Depth. An Account of Scientific Explanation*, Cambridge Mass.: Harvard University Press.

Sturma, Dieter et al. (2018), Keimbahneingriffe am menschlichen Embryo: Deutscher Ethikrat fordert globalen politischen Diskurs und internationale Regulierung (Ad-hoc-Empfehlung des Deutschen Ethikrates), in: Dieter Sturma et al. (Hrsg.), *Jahrbuch für Wissenschaft und Ethik, Band 23*, Berlin: De Gruyter, 2002, 355–364.

Sugden, Robert (2000), Credible Worlds. The Status of Theoretical Models in Economics, in: *Journal of Economic Methodology* 7, 1–31.
Sugden, Robert (2009), Credible Worlds, Capacities and Mechanisms, in: *Erkenntnis* 70, 3–27.
Tahko, Tuomas E. (2015), The Modal Status of Laws: in Defence of a Hybrid View, in: *The Philosophical Quarterly* 65, 509–528.
Tooley, Michael (1977), The Nature of Laws, in: *Canadian Journal of Philosophy* 7, 667–698.
Van Fraassen, Bas (1980), *The Scientific Image*, Oxford: Clarendon Press.
Van Fraassen, Bas (1999), The Manifest Image and the Scientific Image, in: D. Aerts (Hrsg.), *Einstein Meets Magritte: The White Book – An Interdisciplinary Reflection*, Dordrecht: Kluwer, 29–52.
Van Wynsberghe, Aimee (2013a), A Method for Integrating Ethics into the Design of Robots, in: *Industrial Robot: An International Journal* 40 (5), 433–440.
Van Wynsberghe, Aimee (2013b), Designing Robots for Care: Care Centered Value-Sensitive Design, in: *Science and Engineering Ethics* 19, 407–433.
Van Wynsberghe, Aimee (2016), Service Robots, Care Ethics, and Design, in: *Ethics and Information Technology* 18, 311–321.
Van Wynsberghe, Aimee und Justin Donhauser (2018), The Dawning of the Ethics of Environmental Robots, in: *Science and Engineering Ethics* 24, 1777–1800.
Walton, Kendall L. (1990), *Mimesis as Make-Believe*, Cambridge Mass.: Harvard University Press.
Warnock, M. (1985), *A Question of Life. The Warnock-Report in Human Fertilisation and Embryology*, Oxford: Blackwell Publ.
Weber, Max (1904/1988), Die „Objektivität" sozialwissenschaftlicher und sozialpolitischer Erkenntnis, in: Johannes Winckelmann (Hrsg.), *Max Weber. Gesammelte Aufsätze zur Wissenschaftslehre*, Tübingen: Mohr Siebeck, 146–214.
Weber, Max (1917/1988), Der Sinn der „Wertfreiheit" der soziologischen und ökonomischen Wissenschaften, in: Johannes Winckelmann (Hrsg.), *Max Weber. Gesammelte Aufsätze zur Wissenschaftslehre*, Tübingen: Mohr Siebeck, 489–540.
Wheeler, John Archibald (1962), Curved Empty Spacetime as the Building Material of the Physical World. An Assessment, in: Ernest Nagel, Patrick Suppes und Alfred Tarski (Hrsg.), *Logic, Methodology and Philosophy of Science*, Stanford: Stanford University Press, 1962, 361–374.
Wiggins, David (2001), *Sameness and Substance Renewed*, Cambridge: Cambridge University Press.
Wilholt, Torsten (2006), Design Rules: Industrial Research and Epistemic Merit, in: *Philosophy of Science* 73 (1), 66–89.
Williamson, Timothy (2016), Modal Science, in: *Canadian Journal of Philosophy* 46 (4–5), 453–492.
Williamson, Timothy (2017), Model-Building in Philosophy, in: Russell Blackford und Damien Broderick (Eds.), *Philosophy's Future. The Problem of Philosophical Progress*, Hoboken (N.J.): Wiley, 2017, 159–171.
Wolff, Johanna (2013), Are Conservation Laws Metaphysically Necessary?, in: *Philosophy of Science* 80, 898–906.
Woodward, James (2000), Explanation and Invariance in the Special Sciences, in: *British Journal for the Philosophy of Science* 51, 197–254.

Woodward, James (2003), *Making Things Happen. A Theory of Causal Explanation*, Oxford: Oxford University Press.
Woodward, James (2007), Causation with a Human Face, in: Huw Price und Richard Corry (Hrsg.), *Causality, Physics and the Constitution of Reality: Russell's Republic Revisited*, Oxford: Oxford University Press.
Woolhouse, Roger (1993), *Descartes, Spinoza, Leibniz. The Concept of Substance in Seventeenth Century Metaphysics*, London: Routledge.

# Sachregister

Abgrenzungskriterium 6, 109–140
absoluter Raum 25–27, 143–145
Alzheimersche Krankheit 5, 77, 86, 92–98
Amyloid-Hypothese 97
Anfangsbedingungen 78, 82, 102, 159
Anomalie 39, 50, 87–89, 95, 138
Anschauung 3, 23 f.
Anthropozentrismus 203
antiker Atomismus 7, 35, 126
Anwendungsinnovativität (Carrier) 125
Äquivalenzprinzip 83, 171
Aufklärung 196
Ausdehnung 18 f., 143
Ausschlussverfahren 15 f., 35
Axiom(e) 14, 26 f., 41, 48, 60, 139, 159, 161

*base description* (Basis-Beschreibung) 91 f.
Begriffe
– Beobachtungs- 2, 51 f., 60, 173
– Dispositions- 32
– metaphysische- 31, 142, 210
– meta-wissenschaftliche- 142, 164, 210
– theoretische 2–4, 31–33, 40, 43, 46–47, 51–52, 59 f., 64, 70, 73–74, 113, 137, 190, 213 f.
– wissenschaftliche 31 f., 43, 61, 209
beobachtbar 3, 7, 16, 33, 51 f., 61 f., 67, 76, 113, 115 f., 144, 170, 210 f.
Beobachtungssprache 32, 43, 51
Beobachtungstatsachen 61 f.
*best-practice*-Regeln 195 f.
*Best-System*-Ansatz 158–161
Bestätigung- 3 f., 62–68
– Bayes Theorem 66 f.
– Bayessche Bestätigungstheorie 66–68
– Bootstrap-Konzept der 4, 63–67, 74, 130, 188
Bewegungsgesetze 25–27, 149
Bezugssystem 26 f., 85, 88, 143, 178
Boyle-Mariotte-Gesetz 157

Cardanische Formel 103
*causal sets* 149

*common cause* 156, 205
*context of discovery* 83
*context of justification* 83

Datenselektion 168
Demenz 5, 91–98
– präsenile 5, 91, 93 f., 96
– senile 92 f., 96
Determination 154
dispositionaler Essentialismus 163 f., 169
Dispositionen 2, 9, 159, 163 f., 169 f.
Drei-Welten-Theorie (Popper) 134
Duhem-Quine-Problem 63
dunkle Energie 55 f.
dunkle Materie 4, 53 f., 56, 74, 106

Eigenschaften
– fundamentale physikalische 169–171
Eimer-Versuch 144
Einfachheit (*simplicity*) 159–161
Einsteins Feldgleichungen 55, 146, 155, 167
Elektrodynamik 178
Elektromagnetismus 91
Elektron 9, 87 f., 90, 95, 123 f., 134 f., 179, 189 f.
Emotion 2, 21 f.
Emotionsforschung 21, 211
Empfindung 21 f., 211
empirische Adäquatheit 62, 70 f., 151, 174
Energiebedingung 167, 171
Entdeckung 4–7, 12, 16, 28, 38, 53–55, 74–108, 114, 121, 125 f., 136, 168, 176, 191, 208, 211, 213
– *that-what-* 5, 89 f., 97, 107, 209
– *what-that-* 5, 89, 97, 106
Entwicklungsökonomik 175 f., 184
Erfahrungs
– -erkenntnis 22 f., 29, 109 f.
– -urteil 23 f., 76
– -wissenschaft 6, 29, 46 f., 68, 73, 75, 193, 206, 214 f.
Erhaltungsgröße 155
Erkenntnisinteresse 194, 206

Erklärung 76–82
- *covering-law*-Modell 78–80, 82, 106, 215
- Interventionsmodell 81 f., 106
- mathematische 79
- mechanistisches Konzept 80 f., 106
Erklärungskontext 80
Erscheinung 24, 27
Erzwingungsrelation (Armstrong) 9, 158, 161–164, 214
Evidenz 63–67
- *old evidence* 67
Expansion des Universiums 53 f., 167
Experiment 10, 17, 29, 34, 42, 81 f., 88, 91, 123, 166, 168, 173, 176 f., 206 f.
- exploratives 91, 123, 168
- LHC- 168
Explanandum 78, 151
Explanans 78, 151

Falsifikation 3, 34, 37 f., 40, 50, 128, 186, 215
Falsifikationismus 13, 36 f., 40, 49, 58
falsifikationistische Lernstrategie 36
falsifikationistisches Wissenschaftskonzept 36
Falsifikationsinstanz 35, 37, 138
Falsifikationskriterium 7, 35, 125, 137 f., 149
Falsifizierbarkeit 33, 35, 110, 112, 126, 128, 131
Fehlerelimination 110, 173
Feld, elektromagnetisches 30, 60, 189
Fiktionalität 70
formale Redeweise (Carnap) 29 f.
Forschung(s)
- angewandte 6 f., 11, 121–125, 191
- Embryonen- 11, 175, 197–199, 206
- -ethik 11, 175, 196–199, 206
- Grundlagen- 11, 121, 125, 175, 191, 196 f., 207
- Industrie- 88, 123, 125, 191
- Klima- 56, 58, 125, 183, 206
- technologische 56, 123–125, 176
Friedman-Lösungen 53, 55

Gedankenexperimente 26, 160, 166
Geometrodynamik 148
Gettier-Problem 214

Gott 8, 34, 126, 132 f., 135, 138
Gravitationsfeld 164, 190
Gravitationsmasse 163, 171, 190
Gravitationswellen 97, 106

Higgs-Boson 97
Hilfshypothesen 36 f., 39, 48, 65
Hintergrundstrahlung 4, 53–55, 85, 88 f., 97, 106
Homomorphie 180
Hypothetizität 150 f.

Idealisierung 107, 117, 125
Identitätsaussagen 170 f.
Ideologie 120, 131 f., 194, 208
imaginäre Zahlen 79, 104
Induktion (induktive Methode) 14–16, 35 f., 41, 84, 86, 115, 117, 124, 136, 176, 185
Induktive Skepsis 158
inflationäre Phase 167
Informationsgehalt (*strength*) 159 f.
inhaltliche Redeweise (Carnap) 30
*initial randomness condition* 156
Inkommensurabilität 10, 187, 189 f.
Intervention 11, 53, 56, 58, 75, 81 f., 124, 164, 176, 199, siehe auch Erklärung, Interventionsmodell
invariante Generalisationen 81 f.
Invarianten 143, 145
- Bildung von 10, 177
*iron laws* (Armstrong) 162 f.

kausaler Prozess 28, 123, 155 f., 163
Kausalität 8 f., 23 f., 134, 140, 142, 153–156, 172, 210
Kausalrelation 153 f., 162
- Asymmetrie der 154 f.
Keplersche Gesetze 65
kognitive Ethologie 213
Koinzidenzen 43, 144 f.
komplexe Zahlen 6, 77, 79, 103–105, 107 f.
Komplexität 40, 56, 58, 122 f., 154, 188 f.
Königsberger Brückenproblem 79
konstruktiver Empirismus 150
Kontrastliste 15
Koordinaten 178
- -system 27, 205

– -transformation 145
– -Zeit 213
Körper 15 f., 18–20, 25 f., 42, 47 f., 60, 76, 143–146, 155, 157 f., 163, 178, 209
– menschlicher 42
– Mess- 60
Korrespondenztheorie der Wahrheit 180, 205
kosmologische Konstante 167
Kovarianz, allgemeine 144
Kreationismus 7, 10, 126, 183

Lebensgeister (*les esprits*) 21 f.
*likelihood* 67
*logic of discovery* (Logik der Entdeckung) 85–87
logischer Empirismus 13, 33, 213
Lorentz-Invarianz 149, 178

*make-believe* (Walton)
– *games of* 69 f.
*manifest image* 6, 114–121, 136, 210
Materie 17–19, 22, 25–27, 45, 53, 127 f., 133, 147–149, 167
Materie-Energie-Tensor 167
Materiefelder 147, 149, 155, 167
Mathematik 6, 12, 28, 41, 77, 79 f., 104–107
Mathematisierung 28
Maxwell-Gleichungen 60, 157, 179
Mechanismus 19, 54, 73, 76, 80, 98–100, 113, 129, 162
*metaphysics of science* 8, 142, 210
Metaphysik
– Humesche 158 f., 214
– induktive 141
– spekulative 141
Methode(n)
– der kritischen Nachprüfung 34
– der Objektivierung 173 f., 176–179, 182, 184, 204 f.
Methodenbewusstsein 1, 17, 210
Metrik 145 f., 148
metrisches Feld 146 f.
modale Kraft 158, 164
Modalität 9
Modell(e) 45–75
– lokale 122–124

– ökologische 42, 55–59, 75
– qualitative 4, 55–59, 75
– Schelling- 59, 76, 98–103, 107
Modellierung 4, 42, 49, 56, 58 f., 73–75, 107, 213 f.
Möglichkeit(en) 165–172
– epistemische 165 f.
– logische 165
– metaphysische 165, 169, 171 f.
– naturgesetzliche (nomologische) 165–168
– natürliche 165
– objektive 165 f.
– physikalische 165–169, 171
– praktische (technologische) 165

Naturgeschichte 14, 17
Naturgesetze 2, 8 f., 20, 24, 29 f., 42, 134 f., 140, 142, 157–165, 169–172, 210, 214
– fundamentale 24
Naturphilosophie 33, 212
– Aristotelische 20
– mechanistische 17–22, 42
*necessitation* (Armstrong) siehe auch Erzwingungsrelation
Neurofibrillen 92
Newtons Gravitationsgesetz 155, 157 f., 163, 169, 171
Newtons Gravitationskraft 46 f., 139, 155, 163, 169, 171, 178
Newtons Gravitationstheorie 2, 23–25, 37, 46–50, 60 f., 63, 181, 209
Newtons Mechanik 88, 157, 190
*no miracle argument* 151
Notwendigkeit
– metaphysische 169 f.
– natürliche 169 f.
*novelty condition* 91

*oaken laws* (Armstrong) 162
Objektivität 9 f., 61, 131, 173–176, 178 f., 182–188, 204 f.
Ökosystem 4, 56 f., 59, 74, 176, 203
Ökozentrismus 203

Paradigma 3, 38 f., 85, 87–89, 95, 187, 215
Person 115, 118 f., 180, 198, 210 f.
Personalität 198

pessimistische Meta-Induktion 152
Physik 7f., 12, 17, 23, 28, 30, 33, 42, 44, 53, 78, 91, 127, 139, 142, 148, 154f., 166–168, 171, 178, 190
physikalische Sprache (Carnap) 2, 29–33
physikalistische Sprache (Carnap) 32
Plaques 92, 96
Positivismusstreit 183f.
Pragmatismus 182
Pretense-Theorie 4, 48, 68–73, 75, 113, 137
Pseudowissenschaft 7, 40, 110, 112, 120, 126, 128–131, 134, 138, 209, 211
Psychoanalyse 7, 128, 130, 138
Psychologie 28f., 31, 42, 75, 83, 127, 188, 212
Psychologismus 84
Psychophysik 211
puzzle solving (Kuhn) 38–40, 121

Qualia 119, 212
Quantenfeldtheorie 148
Quantenmechanik 9, 28, 88, 121, 124, 141, 149, 159, 161, 188f., 209
Quantenphysik siehe Quantenmechanik

Randbedingungen 79, 81, 164f.
randomized controlled trials 10, 176f., 205
rationale Rekonstruktion 83, 85
Rationalität 132–134, 138
Raum 43, 126, 143-145, 181, 214, siehe auch absoluter Raum
Raumzeit 8f., 143–149, 156, 167, 172
– -krümmung 146, 148
– -Punkte 146–148, 156
Realismus 8f., 58f., 120, 134, 142, 146, 149–153, 172
– Anti- 153
Rechtfertigung 33, 37, 85, 132f., 135, 214
Reduktion 32, 119, 127
Reduktionssatz 32
Regularitäten 81, 157–161, 211
Regularitätstheorie 157f., 160f.
Relativitätstheorie 17, 28, 43, 141f., 145, 190, 214
– Allgemeine 53, 67, 106, 144f., 147–149, 155, 169, 190
– Spezielle 10, 190

Religion 7f., 132–135, 206
religiöse Ideensysteme 132, 138
religiöse Überzeugungen 7f., 132f., 209
Repräsentation(en) 4, 21, 24, 55, 68f., 71, 73, 101, 105, 113, 117f., 175
– fiktionale 68f., 70, 73
res cogitans 20
res extensa 20
Roboter (robots)
– environmental 202f.
– personal 199
– Pflege- 200
– service 199
Röntgenstrahlen 87–89

Schluss auf die beste Erklärung 9, 86, 135
Schwarzschild-Masse 190
scientific community siehe Wissenschaftsgemeinschaft
scientific image 6, 114–121, 127, 136, 210
Seele 20–22, 127, 133, 135, 138
Segregation 6, 42, 59, 76, 98–103, 107
semantische Interpretation 209
Signifikanzkriterium 33
Singularitäten 167
Standardmodell der Kosmologie 4f., 53–55, 74, 77
Strukturgleichungen 82
Strukturmodell 81f.
Substanz 15, 17f., 23, 25, 147
Substanzialismus 146
Super-Substanzialismus 147f.
– moderater 148
– radikaler 148
Symmetrie
– -annahmen 41
– -gruppe 143, 145
synoptic view (Sellars) 119
Systematizität 6, 110–114, 137

Tatsachen 3f., 9, 45f.
– kontingente physikalische 164
Testinstanz 4, 126
theoretische Entitäten 7, 113f., 116
Theoretizität von Begriffen 136
Theoriebeladenheit 45, 59–62, 68

Theoriebildung 2, 5f., 8, 12, 13, 44, 53, 74f., 77, 107f., 113, 114–121, 124, 136f., 185, 210, 213
Trägheitsgesetz 25, 157, 160
Transfer-Theorie
– der Verursachung 9, 155f.

Ursache 1, 23, 26, 28, 77, 87, 93f., 96, 107, 109, 125, 144, 154, 176f., 205

Variable(n) 48f., 53, 74, 81f., 101, 154, 176, 205
Verantwortung 175, 191f., 195, 203
Verifikation 128
Vermutung 14, 35, 38, 44, 74, 98, 110
Verstehen (verstehende Methode) 29, 78f.
Vorhersage(n) 4, 33, 40, 44, 47, 49f., 53–58, 75, 87, 111, 120, 122, 124, 136, 185f.

Wahrheitskriterien 174, 181f.
Wahrnehmungsurteil (Kant) 23
Wahrscheinlichkeits
– -aussagen 209
– -theorie 66
Wechselwirkung 20, 23, 25, 27, 57, 81, 155, 160, 164, 170
Wechselwirkungsgesetz 25
Weltanschauung 33, 193
Weltbild
– wissenschaftliches 8, 126–128, 212
Weltlinie 146, 155
Wertfreiheitsthese 11, 193, 195, 206
Wertideen 194, 206
Werturteile 11, 175, 184, 193–196, 205
Widerständigkeit
– der Natur(gesetze) 158, 160f., 163f.
Wiener Kreis 2f., 28, 142
Wille 21f., 127
Wissen
– Alltags- 6f., 13, 31, 36, 78, 109–121, 124, 135–137, 173, 208, 210f.
– Hintergrund- 64, 185
– wissenschaftliches 45, 61, 137

Wissenschaft(s)
– -dynamik 6, 38, 54
– Einheit der 2, 28f., 31, 43
– Formal- 12, 77
– Geistes- 4, 29, 45f., 68, 72f., 78, 132, 137, 212
– -gemeinschaft 40, 44, 91, 188, 206
– -geschichte 1, 3, 10, 40, 49, 59, 83, 87f., 106, 111, 186
– interne Werte der 195
– -konzept(e) 13–44, 109f., 127, 135, 139, 185, 208, 210
– Kultur- 31, 75, 194f., 206
– Literatur- 12, 44, 112f.
– Meta- 8., 140
– Natur- 2, 4, 12–14, 19, 23–25, 29, 31, 42, 68, 72, 78, 126f., 137, 141f., 144, 157, 211f., 215
– Normal- 13, 37–40, 121f.
– -philosophie 17, 35, 39f., 58, 110, 189, 213
– Real- 29
– reine Natur- 23f.
– Sozial- 42, 47, 81, 193–195
– soziale Verpflichtung der 192
– -system 191
– -theorie 1f., 5, 8, 47, 78, 82–86, 105f., 113, 136, 139
– -tradition (abendländische, europäische) 13, 41
– -tradition (Aristotelische) 16
– Universalsprache der (Carnap) 28–33
wissenschaftliche Revolution(en) 38f., 89, 185, 187, 189
wissenschaftliche Weltauffassung 28f., 128
wissenschaftlicher Fortschritt 10, 84, 150, 175, 191f., 215
wissenschaftlicher Realismus (*scientific realism*) 134, 140, 150f.

Zeit
– Richtung der 35, 156
zeitliche Asymmetrie(n) 156
Zwei-Stufen-Konzeption von Theorien 52

# Personenregister

Achinstein, Peter 189–190
Adler, Alfred 128
Albert, Hans 132
Alzheimer, Alois 5, 77, 91 f.
Andreas, Holger 51
Arabatzis, Theodore 190
Aristoteles 86
Armstrong, David M. 161–164

Bacon, Francis 1 f., 6, 13–17, 35, 41, 109 f., 176
Banerjee, Abhijit 176
Bartelmann, Matthias 54
Bartels, Andreas 134, 150, 169, 190, 213
Becher, Erich 141, 172
Bechtel, William 80 f.
Beebee, Helen 158
Berrios, German 93–95
Bessel, Friedrich Wilhelm 104
Bewersdorff, Jörg 103
Bird, Alexander 163 f., 169–171
Boyd, Richard 134, 150
Brown, Harvey 149

Cardano, Girolamo 103 f.
Carnap, Rudolf 2 f., 13, 28–34, 43, 50–52, 109 f., 136, 141, 215
Carrier, Martin 7, 16, 122–125, 176
Cartwright, Nancy 122
Cassirer, Ernst 145
Chalmers, Alan 59 f., 62
Curiel, Erik 167 f.

Davidson, Donald 213
Demokrit 126
Dennett, Daniel 212
Descartes, René 2, 13, 17–22, 42 f., 143, 147
Dewey, John 13
Donhauser, Justin 202 f.
Dowe, Phil 9, 155
Du Boi-Reymond, Emil Heinrich 211
Duflo, Esther 176
Duhem, Pierre 139

Ebbinghaus, Heinz-Dieter 103–105
Eddington, Arthur Stanley 67
Einstein, Albert 17, 36, 55, 67 f., 83, 85, 88, 110, 144–146, 155, 167, 178 f., 189 f.
Elliott-Graves, Alkistis 58
Ernst, Gerhard 214
Esfeld, Michael 146
Euler, Leonhard 79, 104

Fagan, Anne F. 97
Fechner, Gustav Theodor 211
Feyerabend, Paul 186
Fine, Kit 169–171
Franklin, Laura R. 168
Frege, Gottlob 28
Freud, Sigmund 7, 128–131, 138
Friedman, Michael 26 f., 47, 146
Frigg, Roman 73
Frisch, Mathias 156

Gadenne, Volker 126 f.
Galilei, Galileo 17, 41, 46, 62, 66, 76, 186, 188
Gauß, Carl Friedrich 104 f.
Geroch, Robert P. 167
Glymour, Clark 63–67, 130, 188
Goodman, Jeffrey 72
Graeber, Manuel B. 96 f.
Grünbaum, Adolf 131

Haack, Susan 10, 183–185
Hacking, Ian 179, 205
Hahn, Hans 13, 28 f.
Hamilton, William Rowan 105
Hanson, Norwood Russell 78, 85–87, 106, 186
Hempel, Carl Gustav 78 f.
Horowitz, Gary 167
Hoyningen-Huene, Paul 6, 85, 110–114, 137
Hudson, Robert G. 91 f., 94
Hume, David 153, 158 f., 170, 214
Hüttemann, Andreas 158, 161
Huygens, Christian 41

Jellinger, Kurt A. 92

Kant, Immanuel 2, 13, 22–28, 31, 38, 43, 109f., 127, 133, 139, 141f., 145, 214
Karaca, Koray 168
Kellermann, Paul 184
Kepler, Johannes 46, 65, 85f., 106
Keuck, Lara 94
Kitcher, Philip 182
Koch, Robert 89
Kraepelin, Emil 94
Kremer, Michael 176
Kripke, Saul A. 213
Kuhn, Thomas S. 3, 10, 13, 37–40, 44, 78, 85, 87–90, 95, 105, 109, 121, 185–189, 210
Küng, Hans 132f.

Lam, Vincent 146
Latour, Bruno 183
Laudan, Larry 152
Lehmkuhl, Dennis 147f.
Leplin, Jarrett 134, 150
Lewis, David Kellogg 158–161
Luhmann, Niklas 195

Mach, Ernst 28, 139
Mackie, John Leslie 153
Maudlin, Tim 156
Mill, John Stuart 154
Möller, Hans-Jürgen 96
Morgan, Mary S. 122
Morrison, Margaret 122f.
Mudry, Anna 46, 76
Mühlhölzer, Felix 173f.
Müller, Thomas 166
Müller, Ulrich 96f.

Nersessian, Nancy 189f.
Neurath, Otto 13, 28f.
Newen, Albert 213
Newton, Isaac 2, 10, 19, 23–28, 36f., 39, 41, 43, 46–50, 60f., 63, 68, 71, 73, 76, 87f., 139, 143–145, 152, 155, 163, 181, 189f.
Nickles, Thomas 105

Ørsted, Hans Christian 91
Ohanian, Hans C. 146
Oppenheim, Paul 78f.
Otto, Shawn 183

Peirce, Charles Sanders 86
Penzias, Arnold Allan 53, 85, 88
Pepperberg, Irene 213
Perler, Dominik 20
Pooley, Oliver 146
Popper, Karl 2–4, 6f., 9, 13, 31, 33–37, 38f., 44, 47–50, 60, 83f., 110, 112, 125f., 128–131, 134f., 137f., 149f., 186–188
Prinz, Wolfgang 196
Putnam, Hilary 47, 49f., 134, 142, 150f., 153, 180f.

Ramsey, Dave 56–58
Reichenbach, Hans 83, 142, 145
Russell, Bertrand 28, 141, 153–155, 180

Schaffer, Jonathan 147
Scheele, Carl Wilhelm 90
Schelling, Thomas 6, 76, 98–103, 107
Schindler, Samuel 5, 89–91, 94
Schindler, Suzanne Elisabeth 97
Schlick, Moritz 28
Schrenk, Markus 163
Schurz, Gerhard 80
Sellars, Wilfrid 6, 114–121, 127, 136, 210
Siep, Ludwig 197f.
Simmel, Georg 7, 133f., 138
Sklar, Lawrence 148
Smart, John Jamieson Carswell 134, 142, 150
Stein, Howard 213
Steinle, Friedrich 91f., 168
Sturma, Dieter 198f.

Tahko, Tuomas E. 164
Thomson, Joseph John 90, 189
Tooley, Michael 160

van Fraassen, Bas 80, 119–121, 137, 139, 150, 152

van Wynsberghe, Aimee 199–203
Veltman, Clare 56–58

Wallis, John 104
Walton, Kendall 68–73, 113
Weber, Ernst Heinrich 211
Weber, Max 11, 175, 193–196, 205 f.
Wessel, Caspar 104

Wheeler, John Archibald 148
Wiggins, David 170
Wilholt, Thorsten 123 f.
Williamson, Timothy 214
Wilson, Robert Woodrow 53, 85, 88
Winter, Pia 96 f.
Woodward, James 81 f.
Wüthrich, Christian 149

www.ingramcontent.com/pod-product-compliance
Lightning Source LLC
Chambersburg PA
CBHW060558230426
43670CB00011B/1882